科学出版社"十三五"普通高等教育本科规划教材

案例版

制药分离工程

主　　编　宋　航　李　华

副主编　张迎庆　杜开峰　王晶华　太志刚

编　　委　（按姓氏拼音排序）

陈鹏飞	（西华大学）	宋　航	（四川大学）
杜开峰	（四川大学）	太志刚	（昆明理工大学）
黄　毅	（西南科技大学）	王晶华	（牡丹江医学院）
姜建芳	（遵义医科大学）	尹德明	（梧州学院）
李　华	（郑州大学）	袁小红	（西南科技大学）
李利红	（上海工程技术大学）	张迎庆	（湖北工业大学）

科学出版社

北　京

内 容 简 介

本书系统地介绍了与制药过程相关的工业分离纯化技术和工程的基本概念、原理、理论、方法、工艺及其应用。主要内容包括制药原料的预处理、固液初步分离、一般分离纯化、高度纯化、进一步的成品加工及溶剂的回收循环使用等方面。

本书可用作制药工程、应用药学、化工、生物工程与技术等领域相关学科和专业的教材，也适合相关领域其他人员系统学习制药分离技术与工程知识阅读和参考。

图书在版编目（CIP）数据

制药分离工程 / 宋航，李华主编. — 北京：科学出版社，2020.2
科学出版社"十三五"普通高等教育本科规划教材
ISBN 978-7-03-061551-0

Ⅰ.①制… Ⅱ.①宋… ②李… Ⅲ.①药物–化学成分–分离–生产工艺–高等学校–教材 Ⅳ.①TQ460.6

中国版本图书馆 CIP 数据核字(2019)第 112637 号

责任编辑：王 超 / 责任校对：郭瑞芝
责任印制：赵 博 / 封面设计：陈 敬

科 学 出 版 社 出版
北京东黄城根北街 16 号
邮政编码：100717
http://www.sciencep.com

三河市骏杰印刷有限公司印刷
科学出版社发行 各地新华书店经销

＊

2020 年 2 月第 一 版　开本：787×1092　1/16
2025 年 1 月第七次印刷　印张：19
字数：513 000

定价：79.80 元
（如有印装质量问题，我社负责调换）

高等院校制药工程专业案例版系列教材
编审委员会

前　言

制药分离过程主要是利用待分离物系中的有效药物活性成分与共存杂质之间在物理、化学及生物学性质上的差异进行分离。因所用分离方法、设备和投入能量方式不同，分离产品的纯度、消耗能量的大小及过程的绿色化程度有很大差别。制药工程学科涵盖了化学制药、微生物和现代生物技术制药、天然产物制药及中药制药等方向，涉及的制药过程其性质各有特点。而且由于药物的纯度和杂质含量与其药效、副作用、成本等密切相关，分离过程在制药行业中的地位和作用非常重要。

迄今全国已有约 280 多所院校相继设立了"制药工程"专业，"制药分离工程"是该专业重要的专业课之一，不少院校将其作为必修课进行教学。

现有的分离类教材各有侧重。有的主要涉及生物类过程或一般的化工过程，也有的主要考虑中药制药过程或天然药物分离过程，或者内容体系尚待完善。而实际上，制药工程专业涵盖了化学制药、微生物和现代生物技术制药、天然产物制药及中药制药等各专业方向。尽管各院校争取有各自的专业特色，但大多数院校的教学多涉及以上多个专业方向。因而，已有的教材尚难以满足教学需要。

本书在汲取生物分离、化工分离、中药分离等相关教材的优点和与制药工业分离纯化密切相关的其他内容基础上，博采多校专业教师的教学经验和研讨成果，以案例的特色方式编著而成，本书具有如下基本特点：

1. 着眼于培养制药工程专业学生全面的知识、素质和能力，本书所涉及的内容包括了绪论、制药原料的预处理、固液初步分离、一般分离纯化、高度纯化、进一步的成品加工以及溶剂的回收循环使用等方面，更为完整和系统化。各有关高校可以依据自身专业特色选学部分内容。

2. 在各有关章节编排中，经过多年研讨，采用了既基本沿着制药过程从原料到产品的顺序，也将其中有关内容分别按固液分离和液液分离、有固体介质的分离和无固体介质的分离、初步的分离和高度纯化等不同类别、有规律地按顺序分类编排，有利于学习和教学中能更好地掌握同类别和相近分离原理和方法的特点。

3. 凭借编著者多年从事制药分离工程教学和科研工作的丰富经验，引入了一些具有化学制药、生物制药及中药制药典型特点的应用案例，并以案例为导引展开原理、工艺技术、设备等方面的讨论式、启发式教学，更有利于学生理解与掌握有关的分离纯化原理和方法。

4. 在各章开头均简要给出重点和难点，有利于指导学习者有的放矢地学习；各章后面也附有相关的思考题和习题，有利于学习者检验学习效果。此外，为拓展学生视野，各章还特别提供了一系列内容丰富、形式多样的拓展阅读材料，具有鲜明特色。

5. 编写本书的作者为四川大学、郑州大学、湖北工业大学、西南科技大学、昆明理工大学、西华大学、上海工程技术大学、遵义医科大学、牡丹江医学院及梧州学院 10 所高校的教师。本书在编写过程中参照了教育部颁布的《制药工程本科专业教学质量国家标准》和工程教育专业认证标准等文献的要求，有利于较好地把握本书内容的全面性和深浅程度，使本书更好地符合我国制药工程专业高水平建设和持续发展的要求。

全书由十六个章节构成，各章撰写人员分别为：第一章：宋航；第二章：袁小红；第三章：太志刚；第四章：姜建芳；第五章：尹德明；第六章：李华；第七章：张迎庆；第八章：李利红，宋航；第九章和第十章：王晶华；第十一章：姜建芳；第十二章：黄毅；第十三章：尹德明，李华；第十四章：太志刚；第十五章：杜开峰，宋航；第十六章：陈鹏飞，宋航。此外，罗英杰、李福林等也参与了部分工作。

"制药工程"专业是建立时间尚不太长的制药领域的工程技术专业，制药工程技术发展快速，一些问题还有待于进一步研究和探讨。加之作者的经验尚不够多、知识和水平有限，书中难免存在一些不足或不当之处，敬请读者提出宝贵意见。

编　者

2018 年 8 月

目　　录

第一章　绪论 ··· 1
　　第一节　制药分离纯化过程的特点和重要性 ····················· 1
　　第二节　制药分离工艺技术的选择 ································· 4
　　第三节　分离纯化方法的综合运用和工艺优化 ····················· 6
　　第四节　制药分离过程的环境保护、职业卫生及生产安全 ········· 8
　　第五节　制药分离过程技术发展趋势 ····························· 9
第二章　原料的预处理 ··· 12
　　第一节　概述 ··· 12
　　第二节　中药及天然药物原料的预处理 ··························· 12
　　第三节　动植物细胞的破碎 ······································· 15
　　第四节　化学原料药的预处理 ····································· 21
　　第五节　原料药的干燥 ··· 23
　　第六节　原料药的保存 ··· 25
第三章　固液提取 ··· 29
　　第一节　概述 ··· 29
　　第二节　固液提取的原理、方法及其影响因素 ··················· 29
　　第三节　固液提取工艺、计算及其相关设备 ····················· 38
　　第四节　固液强化提取技术及实际案例分析 ····················· 42
第四章　固液分离 ··· 48
　　第一节　物料的性质 ··· 48
　　第二节　过滤 ··· 50
　　第三节　重力沉降分离 ··· 57
　　第四节　离心分离 ··· 59
第五章　沉淀分离 ··· 69
　　第一节　概述 ··· 69
　　第二节　盐析法 ··· 69
　　第三节　有机溶剂沉淀法 ··· 76
　　第四节　等电点沉淀法 ··· 79
　　第五节　其他沉淀技术 ··· 82
第六章　液液萃取 ··· 88
　　第一节　概述 ··· 88
　　第二节　有机溶剂液液萃取过程及工艺计算 ····················· 90
　　第三节　反胶束萃取 ··· 98
　　第四节　双水相萃取 ··· 103
　　第五节　制药工业常用萃取设备及其验证 ······················· 110
第七章　超临界流体萃取 ··· 113
　　第一节　概述 ··· 113
　　第二节　超临界流体萃取过程的基本工艺计算原理 ··············· 119
　　第三节　超临界流体萃取工艺 ····································· 127
第八章　膜分离 ··· 138
　　第一节　概述 ··· 138

第二节　膜组件、微滤与超滤膜分离工艺过程 ················· 141
第三节　浓差极化、膜污染及其清洗 ················· 148
第四节　其他膜分离技术和应用 ················· 151
第九章　吸附与离子交换 ················· 161
第一节　吸附 ················· 161
第二节　离子交换 ················· 170
第十章　色谱分离技术 ················· 181
第一节　概述 ················· 181
第二节　色谱法的基本原理 ················· 183
第三节　色谱分离过程的理论基础 ················· 186
第四节　放大策略、注意事项及案例分析 ················· 190
第五节　常用制备色谱工艺及其应用 ················· 194
第十一章　电泳分离技术 ················· 199
第一节　概述 ················· 199
第二节　电泳的理论基础 ················· 199
第三节　电泳技术类型 ················· 201
第四节　常用的电泳方法 ················· 204
第五节　主要装置与设备 ················· 206
第十二章　结晶分离 ················· 211
第一节　基本概念和原理 ················· 211
第二节　结晶过程热力学和动力学 ················· 214
第三节　晶体质量的提高 ················· 216
第四节　制药工业结晶过程设计理论 ················· 219
第五节　制药工业常用结晶方法及设备 ················· 219
第十三章　干燥 ················· 230
第一节　概述 ················· 230
第二节　料液的干燥 ················· 231
第三节　结晶状或粉状原料药的干燥 ················· 238
第四节　制剂过程中的干燥 ················· 241
第五节　干燥技术的发展 ················· 248
第十四章　水蒸气蒸馏及分子蒸馏 ················· 249
第一节　水蒸气蒸馏 ················· 249
第二节　分子蒸馏 ················· 257
第十五章　手性分离及分子印迹技术分离 ················· 266
第一节　手性分离 ················· 266
第二节　分子印迹技术 ················· 277
第十六章　溶剂回收技术 ················· 281
第一节　概述 ················· 281
第二节　料液浓缩过程中的溶剂回收 ················· 282
第三节　液液萃取分离过程中的溶剂回收 ················· 287
第四节　结晶分离过程中的溶剂回收 ················· 289
第五节　固体物料干燥过程中的溶剂回收 ················· 290
参考文献 ················· 294
索引 ················· 296

第一章 绪 论

1. 课程目标 对制药分离纯化过程在制药工业中的地位和作用有初步的认识，了解制药分离过程的基本构成及工艺技术的选择原则，意识到在选择和优化制药分离纯化工艺时，除了满足技术和经济要求外，还需要考虑其对生态环境及社会的影响，使学生对制药分离过程的内涵有基本的认识。

2. 重点和难点

重点：制药分离纯化过程在制药工业中的重要地位和作用，制药分离纯化的一般工艺过程构成及其特点，为何要进行制药分离工艺综合运用和工艺优化？

难点：制药分离工艺技术综合优化原则及途径。

作为制药工程中的重要组成部分，制药分离工程是对相关产品分离纯化的原理和方法进行描述的术语，主要指从制药化学合成液、动植物原料提取液、生物发酵液以及酶催化反应液中分离纯化医药目标产物，并进一步处理制成成品的过程。制药分离工程是上游制药科学技术迈向工业化生产的极其重要的环节，是各种新医药产品实现产业化的必经之路，在整个医药行业中具有举足轻重的地位，因而一直受到广泛的重视。

制药工程的主要目标是医药产品的高效生产、分离和纯化。制药分离过程直接与很多医药技术产品质量的优劣、成本的高低、竞争力的大小密切相关，还与许多新产品的开发及环境保护相关。近20年来，制药分离技术得到了长足的发展，出现了许多新概念和新技术，有些技术已经在工业上得到了应用，有的虽然还在研究中，但已经显示出良好的应用前景。医药技术产业在21世纪是发展最快的产业之一，必将成为21世纪的支柱产业，而制药分离工程技术的研究和发展是医药技术产业实现生存、进步和可持续发展的重要保证。

第一节 制药分离纯化过程的特点和重要性

医药产品具有很高的质量标准，且生产过程受到质量控制法规的严格约束。医药产品尤其是生物制药生产中的医药产品，因为其中的发酵液或培养液是一个十分复杂的多相系统，含有很多细胞、代谢产物等杂质，所以其分离纯化过程，不同于一般的精细化工产品和生物产品的生产，而具有其自身的特点。

一、制药分离对象的特点

医药产品的制药分离对象的特点主要是在最终获得的溶液中产物浓度低、杂质多、有效成分稳定性差及对最终产品的要求十分严格，具体表现如下：

1. 生物制药发酵液或培养液中产物浓度很低 除了少数特定的生物制药体系，如酶在有机相中的催化反应外，在其他大多数生物制药过程中，溶剂全部是水。受到物理和生产条件的限制，产物（溶质和悬浮物）在溶剂中的浓度很低，若一个产品含有6个分离步骤，即使每步操作的收率都达到90%，这时候总收率也只有54%。特别是基因工程产生的蛋白质常常含有大量性质相近的杂蛋白，收率普遍认为达到30%～40%，就很好了。

2. 药物原料液是多组分的混合物，含有多种杂质 制药过程包括多种类型的过程，药物化学合成结束后不少是须待进一步处理的液体混合物，天然药物提取液和生物发酵液更是成分复杂的混合物。例如，不同的发酵液中的细胞组成差异较大，这类发酵液混合物不仅含有大分子量的物质如核酸、蛋白质、多糖、类脂、磷脂和脂多糖，还包含了低分子量物质，即大量存在于代谢途径的中间产物如氨基酸、有机酸和碱；混合物不仅包括可溶性物质，也包括了以胶体悬浮物和粒子形态存在的组分如细胞、细胞碎片、培养基残余组分、沉淀物等。总之，生物制药培养液中组分的种类较多，也难以进行精确地测定，更何况各组分的含量还会随着细胞所处环境的变化而变化。

3. 一些药物成分活性的稳定性差 无论是大分子量还是小分子量生物制药产物都可能存在着产物活性的稳定性问题。产物失活主要是化学或微生物引起的降解。产物只有在窄的 pH 和温度变化范围内才可能不出现化学降解的情况，如蛋白质一般稳定性范围很窄，超过此范围，将发生功能的变性和失活。微生物的降解作用是因为所有细胞中存在不同的降解酶，如蛋白酶、脂酶等，其都能使活性分子被破坏成失活分子。由于升温能够加速这些降解酶的作用，因此在制备蛋白质、酶或相似产品时，应在尽可能低的温度和尽可能快的速度下操作。另外还应防止发酵产物染菌，因为这可能产生毒素和降解酶，从而引入新的杂质或导致产品的损失。

4. 对最终产品的质量要求很高 最终产品作为临床药品或试剂，必须达到药典、试剂标准和规范的要求。如对于蛋白类药物，一般规定杂蛋白含量小于 2%，而生长激素（protropin）和重组胰岛素（recombulin）中杂蛋白含量应小于 0.01%。有的药品对于杂蛋白含量要求更为苛刻，例如青霉素药品对其中的强过敏杂质即青霉噻唑蛋白类，就要求 RIA 值（放射免疫分析值）必须小于 100（相当于 1.5×10^{-6}）。此外，不少产品还要求呈稳定的无色晶体。

实际上，各种制药过程的悬浮液或溶液原料中一般总是含有或多或少的各种杂质，唯有经过分离和纯化等过程才能制得符合使用要求的高纯度药品，因此制药分离工程是各类医药产品工业化中的必要手段，具有不可取代的地位。制药分离工程的实施在不少情况下需要很大的代价，这是由于生物制药过程中特别稀的水溶液原料和高纯度产品之间的巨大差异造成的，加上产物的稳定性差，导致其回收率不高，像抗生素产品一般都要损失 20%左右。分离、纯化的方法也是十分复杂和代价昂贵的。从现有的资料可知，在大多数生物产品的开发研究中，分离纯化过程的研究费用占全部研究费用的 50%以上；在产品的成本构成中，分离和纯化部分占总成本的 40%~80%，某些药用产品的比例则更高；在生产过程中，仅分离纯化过程的人力、物力就可占全部过程的 70%~90%。显然，开发新的制药分离技术和设备是提高经济效益或减少投资的重要途径。

二、制药分离的工艺流程和设备的特点

制药分离工程的工艺流程和设备是高标准的，必须遵循严格的生产管理和质量控制。为保证目标产物的生物活性和回收率，工艺流程和设备的要求必定要提高，必须设计合理的分离过程，优化单元操作条件，实现目标产物的快速分离纯化，获得高活性目标产物。且为了与生物制药工程上游技术相衔接，要求分离纯化过程有一定的弹性，能够处理各种条件下的原料液。

而以严格的工艺流程和高质量设备为物质基础所构成的制药生产过程，必须符合严格的以国家法规的形式予以颁布和实施的《药品生产质量管理规范》（GMP）。另一个特别之处，医药产品的生产不仅要求最终产品质量符合高标准的质量要求，还要求在生产的各个环节或过程中对物料、半成品、制成品及包装材料等进行有效监测即在线检测和控制，使各环节可能出现的问题能及时被发现和处理，持续确保产品质量的稳定。

总之，制药产品的特点给分离纯化过程提出了特殊的要求。制药产业没有下游的分离纯化过程的配套就不可能有工业化的结果。没有制药分离纯化过程的进步，就不可能有更好的工业经济效益和社会效益。

三、制药分离工程的主要研究内容

制药工程技术的主要目标是医药产品的高效生产，其中制药分离工程是完成医药产品分离纯

化，得到高质量产品的重要环节。因此，制药分离工程研究的内容就至少包括两方面：一是研究目标产品及其基质的性质；二是研究根据产品及基质选择适宜的分离纯化技术，包括对基本技术原理、基本方法、基本设备的研究。所以，其主要内容可以包括如下几点。

1. 制药分离工程主要目标产物的性质　制药分离工程主要针对两方面的产品：一是直接产物，即由化学合成、动植物提取及生物发酵直接生产，分离过程从相应的物料开始；二是间接产物，即由发酵过程得到的细胞或酶，再经转化和修饰得到产品。这些产品按分子量大小分类，也可按产品所处位置分类。分子量小于1000的，如抗生素、有机酸、氨基酸等；分子量大于1000的，如酶、多肽、蛋白质等；不被细胞分泌到胞外的胞内产品，如胰岛素、干扰素等；在胞内产生又分泌到胞外的胞外产品，如某些抗生素和酶等。不同类型的产品对分离纯化的要求不同，所采用的分离纯化技术也不同。对这些产品性质的深入了解，有助于有效选择分离纯化技术。

2. 制药分离工程技术原理的研发　分离是利用混合物中各组分在物理性质或化学性质上的差异，通过适当的装置和方法，使各组分分配至不同的空间区域或者不同的时间依次分配至同一空间区域的过程。分离只是一个相对的概念，我们不可能将一种物质从混合物中百分之百地分离出来，但追求尽可能高纯度、高效率的分离纯化是制药分离工程研究的重要内容。对分离技术原理的研究和不同分离原理的组合研究，是开发高效率分离纯化新技术、新介质的基础。

3. 制药分离工程设备的研究　制药分离工程设备是实现制药分离工程产品的高效率分离和纯化的基本保障，对分离设备性能、选择原则的研究有利于开发新设备。

4. 制药分离操作过程的优化　研究设计、优化分离操作过程对医药产品的生产十分重要，合理的、完善的分离操作过程是充分利用所采用分离技术原理的特点及充分发挥分离设备技术性能的前提，有利于达到提高分离效率、减少分离步骤、获得高质量产品、降低生产成本、提高企业经济效益的目的。

四、制药分离纯化过程中的一般工艺过程和技术

制药分离工程的设计不仅取决于产品所处的位置（胞内或胞外）、分子大小、电荷多少、产品的溶解度、产品的价值和过程本身的规模，还与产品的类型、用途和质量（纯度）要求有关。所以分离和纯化步骤有不同的组合，提取和精制的方法也有不同的选择，且化学制药、中药提取和生物工业下游加工过程都有一个基本框架，即常常按生产过程的顺序分为四个不同作用的阶段（图1-1）：①溶液的预处理与固-液分离（不溶物质的去除）；②初步纯化（产物的提取）；③高度纯化（产品的精制）；④成品加工，见**EQ1-1 制药分离过程四个阶段介绍**。其中化学制药纯化过程不似中药提取和生物工业下游加工过程那般烦琐，所以在此不做详细介绍。

EQ1-1　制药分离过程四个阶段介绍

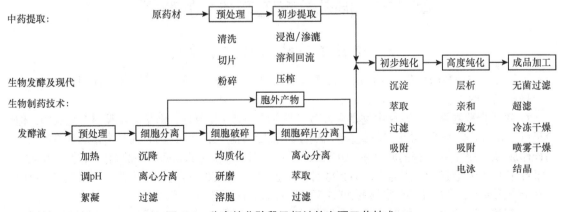

图 1-1　分离纯化阶段及相关的主要工艺技术

由此可知，各步骤都有若干单元操作可供选择，其中包括许多常用的化工单元操作和若干因生物过程需要而发展起来的单元操作，部分内容见表1-1，应根据具体情况进行设计。更多的单元操作详细的原理和特点见 **EQ1-2 制药分离过程单元操作**。

EQ1-2
制药分离过程单元操作

表1-1　部分常用单元操作及其分离原理

单元操作		分离机制	应用
萃取	超声波协助浸取	固液相平衡	天然药物
	液液萃取	液液相平衡	蛋白质、抗生素、天然和化学药物
	双水相萃取	液液相平衡	蛋白质、抗生素、天然药物
	反胶束萃取	液液相平衡	蛋白质、抗生素、天然药物
	超临界流体萃取	超临界流体相平衡	蛋白质、抗生素、天然药物
过滤	加压过滤	压力差、筛分	动植物原料提取碎渣、菌体和细胞、晶体和沉淀
	减压过滤	压力差、筛分	菌体、细胞碎片
离心	离心过滤	离心力、筛分	动植物原料提取碎渣、生物菌体和细胞、晶体和沉淀
	离心沉降	离心力	生物菌体和细胞、晶体和沉淀、液液悬浊液
	超离心	离心力	蛋白质、细胞
膜分离	微滤	压力差、筛分	细胞碎片、蛋白质、抗生素
	超滤	压力差、筛分	蛋白质、抗生素、脱盐和除热原
	纳滤	压力差、筛分	蛋白质、抗生素
	渗透蒸发	气液相平衡、筛分	蛋白质、抗生素、生物碱、手性化合物
	电渗析	电荷、筛分	蛋白质溶液脱盐、纯化水
色谱技术	高压液相	液液平衡、固液平衡	蛋白质和多肽、天然和化学药物
	低、中压层析	固液平衡	蛋白质和多肽、天然和化学药物
	凝胶	筛分	（实验型）蛋白质、多肽
	离子交换	静电相互作用	血制品、天然和化学药物
	亲和	亲和作用	（实验型）蛋白质、多肽
	逆流液液	液液平衡	蛋白质、抗生素、天然和化学药物

第二节　制药分离工艺技术的选择

一、选择工艺技术的总体原则

当设计一个制药产品分离纯化加工过程时，不仅要在高产率、低成本等总体目标上有所要求，还应做到以下两点。

1. 采用步骤数量少　不仅生物过程，对于所有的分离纯化流程，都是多步骤组合完成的，但应尽可能采用最少步骤。几个步骤组合的策略，不仅影响到产品的回收率，而且会影响到投资大小与操作成本。假设每一步骤的回收率为95%（$\varphi=0.95$），则 n 个步骤的总回收率的期望值为 $\varphi^n=0.95^n$，如果现用10个步骤进行分离纯化，那么总回收率是 $0.95^{10}\approx0.60$。因此，为了改善总回收率，可以从两个方面进行，即提高各个步骤的回收率及减少回收流程所需的步骤。

2. 采用步骤的次序要相对合理　在制药分离过程的四大步骤中，固液分离、高度纯化和成品加工选用的技术范围窄，所以次序不是问题，而在初步纯化时，对于不同特性的产品，具有不同的纯化步骤，表面上看没有明显的单元操作次序，实际上却还是存在一些确定的次序被生产和科研广泛采用。

也可以通过每种方法在纯化阶段中所起的作用来确定其次序的先后。以微生物制药为例，可得到如下顺序：均质化（或细胞破碎）、沉淀、离子交换、亲和吸附、凝胶过滤。关于这个顺序（均质化后）的说明：沉淀能处理大量的物质，并且它受干扰物质影响的程度比吸附或色谱分离小；离子交换用来除去对后续分离产生影响的化合物；亲和技术常在流程的后阶段使用，以避免因非专一性作用而引起亲和系统性能降低；凝胶过滤用于蛋白质聚集体的分离和脱盐，由于凝胶过滤介质的容量比较小，故分离过程的处理量小，一般常在纯化过程的最后一道处理中被使用。

二、选择工艺时应考察的主要工业生产参数

除上述几点外，制药产品分离纯化加工过程的选择还应考虑实际工业加工过程中的各种因素。

1. 产品的规格 产品的规格（或称技术规范）用产品中主要成分和杂质的含量来表示，是确定纯化要求的程度及制药分离纯化加工过程方案选择的主要依据。如果对产物纯度要求不高，则一个简单的分离流程就足以达到纯化的目的，但是对于产品纯度要求很高的药物，则可能需要一系列的操作进行处理。

2. 生产规模 物料的生产规模在某种程度上决定了所能采用的工艺过程和设备类型。

3. 进料组成 产物的定位（胞内或胞外）及在进料中存在的产品是可溶性物质还是不溶性物质都是影响工艺条件的重要因素。在进料流中，一个高浓度的目标产物，意味着分离过程可能很简单，在进料中，若存在某些化合物与目标产物非常类似，则表明需要一个非常专一性的分离过程，才能制得符合规格要求的产品。

4. 产品的形式 最终产品的外形特征是一个重要的指标，必须与实际应用要求或规范相一致。固体产品要有一定的湿度范围；结晶产品要有特定的晶型；液体产品则可能涉及浓缩和过滤除菌等操作。

5. 产品的稳定性 通常用调节操作条件的办法，使由于加热、pH 或氧化所造成的产品降解减少到最低程度。一些化学药物、天然药物及蛋白质药物容易被氧化，因此必须排除空气并在必要时使用抗氧化剂，以便使氧化作用减小到最低程度。

6. 物性 物性表征产物的物理化学性质，是分离过程的设计和设备选择的一类重要参数。可能对分离有影响的主要物性包括：①溶解度如何受 pH、盐等影响，将指示沉淀过程或吸附过程怎样进行控制才最好；②分子电荷，随 pH 而变化，可以指示如何有效地进行离子交换和选择用阳离子交换树脂还是阴离子交换树脂，同样可以指示离子对萃取的可能性；③分子大小，对于蛋白质，分子大小可以指示凝胶过滤操作与膜过滤操作哪种可行；④官能团，为稳定条件、提取剂及亲和吸附剂的选择提供依据；⑤稳定性，适宜的 pH 范围、温度范围、半衰期（在保证目标产物稳定性的条件下，可用来降解或沉淀杂质）；⑥挥发性，这仅是小分子物质选择分离过程的重要依据。

7. 危害性 产品本身、工艺条件、处理用溶剂等化学品、应用的微生物细胞都存在潜在的危害。

8. 废水 随着操作规模的扩大，废水处理变得更加困难，从而需要重新评估使用的过程。

9. 分批或连续过程 过程中采用分批或连续的操作最终会限制制药分离纯化技术的选择。某些单元操作如色谱分离，在分批操作上是可行的，但如果要与连续发酵过程相适应，则需要改进。

三、分离纯化技术路线的选择原则

制药分离纯化工作的最终目标是实现工艺便捷、加工容量适宜、可重复性和可靠性好，试剂

与设备等成本经济，目标产物高产、高纯度并保持药物活性。为此，以蛋白质纯化为例，一般在进行分离纯化工艺设计时，应考虑以下几条原则：①技术路线、工艺流程尽量简单化；②尽可能采用低成本的材料与设备；③将完整工艺流程划分为不同的工序；④注意时效性，应优选可缩短各工序纯化时间的加工条件；⑤采用成熟技术和可靠设备；⑥以适宜的方法检测纯化过程、产物产量和活性，对纯化过程进行监控等。

结合对最终产品纯度和活性的要求，工艺研发过程还要注意对各工序目的物纯度的要求应科学合理，对杂质的去除有针对性，应根据原材料来源确定目的物的特点及含量，明晰主要混杂物的性质及在分离步骤中的分布变化规律，以保护、浓缩目的物，破坏、稀释、去除混杂物为中心设计纯化方案。

第三节　分离纯化方法的综合运用和工艺优化

医药产品尤其是非化学合成的有效成分的分离纯化过程由一系列工艺过程构成连贯的工艺流程。到目前为止，尚没有一种单一分离纯化设备和技术可以经过一步加工处理就能获得纯度符合产品标准的医药产品，必须综合运用多种分离设备和技术对产品进行加工纯化。

一、各工序间的合理配置和优化

产品是按工序逐步分离加工出来的，产品和加工成本随工序而增加。对于每一个操作单元或工序本身各项影响加工效果的因素，如盐析或沉淀中沉淀剂种类、浓度或离子强度及pH，超速离心中介质种类与梯度的设置，层析中吸附与洗脱液成分、离子强度及pH、温度、吸附与洗脱时间和峰形等参数区间和操作条件都需要进行工艺优化。因工序间具有复杂的相互影响作用，前一工序加工产物的质量状况如pH、盐浓度和颗粒杂质的存在等对后一工序的处理有直接影响。必须保证上一工序工艺处理条件和产物的质量适于下一工序的加工需要；后一工序对加工物料的专门要求决定前一工序加工产物必须符合一定的标准。如工艺流程中包括一组层析加工工序，则料液成分对下一工序的影响成为突出问题，其pH或离子强度出现任何差错都可能影响下一层析效果，造成产品损失或质量降低等不良后果，应尽量减少对工序间在制品的调整性处理，做好工序间的衔接工作，从加工产物质量、产物收率与纯度的平衡、时间与经济性等角度出发，对影响工艺流程整体纯化效果的加工条件进行优化。

二、收率和纯度之间的平衡

制药分离纯化过程中，有效成分的纯度与产率之间是一对矛盾的关系。产物有效成分的纯度是衡量其质量优劣的重要指标，尤其是非经肠道类药物，其纯度的高低直接关系用药的安全性。纯化产品产率的提高往往伴随着纯度的下降。反之，对纯度要求的提高则意味着纯化工艺成本的升高和产物收率的降低。如何在纯化产物符合标准的前提下实现高的纯化产率，是一项纯化工艺水平的体现。应结合对产品的质量要求、加工成本、技术上的可行性和可靠性、产品价值及市场需求等，找出纯化工艺加工产物纯度、生物活性和产量间的平衡点，实现工艺的最优化。

三、技术经济性考虑

纯化工艺总体成本与纯化产物的价值必然影响纯化工艺路线的设计。在纯化工艺流程中，产品的价值或纯化加工的成本是随工艺流程而递增的。从技术设备、配制工艺处理液的原材料到纯化用层析介质等成本伴随在制品沿工序流动而累加。

如在设计和整合全工艺流程时，即应将涉及在制品处理体积大、加工成本低的工序尽量前置；

而层析介质价格较为昂贵，层析精制纯化工序则宜放在工艺流程的后段，进入层析工序的在制品体积应尽可能小，以减少层析介质的使用量。事实上在制品沿工艺流程被加工过程中，其中杂质成分随工序递进而逐级减少，而有效成分纯度则越来越高，体积渐次缩小是合理的并在工艺上容易做到。随产物纯度的提高，对工艺流程下游加工所用的设备、试剂的要求亦提高，一定要选择质量优良、性能可靠的设备，使用高质量的试剂，确保所用工艺处理溶液是合格的。

四、工艺放大和中试

生物技术产品的分离纯化工艺的建立一般都经过从实验室研究、中间试验生产到形成工业规模生产线的放大过程，应遵循工艺创新研究、技术开发、成熟和完善的一般规律。小规模纯化工艺研究是放大到大规模纯化工艺的基础。尽管工艺放大过程中往往会有操作细节或条件的改变，但在小规模工艺开发中所做的工艺条件优化和工序综合效果研究可为放大设计及工艺定型积累数据和提供经验。

例如，疏水层析柱的长度在实验室研究中初步确定后，理论上在一定范围内可以采用加大层析柱直径而保持层析柱高度不变的方式进行工艺放大。但在实际生产中由于制备型层析柱直径的加大，势必增加层析介质装填过程中保持其均匀性的难度。如果介质装填不均匀，放大后的层析柱将不能达到实验室研究阶段的分离效果。尽管工艺放大前各工序及总体工艺流程已经过优化，放大后由于设备、物料体积、加工时间和具体工艺条件发生了改变，各工序内部各因素间以及各工序间的相互影响，既有加工量的增加，也有设备和方法等的变化，放大后无论是局部还是整体工艺条件均应进行重新优化。

不同规模纯化工艺加工物料的量如体积大小对设备规格型号、加工容量、加工周期有较大影响，亦与厂房设施、生产线规模、劳动力成本和工艺开发定型周期密切相关。工艺放大后一般会延长纯化时间，从而可能导致被纯化产物产率及活性的损失，所以工艺放大过程中应尽量采取缩短纯化时间工序。小规模纯化工序之间样品的加工如稀释、过滤和离心等操作较为容易和简单，但放大则会增加处理时间、处理量和成本，放大过程应减少工序间对在制品的稀释或浓缩等调整。

需要注意的是某些纯化工艺放大后不能重复放大前的处理效果，如从实验室水平离心沉淀处理放大到制备型离心沉淀加工规模可导致离心力有效值的下降，其后果可能是细胞碎片沉淀的牢固程度不如实验室中的效果，上清液含有更多的杂质。这种情况下有必要调整工序单元操作程序，如离心后增加过滤以除去细小颗粒的步骤，而这种调整与前述关于应减少工艺步骤的原则相悖，可见工艺放大工作的复杂性和难度。再例如，酵母细胞在实验室研究中可以采用玻璃珠振荡法或酶消化法破碎，而在大规模生产中如仍沿用实验室方法，则达不到生产目的，采用高压破碎器进行制备性的破碎可能更具有生产价值。

五、纯化过程中对产品的检测

对各工序在制品、半成品中杂质去除程度、残留物含量和目标产物的含量、纯度与活性等的检测是分离纯化工艺的重要组成部分。在实际生产中根据在工艺里所起作用可将其分为在线检测、数据检测和放行检测等几类。

在线检测是在工艺运行过程中通过对在制品取样并用适当仪器和方法测试样品相应指标，或通过安装在生产设备上的监测仪器（如传感器等）直接检测加工物料或设备的有关数据，以及时了解工艺运行状况，并对其进行调整和控制。

纯化过程中往往在进一步加工之前需要测试在制品的某些指标的具体数值，根据测得的数据进行计算，确定下一道工序的工艺参数后才能继续加工，这种检测即为数据检测。如在制品进入层析工序前，可能需要测试其中有效成分的浓度，并根据测得的浓度和在制品体积计算出有效成分的总量，按照层析柱的加工容量和性能，决定是否需要对在制品进行浓缩或稀释、合并或分批处理，推算应该进入层析柱的在制品体积或目标产物的数量及平衡、洗脱各工艺所需处理溶液的体积等。

在一道纯化工序结束后，其产物是否可以进入下一道工序继续分离处理，应根据加工工艺的要求，对工序间在制品设定质量标准，抽样检验在制品有关质量指标，其结果符合标准后方可允许在制品进入后一道工序继续加工，这种检测就是放行检测。

第四节　制药分离过程的环境保护、职业卫生及生产安全

一、相关法律法规

环境污染问题是人类社会现代化进程中必然出现但又必须妥善解决的问题。工业生产中排放的污物是环境污染的主要污染源。因此，有效控制污染，保护好环境，是现在所有工业技术必须考虑的重要内容。与制药行业环境保护相关的系列法律法规和规范见 **EQ1-3 制药生产相关的污染物排放类标准简介**。

EQ1-3　制药生产相关的污染物排放类标准简介

劳动安全卫生，又称劳动保护或者职业安全卫生，是指劳动者在生产和工作过程中应得到的生命安全和身体健康基本保障的制度。我国有一系列关于保障职业卫生和生产安全的法律法规，如《中华人民共和国安全生产法》《工业企业设计卫生标准》（GBZ1–2010）等，相关主要内容简介可参见 **EQ1-4 劳动安全卫生相关标准简介**等。

EQ1-4　劳动安全卫生相关标准简介

此外，还有由中国医药企业管理协会 EHS 专业技术委员会近年推荐的《中国制药工业 EHS 指南（2016 版）》等（有关主要内容简介可参见 **EQ1-5《中国制药工业 EHS 指南（2016 版）》**）。制药生产涉及的设施及运行等，需要满足《建筑设计防火规范》（GB50016–2014）（**EQ1-6 建筑设计防火规范简介**）及其他安全生产法规的要求。

EQ1-5　《中国制药工业 EHS 指南》（2016 版）

上述各类法律法规及与之配套的其他各种行政、经济法律法规结合，构成了一套环境保护、职业卫生及生产安全法律法规基本体系，对保障制药生产在造福于人类的同时尽可能减少不利的影响具有重要的作用。

EQ1-6　建筑设计防火规范简介

二、制药分离过程的环境保护

由于公众对环境影响的关注日益增加，所以环境保护作为制药分离纯化过程选择的一个因素，其重要性也在不断增加。在制药分离过程中，因为对象的特殊性，要针对性地进行分离，常常会用到有机溶剂和酸碱等，所以往往会涉及溶剂回收、酸碱中和等操作。对于制药分离过程中的"三废"进行处理，废水中的生物量是生物需氧量（BOD）的主要来源，它将通过对废水处理成本的大小来影响过程的经济性。固体可以在处理之前，从含水液流中分离出去，溶剂需要从含水液流中回收，盐浓度应设法限制，可将溶液稀释或在加工过程前预先处理。

此外，制药分离的下游技术还必须向减少对环境污染的清洁生产工艺转变，即在保证产品质量的同时还要符合环保要求，保证原材料、能源的高效利用，并尽可能确保未反应的原材料和水的循环利用。因此，在对"老"的分离技术进行深入研究改进的同时，必须重视对高效、环保的绿色分离新技术的应用基础理论和工业化的研究。

三、制药分离过程职业卫生和生产安全

（一）职业卫生

制药分离过程中的萃取、过滤沉降、有机溶剂沉降等操作经常会用到乙醇、丙酮，高效液相色谱流动相常用到甲醇和乙腈，在对溶剂进行处理的时候，应该佩戴手套和口罩。此外，产品本身可能发生的危害必须加以控制。例如，含类固醇或抗生素的治疗药品可能需要封闭式操作；如果使用离心操作，则可能产生气溶胶；如果使用重组 DNA 工程菌生产系统，则必须控制发酵产生的生物体的排放，发酵产生的气体必须过滤并用专门操作小心处理，直到生物体不能成活为止，即后期进行细胞破碎或专门的细胞致死操作。干燥过程的防护和粉尘与粒子排放的控制是必要的。对于固定化过程，可能会用到剧毒的化学品，如 CNBr。在常温和常压条件下，出现在生物物质加工过程中的危害是较低的。

总之，在生产过程中要注意防止有毒有害物质的危害，并提供一定的个人防护产品，同时要有职工健康管理的相关规定。

（二）生产安全

实现生产安全最基本的条件就是保证人和设备在生产中的安全，人是生产过程中的决定因素，机器则是生产的主要手段，在生产过程中要特别注意保护人员的安全，如果生产人员的安全得不到保障，生产就无法进行。在制药分离过程中始终要保证人员的安全为第一位，建立健全的安全生产制度，对职工进行安全教育，进行相关生产设备的操作培训。

根据制药分离过程中可能涉及的不安全因素，应该注意：

1. 防火防爆 特别是在使用易燃易爆的有机溶剂进行液液萃取、沉降等操作时，要按照相关法律法规选购设备，设置防爆墙和泄爆墙，在生产区域预留出足够的防爆缓冲间。

2. 防静电 人体自身所携带的静电及有机溶剂在管道输送时所产生的静电，很容易引起易燃易爆溶剂的爆炸。最有效的控制静电的方法就是对容易产生静电的设备、管道等进行接地处理，并严格控制有机溶剂在管道输送时的流速，不能过快，甲醇在管道中的流速宜为 $2\sim3m/s$。此外，不能用塑料管道输送有机溶剂，防止静电积蓄。

此外，生产过程中也应注意保障设备的安全，定期对设备进行维护，特别是色谱柱、超滤膜等很容易因为操作不当，从而出现色谱柱堵塞、膜污染等问题，影响生产。

第五节 制药分离过程技术发展趋势

20 世纪 80 年代以来，虽然新的分离与纯化方法不断出现，解决了不少生产实际问题，提供了一大批生物技术产品，但无论是高价生物技术产品，还是批量生产的传统产品，随着商业竞争的增多和生产规模的扩大，产品的竞争优势最终归结于低成本和高纯度，所以成本控制和质量控制将是生物工业下游加工过程发展的动力和方向。此外，有许多实验室技术需要逐步走向工业化，有些过程的理论问题还没有完全弄清楚，还需要探索新的高效分离、纯化技术，所以生物工业下游加工过程的研究与开发，正继续向新的高度进军。当前应该注重在以下几方面的研究和开发。

一、基础理论研究

1. 对分离技术共同规律的探索。制药分离工程技术的门类很多，但是这些技术的理论基础又有共性和交集。探索各种分离技术之间的共同理论规律，已经成为提升制药分离工程技术研究水平的重要途径之一。例如，蒸发、结晶和超滤这几种看起来毫无联系的分离方法为什么都可以用

于中药提取液的浓缩，这3种技术的原理和技术设计各有什么特点。再例如，离子交换树脂和大孔吸附树脂这两种分离方法之间有什么共性和区别，各自适用于什么情况，为什么？诸如此类问题的系统研究必将会推进制药分离工程技术向更加深入、广阔的领域发展。

2. 研究非理想溶液中溶质与添加物料之间的选择性反应机制，以及系统外各物理因子对选择性的影响效应，从而研制高选择性的分离剂，改善对溶质的选择性。

3. 研究界面区的结构、控制界面现象和探求界面现象对传质机制的影响，从而指导改善具体单元操作及过程速度，如改善萃取或膜分离操作和结晶速度等。作为生化分离工程设计基础的热力学和动力学等基础理论几乎还是空白，常常依靠中试加以解决，所以必须加大力度开展这方面的研究。

4. 下游加工过程数学模型的建立。在化学工业中，数学模拟技术的使用已有多年的历史，但是在制药分离工程领域尤其是生物制药方面才刚刚开始，亟待发展和完善，急需获得合适的过程模拟软件，以对制药分离纯化过程进行分析、设计和技术经济评估等。

二、分离纯化的技术开发、技术集成

（一）技术开发

技术开发包括对技术新的应用领域的开拓，吸纳先进的技术和新型材料，探寻新的分离原理进而开发出新的分离技术，关于对工业生产过程中技术的开发等方面，详见 **EQ1-7 制药分离过程技术开发的主要内容**。

EQ1-7　制药分离过程技术开发的主要内容

（二）技术集成

1. 要正确对待"新""老"分离技术，努力推进多种分离、纯化技术的结合，也包括"新""老"技术的相互交叉、渗透与融合，形成所谓融合技术或称子代技术，以溶剂萃取和其他技术的集成为例，见图1-2，其较详细的解释和举例可参见 **EQ1-8 制药分离典型技术的发展程度及举例说明**。

EQ1-8　制药分离典型技术的发展程度及举例说明

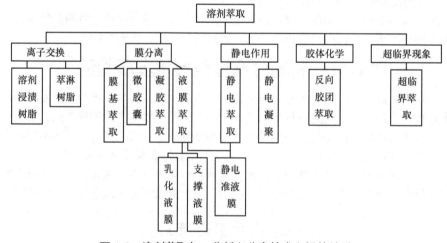

图 1-2　溶剂萃取与一些新兴分离技术之间的关系

2. 生物技术下游工程与上游工程相结合。发酵与分离耦合过程的研究是当今生物化学工程领域里的研究热点之一。这一技术思路，早在20世纪70年代，就开始应用于厌氧发酵——乙醇的发酵过程中，并取得了令人满意的效果，近年来逐步发展到用于好氧发酵过程中来。发酵-分离耦合过程的优点是可以解除终产物的反馈抑制效应，提高转化率，同时可简化产物提取过程，缩短生产周期，增加产率，收到一举数得的效果。

练习题

1-1 制药分离工程在制药工业中的地位和作用是怎样的？

1-2 制药分离纯化加工的一般工艺过程可分为几个阶段？有哪些主要的单元技术及其特点？

1-3 选择制药分离纯化技术时应该考虑哪些主要因素？为什么？

1-4 为什么需要综合运用多种分离纯化技术？工艺流程优化中应该考虑哪些主要问题？

1-5 在选择和优化制药分离纯化工业技术、工艺流程及设备过程中，除了技术方面的因素外，还应该考虑哪些非技术类因素？为什么？

1-6 列举几个制药生产过程中制药分离工程的应用实例。

1-7 制药分离工程技术未来的发展动向有哪些？

第二章　原料的预处理

1. 课程目标　了解中药及天然药物、化学制药等医药工业原料预处理基本方法。理解常规原料破碎、干燥等技术的基本原理和应用范畴，了解不同类型原料保存的基本方法。培养学生分析、解决制药生产初始阶段面对不同类型原料，选择不同预处理方案的复杂问题解决能力，使学生能综合考虑不同技术中环保、安全、职业卫生及经济方面的因素，从而能够选择或设计适宜的预处理工艺。

2. 重点和难点

重点：细胞破碎常规方法，不同原料干燥技术优缺点及应用范畴，掌握不同原料保存的基本原则。

难点：原料预处理环节活性化合物的活性保存方法。

第一节　概　述

为保证化学药物、中药与天然药物、生物制药新药的安全性、有效性和质量可控性，应对相关的原料进行必要的预处理，这属于药品生产环节中的粗加工范畴。就制药工业整体来看，制药原料的预处理主要包括以下内容：①中药及天然药物原料的清洗、精选、软化及切片或粉碎；②固体化学原料药的重结晶、沉析、萃取及液体化学原料药的精馏、萃取等预处理；③植物原料和化学制药原料的干燥；④原料保存中的保鲜和灭菌。

中药制药与化学制药生产相比，两者最大的不同在于其粗加工的对象不同，即使用的原料不同。由于中药材和天然药物的原料主要是来自天然的动物、植物和矿物等，产生了原料预处理过程的特殊性及材料来源质量的控制。由于产地药物原料净度标准缺乏或水平较低，药材的包装物、自身夹带的泥沙、灰尘等杂质均会严重影响原料质量。因此在生产前需要将其进行适当的清洗、浸润、切制、选制、炒制和干燥等，为有效成分的提取与中药浸膏的生产提供可靠的保证。

除中药（含天然药物）外，对于化学药物原料（原料药）与生物制药原料，国家亦制定了相关的药品生产质量管理规范（GMP）进行质量控制，如《化学药物原料药制备和结构确证研究的技术指导原则》《原料药质量研究及质量标准制定指导原则》《原料药的生产验证标准》《ICH 三方协调指南—原料药的优良制造规范（GMP）指南》《中国生物制品主要原辅材料质控标准》等。这些规范为药品原料预处理工艺设计、设备选型以及质量要求提供了明确的指南和充足的依据。

21 世纪以来，我国多次发生的药害事件（如 2006 年"齐二药"亮菌甲素注射液不良反应事件）都与药品原料的生产、采购、使用不规范有关，因此关注和重视制药原料的预处理是必要的，也是必需的。

第二节　中药及天然药物原料的预处理

一、清洗及净选

中药材（traditional Chinese medicinal materials）及饮片类原料的预处理是根据原药材或饮片

的具体性质，在选用优质药材基础上将其经适当的清洗、浸润、软化等预处理，进而通过切制、选制、炒制、干燥等工序加工成具有一定质量规格的中药材中间品或半成品。中药材预处理加工目的是生产各种规格和要求的中药材或饮片，同时也可为中药有效成分的提取与中药浸膏的生产提供可靠的保证。中药材包括植物药、动物药、矿物药三大类。其中，植物药和动物药为生物全体或部分器官、分泌物等，通常掺杂各种杂质；而矿物药多为天然矿石或动物化石，常夹有泥沙等。对不同类型的药材，采用的预处理方法也有所不同，如非药用部位的去除，包括去茎、去根、去枝梗、去粗皮、去壳、去毛、去核等方法来除去不作为药用的部位；杂质的去除，包括挑选、筛选、风选、洗、漂等方法来净化药材，利于准确计量和切制药材。

（一）原料的清洗

清洗是中药材预处理加工的必要环节，清洗的目的是除去药材中的泥沙、杂物。根据药材清洗的目的不同，分为水洗和干洗两种。水洗的主要设备是洗药机和水洗池（图2-1）。洗药机有喷淋式、循环式、环保式三种。干洗的主要设备是干式表皮清洗机，干洗可以避免水洗过程中有效成分的流失，清洗时应符合以下要求：①清洗药材用水应符合国家饮用水标准；②清洗厂房内应有良好的排水系统，地面不积水，易清洗，耐腐蚀；③洗涤药材的设备或设施内表面应平整、光洁、易清洗、耐腐蚀，不与药材发生化学反应或吸附药材；④药材洗涤应使用流动水，用过的水不得用于洗涤其他药材，不同的药材不宜在一起洗涤；⑤按工艺要求对不同的药材采用淘洗、漂洗、喷淋洗涤等方法；⑥洗涤后的药材应及时干燥。

（二）原料的净选

中药材在切制、炮制或调配、制剂前，均应选取规定的药用部位，除去非药用部位、杂质及霉变品、虫蛀品、灰屑等，使其达到药用的净度标准，称净选，经过净选后的中药材称净药材，主要净选设备有带式磁选机、变频风选机及净选机组等（图2-1）。净选时应注意：①检查需净选的中药材，并称量、记录；②净选操作必须按工艺要求分别采用拣选、风选、筛选、剪切、刮削、剔除、刷擦、碾串等方法，清除杂质或分离并除去非药用部分，使药材符合净选质量标准要求；③拣选药材应设工作台，工作台表面应平整，不易产生脱落物；④风选、筛选等粉尘较大的操作间应安装捕吸尘设施；⑤经质量检验合格后交至下一道工序或入净材库。

图 2-1 常见中药材预处理设备

A. 滚筒式洗药机；B. 风选机；C. 往复式切药机

二、切片与粉碎

（一）切片与粉碎的基本要求

药材的切片指将净选后的药材切成各种形状、厚度不同的"片子"，称为饮片（Chinese medicinal slices），根据其厚度规格可分为极薄片、薄片、厚片、斜片、直片、丝、段、块八种类型（表2-1），其目的是为了保证煎药或提取质量和效率，或者有利于进一步炮制和调配。类似切片，粉碎也是利用外来力量，克服物料的内聚力，将大颗粒固体物料变为小颗粒甚至微粉粒的工序。

粉碎的工作目的：①均化，使不同大小的颗粒粉碎成基本均匀的颗粒；②解离，使结合在一起的不同物质分离开来。

表 2-1 饮片规格和相关药材

类型	规格	适宜药材	药物举例
极薄片	厚度为 0.5mm 以下	木质类及动物、角质类	羚羊角、鹿角、苏木、降香等
薄片	厚度为 1～2mm	质地致密坚实、切薄片不易破碎	白芍、乌药、三棱、天麻等
厚片	厚度为 2～4mm	质地松泡、黏性大、切薄片易破碎	茯苓、山药、天花粉、泽泻、升麻、大黄等
斜片	厚度为 2～4mm	长条形而纤维性强	甘草、黄芪、鸡血藤等
直片（顺片）	厚度为 2～4mm	形状肥大、组织致密、色泽鲜艳，需突出其鉴别特征	大黄、天花粉、升麻、附子等
丝	细丝（2～3mm）宽丝（2～3mm）	皮类、叶类和较薄果皮	细丝：黄柏、厚朴、桑白皮等 宽丝：荷叶、枇杷叶、瓜蒌皮
段（咀、节）	长段（10～15mm）称节，短段称咀	全草类和形态细长，内含成分易于煎出	薄荷、荆芥、益母草、木贼、麻黄、党参等
块	边长为 8～12mm 的立方块	煎熬时易糊化，需切成不等的块状	阿胶丁等

根据药材粉碎细度，粉末等级划分如下：①最粗粉，能全部通过一号筛，但混有能通过三号筛不超过 20% 的粉末；②粗粉，能通过二号筛，但混有能通过四号筛不超过 40% 的粉末；③中粉，能全部通过四号筛，但混有能通过五号筛不超过 60% 的粉末；④细粉，能全部通过五号筛，并含能通过六号筛不少于 95% 的粉末；⑤最细粉，能全部通过六号筛，并含能通过七号筛不少于 95% 的粉末；⑥极细粉，能全部通过八号筛，并含能通过九号筛不少于 95% 的粉末。

（二）切片/粉碎的基本方法和工艺

1. 切片的基本方法和工艺 中药材常用的切片方法和工艺有切、镑、刨、锉、劈五种类型，由于机器切制还不能满足某些饮片类型的切制要求，故目前某些环节手工切制仍在使用（详见 **EQ2-1 切片的基本方法和工艺**）。

2. 粉碎的基本方法和工艺 中药材常用的粉碎方法与工艺有干法粉碎、湿法粉碎、低温粉碎和超细粉碎，其中干法粉碎所得药物的水分一般为 5% 以下，一般药物均采用干法粉碎；湿法粉碎主要针对非水溶性药材，如朱砂、珍珠、滑石粉等；低温粉碎采取的是降低温度，增加脆性的粉碎方法，适用于乳香、没药、人参、玉竹、牛膝等含糖分、黏液质、胶质较多的药材；超细粉碎的粉碎粒径达 5μm，系对原药进行细胞级粉碎，细胞破壁粉碎率达 95% 以上，其提取率随粉碎度的增加而大大加强（详见 **EQ2-2 粉碎的基本方法和工艺**）。

EQ2-1 切片的基本方法和工艺

EQ2-2 粉碎的基本方法和工艺

（三）切片/粉碎的主要设备

常用的药材切制加工设备：①往复式切药机（图 2-1），包括摆动往复式（或剁刀式）和直线往复式（或切刀垫板式）；②旋转式切药机，包括刀片旋转式（或转盘式）和物料旋转式（或旋料式）（图 2-1）。其中，剁刀式和转盘式切药机以其对药材的适应性强、切制力大、产量高、产品性能稳定的特点，被广泛应用于各制药企业，但切制不够精细。切刀垫板式和旋料式切药机是近几年来开发的新产品，具有切制精细、成形合格率高、功耗低的特点。

常用的药材粉碎设备一般分为机械式粉碎机、气流粉碎机、低温粉碎机和研磨机四大类。

1. 机械式粉碎机　是以机械方式为主，对物料进行粉碎的机械设备。它又分为齿式粉碎机（含冲击、剪切、碰撞、摩擦等作用）、锤式粉碎机（含锤击、碰撞、摩擦等作用）、刀式粉碎机（含剪切、碰撞、摩擦等作用）、涡轮式粉碎机（含剪切、碰撞、摩擦等作用）、压磨式粉碎机（含研磨、摩擦等作用）和铣削式粉碎机（含冲击、铣削、碰撞、摩擦等作用）六小类。

2. 气流粉碎机　是通过粉碎室内的喷嘴使压缩空气（或其他介质）形成超声速高湍流的气流束，变成速度能量，促使物料之间发生强烈的冲击、摩擦来达到粉碎效果的机械设备。

3. 低温粉碎机　是经低温（最低温度-70℃）处理，并对预先冷冻到脆化点以下的物料进行粉碎的机械设备。

4. 研磨机　是通过研磨体、研磨头和研磨球等介质的运动对物料进行研磨，使物料研磨成超细度产品或混合物的机械设备。它又分为球磨机、乳钵研磨机和胶体磨三小类。

第三节　动植物细胞的破碎

一、细胞破碎方法

微生物细胞很坚韧，Wimpenny 曾经指出，溶壁微球菌或藤黄八叠球菌内的渗透压大约为2.0MPa，可想而知耐受这一压力的细胞结构的牢固程度。破碎这样坚固的细胞壁和膜并释放出细胞内容物的方法，在过去的几十年中不断发展。Wimpenny 依据细胞破碎原理的不同对破碎方法进行了分类，见图 2-2。除机械法中高压匀浆器和珠磨机外，超声波法和非机械法大多处在实验室应用阶段，其工业化的应用还受到诸多因素的限制，因此人们还在研究新的破碎方法，如激光破碎法、高速流撞击法、冷冻-喷射法等。

细胞破碎是生物加工过程一个必要的早期步骤。它是指用机械、化学、物理和微生物学方法打破细胞壁和细胞膜，使产物从细胞中释放出来的过程。细胞破碎技术使细胞内物质释放到液相中成为溶质或胶质，这样释放出来的物质有比原来完整细胞小得多的堆积体积，因此减少了干燥费用。此外，发酵液中固体的物理性质将被改变，可增加表观密度和防止形成不透水的填充层将滤器堵塞。细胞的破碎方法根据是否外加作用力可分为机械法与非机械法两大类。机械法主要是靠均质作用和球磨碾磨作用，细胞遭受强大的机械剪切力而被破碎，不仅在实验室而且在工业中均得到广泛应用。

机械破碎法（mechanical crushing method）主要有固体剪切破碎法和液体剪切破碎法。固体剪切破碎法是将细胞悬浮液和固体颗粒（如珠子或球粒）混合在一起进行强力搅拌，借助于包括碾磨过程在内的作用，实现细胞的破碎。机械操作时，发热是一个主要问题，可更多地借助于非机械方法来解决。非机械法包括物理、化学和生物的方法。化学法和物理法是借助渗透压、洗涤剂增溶或者有机溶剂溶解，使细胞壁破碎或变脆弱。该类方法比较温和，使产品不易发生不可逆性变性，方法的放大也容易。如果要处理 10 倍的生物物质，只需用 10 倍的化学试剂就可以了。

细胞的化学破碎和酶解法在技术上可运用于多种操作水平，在一定条件下可较大规模地用以获得许多产品。化学处理带来的主要问题是成本问题、可能存在的毒性问题，以及化学物质的回收问题。许多微生物酶可用于破碎微生物和植物细胞的外壁，因此有利于打破细胞膜。但是，消化酶相当昂贵，并且难以在工业规模中加以回收。

图 2-2 中给出的各种可利用的细胞破碎技术，虽然均可用于实验室，但真正适合大规模回收过程应用的却很少。大规模细胞破裂方法的选择取决于：①细胞对破裂处理的敏感性；②产物特有的稳定性；③从细胞碎片中分离产物的难易程度；④方法的速度；⑤工艺成本。

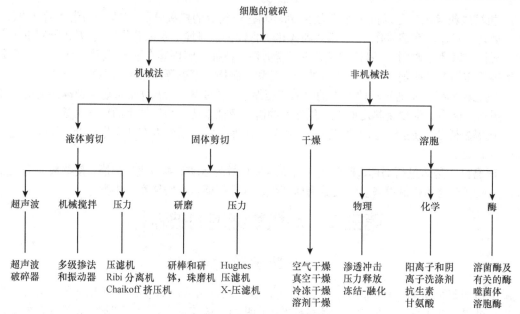

图 2-2 细胞破碎方法分类

（一）高压匀浆法

高压匀浆法（high pressure homogenization）属于液体剪切破碎方法之一，是借助于高压匀化作用的液体剪切作用使细胞破碎。高压匀化过程是通过碰撞、剪切、空化和高速作用的综合效应来起作用。

1. 基本原理和特点 Manton Gaulin 高压匀浆器是常用的设备，它由可产生高压的正向位移泵和一个可调节放料速度的排出阀组成。图 2-3 为高压匀浆器的排出阀结构简图，细胞浆液通过止逆阀进入泵体内，在高压下迫使其在排出阀的小孔中高速冲出，并射向撞击环。由于突然减压和高速冲击，使细胞受到高的液相剪切力而破碎。在操作方式上，可以采用单次通过匀浆器或多次循环通过等方式，也可连续操作。为了控制温度的升高，可在进口处用干冰等调节温度，使出口温度控制在 20℃左右。在工业规模的细胞破碎中，对于酵母等难破碎的及浓度高或处于生长静止期的细胞，常采用多次循环的操作方法。

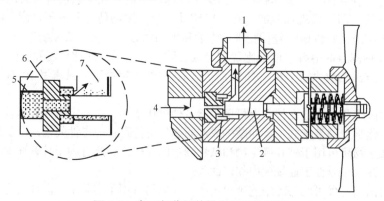

图 2-3 高压匀浆器的排出阀结构简图

1. 出阀口；2. 阀体；3. 撞击环；4. 入阀口；5. 细胞悬浮液；6. 阀座；7. 匀浆

2. 温控与能耗 研究表明蛋白质和酶的失活主要由匀浆过程中产生的热引起。如果能将温度控制在35℃以下，那么酶活性损失可以忽略。对于温度敏感性物质，低温操作是必需的。高压匀浆一般需多级操作，每次循环前往往进行级间冷却。尽管提高压力有利于细胞破碎，但是提高压力需增加能耗（3.5kW／100MPa），同时移走产生的热量（23.8℃／100MPa）需要付出代价。机械破碎的能耗主要包括提供动力（如压力）消耗的能量及低温操作消耗的能量。

3. 适用对象　除了较易造成堵塞的团状或丝状真菌及较小的革兰氏阳性菌不适宜用高压匀浆器处理以外，其他微生物细胞都可以用高压匀浆法破碎。另外有些颗粒物质[如包含体（inclusion body）]质地坚硬，易损伤匀浆阀，也不适合用该法处理。但最近也有人在实验室用高压匀浆器研究真菌和含有包含体的大肠杆菌的破碎。

4. 胞内物质释放特性及影响因素　内含物全部释放出来，破碎的难易程度无疑由细胞壁的机械强度决定，而胞内物质的释放快慢则由内含物在胞内的位置决定。例如，胞间质（periplasm）的释放先于胞内质（cytoplasm），而膜结合酶（membrane-bound enzyme）最难释放。影响破碎的主要因素是压力、温度和通过匀浆器阀的次数。升高压力有利于破碎，它表明可以减少细胞的循环次数，在不明显增加通过量的情况下，甚至一次通过匀浆阀就可达到几乎完全的破碎，这样就可避免细胞碎片过小，从而有利于随后的细胞碎片分离。Brokman等已研究了能适于高压操作的匀浆阀，试验表明在约175MPa的压力下，破碎率可达100%，但是也有试验表明当压力超过一定值后，破碎率增长得很慢。在工业生产中，通常采用的压力为55～70MPa。

（二）高速珠磨法

1. 基本结构及原理　高速珠磨法（high-speed bead mill）被认为是最有效的一种细胞机械破碎方法。珠磨法破碎的机制主要是：微生物细胞悬浮液与极细的研磨剂（通常是直径小于1mm的无铅玻璃珠）在搅拌桨作用下充分混合，珠子之间及珠子和细胞之间的互相剪切、碰撞，促使细胞壁破裂，释放出内含物。在液珠分离器的作用下，珠子被滞留在破碎室内，浆液流出，从而实现连续操作。破碎中产生的热量由夹套中的冷却液移走。两种典型型号珠磨机的结构示意图如图2-4所示。

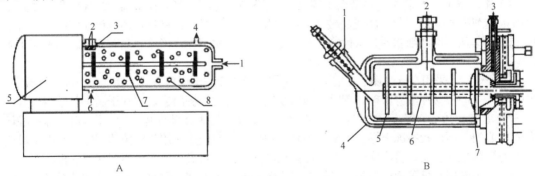

图2-4　两种型号珠磨机的结构示意图

A. 水平搅拌式珠磨机结构（1. 细胞悬浮液；2. 加工后的细胞匀浆；3. 液珠分离器；4. 冷却液出口；5. 搅拌电机；6. 冷却液进口；7. 搅拌器；8. 玻璃珠）；B. 卧式珠磨机结构（1. 细胞悬浮液进口；2. 微珠加入口；3. 破碎细胞出口；4. 冷却剂夹套；5. 碟片；6. 分离碟片；7. 动力分离器）

2. 效率的影响因素　影响珠磨机效率的因素有多种，包括珠磨机自身的结构参数及操作参数。当珠磨机结构确定后，某些操作参数如转速、进料速度、珠子直径与用量、细胞浓度、冷却温度等可以调节。这些参数有各自的变化规律，同时也相互联系。如进料速度的增加虽然能够降低破碎单位质量细胞的能耗，但也会降低细胞的破碎率。珠磨机是采用夹套冷却的方式实现温度控制的，一般情况下能够将温度控制在要求的范围内。珠磨破碎的能耗与细胞破碎率成正比。提高破碎率，需要增加装珠量，或延长破碎时间，或提高转速，这些措施不仅增加电能消耗，而且会产生较多的热量，引起浆液温度升高，因此总能量消耗增加。实验表明，破碎率大于80%时，能耗大大提高。

（三）超声波法

声频高于15～20kHz的超声波在高强度声能输入下可以进行细胞破碎，其破碎机制尚未完全清楚，可能与空化现象（cavitation phenomena）引起的冲击波和剪切力有关。空化现象是指在强声波作用下，气泡形成、长大和破碎的现象。超声破碎（ultrasonication）的效率与声频、声能、处理时间、细胞浓度及菌种类型等因素有关。超声破碎在实验室规模应用较普遍，处理少量样品时操作简便，液量损失少。但是超声波产生的化学游离基团能使某些敏感的活性物质变性失活，可以通过添加游离基清除剂如胱氨酸、谷胱甘肽，或者用氢气预吹细胞悬浮液来缓解。破碎时的噪声很大，而且大容量装置声能传递、散热均有困难，因而超声破碎的工业化应用潜力有限。

采用超声波处理方法来破碎细菌的细胞壁，其处理的效果与原料的浓度、使用频率有关。在基因工程生产人胰岛素原过程中，用大肠杆菌提取人胰岛素原，用10～200mg菌体浓度，须在1～10kHz的频率下处理10～15分钟；对其他细菌，则视具体情况而定。在操作过程中一定要注意避免溶液中存在气泡。酶和核酸对超声波比较敏感，要慎重使用，防止产品降解。

（四）其他方法

1. 物理方法

（1）渗透冲击法（osmotic shock）：细胞破碎的几种主要非机械方法中，最简单的方法是渗透冲击法。该方法是将细胞放在高渗溶液中，由于渗透压作用，细胞内水分向外渗出，细胞发生收缩，当达到平衡后，将介质快速稀释或将细胞转入水或缓冲液中，由于渗透压发生突然变化，胞外的水分迅速渗入细胞内，使细胞快速膨胀。

（2）冻结-融化法：将细胞在低温（约-15℃）下急剧冷冻，然后在室温中缓慢融化。如此反复多次，使细胞壁破裂。冻结-融化法破壁的机制有两点：一是在冷冻过程中会促使细胞膜的疏水键结构破裂，从而增加细胞的亲水性能；二是冷冻时胞内水结晶，形成冰晶粒，引起细胞膨胀而破裂。

（3）干燥法：采用空气干燥、真空干燥、喷雾干燥和冷冻干燥等方式，使细胞膜渗透性改变，当用丙酮、丁醇或缓冲液等溶剂处理时，胞内物质就容易被抽提出来。空气干燥主要适用于酵母菌，一般在25～30℃的气流中吹干，然后用水、缓冲液或其他溶剂抽提。空气干燥时，部分酵母可能产生自溶，所以较冷冻干燥、喷雾干燥容易抽提。真空干燥适用于细菌的干燥；冷冻干燥适用于较稳定的生化物质，将冷冻干燥后的菌体在冷冻条件下磨成粉，然后用缓冲液抽提。

此外，还能用有机溶剂如丙酮、二氧六环（dioxane）等使细胞脱水，如将菌体悬浮液慢慢倒入10倍体积（预冷至-20℃）的丙酮中搅拌，使之脱水。丙酮除能脱水外，还能溶解除去膜上部分脂质，所以更容易抽提。干燥法条件变化较剧烈，容易引起蛋白质或其他组织变性。

2. 化学方法

（1）增溶溶解作用（solubilization）：表面活性剂分子中兼有亲脂性和亲水性基团，可降低水的表面张力，具有乳化、分散、增溶作用。在生产中常用十二烷基硫酸钠（SDS）、氯化十二烷基吡啶和去氧胆酸钠，处理原料和分离纯化产品。化学法破碎细胞的一种重要方法，就是利用表面活性剂或洗涤剂进行增溶溶解，也称为表面活性剂破胞法。具体的做法是：把浓缩的洗涤剂溶液加入细胞中，于是洗涤剂破坏了细胞壁，使细胞内容物释出；待除去细胞的碎片之后，就可进行提取和提纯等工作。

（2）脂类物质的溶解（lipid dissolution）：这种方法操作很简单，加入某些有机溶剂，其被细胞壁脂质层吸收后会导致细胞壁膨胀，最后造成细胞壁的破裂，细胞内的产物就可释放到水相中。可处理的菌体有无色杆菌、芽孢杆菌、梭菌、假单胞杆菌等菌体。只要向细胞悬浮液内加入约为生物物质10%体积的甲苯，甲苯随即被吸入细胞壁的脂类物质内，并使细胞壁肿胀和破裂。一般选用具有与细胞壁中脂质类似的溶解度参数的溶剂作为细胞破碎用的溶剂。

（3）碱法处理：利用碱的皂化作用使细胞壁增溶，从而使细胞破碎。尽管碱法处理的费用十分低廉，但反应剧烈，无选择性，并且要求碱的浓度很高，因此会引起细胞内含物的变性，从而破坏产品。因此，该法在工业生产中的应用很受限制。

必须注意，不论使用什么方法破碎细胞壁，都要在一定的稀盐溶液或缓冲液中进行，同时还要加入保护剂，防止生化物质变性、降解和破坏。

3. 生物法

（1）外加溶菌酶处理：溶菌酶是一种专一水解细胞壁的酶。处理微生物常用溶菌酶，对于植物细胞常用溶菌酶、蜗牛酶和纤维素酶混合处理。使用一种溶菌酶酶法裂解恶臭假单胞菌提取链烷烃羟化酶已获得成功。如用噬菌体感染大肠杆菌细胞提取DNA时，采用pH为8.0的0.1mol/L三羟甲基氨基甲烷（Tris），0.01mol/L乙二胺四乙酸（EDTA）制成每毫升含2亿个细胞的悬浮液，然后加入0.1~1.0mg的溶菌酶，在37℃下保温10分钟，细菌胞壁即被水解。单一酶不易降解细胞壁，需要选择适宜的酶及酶反应系统，确定特定的反应条件，并结合其他的处理方法，如辐照、加入高浓度盐及EDTA，或利用生物因素促使生物对酶解作用敏感等。

（2）自溶法：利用微生物自身产生的酶来溶菌，而不需外加其他的酶。在微生物代谢过程中，大多数都会产生一种能水解细胞壁上聚合物的酶，以便生长过程继续下去。有时改变其生长环境，可以诱发产生过剩的这种酶或激发产生其他的自溶酶，以达到自溶的目的。影响自溶过程的因素有温度、时间、pH、缓冲液浓度、细胞代谢途径等。微生物细胞的自溶常采用加热或干燥法。

（3）抑制细胞壁合成：该方法能导致类似于酶解的结果。某些抗生素如青霉素或环丝氨酸等，能阻止新细胞壁物质的合成。但是抑制剂的加入时间应在发酵过程中细胞生长后期，只有当抑制剂加入后，生物合成和再生还在继续进行时，溶胞的条件才是有利的，因为在细胞分裂阶段，细胞壁就已产生缺陷，从而起到溶胞作用。

二、细胞破碎评价及应用案例

（一）细胞破碎评价

细胞破碎效果的评价，主要以细胞破碎率来定量表征，这对于破碎工艺的选择、工艺放大和工艺条件优化等有着非常重要的作用。

细胞破碎率定义为被破碎细胞的数量占原始细胞数量的百分比，即

$$S = \frac{N_0 - N}{N_0} \times 100\% \tag{2-1}$$

由于 N_0（原始细胞数量）和 N（经时间 t 操作后保留下来未损害的完整细胞数量）难以很清楚地确定，因此破碎率的准确评价非常困难。目前 N_0 和 N 主要通过直接和间接两种方式获得。

1. 直接计数法　最常用的细胞破碎效果检测的方法是通过显微镜直接观察，统计破碎前后单位液体中完整细胞或活细胞的个数，从而依据式（2-1）计算出细胞破碎率。

（1）平板计数：直接对适当稀释后的样品进行计数，可以通过平板计数技术或在血细胞计数器上通过显微镜观察来进行染色细胞的最终计数。平板计数技术需时长，而且只有活细胞才能被计数，不活的完整细胞虽大量存在却不能计数，因此会产生很大的误差。如果细胞有团聚的倾向，则误差更大。

（2）显微镜计数：显微镜计数相对平板计数来讲快速而简单，但是，非常小的细胞不仅给计

数过程带来困难，而且也很难区分未损害的完整细胞与略有损害的细胞，这时可采用涂片染色的办法来解决计数问题。在使用对比相的情况下，活细胞、死细胞和破碎细胞很容易辨认：活细胞呈现亮点，而死细胞和破碎细胞则呈现为黑影。该方法主要的困难是寻找一种合适、可用的细胞染色技术。

2. 间接计数法 间接计数法是在细胞破碎后，测定悬浮液中细胞破碎释放出来的可溶性化合物如蛋白质、酶等的量 R，再将其与所有细胞破碎时该化合物的最大释放量 R_{max} 进行对比，从而计算出细胞破碎率。通常是将破碎后的细胞悬浊液离心分离去除完整细胞和细胞碎片等固体物，然后对上清液进行物质含量或活性的定量分析，并与100%破碎所获得的标准数值比较。例如，用 Lorry 法测量细胞破碎后上清液中的蛋白质含量，可以估算细胞的破碎程度，也可以用离心细胞破碎液观察沉淀模型的方法来确定细胞破碎率，完整的细胞要比细胞碎片先沉淀下来，并显示不同的颜色和纹理。对比两项，可以估算出细胞破碎率。

（二）细胞破碎应用案例

如上所述，细胞破碎的方法有很多，选择破碎方法时，需要考虑下列因素：细胞的数量和细胞的生理强度；产物对破碎条件（温度、化学试剂、酶等）的敏感性；要达到的破碎程度及破碎所需要的速度等。具有大规模应用潜力的生化产品应选择适于放大的破碎技术，同时还应把破碎条件和后面的提取步骤结合起来考虑。一般原则为：若提取的产物在细胞质内，需用机械法；若在细胞膜附近则可用较温和的非机械法；若提取的产物与细胞膜或细胞壁相结合时，可采用机械法和化学法相结合的方法，以促进产物溶解度的提高或缓和操作条件，但保持产物的释放率不变。另外，为了解决破碎过程中敏感性物质失活、杂蛋白太多及碎片的去除问题，细胞破碎技术研究还应注意其他一些因素。在固-液分离过程中，细胞碎片的大小是重要影响因素，太小的碎片很难分离除去，因此，破碎时既要获得高的产物释放率又不能使细胞碎片太小。如果在碎片很小的情况下才能获得高的产物释放率，这种操作条件就不合适。最佳的细胞破碎条件应该从高产物释放率、低能耗和便于后续处理这三方面进行综合权衡。

案例 2-1：紫球藻细胞破碎方法研究

紫球藻（*Porphyridium cruentum*）是一种单细胞海洋微藻，分布于海水、淡水及咸水中。紫球藻含有丰富的高价值生物活性物质，其中最引人注目的是其含有的丰富的藻红蛋白、高不饱和脂肪酸（HUFA）和多糖等。藻红蛋白作为一种捕光色素蛋白，具有性质稳定、荧光量子产率高、背景干扰小等特点，可作为荧光探针用于临床，同时，藻红蛋白还可作为理想的天然色素用于食品行业、化妆品行业、染料行业等。

问题： 紫球藻藻红蛋白为胞内产物，如何高产率地提取藻红蛋白？

案例 2-1 分析讨论：

已知： 目前用于藻红蛋白提取分离过程中的细胞破碎方法主要有反复冻融法、化学试剂处理法、超声波法、高压组织法、溶胀法等。

找寻关键： 采用何种有效的藻类细胞破碎方法，是直接影响藻红蛋白提取率的关键因素之一。

工艺设计： 采用反复冻融法和超声波法分别对不同密度的紫球藻细胞进行了破碎研究，并通过细胞计数和藻红蛋白含量测定的手段对两种方法所得细胞破碎效率进行了比较。

反复冻融法： 将 3 种不同密度的紫球藻液分别在-10℃、-20℃、-30℃温度下进行冻融，采用每次冷冻 8h，再于 37℃温水浴中融解 5min，共反复 6 次的方法。以冻融前后完整细胞个数比计算细胞破碎率。

超声波法： 将 3 种不同密度的紫球藻液分别在 4 种不同的实验条件下进行细胞破碎，以破碎前后显微镜下观察的完整细胞个数比计算细胞破碎率，具体实验方案如表 2-2 所示。

表 2-2　超声波法破碎细胞实验方案

	占空比（%）	输出功率（W）	时间（min）
方案一	20	135	10
方案二	20	140	10
方案三	50	150	20
方案四	50	150	30

注：占空比指超声与间歇在定长时间内的比值。

结果：反复冻融法破碎细胞结果见表 2-3，在相同温度下不同密度藻液的细胞破碎率变化不大，可以认为一定密度范围对细胞破碎率的影响不大。而在同一密度下，温度对细胞破碎率的影响很大。随着冻融温度的降低，细胞破碎率明显增大，$-20℃$时破碎率在 50%左右，$-30℃$时破碎率可达 70%左右。

表 2-3　反复冻融法细胞破碎率

温度（℃）	0.665g/L 破碎前细胞数（×10⁴）	破碎后细胞数（×10⁴）	破碎率	0.333g/L 破碎前细胞数（×10⁴）	破碎后细胞数（×10⁴）	破碎率	0.266g/L 破碎前细胞数（×10⁴）	破碎后细胞数（×10⁴）	破碎率
-10	232	160	31.0	136	96	29.7	90	65	27.8
-20	478	249	47.9	272	145	46.7	230	116	49.5
-30	478	139	71	278	86	69.2	230	64	72.2

超声波法破碎细胞结果见表2-4，同一实验方案下，藻液密度对细胞破碎率的影响不大，这与反复冻融法的实验结果一致。随着破碎时间的延长，细胞破碎率明显增大，当破碎时间为10min时破碎率仅为 45%左右，而破碎时间增加到 20min 时破碎率几乎增加一倍，达到 85%左右。

表 2-4　超声波法细胞破碎率

浓度（g/L）	方案一（%）	方案二（%）	方案三（%）	方案四（%）
0.665	44.7	47.6	83.4	87.4
0.333	43.9	45.0	83.0	86.0
0.266	45.0	46.8	84.2	87.2

评价：超声波法对细胞的破碎率明显高于冻融法，其中占空比和破碎时间两个因素对细胞的破碎率影响较大，在占空比为 50%、输出功率为 150W，时间为 30min 的条件下，紫球藻细胞的破碎率可达到 87.4%，并且随着细胞破碎率的提高，藻红蛋白的提取量也明显增加。

学习思考题（study questions）

SQ2-1 可否将超声波法和反复冻融法结合用于紫球藻藻红蛋白的提取，如何利用现有设备设计工艺？

第四节　化学原料药的预处理

一、固体原料药

在规模化预处理一般化学原料药的技术/工艺方面，结晶都不失为一种常用、重要、简便地提高原料药纯度和除去其中共存杂质的有效手段。结晶与沉析均可对应为固体从溶液中析出的过程，一般将析出物为晶体的析出过程称为结晶，而析出物为非晶体的析出过程称为沉析。溶液结晶一般是通过蒸发溶剂或者冷却降低溶解度来进行，沉析多为通过加入其他物质改变溶解度而得到。沉析可用于原料的初步分离，结晶则可用于其进一步纯化。可以直接将原料药在合适的溶剂中以合适的浓度、温度在结晶罐（图 2-5）中结晶，对于不易结晶的原料药亦可以将其简单衍生化后再进行结晶（如用酸／碱成盐的方法）。一个好的溶剂在沸点附近对结晶物质溶解度高而在低温下对结晶物质溶解度又很小。二甲基甲酰胺（DMF）、苯、二氧六环、环己烷在低温下接近凝固点，溶解能力很差，是理想溶剂。乙腈、氯苯、二甲苯、甲苯、丁酮、乙醇也是理想溶剂。结晶过程中，一般是溶液浓度高，降温快，析出结晶的速度也快些。但是其结晶的颗粒较小，杂质也可能多些。若自溶液中析出的速度太快，超过化合物晶核形成分子定向排列的速度，往往只能得到无定形粉末。若溶液太浓，黏度大反而不易结晶。如果溶液浓度适当，温度慢慢降低，有可能析出晶体较大而纯度较高的结晶。有的化合物其结晶的形成需要较长的时间。此外固体原料药也可以用制备色谱法进行精制，即利用有效成分和共存杂质物理化学性质的差异（如吸附力、分子形状及大小、分子亲和力、分配系数等），使其在固定相和流动相中的分布程度不同，从而使各组分以不同的速度移动而达到纯化原料药的目的。

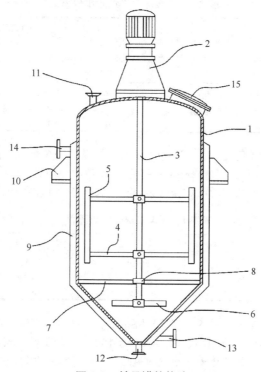

图 2-5　结晶罐的构造

1. 罐体；2. 搅拌电机；3. 搅拌轴；4. 上部搅拌桨；5. 搅拌桨刮片；6. 下部搅拌桨；7. 搅拌轴固定支架；8. 推力轴承；9. 夹套；10. 支座；11. 进料口；12. 出料口；13. 进水口；14. 出水口；15. 人孔

二、液体原料药

对于液态原料药可以通过精馏的方法进行提纯，从而与不同沸点的液态杂质分开。在整个精馏过程中，气-液两相逆流接触，进行相际传质。液相中的易挥发组分进入气相，气相中的难挥发组分转入液相。对不形成恒沸物的物系，只要设计和操作得当，馏出液将是高度集中的易挥发组分，精馏塔塔底产物将是高度集中的难挥发组分。

此外，固、液态化学原料药还可以适当采用萃取的方法进行预处理。萃取系利用原料药溶质组分与共存的有机／无机杂质在两个互不混溶的液相（如水相和有机溶剂相）中的竞争性溶解和分配性质上的差异来进行分离的操作。采用简单的分离操作即可将含有较多原料药中有用成分的一相与含有较多杂质的另一相分开，再通过回收溶剂的环节即可有效提高原料药纯度，该法目前已在制药工业中得到广泛应用。

第五节　原料药的干燥

一、植物原料药的干燥

切制好的药材或饮片应及时干燥，否则容易霉烂变质，另外饮片干燥后便于称量。需要注意：①根据药材性质和工艺要求选用不同的干燥方法和干燥设备，但不能露天干燥；②除另有规定外，干燥温度一般不宜超过80℃，含挥发性物质的不超过60℃；③干燥设备及工艺的技术参数应经验证确认；④干燥设备进风口应有适宜的过滤装置，出风口应有防止空气倒流的装置。

另外值得一提的是，对主要含有糖类和苷类活性物质的中药材，为防止贮存过程中新鲜药材中共存的生物酶将其水解而降低药效，在其他工序之前必须首先采取一定的杀酶工序。常用方法有高温、微波、放射线、酸碱处理、高浓度乙醇灭活等，上面所介绍的炮制工艺由于可以提供高温，所以在某些情况下亦可以起到杀酶的作用。

常用植物原料药的干燥设备有以下几种：

（1）烘干箱：以蒸汽、燃油或燃气为热源，热风炉为螺旋结构，以避免燃烧的烟气污染药材。烘干箱为敞开式结构，干燥速度快，进出物料极为方便，易清洗残留物料。适合小批量多品种生产，具有风干功能。因此，特别适合饮片干燥。

（2）带式干燥机：由若干个独立单元组成，每个单元包括循环风机、加热装置、单独或公用的新鲜空气抽入系统和层气排除系统。因此，干燥介质数量、温度、湿度和尾气循环量等操作参数可进行独立控制，从而保证带式干燥机工作的可靠性和操作条件的优化。带式干燥机操作灵活，湿物料进料、干燥过程在完全密封的箱体内进行，劳动条件较好，可避免粉尘外泄。对干燥物料色泽变化和水分含量均至关重要的某些干燥过程来说，带式干燥机非常适用。缺点是占地面积大，运行时噪声较大。

（3）远红外线辐射干燥机：将电能转变为远红外线辐射能。其特点是干燥速度快，药物质量好，具有较强的杀菌、杀虫及灭卵能力，节约能源，造价低，便于自动化生产，减轻劳动强度。近年来远红外干燥（far-ultrared drying）在原料药、饮片等脱水干燥及消毒过程中都有广泛应用，并能较好地保留中药成分。

（4）微波干燥机：微波干燥（microwave drying）系指将微波能转变为热能使湿物料干燥的方法。其具有干燥速度快、时间短、加热均匀、产品质量好、热效率高等优点。由于微波能深入物料内部，干燥时间是常规热空气加热时间的1%～10%，所以对中药中的挥发性物质及芳香性成分而言损失较少。

二、化学原料药的干燥

化学原料药的干燥主要包括除去固体、液体原料中的水分和有机溶剂等，与中药材的干燥相比大同小异，要求相对简单。可以选用的干燥设备主要有以下几种：

（一）真空回转干燥器

真空回转干燥器源自双锥混合器，多为圆柱形器身、两头锥形，俗称双锥干燥器。锥体中部有两中空悬轴，用以设备旋转支撑和真空、热水的通道。化学原料药在干燥器中边干燥边转动，对整批原料药的均一性有良好保证。热介质由一端中空管进入夹套，干燥器内的热气从另一端中空管中的排气管排出，并经冷凝回收挥发的溶剂。该设备已成为中小型抗生素原料药企业的首选干燥器，像青霉素、林可霉素、金霉素等生产都可选用。

（二）真空干燥箱

真空干燥箱为较古老的干燥装置，箱内被加热板分成若干层。加热板中通入热水或低压蒸汽作为加热介质，将铺有待干燥原料药的料盘放在加热板上，关闭箱门，箱内用真空泵抽成真空。加热板在加热介质的循环流动下将原料药加热到指定温度，水分即开始蒸发并随着抽真空逐渐被抽走。此设备易于控制，可冷凝回收被蒸发的溶剂，干燥过程中药品不易被污染，可以用在药品干燥、包材灭菌及热处理上。

（三）三合一设备

三合一设备指把过滤、洗涤、干燥三道工序合在同一设备中进行，在医药行业非常具有代表性，这种设备在20世纪90年代以后发展迅速。由于设备形式不同，又可分为带式、罐式、离心式等几种类型，带式又有步进式和连续式两种，主要是滤带的前进方式不同，工作流程完全相同。物料由加料器均匀地铺在滤带上，滤带由传动装置拖动在干燥机内移动。在洗涤、过滤段进行溶剂洗涤，真空冷抽回收溶剂母液；干燥段热空气进入，真空排除并冷凝回收溶剂。此设备用于大产量成批生产，适用于透气性较好的颗粒物料的干燥，成品干燥均匀，在我国维生素C和青霉素行业应用很广。

（四）喷雾干燥器

喷雾干燥器的干燥过程类似于气流干燥。空气初滤后由加热器加热，产生的热空气经若干级过滤（按药品等级选用），然后于干燥室顶部蜗壳通道由热风分配器产生均匀旋转的气流进入干燥室内。物料经过滤通过离心式雾化盘或压力喷嘴，产生分散、微细的料雾，料雾与旋转的热空气接触，水分迅速蒸发，在极短的时间内物料得到干燥。此设备适用于溶液、乳浊液、悬浊液、糊状液等流动性好的液状物料干燥。现在原料药行业中，链霉素、庆大霉素和多种生物提取物的干燥都可选用此设备。

（五）气流干燥装置

气流干燥适用于易脱水的颗粒、粉末状物料，可迅速除去物料水分（主要是表面水分）。在气流干燥中，由于物料在干燥器内停留时间短，因此干燥成品的品质得到了最佳控制。湿物料通过加料器与热气流充分混合，干燥的同时在风力吸引下进入干燥管进一步均匀干燥。风力无法吸引的湿重颗粒在干燥器内继续被撞击、破碎、干燥，直到能被风吸起进入干燥管，干燥管末端为旋风分离器。此设备在制药行业主要用于土霉素和部分保健品的生产。

（六）沸腾床

物料从沸腾床的床身上部加入，热风从底部吹入，并穿过多孔分布板与一定料层厚度的物料接触，物料呈流化、沸腾状态，在气流中上下翻动、互相混合与碰撞，气固之间接触面积大，进行剧烈的传热、传质，较大地提高了干燥速度和干燥效率，是一种理想的干燥设备。对一些较湿的物料可一次干燥达到要求的水分指标。流化沸腾状态时热效率高，停留时间可以调节，易于得到低水分的成品。大小颗粒在床面上可得到分级，粗粒可从床身排出，细粉由集尘器排出。针对有的物料，布袋除尘可做在主机内（内置式），节约占地面积，且结构简单，投资少。此设备适用于粉、颗粒和丝、条状物料干燥，设备全密闭，可以进行在线清洗和灭菌，在制药行业中抗生素和半合成抗生素的生产上应用很广。

（七）真空冷冻干燥机

真空冷冻干燥机适用于热敏性或易氧化药品的干燥，俗称冻干机，主要包括冻干箱、真空系统、加热系统、制冷系统等。按搁板面积可分为小型实验冻干机、中型生产冻干机、大型工业生产冻干机。原料药和制剂药的干燥应用冻干机有很多，主要要求其可靠性高，灭菌功能齐全，同一搁板内和板层间的温差不大于 1.5℃，这也就要求搁板的平整度必须好。用此设备干燥原料药时，为保证产品的均一性，最好增加混粉器。氨苄西林、大量血制品、人工培养药物、抗体、疫苗等生产大多选用冻干机。

（八）流化床

此类设备有单层流化床、多层流化床、卧式多室流化床、脉冲流化床、旋转快速干燥器、振动流化床、离心流化床和内热式流化床等，药品干燥受流动性影响大的多选用振动流化床。干燥器由振动电机产生激振力使机器振动，物料在给定方向的激振力作用下跳跃前进，同时床底输入热风使物料处于流化状态，物料颗粒与热风充分接触，进行剧烈的传热传质过程，此时热效率最高。上腔处于微负压状态，湿空气由引风机引出，干料由排料口排出，从而达到理想的干燥效果。此设备流化均匀，无死角，温度分布均匀，热效率高。适用于颗粒、粉、条、丝、梗状物料干燥，像淀粉、葡萄糖及很多大批量生产的药用中间体均可选用。

第六节　原料药的保存

一、原料药保存的基本要求

关于化学原料药、中药材、生物制品的保存应达到以下基本要求：

（1）包装贮存前应再次检查、清除劣质品及异物，包装器材（袋、盒、箱、罐等）应是无污染、新的或清洗干净、干燥、无破损，包装应有批包装记录，内容有品名、批号、规格、重量、产地、工号、日期。

（2）易破碎的药品原料应装在坚固的箱盒内；剧毒、麻醉、珍贵药材应特殊包装，并贴上相应的标记，加封。

（3）原料药批量运输时，不应与其他有毒、有害物质混装；运载容器应具有较好的通气性，以保持干燥，遇阴雨天应严密防潮。

（4）原料药仓库应通风、干燥、避光，最好有空调及除湿设备，地面为混凝土或可冲洗，并具有防鼠、防虫设施；原料包装应存放在货架上，与墙壁保持足够距离，并定期抽查，防止虫蛀、霉变、腐烂、泛油等现象发生。

此外在应用传统贮藏方法的同时，还应注意选用现代贮藏保管新技术、新设备，如冷冻气调，辐照法及国家食品、粮食仓储法中允许使用的药剂消毒。下面即对于原料药保存中的主要问题——保鲜和灭菌进行简单介绍。

二、原料药的保鲜、灭菌技术及应用案例

（一）原料药的保鲜

对于暂不投入生产、对热不稳定的中药材、化学原料药及生物制品，都需要采取低温冷藏的方式进行适当保存，否则如蛋白质、微生物之类的原料药可能会发生变性或失去生物活性。因此需要借助人工制冷的方法让固定的空间达到规定的温度，使得原料药易于在较长时间内存放。最常用的是压缩式冷藏机，其主要由压缩机、冷凝器和蒸发管等组成。按照蒸发管安装的方式又可

分直接冷却和间接冷却。直接冷却是将蒸发管安装在冷藏库房内，液态冷却剂经过低压蒸发管时，直接吸收库房内的热量而降温；间接冷却是由鼓风机将库房内的空气抽吸进空气冷却装置，空气被盘旋于冷却装置内的蒸发管吸热后，再送入库房内而降温。空气冷却方式的优点是冷却迅速，库内温度较均匀，同时能将贮藏过程中产生的二氧化碳等有害气体带出库房外。此外对于水、光、氧不稳定的原料贮存过程中也要进行相关的干燥、避光和真空保存处理，尽可能地使之与不稳定源隔绝。

（二）原料药的灭菌

由于 GMP 相关规定，化学原材料药、中药材及生物制品生产企业在设计建厂或厂房改造时，就要考虑选择合适的原料药灭菌方式，考虑是否建立相应的灭菌设施，并根据灭菌对象决定粉碎工序的位置。如果对药材进行灭菌，粉碎工序宜设立在洁净区（或按洁净区管理的区域）；如果对药粉进行灭菌，则粉碎工序设在非洁净区为宜，当然粉碎工序无论设立在哪里都应符合密闭、通风、除尘的要求。主要灭菌设备有：

1. 热压灭菌柜 热压灭菌柜是一种大型灭菌器，分立式和卧式两种。全部用坚固的合金制成，带有夹套的灭菌柜内备有带轨道的格车，分为若干格。灭菌柜顶部装有两个压力表，一个用于指示蒸汽夹套内的压力，另一个用于指示柜内的压力。两个压力表的中间为温度表，灭菌柜底部装有排气管，在排气管上装有温度探头，二者以导线相连。国内现已经生产一种有冷却水喷淋装置，灭菌温度与时间采用程序控制的新型热压灭菌器，常用的热压灭菌设备还有手提式热压灭菌器等。

2. 微波灭菌机 该设备是利用微波辐射浸透和介子极化的原理，在分子的作用下，使菌类细胞膜瞬时遭到破坏，最终以热的方式向外耗散，以达到灭菌的目的。微波具有穿透力强、作用时间短、灭菌速度快、灭菌效果可靠、温度低、不破坏物料成分原有品质的优点，效率显著，指标稳定可靠；缺点是不适用于含水量低的药材和药粉。制药行业中微波干燥灭菌机现多采用多管型隧道式，有卧式、立式、履带式几种。

3. 臭氧灭菌设备 臭氧是一种广谱杀菌剂，可杀灭细菌繁殖体和芽孢、病毒、真菌等，可破坏肉毒杆菌毒素。臭氧在水中的杀菌速度较氯快，缺点是不适用于易氧化的原料药。

（1）臭氧灭菌柜：该结构是在蒸汽灭菌柜的基础上，采用臭氧对粉料进行灭菌。其原理是先把粉料铺在托盘中，再放入柜内架子上，或把托盘放在移动小车上推入柜内，再用臭氧进行灭菌。此方法需定时将托盘取出并翻动粉料，以便粉料能充分接触臭氧，但仍有死角，保证不了臭氧和粉料的充分混合，并且费时费力，故其实际应用价值不高。

（2）臭氧粉料灭菌机：该设备采用真空上料，然后经自动投料装置进入混合悬浮箱，利用气力混合器投加高纯度、高浓度臭氧，使粉料悬浮在混合悬浮箱内，并瞬间达到灭菌浓度，经除尘装置进行气粉分离，洁净的气体通过风管经风机进入气力混合器进行循环使用，从而达到消毒灭菌和降解农药残留等目的，并能实现粉料的充分混合。其设计思路符合臭氧粉料灭菌需充分混合的条件，并且灭菌无死角，在实际生产中已经得到了认可。

除以上三种杀菌装备以外，应用于处理制药原料的常见设备还有紫外线灭菌系列装备等。

案例 2-2：川芎生药粉的灭菌

川芎（*Ligusticum chuanxiong* hort.）为四川著名的道地药材，有着悠久的使用历史，药效显著，使用量大。川芎为常用的活血化瘀中药之一，始载于《神农本草经》，具有活血行气，祛风止痛的功效，可用于月经不调，经闭痛经，癥瘕腹痛，胸胁刺痛，跌扑肿痛，头痛，风湿痹痛。

问题：如何选择川芎生药粉的灭菌方法？

案例 2-2 分析讨论：中药材传统灭菌方法有湿热灭菌、干热灭菌、热蜜合坨灭菌、环氧乙烷灭菌等，近年来也发展了许多新的灭菌技术和方法，如超高温瞬间灭菌、微波加热灭菌、红外线灭菌和 ^{60}Co 辐射灭菌等。对于中药材的灭菌来说，不仅要尽可能地控制微生物的数量，还要尽可能地保持中药材的活性成分不受破坏。

已知：川芎的主要成分是阿魏酸，其有明显的药理活性，因此常作为川芎中定性定量的化学指标，以用于评价和控制川芎的质量。

关键：以阿魏酸的含量为指标，结合微生物检查对川芎生药粉灭菌方法进行比较研究。

工艺设计：分别采用湿热灭菌法、辐射灭菌法、干热灭菌法等对川芎生药粉进行灭菌，并比较 3 种方法灭菌后阿魏酸的含量。

湿热灭菌法：取川芎生药细粉100g，置于 HV-50 型全自动高压灭菌柜中，在温度为 $120\sim122\,℃$、压力为 0.096MPa 的条件下高压蒸汽灭菌 30min。

干热灭菌法：取川芎生药细粉100g，置于 101-2 型电热恒温鼓风干燥箱中，设定温度为 $100\,℃$，灭菌时间为 180min。

辐射灭菌法：取川芎生药细粉100g，置于 HFY-GR 核辐照钴源装置中，设定辐射剂量为 6kGy，灭菌时间为 60min。

结果表明，川芎经三种灭菌方法灭菌后（表2-5），微生物检查结果均符合 2010 年版《中华人民共和国药典》的要求。

表 2-5　川芎灭菌后微生物检查结果

灭菌方法	序号	检查项目			
		细菌总数（个/g）	酵母菌、霉菌总数（个/g）	大肠菌群总数（个/g）	大肠埃希菌检查
干热灭菌法	1	0	0	0	未检出
	2	0	0	0	未检出
	3	10	10	0	未检出
湿热灭菌法	1	0	0	0	未检出
	2	10	0	0	未检出
	3	0	0	0	未检出
辐射灭菌法	1	0	0	0	未检出
	2	0	10	0	未检出
	3	10	0	0	未检出

但不同灭菌方法对川芎中阿魏酸含量的影响，却有着极大的差异（表2-6）。其中，干热灭菌法会使阿魏酸含量降低 77.3%，湿热灭菌法会使阿魏酸含量降低 70.5%，而辐射灭菌法损失较小，会使阿魏酸含量只下降 20.5%。

表 2-6　不同灭菌方法对川芎中阿魏酸含量的影响

灭菌方法	阿魏酸含量（mg/g）				损失率（%）
	1	2	3	平均值	
未灭菌	0.44	0.44	0.45	0.44	0
干热灭菌法	0.11	0.10	0.10	0.10	77.3
湿热灭菌法	0.13	0.13	0.14	0.13	70.5
辐射灭菌法	0.35	0.34	0.35	0.35	20.5

评价：传统的湿热灭菌法及干热灭菌法都会大幅降低川芎中阿魏酸的含量，辐射灭菌作为一种新型的灭菌方法，具有作用时间短、效率高等优点，尤其适用于一些容易受温度影响而成分发生改变的药材灭菌。因此，将辐射灭菌作为川芎生药粉灭菌方法是合理、有效、可行的。

学习思考题（study questions）

    SQ2-2 为什么湿热及干热灭菌对川芎中阿魏酸的含量有较大影响？

    SQ2-3 中药材辐射灭菌法的应用前景如何？

练习题

2-1 简述制药原料预处理的内容与必要性。

2-2 中药材预处理主要生产工艺有哪些？

2-3 原料预处理设备分为哪几类？各有哪些常用工业设备？

2-4 发酵液过滤中絮凝剂的作用和选择依据是什么？

2-5 细胞破碎方法分为哪几类？选择依据是什么？

第三章 固液提取

1. 课程目标 掌握固液提取的基本概念、提取原理及主要影响因素。理解浸渍法、渗漉法、煎煮法和压榨法的基本概念和原理，固液提取工艺流程，单级和多级提取过程的计算方法。熟悉典型固液提取设备的结构及工作原理，固液提取的应用范围及其特点。了解固液提取技术的发展及需要解决的关键问题。引导学生从有效、经济、环保和安全角度综合评价固液提取的优劣势，选择适宜的固液提取技术流程。培养学生从固液提取的基本原理出发，发现、分析、思考和解决固液提取工艺的能力。

2. 重点和难点

重点： 固液提取的基本原理和方法，掌握几种常见的提取方法、工艺流程及工艺设备，了解天然药物及中药制药过程中的新型提取技术。

难点： 固液提取过程计算及工艺开发。

第一节 概　　述

萃取（extraction）是基于混合物的有效成分在溶剂中的溶解度差异，选择一种或多种溶剂溶解该有效成分，而混合物中的其余成分不溶或微溶于该溶剂，使混合物中的有效成分分离出来的技术方法，属于典型的传质过程。萃取包括固液萃取和液液萃取，本章重点介绍固液萃取的基本概念、提取原理、提取方法分类、典型固液提取设备和提取工艺流程。

固液提取（solvent extraction）是利用有机或无机溶剂将固体物料中的可溶性有效成分溶解，使其转移至溶剂中，从而达到从固体物料中分离有效成分和回收溶剂的双重目的，是典型的传质单元操作。其中，用于溶解物料中有效成分的溶剂称作提取溶剂，提取后所得的最终液体称作提取液，所得提取液经回收溶剂后得到粗提取物。

固液提取在制药生产中主要用于单味中药和复方中药的提取，所得粗提取物通过适当加工，制成煎膏剂、片剂、冲剂、酒剂、酊剂、栓剂等其他剂型，也可进一步纯化有效成分，制成注射剂等剂型。

第二节 固液提取的原理、方法及其影响因素

一、固液提取原理

药材可分为植物、动物和矿物三大类，其中植物类药材是固液提取技术的主要对象，本章将围绕植物类药材的固液提取原理作详细说明。

如图 3-1 所示，细胞是植物类药材组织的基本单元，其中细胞壁的主要成分是纤维素，纤维素具有刚性，既可保持细胞的正常形态，又可防止细胞因吸胀而破裂，可保护细胞内的原生质。原生质包括细胞核、细胞质、细胞膜等，细胞所产生的代谢产物包括生物碱、鞣质、糖类、苷类、脂肪与蜡质、挥发油等，这些成分均存在于细胞内的原生质中。

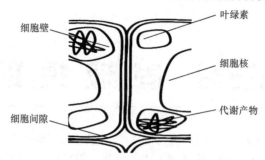

图 3-1　植物类药材的细胞结构

　　植物类药材有效成分提取是利用恰当溶剂和技术路线，把植物中的有效的细胞代谢成分提取并分离出来，整个过程包括浸润渗透、解吸与溶解和扩散置换 3 个阶段。如图 3-2 所示，首先是浸润渗透，即溶剂附着在干燥植物类药材表面，基于溶剂静压力和植物毛细管作用，溶剂通过植物毛细管通道渗透到植物组织中，由于溶剂的作用，干瘪的植物细胞膨胀，细胞壁的通透性得以恢复并形成通道。其次是解吸与溶解，细胞内的各成分解除了相互之间的吸附作用，并被渗透进入的溶剂所溶解。最后是扩散置换，由于植物类药材细胞内的各成分浓度远高于细胞外溶剂中的浓度，细胞内外产生了溶质浓度差，从而产生了渗透压，细胞内的各成分因此进入低浓度溶剂中，形成由细胞内向细胞外扩散过程，该过程分为内扩散和外扩散 2 个阶段。内扩散就是细胞内的成分随着已经进入细胞内的溶剂，穿过细胞壁，扩散到细胞外。外扩散是溶剂将各个可溶性成分，经植物类药材的毛细管通道，扩散到溶剂主体中去。随着植物类药材中的各成分不断地扩散到溶剂中，植物类药材细胞内外溶剂中的各成分浓度趋于相等，各成分的浓度和性质不再随时间而改变，即达到平衡状态，这就是一个完整的提取过程。

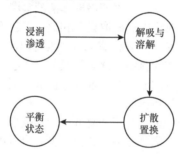

图 3-2　植物类药材的提取过程

　　以上提取过程存在以下几个特点：
　　①大多数植物类药材经过干燥后，植物表面对溶剂的吸附作用力增强，植物内部的毛细管通透，所以，提取溶剂能快速由溶剂主体传递至植物表面，继而传递至植物内部，该过程的速率较快。②植物类药材内的各个成分快速经过解吸与溶解后，随着溶剂由细胞内向细胞外扩散，因为各成分在植物内部的扩散阻力大于从药材表面传递至溶剂主体的传质阻力，所以提取过程中的内扩散和外扩散速率较慢。
　　决定提取速率的关键是提高扩散速率，可通过以下三种方式提高扩散速率。其一是通过搅拌产生湍流，保持浓度差，提高外扩散速率，其二是不断用新鲜溶剂置换植物类药材表面的高浓度溶液，始终保持细胞内外高浓度差，促使植物类药材内的各成分不断穿过细胞壁扩散出来，从而提高提取效率，其三是增加溶剂与植物药材的接触面积，减短内外扩散的路径，通过调控外部环境条件，如温度、压力和更换溶剂等，以达到提高扩散速率的目的。
　　在理解了固液提取的基本过程和涉及的基本概念后，为进一步解决固液提取技术的高效率问题，有必要深入理解扩散和传质效率，以下将介绍分子扩散速率（费克定律）、扩散系数、总传质系数、提取速率方程等，为进一步解决实际问题奠定基础。

（一）分子扩散速率

固液提取是因浓度梯度引起分子扩散，进而实现目标分子的提取和分离。分子扩散速率是沿扩散方向，在单位时间内，垂直单位面积通过所扩散某分子的摩尔数，分子扩散速率决定了固液提取的效率。在理想状态时（静止无流动液体中），目标分子的浓度梯度不随时间改变，分子扩散速率可用费克定律表示：

$$J_{AT} = -Ddc_A/dz \tag{3-1}$$

式中，J_{AT} 为物质 A 的扩散速率，$kmol/(m^2·s)$；dc_A/dz 为物质 A 在 z 方向上的浓度梯度，$kmol/m^4$；D 为分子扩散系数，m^2/s；式中的负号表示物质 A 沿着浓度降低的方向进行扩散。

由式（3-1）可知，分子扩散速率与分子扩散系数和浓度梯度相关，分子扩散系数越大，分子扩散速率越快，增加分子的浓度梯度也能增加分子扩散速率，相应的固液提取效率也就增加。在实际固液提取中，提取溶剂往往是流动的，物质的浓度梯度会随时间发生改变，且随着高浓度物质所在位置而改变。根据相关文献报道，实际提取过程包括分子扩散和液体流动导致的涡流扩散，因此可得到实际固液提取的分子扩散速率。

$$J_{AT} = -D + D_E dc_A/dz \tag{3-2}$$

式中，D_E 为物质 A 的涡流扩散系数，m^2/s。

由以上讨论可知，分子扩散速率决定了固液提取的速率，要求解分子扩散速率，需得到分子扩散系数 D。

（二）扩散系数

分子扩散系数 D 是在单位时间单位浓度梯度的条件下，垂直通过单位面积所扩散的分子的质量或摩尔数，扩散系数表示其扩散能力，是物性之一。在固液提取过程中，有的植物类药材可以通过相关物性手册查到，但大多缺乏扩散系数的相关数据，目前，扩散系数大多采用斯托克斯-爱因斯坦方程求解。即，在大分子物质 A 扩散到小分子溶剂 B 中，假定物质分子是球状颗粒，且在层流状态下缓缓运动，运用斯托克斯-爱因斯坦方程就可求得物质 A 的扩散系数。

$$D_{AB} = \frac{BT}{6\pi\mu_B r_A} \tag{3-3}$$

式中，D_{AB} 为分子扩散系数，m^2/s；B 为玻尔兹曼常数（$B=1.38×10^{-23}J/K$）；T 为绝对温度，K；r_A 为球状物质 A 的半径，m；μ_B 为溶剂 B 的黏度。由斯托克斯-爱因斯坦方程可知，分子物质 A 的扩散系数与其分子 A 的大小、提取溶剂的黏度和提取温度相关，温度升高，分子 A 半径减小，提取溶剂的黏度减小，则分子 A 在溶剂 B 中的扩散系数增大。

在理解扩散系数后，要完整理解和掌握固液提取速率，尚需理解固液提取的总传质系数 K。

（三）总传质系数

植物类药材在提取过程中，总传质系数 K 是另一个影响提取速率的关键参数，通过该参数可知在单位面积、浓度、压差和时间内物质分子从植物类药材传递到提取溶剂的数量。植物类药材提取过程中的总传质系数 K 由分子扩散和液体流动导致的涡流扩散所组成，由前一部分所述，植物类药材中有效成分提取中的分子扩散包括内扩散和外扩散，由此可知，固液提取的总传质系数 K 由药材内扩散系数 $D_{内}$、自由外扩散系数 $D_{自}$ 和分子在流动提取剂的涡流扩散系数 $D_{涡}$ 组成。

$$K = \frac{1}{\left(\dfrac{h}{D_{内}} + \dfrac{S}{D_{自}} + \dfrac{L}{D_{涡}}\right)} \tag{3-4}$$

式中，h 为药材内部组织和毛细管的边界层厚度，S 为药材表面的边界层厚度，L 为药材颗粒尺寸（其中边界层是高雷诺数绕流中紧贴物面的黏性力不可忽略的流动薄层）。从式（3-4）可知，扩散系数 $D_内$、$D_自$ 和 $D_涡$ 增加，总传质系数增加，边界层厚度和药材颗粒尺寸增大，总传质系数相应增加。

扩散系数 $D_内$、$D_自$ 和 $D_涡$ 与分子的大小、提取溶剂的黏度和提取温度相关，而且因为植物内部毛细管空间较外部主体溶剂狭窄和曲折，分子在植物内部的运动速度缓慢，所以药材内扩散系数 $D_内$ 远小于自由外扩散系数 $D_自$，分子在流动提取剂中的涡流扩散系数 $D_涡$ 大于自由外扩散系数 $D_自$，特别是搅拌过程中，$D_涡$ 远大于 $D_自$。由以上分析可知，在固液提取过程中，内扩散系数 $D_内$ 的大小决定了总传质系数，也决定了固液提取的提取效率。

在理解了分子扩散速率方程、明白了扩散系数和传质系数的相关概念后，可以通过以上基础知识得到固液提取速率方程，由此计算提取效率。

（四）提取速率方程

由分子扩散速率方程、扩散系数和传质系数可知，固液提取的速率方程为

$$J = -(D_内 + D_自 + D_涡)\,\mathrm{d}c/\mathrm{d}z \tag{3-5}$$

由传质系数可知，h 为药材内部组织和毛细管的边界层厚度，S 为药材表面的边界层厚度，L 为药材颗粒尺寸，它们均可作为扩散距离。对式（3-5）进行处理，结合式（3-4）可得药材的提取速率方程：

$$J = K\Delta c \tag{3-6}$$

式中，Δc 为有效成分在药材内和外部主体提取溶剂的浓度之差，$\mathrm{kmol/m^3}$；在实际固液提取中，因为提取溶剂在流动，其中有效物质的 Δc 会随时间发生改变，且随着有效物质所在位置而改变，所以 Δc 并非定值，相关资料报道，Δc 可用下式进行表示。

$$\Delta c = \frac{\Delta c_始 - \Delta c_终}{\ln\left(\dfrac{\Delta c_始}{\Delta c_终}\right)} \tag{3-7}$$

式中，$\Delta c_始$ 和 $\Delta c_终$ 分别为提取开始和结束时药材中的有效成分与液相主体中有效成分的浓度差，$\mathrm{kmol/m^3}$。综合以上可知，固液提取的速率方程为

$$J = K\frac{\Delta c_始 - \Delta c_终}{\ln\left(\dfrac{\Delta c_始}{\Delta c_终}\right)} \tag{3-8}$$

二、固液提取方法

在理解了固液提取的基本概念、基本过程、过程中的扩散、传质和提取速率方程的基础上，可进一步认识和理解实际生产中常见的固液提取的方法和工艺流程及其相关因素。

1. 浸渍法　图 3-3 所示浸渍法是在常温或加热条件下进行，植物类药材经粉碎和预处理后加入提取罐中，加入一定配比的溶剂，密闭提取罐，适当搅拌，浸泡一定时间，将植物类药材中的有效成分转移至溶剂中，最终通过固液分离除去药渣，得到提取液。

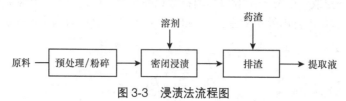

图 3-3　浸渍法流程图

浸渍法是在静态常温和搅拌的条件下进行的操作,简单易行,适用于易膨胀、有黏性植物类药材的提取。但提取效率低于非静态条件的提取技术,操作时间长,溶剂用量大,为增加提取效率,需反复浸泡,特别是针对贵重和有效成分含量低的植物类药材。按照操作温度不同,浸渍法可分为冷浸法和热浸法。

(1)冷浸法:是将植物类药材装入密闭提取罐中,加入溶剂后密闭,于室温下冷浸72~120h,适当搅拌。之后,滤过提取液,压榨滤渣得残渣和压榨液,除去残渣,将提取液和压榨液合并,常温静置24h后,滤除沉淀物,得最终提取液。

(2)热浸法:热浸法的工艺流程如图3-4所示,将植物类药材装入提取罐后,加热浸渍。浸渍温度由所使用的溶剂的性质决定,如以挥发性强的乙醇为溶剂,温度应控制在40~60℃范围内,如以挥发性不强的水作溶剂,温度应控制在60~80℃范围内。由于采用加热操作,植物类药材中的成分扩散速率和传质速率增加,提取效率较冷浸法高,提取时间缩短,但提取出来的无效物质和杂质也相应增加,需要进一步精制。另外加热后,密闭体系体积持续膨胀,提取罐内部压力增加,则操作安全性不能保证,因此需要在提取罐的上方安装冷凝器来冷凝加热后挥发的有机溶剂(图3-4),这样既能保证密闭环境加热提取,又解决了提取罐因内部压力增加而导致的不安全因素,这种提取方法亦称为回流提取法,本质上属于热浸法。其工艺特点是溶剂循环使用,浸取更加完全,缺点是由于物料加热时间增加,不适用于热敏性物料和挥发性物料的提取。

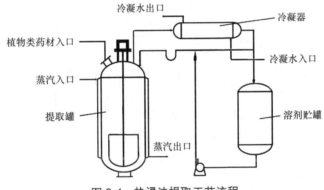

图3-4 热浸法提取工艺流程

2. 煎煮法 煎煮法的提取工艺与热浸法的提取工艺类似,具体流程是将预处理后的植物类药材置于提取罐中,以蒸汽为热源,以适量水为溶剂,并加热至沸腾,经一段时间的煎煮后,药材中的有效成分将进入水相,固液分离后得提取液,压榨滤渣得残渣和压榨液,将提取液和压榨液合并,冷却至室温,静置24~48h后,滤过沉淀物,得最终提取液。

该法以水为提取溶剂,将水加热到沸腾进行提取,提取温度为100℃左右。水是常用的溶剂,成本低,可提取有机酸盐和生物碱类极性大的物质。但由于水的溶解范围宽,导致提取选择性较差,所以最终提取液中常含有大量的无效成分,增加后续工艺的处理难度。另外,由于提取温度为100℃左右,部分成分容易发生变质,如苷类成分在沸水中易于水解,酶类会发生分解,植物类药材中的相关成分也会相互发生反应,生成新的成分。

3. 渗漉法 渗漉法是将植物类药材预处理并粉碎后装入上大下小的渗漉罐中(图3-5),溶剂从渗漉罐上方加入,自上而下流动,溶剂边浸泡药材边流出渗漉罐。在渗漉操作中,溶剂连续流过植物类药材而不断溶出其中的有效成分,自上而下,溶剂中有效成分的浓度逐渐增加,最后以最高浓度溶液离开渗漉罐。

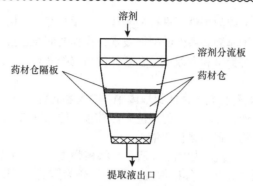

图 3-5　常见渗漉罐的结构图

渗漉法固液提取类似于多次浸渍法，其工艺流程如图 3-6 所示，植物类药材经剔除杂质、干燥、冷却和粉碎后，粉碎的粒度不能太小，否则溶剂难以穿过物料层，从而影响提取效率。将处理好的植物类药材置于密闭容器中，加入适量溶剂浸渍 1～4h，适时搅拌，待物料组织润胀后将其装入渗漉罐中，为避免物料浮起，须用纱布覆盖物料，再压好带孔隔板，打开渗漉罐底部阀门，从罐上方加入溶剂，将物料之间的空气从罐底阀门排出，待空气排完后关闭罐底阀门，继续加溶剂完全浸渍物料，密闭放置 24～48h。之后继续添加适量溶剂进行渗漉操作，收集之前的浸渍液和渗漉液，得到提取液。

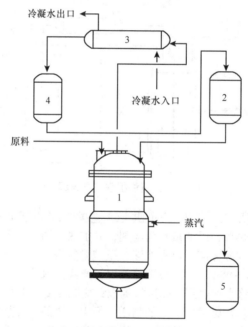

图 3-6　渗漉法工艺流程

1. 渗漉罐；2. 溶剂贮罐；3. 冷凝器；4. 冷凝溶剂贮罐；5. 渗漉贮罐

渗漉法所需设备简单，操作简单，能耗低，适用于含量低、易挥发成分的提取，不适用于黏度高、流动性差、易膨胀物料的提取，但渗漉法耗时长，所需溶剂量较大。

4. 压榨法　压榨法是利用机械加压的方法使植物类药材组织发生较大的形态变化，导致整体组织破碎，通过挤压，将植物类药材中的液体与其固体组织分离。如图 3-7 所示，其提取流程是：物料通过料斗进入压榨机内，经过螺旋杆的挤压和推送，所得压榨液从压榨机的下面流出，残渣经螺旋杆向前推送，到达残渣出口。压榨法不破坏植物类药材中的化学成分，保持组成成分物理、化学性质不变，适用于热敏性物料、挥发性物质、水溶性物质，如蛋白质、氨基酸、酶等成分的提取。

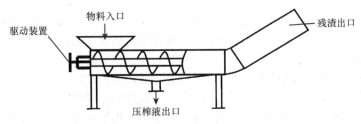

图 3-7 压榨提取装置

根据处理的对象不同，压榨法又可分为水溶性物料压榨法和脂溶性物料压榨法。

（1）水溶性物料压榨法：本压榨法的目标产物是热敏性的水溶性物质，如酶、氨基酸等。操作如下：将新鲜的植物类药材除去杂质，洗净，用粉碎机将其粉碎成颗粒状，置于压榨机的料斗中，开启压榨机，随着物料持续进入压榨机，不断加水洗涤物料，通过观察压榨液的颜色或利用薄层层析法判断压榨液中目标成分的浓度，经反复压榨直到目标成分全部榨取出来为止。

（2）脂溶性物料压榨法：本压榨法的目标产物是挥发性成分和油溶性成分，所压榨的植物类药材一般是果实、种子和皮等。操作如下：压榨前将植物类药材进行蒸炒等预处理，使药材组织和细胞得以破坏，将预处理好的药材置于压榨机中进行物理挤压，植物内部相互挤压，使脂溶性成分不断从物料的缝隙中被挤压出来。

以上是几种常见的固液提取方法和工艺流程，在实际操作中，应该遵从"具体问题具体分析"的观点，从安全、有效、经济和环保的原则出发，根据所提取药材（单味药和复方药）中的有效成分的性质，综合选择合适的固液提取方法。如所提取的有效成分是热敏性成分，则选择冷浸法、渗漉法等操作温度较低的提取方法为好，若所提取的成分稳定性较好，可采用热浸法、煎煮法或者热渗漉法等，若所提取的有效成分为挥发性的成分，如藿香、厚朴、当归和冰片等可选择压榨法、冷浸法等方法。

三、固液提取影响因素

在掌握了几种常见的固液提取方法和工艺流程后，要实现提取得率高、选择性好、溶剂可回收、环保安全的目标，还需要综合考虑固液提取技术的相关影响因素，主要包括药材的影响因素、溶剂的影响因素和操作工艺的影响因素。

1. 药材的影响因素 药材可分为植物、动物和矿物三大类，由于各自性质不同，提取方法也相应不同。矿物类药材没有细胞结构，其中的有效成分可以直接用溶剂进行溶解和分离。动物类药材的有效成分大多为大分子物质，如酶、蛋白质、激素等，因分子量较大，大多难以穿过细胞膜，所以提取时要进行细胞破碎，但在得到有效成分的同时也得到大量的无效物质。植物类药材中的有效成分的分子量较无效成分要小，这些有效成分可以穿透细胞膜，而无效成分则留在细胞内，所以无须进行细胞破碎。在实际生产中通常以植物类药材为提取对象，所以本章重点围绕植物类药材有效成分提取进行详细说明。

植物类药材中存在着各类复杂的有效成分，在固液提取过程中，这些成分之间可能发生反应，生成难溶性化合物或者生成新的物质，从而改变了提取的目的，或者因提取物整体溶解性能下降导致提取效率不高，如黄连中的小檗碱能与黄芩苷产生沉淀。在复方中不同药材中的化学成分也能发生相互反应，如马钱子中的生物碱类与甘草中的甘草酸产生沉淀，生物碱无法得以提取；大黄鞣质与茵陈之间也能生成大量沉淀物，使得其中的有效成分无法提取。以上问题需要从植物类药材中各类有效成分性质出发，"具体问题具体分析"，选择合适恰当的固液提取方法。

另外，植物类药材的粉碎粒度也是影响提取效率的重要因素。在固液提取之前，需要对植物类药材进行粉碎，粒度越小，药材比表面积越大，相应的传质表面积越大，按照分子扩散和传质理论来分析，固液提取的效率相应增加。若药材粒度过小，药材的吸附作用增强，会影响扩散速率，而且会增大后续提取液和药物残渣的分离难度；同时药材粉碎得过于细小，则药材内部的细胞破裂，使得大量的无效成分、淀粉、蛋白质、树脂、胶体和不溶物同时得以提取，提取液中的杂质增多，增大了后续固液分离和产品纯化的难度。所以在植物类药材粉碎时应综合考虑粒度大小的问题，选择恰当的粉碎粒径。

2. 溶剂的影响因素 固液提取溶剂是影响提取效率、安全和环保的重要因素，常见的溶剂为水和有机溶剂。本章重点介绍常见固液提取溶剂的性质及其选择和应用。

（1）常见固液提取溶剂

1）水：是固液提取最常用的提取溶剂。水具有极性大、溶解范围宽、成本低、对环境无危害、使用安全等特点，可用来提取植物类药材中的有机酸盐、生物碱类、苷类、蛋白质、多糖、色素、酶等。但因为水的溶解范围宽，常将植物类药材中的大量的无效成分提取出来，给后续分离和制剂工艺带来一定困难，而且水的沸点较有机溶剂高，浓缩水提取液的能耗高于有机溶剂提取工艺。

有的固液提取工艺还在提取溶剂水中添加适量辅助剂，如酸、碱和表面活性剂，其目的是增加植物类药材中有效成分的溶解度和稳定性，以提高提取得率，同时减少杂质的提取率。例如，用水提取生物碱类物质时，为提高生物碱的提取得率，在水中添加少量盐酸与生物碱类生成水溶性的盐，增加了生物碱的提取得率；用水提取甘草中的甘草酸时，在水中加入适量的氨水溶液，使得甘草酸生成甘草酸盐，增加了水溶性，也增加了提取得率。常用的酸类辅助剂主要是盐酸、硫酸、乙酸和酒石酸，常用的碱类辅助剂是氨水和碳酸钠，有时还会用表面活性剂作辅助剂。

2）乙醇：是一种常用的有机提取溶剂。与水互溶，具有挥发性，易于回收，易燃。常将乙醇与水混合作为提取溶剂，以增强对植物类药材中有效成分提取的选择性，可从植物类药材中选择性地提取有效成分。从提取工艺报道来看，提取溶剂为乙醇溶液时，乙醇的浓度不同，提取的有效成分也相应发生改变，如浓度小于50%的乙醇溶液可用来提取蒽醌类、皂苷类、酚酸类、苦味质等成分；浓度介于50%～70%的乙醇溶液可用于提取苷类、生物碱类等成分；而浓度大于90%的乙醇溶液适用于提取挥发油、萜类、小分子有机物等成分。

3）氯仿：是一种常见的弱极性溶剂。氯仿回收方便，能与乙醇、丙酮、乙酸乙酯等有机溶剂混溶，能提取非极性有效成分，如萜类、小分子有机物、挥发油和树脂等。氯仿低毒，有麻醉性，在空气中光照条件下，可分解为光气和氯化氢。一般在产品的精制工艺上可少量使用。

4）乙醚：是一种常见的弱极性有机溶剂。乙醚挥发性强、易回收、易燃易爆、溶解选择性较强，可用来提取植物类药材中的蜡质、单萜、环烯醚萜、游离生物碱、挥发油等成分。从生产安全角度来看，乙醚一般仅用于提取有效成分后续工艺的精制。

5）石油醚：是一种非极性溶剂。石油醚挥发性强、方便回收、易燃易爆、溶解选择性强，可提取植物类药材中的小分子挥发油、萜类、植物蜡质和少部分生物碱等成分。在固液提取工艺中，因易燃易爆，石油醚的使用的安全环境要求很高，常作为植物类药材提取的脱脂剂。

（2）常见固液提取溶剂的选择和应用：包括溶剂的选择和应用方法的确定。不同的溶剂使用方法不同，不同的植物类药材选用不同的溶剂，选择溶剂常需考虑的是提高提取得率、经济节约、使用安全环保。

1）提取溶剂的选择：①以提取植物类药材中有效成分的性质为选择依据。在进行固液提取之前，对待提取的植物类药材中的目标成分的化学结构、极性、溶解性、稳定性等有清晰的认识，根据"相似相溶"的原理，查阅类似相关研究报道，选择与目标成分性质相近的提取溶剂，使目标成分在提取溶剂中具有最大溶解度，实现高得率，并兼顾安全和节约。例如，某植物类药材通过水煎煮后制成药剂，在临床应用时疗效较好，按照《中国药典》进行质量检查时，相关指标均符合药典要求，在考虑该制剂的提取工艺时，应选择水作为提取溶剂。若需分离的成分是极性不强的生物碱、皂苷类、黄酮类等物质时，应选择与之极性类似的一类提取溶剂，再根据相关文献报道从中优选安全和价廉的提取溶剂。②以不同浓度的乙醇水溶液为优先选择对象。从以上常用的有机溶剂的性质、特点和功能来看，有机溶剂如氯仿、乙醚和苯等溶剂，虽然溶解的选择性较强，易于回收，但易燃易爆，不大作为提取溶剂。而乙醇与水混合后，通过调配成不同浓度，即可加强其溶解的选择性，从而实现选择性地提取植物药材中有效成分，而且乙醇易于回收，无毒无害，方便操作。③以经济节约为选择溶剂的依据。固液提取生产的最终目的是服务社会和获得利润，如果该溶剂的市场价相对较高，或者还需特殊的设备配套，将大幅提高生产成本，即使该溶剂选择性再好，也不推荐使用。

2）提取溶剂的应用：提取剂用量对提取得率有显著影响。针对不同的植物类药材和提取剂，提取剂的使用量和次数可先通过文献资料来确定数量范围，再通过小试、中试及成本计算来综合确定。在实际固液提取中，如果增加提取剂量，相应增加了扩散和传质速率，也相应减少了提取次数，但也相应增加了回收溶剂的成本。另外，当确定提取剂的总用量时，增加提取次数能提高得率，但提取剂的每次使用量应至少保证润湿和溶解植物类药材中的有效成分。

3. 操作工艺的影响因素 植物类药材提取过程中，除药材本身的性质和提取溶剂等因素影响提取得率外，在实际提取工艺中，相关的操作工艺条件也会对提取得率产生重要影响，这些操作工艺条件包括压力、温度、pH、提取时间等。以上操作工艺条件对提取得率有重要影响，优化工艺是提高提取得率的关键，工艺参数的优化需在掌握相关资料的基础上，开展小规模实验和中试放大研究，结合正交优化统计手段，确定最优工艺参数。

（1）提取温度：是保证提取效率的重要操作条件。温度升高，植物类药材中的组织软化和膨胀，细胞内有效成分溶解度增大，扩散系数和传质系数增加，而且组织细胞内的蛋白质被凝固，酶被破坏，最终导致有效成分得率增加。但温度升高可引起热敏性有效成分分解变质，挥发性成分损失，还可导致无效成分增加，杂质增加，引起产品质量的下降。

（2）提取时间：是影响提取效率的关键操作条件。提取时间增长，传质量增加，提取得率增加，但杂质量和时间成本也相应增加。在保证提取得率的条件下，提取时间越短越好。通常，提取时间的长短由植物类药材组织结构疏密程度和提取溶剂性质决定，如果植物类药材的组织致密，则其中的有效成分扩散速率减慢，提取时间增长，反之，如果植物类药材的组织疏松，提取时间缩短，另外，提取溶剂对植物类药材的吸附力和穿透力加强时，提取时间也能缩短。

（3）提取压力：针对组织结构致密植物类药材，增加提取压力是增加提取得率的重要方法。在实际操作中，常常会碰到提取溶剂难以渗透到植物类药材组织内部的问题。此时，提高操作压力，加速润湿渗透，使植物类药材组织内的毛细孔快速充满提取溶剂，使得解吸溶解和扩散置换得以顺利进行。如果植物类药材组织疏松和易于渗透，增加压力对提取得率影响不显著。

（4）pH：如果提取溶剂的pH能增强植物类药材中有效成分的溶解度，增加提取得率，则溶剂pH也是重要影响因素。若植物类药材中的有效成分在酸性溶剂中溶解性和稳定性增强，则使用酸性溶剂作为提取溶剂，若植物类药材中的有效成分在碱性溶剂中溶解性和稳定性增强，则使用碱性溶剂作为提取溶剂。

（5）提取过程的浓度差：浓度差是指经历浸润渗透和解吸溶解的提取过程后，植物类药材中毛细管内产生的浓溶液与药材表面的稀溶液的浓度差，浓度差越大，扩散速率越大，提取得率增加。因此，增加浓度差，是增加提取得率的重要因素。为持续保持高浓度差，多采取不断减小植物类药材表面的溶液浓度的方法，如增加提取溶剂量，用新鲜溶剂反复进行提取，通过搅拌或者提高药材和溶剂的相对运动速度等方法，以达到提高提取得率的目的。

（6）预浸泡：是在常温下，预先将干燥的植物类药材置于适量溶剂中浸渍一定时间，使得植物类药材内部的组织软化，细胞壁因溶剂浸润而膨胀，通透性增强，以加速其中有效成分的溶解和扩散，最终实现增大提取得率的目的。

第三节　固液提取工艺、计算及其相关设备

在掌握了固液提取的原理、方法及其影响因素后，需要进一步对固液提取工艺进行计算，通过对固液提取的工艺介绍，可以看出固液提取的工艺包括：单级提取、多级错流提取和多级逆流提取。以下将围绕这三种工艺，解析其浸出量、浸出率的计算方法，以此来评价固液提取得率，对物料进行衡算，以对固液提取的有效性和经济性进行合理分析。在开展工艺计算之前需要掌握几个基本工艺概念。

一、基本工艺概念

（一）平衡浓度

固液提取开始后，随着提取时间的推移，提取液中的浸出有效成分的浓度逐渐增加，当有效成分从植物类药材扩散到提取溶剂的量与从提取溶剂扩散回到药材的量相等时，即达到平衡，对应的提取液中的有效成分浓度称为平衡浓度。

（二）单级提取

单级提取是指将新鲜药材和新鲜溶剂一次性加入提取设备中，经一定时间提取后，得到提取液和药渣的提取过程。单级提取开始时，提取速率随时间而逐渐减慢，直至达到平衡状态。单级提取包括单级浸渍工艺和单级渗漉提取工艺，这些工艺只用一个提取罐进行操作，操作方法、操作流程及工艺因素在前面的内容已作详细介绍，可详见煎煮法、浸渍法和渗漉法。

（三）多级提取

为减少有效成分的损失，提高固液提取得率，可将一定量的溶剂分多次加入，进行多次浸渍，从而达到多级提取的目的。也可将植物类药材分成多份，依次进行提取，持续降低植物类药材中有效成分的浓度，达到提高提取得率的目的，这种操作方式称为多级提取工艺。主要包括多级错流提取和多级逆流提取。

（四）多级错流提取

多级错流提取是将多个单级提取串联起来（图3-8），将新鲜提取溶剂分成多份，分别加入各级提取罐进行浸取，将植物类药材置于第一个提取罐中进行提取，之后将一次提取剩余的残渣置于第二个提取罐中进行提取，以此类推，直到最末级提取罐。同时将每一级浸取所得的浸出液混合在一起得到最终提取液。

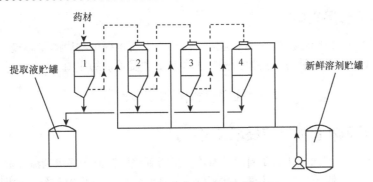

图 3-8　多级错流提取工艺流程图

（五）多级逆流提取

多级逆流提取是将多个单级提取串联起来，新鲜提取溶剂和新鲜药材分别加入到第一级和最末级提取罐，第一级提取罐使用新鲜溶剂，使用的物料是第二级提取罐转移过来的提取残渣，最末级提取罐使用的物料是新鲜药材，使用的溶剂是倒数第二级提取罐得到的提取液，整个提取工艺中，提取溶剂和提取液以相反的方向流过各级提取罐。图 3-9 以 3 级逆流提取工艺为例进行说明。

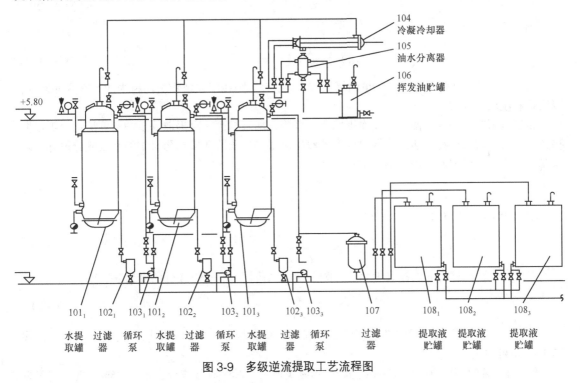

图 3-9　多级逆流提取工艺流程图

其提取流程如下：101_1 罐的第三次提取液送 101_2 罐进行第二次提取，之后，再用于 101_3 罐的第一次提取。由于 101_1 罐加的是新水，可以将罐中经过 101_2 罐和 101_3 罐两次提取的药材中剩余的有效成分提取干净，而经过 101_1 罐和 101_2 罐两次提取的提取液进入 101_3 罐中，并提取新鲜药材，最终将药材中相当量的有效成分转移至最终提取液中。物料的迁移方向和溶剂提取的方向相反。此工艺的提取效率高，大多多级提取装置均采取逆流提取方式进行操作，如"U"形连续浸取器、螺杆式连续浸取器等。

（六）浸出量和浸出率

浸出量（提取量）指固液提取达到平衡时，浸出液中所含浸出物质的量。浸出率（提取率）是浸出液中所含浸出物质的量与原植物药材中所含浸出物质总量的比值。

二、固液提取工艺计算

（一）单级提取和多级错流提取工艺计算

1. 浸出量的计算 通过浸出量的计算，可以直接得到单级提取和多级错流提取工艺的有效性。

单级提取工艺中，假设植物类药材中含有的有效成分量为 G，提取达到平衡时得到的提取液量为 S，提取达到平衡时残留在植物类药材中的有效成分量为 g，提取达到平衡时剩余在植物类药材中的溶剂量为 s。

$$\frac{G}{S+s}=\frac{g}{s} \tag{3-9}$$

式（3-9）中的量以 kg 计量。

设

$$\alpha=\frac{S}{s} \tag{3-10}$$

则

$$g=\frac{G}{(\alpha+1)} \tag{3-11}$$

由式（3-11）可知，对于一定量的提取液，α 越大，则残留在植物类药材中的有效成分越少，浸出量和浸出率增大。

若进行第二次提取，使用第一次提取所得残渣，加入与第一次提取等量的新鲜溶剂，则根据物料平衡可得第二次提取达到平衡时得到的浸出液量 S_2，残留在植物药材中的有效成分量 g_2，以及剩余在植物药材中的溶剂量 s_2 之间的关系式。

$$\frac{g}{S_2+s_2}=\frac{g_2}{s_2} \tag{3-12}$$

根据式（3-10）可得：

$$g_2=\frac{G}{(\alpha+1)^2} \tag{3-13}$$

以此类推，当进行 n 次提取工序后，剩余在植物药材中的有效成分的量为 g_n，即：

$$g_n=\frac{G}{(\alpha+1)^n} \tag{3-14}$$

对于多级错流提取，假定各级所添加的新鲜药材量相等，所加入的新鲜溶剂量也相等，式（3-14）也可适用。

例 3-1 某中药厂要提取 100kg 的新鲜植物类药材，其中有效成分含量为 25%，现采用多级错流提取法进行提取，分 4 级提取，每级使用的新鲜提取溶剂的量为药材量的 3 倍，求此工艺能从中得到多少有效成分？（假设药材对提取剂的吸收量与药材自身重量相等）

解

$$\alpha=\frac{S}{s}=(3-1)\div 1=2$$

$$g_4=\frac{G}{(\alpha+1)^4}=(100\times 0.25)\div(2+1)^4=0.31kg$$

则此工艺能得到有效成分量为：100×25%-0.31 =24.69kg。

2. 浸出率的计算　通过浸出率的计算，可以直观表现单级提取和多级错流提取工艺的提取效率。

假设在单级提取开始前加入的总溶剂量为 M，经过提取后植物类药材中剩余的溶剂量为 1，则按照固液提取平衡的理论，在达到提取平衡时单次提取率 $\bar{E}$ 为：

$$\bar{E}_1 = \frac{(M-1)}{M} \tag{3-15}$$

若将所得残渣进行第二次提取时，第二次的提取率 $\bar{E}_2$ 为：

$$\bar{E}_2 = \bar{E}_1\left(1-\bar{E}_1\right) = \frac{(M-1)(1-\bar{E}_1)}{M} = \frac{(M-1)}{M^2} \tag{3-16}$$

则，经过两次提取后，总的提取率 $\bar{E}$ 为：

$$\bar{E} = \bar{E}_1 + \bar{E}_2 = \frac{(M^2-1)}{M^2} \tag{3-17}$$

以此类推，经过 n 次提取后，总的提取率 $\bar{E}_n$ 为：

$$\bar{E}_n = \frac{(M^n-1)}{M^n} \tag{3-18}$$

例 3-2　某厂要提取 100kg 的新鲜植物类药材，其中无效成分含量为 15%，现采用多级错流提取法进行提取，分 6 级错流提取，每级使用的新鲜提取溶剂的量为药材量的 3 倍。每级提取药材不进行压榨，其中的吸收溶剂量与药材量相等，若每级提取后均对药渣进行压榨，最终使药渣中的溶剂量为药材量 0.5 倍，问采取压榨和不压榨工艺，总提取率 $\bar{E}$ 和无效成分提取量各是多少？

解　假设药材量为 1，压榨提取 6 次，则溶剂量 M=3÷0.5=6，总提取率为：

$$\bar{E}_n = \frac{(M^n-1)}{M^n} = \frac{6^6-1}{6^6} = 0.9999$$

此时药材中无效成分的提取量为：100×0.15×0.9999=14.99kg

不压榨提取 6 次，则溶剂量 M=3÷1=3，总提取率为：

$$\bar{E}_n = \frac{(M^n-1)}{M^n} = \frac{3^6-1}{3^6} = 0.9986$$

此时药材中无效成分的提取量为：100×0.15×0.9986=14.98kg。

（二）多级逆流提取工艺计算

多级逆流提取是将多个单级提取串联起来，新鲜提取溶剂和新鲜药材分别加入到第一级和最末级提取罐，整个提取工艺中，提取溶剂和提取液以相反的方向流过各级提取罐，具体可参看流程图 3-9。通过计算多级逆流提取工艺的浸出率，可知该工艺的提取得率。

在图 3-10 的多级逆流提取工艺流程简图中，提取达到平衡时得到各级提取液中的有效成分 G（各级为 G_1、G_2、G_3、…、G_n），各级提取的溶剂量与残余在药材中的溶剂量比值为 α（各级为 α_1、α_2、α_3、…、α_n，多级逆流提取工艺中，各级 α 值相等）；进入各级提取罐药材中有效成分的量为 S_1、S_2、S_3、…、S_n，其中新鲜药材中有效成分的量为 S_n；最终离开的药渣中的有效成分量为 X。

根据物料衡算计算原则，相关的文献和资料已经推算得到多级逆流提取工艺的浸出率 $\bar{E}$ 为：

$$\overline{E} = \frac{\alpha + \alpha^2 + \alpha^3 + \alpha^4 + \cdots + \alpha^n}{1 + \alpha + \alpha^2 + \alpha^3 + \cdots + \alpha^n} \tag{3-19}$$

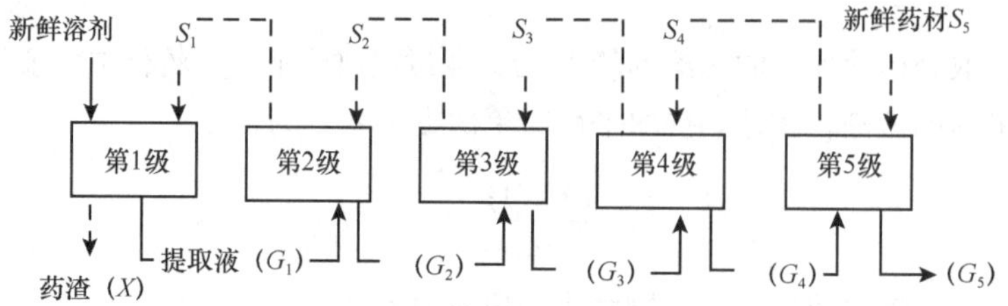

图3-10　多级逆流提取工艺计算涉及的参数、符号及流程（以5级为例）

由式（3-19）可知，通过计算提取的溶剂量与残余在药材中的溶剂量比值 α，即可求得多级逆流提取的提取效率。

三、固液提取典型设备

EQ3-1　固液提取典型设备

在掌握了固液提取原理、工艺方法、工艺影响因素、典型工艺提取得率计算方法后，需进一步对常见固液提取设备的结构和操作特点进行认识和了解。按照常规实际操作方式不同，可将固液提取设备分为间歇式和连续式提取设备（相关资料详见 **EQ3-1 固液提取典型设备**）。

第四节　固液强化提取技术及实际案例分析

在掌握了固液提取原理、工艺方法、工艺影响因素、工艺提取得率计算方法、提取设备结构等知识点后，有必要进一步了解固液提取的强化提取技术，分析固液提取的实际案例，以加深对固液提取技术的理解和认识。

固液强化提取技术大多是围绕提高提取得率出发，如文献报道的磁振动强化提取技术、电场强化提取技术、挤压强化提取技术、超声波辅助强化提取技术和微波辅助强化提取技术等，本章将围绕两个典型的强化浸取技术，即超声波和微波辅助强化浸取技术展开说明。

（一）超声波辅助强化提取技术

超声波是在物质介质中传播的一种弹性机械波。常规人耳能听到的声波频率为 20～20kHz，而超声波的频率高于 20kHz，人耳无法听到，故名"超声波"。在不同介质中超声波的频率不同，如在气体和液体中超声频率分别为 50MHz 和 500MHz。产生超声波最简单的方法是让声源以高于20kHz 的频率振动，由此辐射出去的即是超声波。超声波在介质中传播时，由于超声波是机械波，二者相互作用，使得介质发生物理变化，产生力学、热学和电磁学等效应，目前已发现超声波具有三大典型效应，即热效应、机械效应和空化效应。本节将在说明三大效应的基础上，进一步阐明其在固液强化提取方面的原理。

1. 机械效应及辅助固液提取的原理　超声波在传播方向产生辐射压强，辐射压强给予溶剂和悬浮在流体中的微小颗粒不同的加速度，从而导致溶剂发生摩擦，并促使液体介质中固体小颗粒在液体中的分散。在超声环境中，植物类药材中堵塞毛细管的小颗粒容易被机械效应疏通，使得浸润渗透和扩散置换更易进行，最终使得有效成分更快得以提取。

2. 热效应及辅助固液提取的原理　由于超声波频率较高，能量较大，在介质中传播时，其超声能可以不断地被介质的质点所吸收并转化为热能，使温度升高。在植物类药材超声提取中，因为热效应使得提取溶剂温度升高，加速有效成分的溶解速度，从而增加提取得率，而且这种使得提取溶剂温度升高的方式是局部和瞬间发生的，所以不会破坏植物类药材中有效成分的结构和活性。

3. 空化效应及辅助固液提取的原理 空化作用是指超声波作用于液体介质时，超声波使得液体内显现拉应力并形成负压，负压导致周边液体中的少量气体过饱和，形成气泡从液体中逸出；同时拉应力把液体介质"撕开"一个空洞形成小气泡，以上超声波在液体介质中形成小气泡的作用称为空化效应。在固液提取方面，空化效应导致提取溶剂不断产生大量小气泡，这些小气泡不断破灭，并产生数千大气压的瞬间爆破压力，进而冲击着植物类药材的内部和外表，促使植物类药材细胞破壁或者使得细胞变形，这样使得溶剂更易渗透到细胞内部，加快解吸溶解和扩散置换过程，增加提取得率。改变超声波的空化效应能改变固液提取得率，增加超声频率，减少溶剂表面张力和黏度等，即增加空化效应，进而增加提取得率。

总之，在超声波的辅助下，植物类药材中的有效成分作为溶剂中的质点而获得运动速度和动能，而且在超声波的机械效应、热效应和空化效应的共同作用下，受到相关作用力，使得提取得率增加。

（二）微波辅助强化提取技术

微波辅助强化提取技术是利用微波来提高提取效率的一种技术，该方法广泛应用于固液提取，具有较大的发展潜力。

微波是指波长介于红外与无线电波之间的电磁波，微波以直线方式传播，具有反射、折射、衍射等光学特性，而极性溶剂如水、乙醇等液体具有吸收、穿透和反射微波的性质。微波频率与分子转动频率紧密联系，微波的能量是偶极子转动和离子迁移引发分子转动的非离子化辐射能。所以当微波通过吸收、穿透和反射方式传播到极性分子表面时，引发分子瞬时极化，并以每秒24.5亿次的速度高速旋转，使得分子之间产生高频摩擦和碰撞，迅速产生大量热能。因微波能以直线方式传播到分子表面，具有反射、折射、衍射等光学特性，因此可通过控制微波的频率，改变极性分子的转动速度，从而改变分子产生的热量，停止微波，则分子停止转动，分子即停止产生热量，这个热量是微波作用对象自身产生的，热量产生均匀，没有高温热源和温度梯度，物料受热时间短，因此热量利用率较高。

基于以上作用特点，微波有助于提高固液提取的提取得率。当微波作用于浸泡在以水作溶剂的植物类药材中时，微波以直线方式作用于水和植物类药材，由于植物类药材内部细胞含有水，植物类药材内部的水和外部的水溶剂同时吸收微波能，产生大量的热量，使得提取温度升高。一方面植物类药材内部细胞的温度迅速升高，水汽化产生的压力将细胞膜和细胞壁冲破，使得细胞外的溶剂快速进入细胞内，溶解细胞内有效成分，并快速扩散至外部水中；另一方面，微波作用下，植物类药材表面的水分子高速旋转，使得附着在药材表面的水膜变薄，使固液提取的外扩散阻力减小，传质系数增加，提取得率增加。因此微波辅助提取的提取得率高，提取时间短，溶剂消耗量减少。

但微波提取只适用于热稳定性有效成分的提取，对于热敏性活性物质，微波提取易使其失活。而且，微波提取适合细胞中具有大量水分的药材，否则细胞难以吸收微波产生热量，反而会使得自身破碎，细胞内有效成分难以释放出来。微波适用于极性溶剂，否则溶剂无法吸收微波能进行内部加热，一般微波提取所常用的溶剂是水、甲醇、乙醇、异丙醇、丙酮、乙酸、二氯甲烷、三氯乙酸、己烷等。最后，常针对不同的植物类药材，选择不同的微波频率和提取溶剂，以提高提取得率。

> **案例 3-1：固液提取技术应用实例—— 三七总皂苷的提取**
>
> 三七总皂苷为五加科人参属三七根部的有效成分，其中的主要成分是人参皂苷和三七总皂苷，三七总皂苷对中枢神经系统有抑制和镇痛作用，具有止血、活血、补血、抗血栓、扩张血管、抗脑缺血、抗动脉粥样硬化、抗心肌缺血、抗炎、调节细胞免疫、镇痛、保肝等药

理作用。目前，三七总皂苷的工业提取方法是煎煮法，该方法操作温度高，易破坏三七总皂苷中的某些有效成分，如三七总皂苷中的三醇皂苷具有热敏性，煎煮温度大于60℃时，易降解，而且三七中富含淀粉，在煎煮过程中容易糊化，不易过滤。

问题：查阅有关文献，根据三七本身的性质和三七总皂苷的化学和物理性质，选定有效的分离方法，确定工艺路线，对设定的工艺路线进行分析比较，不仅要求技术上的可行性，还要体现经济性、环保性和高效性。

案例3-1分析讨论：

已知：根据案例所给的信息，待分离的物质是三七总皂苷，查找了三七总皂苷中有效成分的结构，三七总皂苷的成分分为原人参二醇组皂苷和人参三醇组皂苷（人参皂苷 Rb_1、Rc、Rd、Rb_3、Re、Rg_1、Rg_2 和 Rh_1），以上化学成分结构大多带有糖苷，极性较大，可采用极性溶剂，如水和乙醇均可作为良好的提取溶剂。

找寻关键：在保证提取得率的前提下，实现高效、安全和环保的工业路线是关键。

提取方法的选择原则：工艺可行、安全、经济和环保。

工艺设计：

1. 三七总皂苷常见提取工艺

（1）热浸法提取工艺

1）工艺说明：热浸法提取三七总皂苷工艺为传统方法，其流程如图3-11所示，将三七根药材别除泥土等杂质，以避免受热不均，按三七个头大小分类干燥，干燥温度为30～40℃，干燥时间为 2～3h。干燥结束后将三七自然冷却至内部组织完全变硬，粉碎，为避免粉尘污染，须在密封的空间下进行操作，因三七富含淀粉类物质，粉碎中因高速摩擦发热，造成块状三七粉碎物黏附在粉碎机内部，随着时间积累，粉碎物越来越多，最终导致粉碎机无法运行，故粉碎采取间隙降温的方式进行操作。粉碎后，考虑到三七中的淀粉在加温提取溶液中发生溶胀，且易黏附于提取罐的内壁，造成传热效率降低，所以将粉碎后的三七包装于布袋中进行提取操作。粉碎装袋的三七置于提取罐中，考虑三七总皂苷为极性物质，用75%乙醇溶液作为提取溶剂，控制乙醇溶液和三七质量比为5:1，于60℃下采用热回流浸提3次，每次 1～2h。将提取混合物自然冷却至室温，除去三七残渣得到提取液，在提取罐中浓缩提取液并回收乙醇，余下残液冷却静置于沉降罐中8～12h，离心除去沉淀物，这些沉淀物包括部分多糖、蛋白及胶质等。离心所得清液稀释到含三七总皂苷的浓度为 0.4～0.6g/ml，将该清液置于 HPD-100 大孔吸附树脂柱进行吸附分离，水洗脱除去多糖类物质至 Molish 反应为阴性，再用75%乙醇溶液洗脱，点板判断洗脱终点。回收乙醇至含水量为15%，注入流化床干燥2h，最终得到三七总皂苷成品（含水量小于0.4%）。

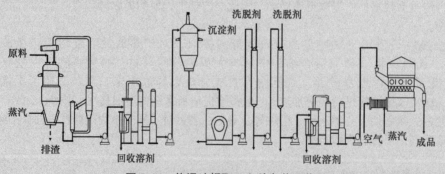

图3-11 热浸法提取三七总皂苷工艺

2）工艺分析：以上为传统三七总皂苷提取方法，可行性强，提取得率高，所得三七总皂苷品质较好。从环保角度分析，该工艺主要使用乙醇溶液作为溶剂，对环境友好，在大孔树脂处理工段使用低浓度盐酸和氢氧化钠水溶液,可回收,可中和反应,对环境没有污染。从安全角度分析,该提取工艺操作温度为40~60℃,提取罐常压回流,无高压容器操作,所使用乙醇对人体无害,虽然易燃易爆,但采取良好通风保障可完全避免。从经济角度分析,该工艺主要需考虑能源消耗和设备成本,现对该工艺能耗和设备成本进行简单核算(以年处理250t三七提取工艺为例,假设年工作日为250天,日处理量为1t三七)。

EQ3-2 热浸法提取工艺能耗核算

a. 热浸法提取工艺能耗核算:热浸法工艺的能耗包括提取罐提取和回收溶剂、真空浓缩洗脱溶剂和喷雾干燥所需能耗,现分别进行计算说明(设室温为20℃,湿度为70%)(**EQ3-2 热浸法提取工艺能耗核算**)。通过 EQ3-2 计算结果所示,热浸法工艺的总能耗分别是:提取罐提取的能耗为 5.99×10^5kJ,提取后回收溶剂的能耗为 4.69×10^6kJ,真空浓缩洗脱溶剂能耗为 1.27×10^6kJ,喷雾干燥能耗为 1.69×10^5kJ,总能耗为 6.73×10^6kJ。

EQ3-3 热浸法提取工艺主要设备成本核算

b. 热浸法提取工艺主要设备成本核算:热浸法提取工艺主要设备包括热提取回收罐、真空浓缩设备和流化床干燥设备,现分别进行详细说明和计算(**EQ3-3 热浸法提取工艺主要设备成本核算**)。通过 EQ3-3 计算结果所示,热浸法提取工艺主要设备成本分别是:热提取回收罐约为20万元,真空浓缩设备约为5万元,流化床干燥设备约为13万元,以上主要设备总价值约为38万元。

(2)超声提取工艺

1)工艺说明:超声提取工艺与热浸法提取工艺的主要区别是超声辅助提取工艺使用超声提取罐。具体工艺如下:1000kg三七根原料经过干燥后粉碎为20~40目,装入布袋(每袋1~2kg),置于超声提取回收罐中,超声提取,提取温度为40℃,超声时间为30min,使用5000kg乙醇溶液(70%)超声提取2次,在提取罐中浓缩回收乙醇至浓度为95%,提取液加入适量天然澄清剂,静置4~6h后离心,上清液加入HPD-100大孔吸附树脂柱上,以20倍柱体积的水洗脱大孔吸附树脂柱脱去葡萄糖等,以5000kg乙醇溶液(75%)洗脱三七总皂苷,用薄层板点板验证三七总皂苷洗脱完毕。之后,真空浓缩洗脱液至含水量为15%,流化床干燥,得到三七总皂苷成品。

2)工艺分析:与传统工艺相比较,本工艺用超声提取与大孔吸附树脂吸附分离相结合,提取温度和提取时间分别为40℃和30min,生产时间缩短,提取温度低,使得三七总皂苷中的热敏性成分得以较好地保存。工艺使用乙醇溶液作为溶剂,对环境友好。该工艺与传统工艺相比较,主要需考虑能源消耗和设备成本及生产周期的区别,现对该工艺以上两方面进行简单核算(以年处理250t三七提取工艺为例,假设年工作日为250天,日处理量为1t)。

EQ3-4 超声提取工艺能耗核算

a. 超声提取工艺能耗核算:该工艺的能耗包括提取罐提取和回收溶剂的热消耗、真空浓缩洗脱溶剂热消耗和流化床干燥时的热消耗(**EQ3-4 超声提取工艺能耗核算**)。通过 EQ3-4 所示,超声提取工艺的总能耗分别是:提取罐提取的能耗为 1.08×10^5kJ,回收溶剂的能耗为 3.75×10^6kJ,真空浓缩洗脱溶剂能耗为 1.27×10^6kJ,流化床干燥能耗为 1.69×10^5kJ,总能耗约为 5.30×10^6kJ。

EQ3-5 超声提取工艺主要设备成本核算

b. 超声提取工艺主要设备成本核算:超声提取工艺主要设备包括超声提取回收罐、真空浓缩设备和流化床干燥设备,现分别进行详细说明和计算(**EQ3-5 超声提取工艺主要设备成本核算**)。

通过 EQ3-5 的计算结果所示,超声提取工艺主要设备成本分别是:超声提取回收罐约为30万元,真空浓缩设备约为5万元,流化床干燥设备约为

13 万元，以上主要设备总价值约为 48 万元。

2. 三七总皂苷的提取工艺要点

（1）三七的预处理：三七富含皂苷类成分，极易产生泡沫，所以粉碎后要包装起来，减少泡沫；另外三七富含淀粉和热敏性成分，粉碎时因摩擦生热，淀粉易黏附在粉碎机内部，并因粉碎温度升高导致三七中的热敏性成分分解，所以在提取之前需要干燥除去三七中的部分水分。

（2）三七的提取溶剂：三七总皂苷，极性大，使用极性溶剂提取，如水等，但为避免过多提取多糖和蛋白质等无效成分，需在水中适量添加乙醇，以改变提取溶剂的整体极性，使得三七总皂苷的提取得率增加。

（3）三七的提取温度：三七中含有热敏性成分 Rb_1，因此提取的温度应控制在 40~60℃，且减少提取时间，以尽可能避免热敏性成分的损失。

（4）三七提取液的除杂技术：采用乙醇溶液作为溶剂时，除了得到三七总皂苷，还得到多糖、蛋白质和色素类的杂质，影响三七总皂苷的质量。所以采取大孔吸附树脂等吸附分离方法除去杂质，以提高三七总皂苷的质量。

假设：采用微波辅助提取三七总皂苷，对提取工艺有什么影响？

分析：本案例叙述的热浸提取和超声提取工艺，可行性强。该工艺主要使用乙醇溶液作为溶剂，对环境友好，提取工艺操作温度为 40~60℃，在常压下进行提取罐热浸回流提取，所使用乙醇对人体无害，采取成熟和良好保障措施可完全避免乙醇的安全隐患。以上两工艺在能源消耗和设备成本方面有显著区别，根据前面的讨论，本案例从热浸提取和超声提取工艺在经济和能耗方面进行分析总结（表3-1）。由表3-1所示，热浸提取工艺的能耗是超声提取工艺能耗的 1.44 倍，其操作时间较超声提取工艺多 5h，但主要设备的成本较超声工艺少10万元。综合来分析，超声辅助提取三七总皂苷工艺的提取得率较高，能耗较少。

表 3-1 热浸提取和超声提取工艺在经济和能耗方面的计算结果总结（处理 1000kg/d）

	项目	热浸提取工艺	超声提取工艺
主要设备的能耗（kJ）	提取罐提取能耗	$5.99×10^5$	$1.08×10^5$
	提取罐回收溶剂能耗	$4.69×10^6$	$3.75×10^6$
	真空浓缩洗脱溶剂能耗	$1.27×10^6$	$1.27×10^6$
	喷雾干燥能耗	$1.69×10^5$	$1.69×10^5$
	合计	$6.73×10^6$	$5.30×10^6$
主要设备造价（万）	提取罐	20	30
	真空浓缩设备	5	5
	流化床干燥设备	13	13
	合计	38	48
主要消耗的时间（h）	提取工段	6	1

评价：对于三七总皂苷的提取可以采用不同的生产路线，采用何种生产工艺，可以围绕可行性、安全性、环保性和经济性等问题，找到提取得率高、经济投入少、能耗较低、安全环保的工艺方法。以上选用的两种三七总皂苷工艺中，超声提取工艺能耗低，提取时间较短，生产效率高，具有较强的优势。

小结：

（1）提取工艺的优劣，要从可行性、安全性、环保性和经济性等方面出发，对工艺进行综合分析和讨论。

（2）在提取工艺的可行性方面，可以多进行中试放大研究，以保障工艺的可行性。

（3）在提取工艺的安全和环保方面，可以在实验室研究和中试放大研究方面，多做分析和总结，不断发现并避免污染源和安全隐患。

学习思考题（study questions）

SQ3-1 三七总皂苷超声提取工艺中，影响提取得率最关键的工艺步骤是哪几步？

SQ3-2 如何提高三七总皂苷的生产质量？如何改进工艺？

练习题

3-1 固液提取的基本原理是什么？

3-2 固液提取影响因素有哪些？

3-3 固液提取方法有哪些？试说明各自优缺点。

3-4 多级提取工艺和单级提取工艺的特点是什么？

3-5 为什么银杏叶较三七更易提取？

3-6 提高提取得率的方法有哪些？举例说明。

3-7 某种花类药材，有效成分为水溶性黄酮类和挥发油类，则最适用的提取设备是什么？

3-8 以灯盏花乙素提取工艺为例，比对几种工艺生产方案的优缺点，提出经济、有效、安全和环保的工艺流程，绘制工艺流程框图，并对工艺进行说明。

第四章　固　液　分　离

1. 课程目标　在了解固体颗粒、液体和悬浮液的性质的基础上，掌握固液分离的基本概念、三种分离方法的分离原理、影响因素及其工艺计算，培养学生分析、解决工艺研究和工业化生产中复杂固液分离问题的能力。理解过滤（滤饼过滤和深层过滤）、沉降、离心、分离效率、含湿量的基本概念，熟悉固液分离技术的特点、过滤介质与助滤剂及其应用条件，了解典型过滤设备的结构、工作原理、分离设备的选型依据，熟悉新型过滤介质与分离技术，使学生能综合考虑物料性质、过滤方法与设备等方面的因素，选择或设计适宜的固液分离技术。

2. 重点和难点

重点：过滤、沉降与离心的基本原理及实际应用，掌握过滤基本方程、沉降基本方程与离心分离工艺计算方法。

难点：影响固液分离的主要因素与分离方法的选择。

第一节　物料的性质

固液分离主要用于由固相和液相所形成的非均相体系的分离，在制药工业中得到了广泛应用。常用的固液分离方法主要有过滤、重力沉降和离心分离三大类。在实际操作过程中，必须根据待处理对象的性质，选择适宜的固液分离方法和设备，才能实现较好的分离。一般采用分离效率和含湿量（质量分数）这两个参数来表征固液分离状况。分离效率：表示固相的质量回收率，通常用百分数表示；含湿量：表示回收的固相的干湿程度。

物料的性质是选择固液分离方法和影响分离效果的主要因素。混合物中固体颗粒的形状、尺寸、比表面积、密度、孔隙度等，液体的密度、黏度、挥发性、表面张力，以及悬浮液的固相含量、密度与黏度等，都会对固液分离方法的选择、分离过程中颗粒沉降或者过滤速度的快慢、分离效果的好坏、滤饼层的渗透性及滤饼的比阻等性质产生重要影响。

一、固体颗粒性质

（一）颗粒的形状

固体颗粒的形状主要有球形、椭球形、杆形、棒形、线形等，在进行理论计算时，通常需要将颗粒作为球形来对待，这是造成理论计算与实际情况不符的原因之一。反映颗粒形状的参数有三种：球形系数、体积形状系数和面积形状系数（详见 **EQ4-1 颗粒的形状**）。

EQ4-1 颗粒的形状

（二）颗粒的尺寸

颗粒尺寸是选择分离技术和设备的重要参数之一，反映颗粒尺寸的参数有粒径和粒度分布。

1. 粒径　粒径即颗粒的直径。对于形状不规则的颗粒，根据所测结果是颗粒的线性尺寸还是它本身特性，可以用"当量球径"（详见 **EQ4-2 当量球径**）、"当量圆径"和"统计直径"这三类粒径来描述。

EQ4-2 当量球径

2. 粒度分布及粒度分布集中趋势的量度 详见 **EQ4-3 粒度分布及粒度分布集中趋势的量度**。

EQ4-3 粒度分布及粒度分布集中趋势的量度

（三）颗粒的比表面积、孔隙度与密度

颗粒的比表面积（specific surface area）是指单位体积/单位质量颗粒所具有的表面积，单位为 m^2/m^3 或 m^2/g。孔隙度是颗粒之间的孔隙体积与其表观体积之比。

固体颗粒的沉降速度、沉降方向与固液之间的密度差成正比，是固液分离过程设计和性能预测的一个重要参数。如果颗粒具有吸湿性，其内部往往存在一定量的液体，则所测的密度为假密度，也叫"视密度"，在分离实践中所用的即是"视密度"。

（四）颗粒的表面特性

EQ4-4 润湿性

颗粒的表面特性主要影响颗粒的润湿性（详见 **EQ4-4 润湿性**）、电特性及颗粒表面的吸附特性（详见 **EQ4-5 颗粒表面的吸附特性**）等。

（五）颗粒床层的特性

EQ4-5 颗粒表面的吸附特性

在固液分离过程中往往会形成充满液体的固体颗粒床，简称颗粒床。颗粒床中固体颗粒的特性、排列方式等对过滤过程有很大的影响。一般采用孔隙度、渗透率或过滤阻力来反映颗粒床层的特性。

二、液体的性质

液体的密度、黏度、表面张力、挥发性等是直接影响固液分离的主要因素（详见 **EQ4-6 液体的性质**）。

EQ4-6 液体的性质

三、悬浮液的性质

悬浮液的性质除与固液两相自身的特性有关外，还有两相共存产生的新特性，这些特性均会影响固液分离操作。

（一）密度与黏度

悬浮液的密度可以根据悬浮液的固体含量、固相和液相的密度计算：

$$\rho = \frac{100}{\frac{100-c}{\rho_L} + \frac{c}{\rho_S}} \qquad (4-1)$$

式中，ρ 为悬浮液的密度，g/L；c 为悬浮液中固相的质量分数，%；ρ_L 为悬浮液中液相的密度，g/L；ρ_S 为悬浮液中固相的密度，g/L。

在悬浮液中，颗粒越大，下沉越快，且随着颗粒的逐步下沉，悬浮液的密度逐渐减小。

悬浮液的黏度随着固相浓度的增大而增加。

（二）固含量

固含量表示固体颗粒与液体的混合比例，一般用固体颗粒的质量占悬浮液总质量的百分数来表示。固含量对分离过程有重要影响。当悬浮液的固含量达到一定值后，颗粒间距小，互相制约，导致出现干涉沉降的现象，进而影响沉降速度。

（三）ζ电位及电泳现象

当固体颗粒晶格不完整时，会使晶体表面有剩余离子，或是一些低溶解度的离子型晶体，在水中就会由于水的极性使周围有一层电荷环绕，形成双电子层。双电子层围绕着颗粒，并延伸到含有电解质的分散介质中，双电子层与分散介质之间的电势差称为ζ电位。颗粒自身带有的剩余电荷还会造成带有相同电荷的颗粒之间相互排斥，当对分散介质施以外加电场时，带电颗粒也会产生定向运动。这些现象既影响着颗粒间的团聚长大，也影响着过滤介质的防堵塞性能。

第二节 过 滤

过滤（filtration）是以某种多孔物质为过滤介质，在推动力作用下使悬浮液中的液体透过介质，固体颗粒被过滤介质截留，从而实现固液分离的操作，其基本原理如图 4-1 所示。过滤的推动力有重力、压力差、离心力。常见的过滤操作有滤饼过滤和深层过滤。滤饼过滤是固体粒子在过滤介质表面积累，短时间内发生架桥，此时沉积的滤饼起到过滤介质的作用。深层过滤是固体粒子在过滤介质的孔隙内被截留，固液分离过程发生在整个过滤介质的内部。实际过滤中以上两种过滤方式可同时或先后发生（图 4-2）。

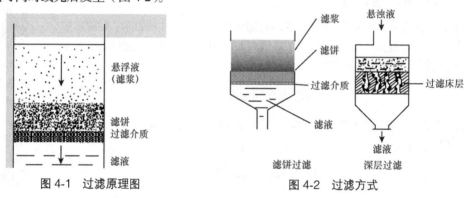

图 4-1 过滤原理图　　　　图 4-2 过滤方式

一、过滤基本理论

（一）滤饼过滤

1. 过滤基本过程　滤饼过滤一般应用织物、多孔固体或孔膜等作为过滤介质，过滤时流体可以通过介质的小孔，颗粒不能进入小孔而被过滤介质截留形成滤饼。因此，颗粒的截留主要依靠筛分作用。

在滤饼过滤中，过滤介质负责支撑滤饼，其孔径不一定要小于颗粒的直径。由于过滤是在介质的表面进行，亦称表面过滤。过滤开始时，部分颗粒可以进入甚至穿透介质的小孔。随着过滤的进行，许多颗粒流向孔口，在孔中或孔口上形成架桥现象，对悬浮液中的颗粒形成有效的阻挡，如图 4-3 所示。当固体颗粒浓度较高时，架桥是很容易形成的。此时介质的实际孔径减小，细小颗粒也不能通过介质而被截留，形成滤饼（滤饼在过滤中起到真正过滤介质的作用）。由于滤饼的空隙小，很细的颗粒亦被截留，使滤液变清，此后过滤才能真正有效地进行。悬浮液浓度很低时，在过滤过程中，颗粒容易进入并堵塞过滤介质的孔道，使滤液不能顺利地通过，所以滤饼过滤通常用于处理固体体积浓度大于 1% 的悬浮液。对于稀释悬浮液，可借助人为地提高进料浓

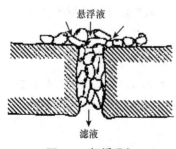

图 4-3 架桥现象

度的方法，也可以加助滤剂作为掺浆，以尽快形成滤饼，同时由于助滤剂具有很多小孔，增强了滤饼的渗透性，从而使低浓度和一般难以过滤的浆液能够进行滤饼过滤。

2. 过滤基本方程　过滤的主要参数有：①处理量，以处理的悬浮液流量或分离得到的纯净的滤液量 V（m^3/s）表示；②过滤的推动力；③过滤面积，表示过滤机大小；④过滤速度 u，用单位时间内通过单位过滤面积的滤液量表示。

过滤是液体通过滤饼与过滤介质的流动过程，过滤速率基本方程描述滤液量随过滤时间变化的规律。关于过滤速度 u 的表达式，可从流体力学的基本观点出发导出过滤的基本式——达西（Darcy）公式：

$$u = \frac{k\Delta p}{\mu l} = \frac{\Delta p}{\mu \left(\dfrac{l}{k}\right)} \qquad (4\text{-}2)$$

式中，Δp 是滤层两侧的压力差，即推动力；μ 和 l 分别为滤液黏度和滤层厚度；k 为过滤常数；l/k 可视为除黏度之外的过滤阻力。

Δp 由介质两边压力差 Δp_m 和滤饼两边压力差 Δp_c 组成，即 $\Delta p = \Delta p_m + \Delta p_c$。

同样，过滤阻力项（l/k）由介质阻力 R_m 和滤饼阻力 R_c 两部分组成，即

$$\frac{l}{k} = R_m + R_c \qquad (4\text{-}3)$$

在过滤操作中，一旦过滤介质的材质、规格、型号等参数确定后，介质阻力 R_m 是常量，在过滤过程中，其值恒定不变。随着过滤过程的推进，滤饼厚度变大，滤饼阻力 R_c 也逐渐增大。滤饼是由滤液中夹带的固体在介质表面上的堆积所造成，过滤过程中 R_c、滤饼厚度 l 与滤液体积 V、悬浮液含有的固体量 ρ_0 成正比，与过滤面积 A 成反比。因此滤饼阻力 R_c 可表示为

$$R_c = a\rho_0 \frac{V}{A} \qquad (4\text{-}4)$$

式中，a 为滤饼的比阻，反映了滤饼的性质（详见 **EQ4-7 滤饼比阻**）。

根据过滤速度定义：过滤速度 u 为单位时间内通过单位过滤面积的滤液量，即

$$u = \frac{1}{A}\frac{dV}{dt} \qquad (4\text{-}5)$$

EQ4-7　滤饼比阻

式中，V 为滤液体积；t 为时间；A 为过滤面积。

最后，合并式（4-2）、（4-3）、（4-4）和（4-5）可得恒压情况下的达西公式——过滤基本方程式

$$\frac{1}{A}\frac{dV}{dt} = \frac{\Delta p}{\mu\left(\dfrac{a\rho_0 V}{A} + R_m\right)} \qquad (4\text{-}6)$$

通常情况下，在过滤开始时，介质上面没有截留的滤饼，同时也没有滤液，即 $t=0$，$V=0$。在此条件下，将式（4-6）积分并整理，可得

$$\frac{At}{V} = K\frac{V}{A} + B \qquad (4\text{-}7)$$

式（4-7）中

$$K = \frac{a\mu\rho_0}{2\Delta p}, B = \frac{\mu R_m}{\Delta p} \qquad (4\text{-}8)$$

以（At/V）为纵坐标，以（V/A）为横坐标作图，可得一直线，其斜率为 K，截距为 B。K 是压力降 Δp 及滤饼性质 a 的函数；而 B 则与滤饼性质无关，但正比于介质阻力 R_m。如果 R_m 可以忽略，则式（4-7）可简化成如下形式

$$t = \frac{a\mu\rho_0}{2\Delta p}\left(\frac{V}{A}\right)^2 \tag{4-9}$$

式（4-9）反映了 t、Δp、V、A 等重要变量之间的关系，其在过滤计算中常被使用，但是只适用于不可压缩滤饼。

滤饼可分为不可压缩滤饼和可压缩滤饼两类。不可压缩滤饼刚性较大，在 Δp 的作用之下，过滤过程中滤饼不会变形、过滤的阻力也不会明显地变化。这时，滤饼的比阻 a 与 Δp 无关。可压缩滤饼则比较软，滤饼在压力作用下被压紧，过滤通道骤然变小，过滤阻力增加，所以，需要对可压缩滤饼的比阻 a' 进行校正。

$$a' = a\Delta p^s \tag{4-10}$$

式中，s 为压缩指数（compression index），是反映滤饼压缩性大小的值，从 0（刚性不可压缩滤饼）变到近乎 1.0（极易压缩的滤饼）。s 及 a 值，可从 a' 对 Δp 的对数表中确定。当 s 值很大时，需要使用助滤剂来对悬浮液进行预处理。发酵液中的固体物大多是柔软的微生物细胞，因此由发酵液过滤获得的滤饼，几乎全是可压缩滤饼。这里要指出的是，尽管滤饼可压缩，但由式（4-6）给出的过滤方程的基本形式推断，并不会因此而发生变化，所改变的仅是 K 值与 Δp 之间的关系。由此对可压缩滤饼而言，式（4-9）相应地变为

$$t = \frac{\mu a'\rho_0}{2\Delta p^{1-s}}\left(\frac{V}{A}\right)^2 \tag{4-11}$$

例 4-1 过滤含有蛋白酶的发酵液。从大肠杆菌的发酵液中提取蛋白酶之前必须先把菌体分离掉。为便于过滤去除大肠杆菌，我们先在发酵液内加入 2 倍于生物物质的助滤剂，得到含固体 5.0%（质量分数）的发酵液，其黏度为 8.3×10^{-3} Pa·s。过滤试验设备为直径 5.5cm 的布氏漏斗，与真空泵相连接，在 36min 内能过滤发酵液 100cm^3。另外，用同类发酵液进行的前期研究表明，其滤饼的压缩指数 s 等于 2/3。

现在板框压滤机的中试设备内，需过滤这类发酵液 5000L。该过滤机具有 30 个框，每框面积为 3520cm^2，框与框之间的空间足够大，以致在滤毕 5000L 发酵液之前，框间不会被滤渣充满。过滤介质的阻力可以忽略不计，使用的过滤压力降为 1.72×10^5 Pa。试求：

1）在 1.72×10^5 Pa 压力下，过滤完这些发酵液需要多少时间？

2）在上述 2 倍压力下过滤，则过滤完同样的发酵液又需要多少时间？

解：我们首先计算滤饼的性质，因为介质阻力可以忽略，故根据式（4-7）代入相应的值，并把 Δp 计为 1.013×10^5 Pa，得

$$\mu a'\rho_0 = \frac{2t\Delta p^{1-s}A^2}{V^2} = \frac{2 \times \frac{36}{60} \times \left(1.013 \times 10^5\right)^{\frac{1}{3}} \times \left(\frac{\pi}{4} \times 5.5^2\right)^2}{100^2} = 3.16 \text{h} \cdot \text{Pa}^{\frac{1}{3}} \cdot \text{cm}^{-2}$$

此 $\mu a'\rho_0$ 的单位很少见，但使用方便。

1）现使用同样的公式求取板框过滤时的过滤时间。其中，$\Delta p = 1.72 \times 10^5$ Pa，$V = 5\,000$ L $= 5\text{m}^3$。因板框过滤系在框的两侧进行，故实际过滤面积为框面积的 2 倍，即 $A = 2 \times 30 \times 3520 = 211\,200\text{cm}^2 = 21.12\text{m}^2$。

$$\text{故 } t = \frac{\mu a'\rho_0}{2\Delta p^{1-s}}\left(\frac{V}{A}\right)^2 = \frac{3.16 \times 10^4}{2 \times \left(1.72 \times 10^5\right)^{\frac{1}{3}}} \times \left(\frac{5}{21.12}\right)^2 = 15.92 \text{h}$$

注意，这里黏度及发酵液的浓度并没有在计算中使用，它们仅以 $\mu a'\rho_0$ 的形式出现。

2）如果压力降是 1）的 2 倍，则由同样的方程式可得

$$t = 12.64 \text{h}$$

由此可见，时间缩短不多，这是因为该滤饼的可压缩性很大。

（二）深层过滤

深层过滤（depth filtration）是指当颗粒尺寸小于过滤介质孔径时，悬浮液流入介质的孔道，颗粒在运动过程中趋于孔道壁面，并在重力和静电力作用下附着在壁面上而与液体分开。深层过滤在介质内部进行，与滤饼过滤相比，深层过滤所用的过滤介质一般较厚，孔道细长、曲折，过滤阻力较大。一般用于生产能力大，而流体中颗粒小，且固体体积浓度在 0.1% 以下的场合，如制药用水的净化等。

深层过滤中，颗粒的运动主要有三种方式。①迁移行为：悬浮液在外加推动力的作用下，经过过滤介质，在随悬浮液流动的过程中固体颗粒运动到过滤介质内部孔隙的表面；②附着行为：固体颗粒迁移到过滤介质的滤粒表面时，在重力、静电作用力等作用下，固体颗粒与过滤介质表面吸附，两者间相互作用力的性质与大小决定能否吸附与吸附的强弱；③脱落行为：当颗粒或颗粒团与过滤介质表面的结合力较弱时，它们会从介质孔隙的表面上脱落下来。

物料的性质及介质的性能对深层过滤的过滤效率有重要影响：①过滤效率与物料粒度、密度和形状有关；②过滤介质孔隙越不规则、比表面积越大、弯道越多，过滤效果越好；③过滤效率与流速成反比；④滤液质量随料浆黏度的降低而提高；⑤对于迁移过程中重力起主导作用的过滤，下流式过滤器的效率高于上流式过滤器，但对于迁移行为是以扩散作用力或流体运动作用力起主导作用的过滤，则上流式与下流式过滤器的效率无差异。

二、过滤介质

（一）特性

过滤介质是实现过滤的基本条件，反映过滤介质性能的主要有过滤性能、机械性能和使用性能。过滤性能主要指过滤介质能截留的最小颗粒、截留效率、流动阻力、纳污容量和堵塞倾向等；机械性能主要是指过滤介质的刚度、强度、蠕变或拉伸抗力、移动与震动稳定性、抗摩擦性、可制造工艺性、密封性等；使用性能主要是指过滤介质的化学稳定性、热稳定性、生物稳定性、动态稳定性、吸附性、可湿性、卫生与安全性等。

（二）分类

过滤介质分为表面过滤介质和深层过滤介质。表面过滤介质（如滤布、滤网等），多用于回收有价值的固相产品；深层过滤介质（如砂滤层、多孔塑料等），主要用于回收有价值的液相产品。有的过滤介质兼具表面过滤介质和深层过滤介质的作用，综合两种过滤原理实现固液分离。

按材质分类，过滤介质有天然纤维（如棉、麻、丝等）、合成纤维（如涤纶、锦纶等）、金属、玻璃、塑料及陶瓷过滤介质等。按形状分类，有织物介质（由天然或合成纤维、金属丝等编织而成的滤布、滤网，是工业生产使用最广泛的过滤介质，可截留颗粒的最小直径为 5～65μm）、多孔性固体介质（包括素瓷、烧结金属、烧结玻璃或由塑料细粉黏结而成的多孔性塑料管等，能截留小至 1～3μm 的微小颗粒）、堆积介质（由砂、木炭、石棉粉等固体颗粒或玻璃棉等非编织纤维堆积而成，一般用于处理含固量很小的悬浮液，如水的净化处理等）、高分子膜（膜材料的主要特征是孔径小，能截留细菌等微生物，如流体培养基的无菌过滤）等。按结构分类，可分为柔性、刚性及松散性等过滤介质。详见 **EQ4-8 过滤介质分类**。

EQ4-8 过滤介质分类

（三）新型过滤介质

1. 无石棉过滤板 呈三维筛状结构，由极细纤维、细硅藻土及作为电荷载体的合成聚合物精确混制而成，能吸留微小颗粒，具有高流量和高精度过滤的优点，主要应用于制药、口服液、酿酒及食品行业中液体的澄清过滤。纤维既能增强滤板的强度，又能使滤板有很大的空隙率。

2. 金属过滤介质 包括楔形和圆形金属筛网与烧结金属过滤介质等。制备金属过滤介质的材料主要有不锈钢丝、铜丝、镍丝等，金属过滤介质具有强度大、韧性好、耐高温高压、不易腐蚀、清洗方便、结构牢固与使用时间长等优点（详见 **EQ4-9 金属过滤介质**）。

EQ4-9 金属过滤介质

3. 多孔陶瓷 是以高硅质硅酸盐、铝硅酸盐、黏土、硅藻土、刚玉、金刚砂、堇青石等原料为主料，加入一定的助溶剂、增塑剂、黏结剂、致孔剂、分散剂等助剂，经过成形和特殊高温烧结工艺制备的一种多孔性陶瓷材料，具有耐高温高压、抗酸碱和有机介质腐蚀、生物惰性好、孔结构可控、开口孔隙率高、使用寿命长、产品再生性能好等优点，可以适用于各种介质的精密过滤与分离，在过滤工艺中具有特殊价值（详见 **EQ4-10 多孔陶瓷**）。

EQ4-10 多孔陶瓷

4. 纤维素长带条缠绕滤芯 由纤维素长带条按螺旋形缠绕，经过酚醛树脂浸渍和热处理硬化而成。在带条迭层之间，形成了孔隙。流体可以流过这些孔隙，而污物被截留在带条迭层的边缘上。过滤结束后，可用流体逆洗再生。该滤芯的优点是价廉、强度好、耐热、耐腐蚀、清洗方便。

三、过滤设备

不同悬浮液性质差异较大，原料处理和过滤目的也各不相同，需要使用不同的过滤设备。过滤设备按操作方式可分为间歇式过滤机和连续式过滤机两大类。按过滤推动力，又可分为加压式、真空式、离心式三大类。

（一）加压式过滤机

图 4-4 滤板与滤框

1. 板框压滤机 是加压式过滤机的代表，其基本结构如图 4-4～图 4-6 所示。该设备主要过滤部件为滤板和滤框。在操作过程中，滤板与滤框交替排列，按照"板—框—板—框……"的顺序叠加，板框的数量可以根据待处理悬浮液的量及其固含量的多少进行调整。滤板和滤框悬挂在两侧的支架上，经压紧后，组成一系列密封的滤室。使用时，板框叠加，中间加滤布，滤液通过管道进入滤框内，在压力作用下，液体穿过滤布进入滤板中，然后从滤出液出口流出，固体则被滤布拦截成滤饼留在框内。操作压力一般为 0.3～0.5MPa。

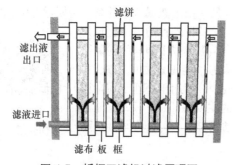

图 4-5 板框压滤机过滤原理图

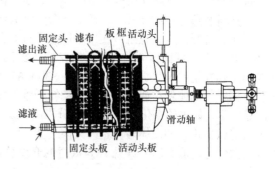

图 4-6 板框压滤机结构示意图

每个过滤操作循环由组装、过滤、洗涤、卸渣四个阶段组成。板框压滤机结构简单、制造容易、过滤面积与推动力大、生产能力大、过滤面积可调、占地面积小、滤饼含水量少、颗粒回收率高、适应能力强，但也存在不能连续自动操作、劳动强度大、滤布损耗快等缺点。近年来，为了降低劳动强度，提高生产效率，研制出了自动操作板框压滤机。

2. 加压叶滤机　主要构件是矩形或圆形的滤叶，垂直吊装在罐体内，滤叶由金属多孔板/金属网制作而成。滤叶内部具有一定空间，外部覆以金属滤网/滤布，内部有支撑以防止被压扁（图4-7）。若干块滤叶组成一体，插入盛滤浆的密封槽内，滤液从过滤液入口进入罐内，在加压作用下，液体进入滤叶内部，汇集到滤出液出口引出，固体则被截留在滤叶表面形成滤饼，从而实现固液分离。过滤结束后，振动滤叶将固体抖落，从下部出料口卸出。加压叶滤机设备紧凑、密封性好、机械化程度较高、劳动强度小，适合易燃易爆、有毒、挥发性与腐蚀性强的物料过滤，但是属于间歇操作、结构比较复杂、造价较高。

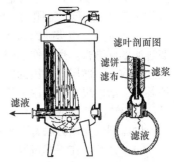

图4-7　加压叶滤机

（二）真空式过滤机

转筒真空过滤机是应用最广泛的一种连续操作的过滤设备，它是依靠真空系统在转筒内外形成压差而实现过滤。其主体是一个侧面布满孔道的圆筒，邻近的孔道汇集到真空管，然后通过控制阀再汇集到圆筒中轴过滤液（真空）出口。图4-8为该类设备原理及工作示意图：沿圆周分隔成互不相通的若干扇形格的转筒安装在空心轴上，经过空心轴内的孔道分别与分配头上相应的孔相连。通过分配头，转筒旋转时其壁面的每一格，可以依次与处于真空下的滤液罐、洗水罐、鼓风机稳定罐（正压下）相通，每旋转一周每个扇形格的表面即可依次按过滤、洗涤、抽干、吹松、卸饼的顺序逐级完成过滤操作。

转筒真空过滤机可实现过滤、洗涤、卸料连续自动操作，自动化程度高，劳动强度低，适用性广。在过滤细且黏的物料时采用预涂助滤剂的方法也比较方便，只要调整刮刀的切削深度就能使助滤剂层在较长时间内发挥作用。但是该设备体积庞大、占地面积大、结构复杂、价格贵、过滤推动力小、滤饼洗涤不充分，此外它不宜用于过滤高温悬浮液。

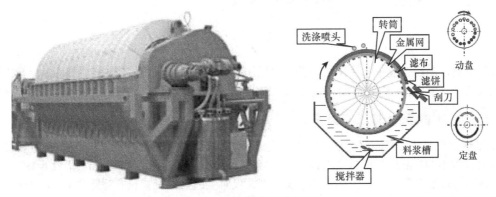

图4-8　转筒真空过滤机

（三）过滤式离心机

过滤式离心机将在 **EQ4-15 过滤式离心机** 中介绍，在此不再赘述。

四、助　滤　剂

细小颗粒容易引起过滤介质的孔隙堵塞，减小过滤介质孔径，增大滤饼阻力，导致过滤难以进行。同时，有些颗粒容易变形，所形成的滤饼容易被压缩而导致过滤阻力急剧增大。为了防止过滤介质孔道堵塞或降低可压缩滤饼的过滤阻力，在过滤操作时需要适当加入助滤剂。助滤剂是在过滤操作中，为了降低过滤阻力，增加过滤速率或得到高度澄清的滤液所加入的一种辅助性物质。

助滤剂是一些坚硬的粉状或纤维状的小颗粒，它的加入可以使滤饼结构疏松，不容易被压缩，使过滤顺利进行。适于作助滤剂的物质应颗粒大小合适，能较好地悬浮在滤浆中，并能在过滤介质上形成一个薄层。常用的助滤剂有硅藻土、珍珠岩、纤维素、石炭粉、石棉、石膏、氧化镁、纸浆粉、活性炭、酸性白土等，其中硅藻土由于比表面积大、吸附性强、形成的滤饼空隙率高，是应用最广泛的助滤剂。

助滤剂的使用方法有两种：

（1）预涂：在正式过滤前先用只含助滤剂的悬浮液过滤，在过滤介质上形成一层由助滤剂组成的滤饼。这种方法可以避免介质孔隙堵塞，并可在一开始就能得到澄清滤液。如果滤饼有黏性，此法有助于滤饼的脱落。

（2）混合过滤：将助滤剂按一定比例混在滤浆中，然后一起过滤。这种方法得到的滤饼可使压缩性减小、空隙率增大，能降低过滤阻力。

需要注意的是，使用助滤剂过滤一般是以获得洁净滤液为目的，因此助滤剂中不能含有可溶于液体的物质。如果过滤的目的是回收纯的固体物质，则不能使用助滤剂。

五、制药生产中过滤分离技术的发展

过滤分离是制药工业中不可或缺的科学技术，其技术水平的高低、设备质量的优劣对于实现制药工艺的先进性和生产过程的现代化都具有重要意义。随着社会对生活品质、生存环境的日益重视，对固液分离技术提出了更高的要求。固液分离技术的研究和开发主要集中于以下几个方面：

（1）先进高效的新型分离技术的研究与开发。

（2）经济高效的过滤介质的开发与应用。

（3）高效、高精密过滤分离设备的开发与改进。

（4）过滤与分离配套集成工艺的系统研究与开发。

六、过滤分离的应用

固液分离是制药工业中常使用的一种单元操作，分离的效果将直接影响产品的质量、收率、成本及安全和环境保护。需要根据具体的物料性质与产品要求，选择合适的过滤分离方法与设备。

（一）化学合成药的过滤分离

1. 活性炭与脱色后药液的过滤 药物合成过程中，经常需要采用活性炭粉末进行脱色。脱色后的过滤成为影响产品质量的重要操作。活性炭粉末很细，最细的仅 $1\sim2\mu m$。活性炭粉末过滤主要以滤布为过滤介质，其孔径均在 $10\mu m$ 以上，仅对大的活性炭颗粒有滤除效果，小的则易穿透滤布，过滤效果不佳。

解决办法：①循环过滤。即将第一次滤液送回到原来料液中进行循环过滤，以提高滤液澄清度。这种方法操作简单，但难以保证滤液质量。②复滤。即对第一次滤液再进行两次或多次过滤，多次过滤可提高滤液的质量，但操作复杂、成本高。另外，活性炭滤渣携带有大量的滤液，导致废水处理负荷增加。活性炭过滤已成为制药工业亟待解决的难题。采用其他精密过滤方法或者开发专用功能性过滤介质来解决活性炭与脱色后药液的过滤是当前发展的方向。

2. 晶体的过滤 经活性炭脱色后的药液仍然含有少量的杂质，满足不了原料药的质量要求，往往需要进一步精制。当前，常用的精制手段为重结晶，即在经活性炭脱色、过滤处理后的药液中加入某些溶剂，使原料药成为晶体析出，析出的晶体需要进一步过滤、干燥，才能得到符合质量要求的原料药。目前普遍采用离心式过滤机对结晶体进行过滤。

（二）发酵液的过滤分离

抗生素、疫苗等生物制品附加值高、药效显著，市场前景巨大，一般是采用微生物发酵的方式生产。将发酵液进行有效过滤是生物制品提取工艺中最重要的操作环节，直接影响产品的收率、质量和劳动生产率。发酵液中含有菌丝体、残留培养基、细胞器等，主要成分是蛋白质、多糖类、维生素、抗生素及微生物代谢产物等，黏度和可压缩性很大。由于发酵液成分复杂，过滤介质或操作条件选择不当，很难达到理想的分离效果。发酵液的过滤一直是制药生产中的难题。

目前我国的发酵液过滤一般采用板框压滤机、转鼓真空过滤机和折带真空过滤机，也有的采用螺旋离心机、碟式分离机，但由于属于离心机沉降分离，滤槽无法洗涤，也不能得到干的滤渣，因此分离效果都不是十分理想。采用预过滤后再进行深层过滤得到更澄清的药液可能是个研究方向，但其工艺流程及设备系统必然会更复杂。

（三）中药的过滤分离

中药种类繁多，成分复杂，大多通过浸取方式获取药用成分，然后进行固液分离。浸取液中含有大量的蛋白、多糖等胶状体物质，黏度高。过滤过程中滤饼比阻大，分离困难，而且滤液随温度、光照等环境条件的改变可能不断析出固体，影响药液的澄清度，降低产品质量。

采用常规的过滤方法，细小颗粒容易堵塞过滤介质孔隙、过滤阻力大、速度慢、效率低、操作成本高、过滤效果差。采用沉降离心机只能排出湿的滤渣，收率低、损失大。

因此，中药生产中应采用合理的分离技术及配套的集成工艺，如采用预过滤或加热与冷冻，使固相加速析出；或加入添加物，使可能聚合的大分子分解成小分子不再析出；或对不同分子量的物质用符合卫生要求的一定孔径的滤芯或膜再进行精密过滤，如藿香正气水药液过滤分离的集成工艺就采用了先将兑制液经离心分离，然后对上清液进行带有吸附的复合过滤，再对滤过液进行聚丙烯膜折叠滤芯的精密过滤，以大幅度提高药液澄清度。

（四）药液除菌过滤

在药物生产中，需要对液体进行除菌过滤。微孔膜/滤芯过滤介质的除菌效率很高，但只能使用一次，寿命短，成本高。采用石棉滤板与微孔膜相重叠，料液先经过石棉滤板过滤后再经过微孔膜过滤，这样既能有效除菌，又可防止石棉微粒进入药液。但是，由于石棉滤板的微粒易脱落，因此不能完全防止石棉微粒污染药液。近年来美国发明了一种可取代石棉的介质，其能有效去除液体中的细菌，过滤速度较快。相比于微孔膜/滤芯，该介质成本低，寿命长。

由于药物的性质不同，过滤、分离的要求也不一样，如何选择符合过滤分离精度又经济有效的技术与设备，并能合理地使用，是当前制药行业一个十分重要的问题。

第三节　重力沉降分离

EQ4-11
重力沉降

利用非均相混合物间的密度差使颗粒在重力作用下发生下沉或上浮来进行分离的过程称为沉降分离（settling separation）。重力沉降通常作为非均相混合物分离的第一道工序，常常在沉降槽中进行，设备构造简单、操作容易（详见 **EQ4-11 重力沉降**）。

一、沉降分离原理及基本方程

工业上处理的悬浮体系多属于干扰沉降，其沉降过程可用修正的斯托克斯定律来描述

$$u_t = \frac{d^2(\rho_s - \rho)}{18\mu_e}g \qquad (4\text{-}12)$$

式中，d 和 ρ_s 分别为颗粒粒度和颗粒密度；g 为重力加速度；ρ 为介质的表观密度；$\rho = \varepsilon\mu_e + (1-\varepsilon)\rho_s$，$\mu_e$ 为悬浮体系的表观黏度，$\mu_e = \mu_m/\varphi$。其中，ε 为悬浮体系中介质的体积分率，即空隙率；μ_m 为介质的黏度；φ 为悬浮液的经验校正因子，为悬浮体系空隙率的函数，$\varphi = 1/10^{1.82(1-\varepsilon)}$。

式（4-12）表明，当颗粒的粒度 d 和密度 ρ_s 一定时，沉降速度随悬浮体系中介质的体积分率减小而下降。也就是说，颗粒的浓度越大，介质的表观密度越大，表观黏度也越大，使得沉降速度越小。式（4-12）也可表达为

$$u_t = \frac{d^2(\rho_s - \rho)}{18\mu}g\varepsilon\varphi \qquad (4\text{-}13)$$

由式（4-13）可知，悬浮体系中颗粒浓度的增加使大颗粒的沉降速度减慢，小颗粒的沉降速度加快。对于粒度差别不超过 6∶1 的悬浮液，所有粒子以大体相同的速度沉降。

二、影响沉降分离的因素

重力沉降分离的依据是分散相和连续相之间的密度差，其分离效果还与分散相颗粒的性质（大小、形状、浓度），连续相（或介质）的性质（密度、黏度），凝聚剂和絮凝剂的种类、用量，沉降面积与距离，以及物料在沉降槽中的停留时间等因素有关。

（一）颗粒的性质

1. 颗粒的形状与尺寸　颗粒的形状对其沉降有重要影响。对同种固体物质，与同样体积的非球形颗粒相比，球形或近似球形的颗粒沉降速度要快得多。非球形颗粒的取向，可变形颗粒的变形等都会影响沉降速度。小颗粒的比表面积大，容易聚集形成较大的集合体。同时，大颗粒沉降过程中带动小颗粒一同下沉，结果使粒度不同的颗粒以大体相同的速度沉降。对于粒度差别不超过 6∶1 的悬浮液，所有粒子以大体相同的速度沉降。

2. 颗粒的浓度　在液体中增加均匀分散的颗粒的数量，会降低单个颗粒的沉降速度。低浓度悬浮液中单个颗粒或絮凝团在液体中自由沉降；中浓度悬浮液中，絮凝团相互接触，如果悬浮液的高度足够，则进行沟道式的沉降；高浓度悬浮液中，由于缺乏足够的高度或者接近容器底部剩余的液体量较少，不能形成回流沟道，液体只能通过原始颗粒间的微小空间向上流动，从而导致相对低的沉降速度。

（二）介质的性质

介质的密度和黏度对沉降速度有显著的影响。介质的密度越小，其与颗粒的密度差就越大，越有利于沉降；同时，颗粒的沉降速度与介质的黏度成反比，黏度越小，颗粒的沉降速度就越大。在实际操作过程中，可以通过升高悬浮液的温度，来降低介质的黏度，进而提高沉降速度。

（三）凝聚剂和絮凝剂

凝聚与絮凝都可使胶体或悬浮液中微细固体聚集而使颗粒尺寸变大，从而大大提高沉降速度。一般来说，凝聚对微细颗粒作用明显，产生的凝聚体粒度小、密实、易碎，但碎后又可重新凝聚。絮凝产生的絮凝体粒度大、疏松、强度大，但碎后一般不再成团。如果颗粒表面存在可利用的离子条件，即使不添加絮凝剂也可发生自动絮凝（详见 **EQ4-12 絮凝剂**）。

EQ4-12　絮凝剂

（四）沉降设备特性

沉降设备的分离效率随物料在沉降设备内停留时间的增加而提高。沉降设备的处理能力与沉降面积成正比，与停留时间成反比。通过加大沉降面积或缩短颗粒的沉降距离可提高设备的处理能力。缩短沉降距离意味着在不改变沉降面积的前提下减少所需的沉降空间与停留时间，这样就产生了斜板浓缩机或斜板隔油池，这就是所谓的浅池原理。靠近沉降颗粒的静止容器壁会干扰颗粒周围流体的正常流型，从而降低颗粒沉降速度。如果容器直径 D 与颗粒直径 d 之比大于100，容器壁对颗粒的沉降速度影响可忽略。

悬浮液的高度一般并不影响沉降速度或最终获得的沉淀速度。当固体浓度高时，沉降设备应能提供足够的悬浮液高度。直立且横截面不随高度而变的沉降设备，其形状对沉降速度影响甚微。如果横截面积或容器壁倾斜度有变化时，则应考虑设备器壁对沉降过程的影响。

三、沉降分离设备

实现重力沉降分离的设备称为沉降槽（器），也称浓缩机、浓密机、澄清器等。当沉降分离的目的主要是为了得到澄清液时，所用设备称为澄清器；若分离目的是得到含固体粒子的沉淀物时，所用设备为增稠器。重力设备的使用方式有间歇式和连续式两类。沉降槽依靠重力进行固液分离，操作时间长、设备庞大、占地面积大，由于凝聚剂和絮凝剂的使用显著地提高了沉降槽的单位面积处理能力，促使重力浓缩机向小型化方向发展。重力沉降机适用于处理量较大，但固体含量不高、颗粒不太细微的悬浮液，沉渣含液量主要取决于颗粒的性质，一般为50%或更高。

EQ4-13　间歇式沉降槽

（一）沉降槽

沉降槽是沉降分离中最常见的一种分离设备，结构简单，操作方便，按操作方式可分为间歇式沉降槽（详见 **EQ4-13 间歇式沉降槽**）和连续式沉降槽两种（详见 **EQ4-14 连续式沉降槽**）。

EQ4-14　连续式沉降槽

（二）深锥形浓缩机

深锥形浓缩机（图 4-9）具有深而陡的锥底，该设备占地面积小、处理能力大、自动化程度高，而且可得到高浓度的底流产品，某些底流产品甚至可以用皮带运输机输送，目前已逐步开始大量应用。

重力沉降分离由于沉降效率较低，在制药工业生产中多用于微生物制药分离的预处理、天然药物沉淀分离过程和制药用水的预处理及废水处理等方面，其他固液分离环节使用相对较少。

第四节　离　心　分　离

离心机是一种以离心力为推动力来实现固液分离的设备，它是工业上主要的分离设备之一，其基本结构为高速旋转的转鼓。鼓壁分为有孔和无孔两种。有孔的为离心过滤机：鼓内壁覆以滤布或其他过滤介质，当转鼓高速旋转时，鼓内

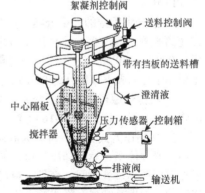

图 4-9　深锥形浓缩机

料液在离心力的作用下，透过滤孔排出，而固体颗粒则被截留在滤布上，实现对悬浮液的离心过滤（centrifugal filtration）。无孔的为离心沉降机：料液受离心力作用，按密度或粒度大小分层，

密度或粒度大者富集于鼓壁，密度或粒度小者富集于中央，实现对悬浮液的离心沉降。离心机可以加速混合物内颗粒的沉降，甚至可以克服颗粒布朗运动的影响，实现重力场中不能有效分离的物系分离。

一、离心分离原理

过滤、重力沉降与离心，均可实现固液分离。但是过滤是借助过滤介质对固体颗粒的截留，重力沉降依靠固体颗粒在重力场中的沉降，离心则是依靠固体颗粒在离心力场中的沉降。沉降与离心的基础均是颗粒沉降。

当球形颗粒在重力场中的液体中沉降时，其沉降速度 u_t 为

$$u_t = \frac{d^2(\rho_s - \rho)}{18\mu_e}g$$

式中，d 为颗粒直径；ρ_s、ρ 分别为颗粒与液体的密度；g 为重力加速度。

同理，颗粒在离心力场中沉降，采用离心加速度 $\omega^2 r$ 替代重力场中的重力加速度 g，即可得到颗粒的沉降速度 u_ω

$$u_\omega = \frac{d^2(\rho_s - \rho)}{18\mu_e}\omega^2 r \tag{4-14}$$

式中，ω 为旋转角速度，rad/s；r 为颗粒的旋转半径。沉降速度 u_ω 与角速度 ω 的二次方和旋转半径 r 成正比，提高角速度 ω 或者旋转半径 r，便可获得很高的沉降速度，改善分离效果。

令 $f = \omega^2 r/g$，它是离心加速度与重力加速度之比，称为离心分离因数，是代表离心设备分离能力的一项重要指标，可反映离心分离的效果。增大转鼓半径或转速，有利于提高离心机的分离因数，其中增加转速比增大转鼓半径更为有效。但由于设备强度、材料、振动、摩擦等方面的原因，两者的增加不能是无限度的。

二、离心分离设备

（一）设备分类

离心机的类型可按分离因数、操作原理、操作方式、卸料（渣）方式、转鼓形状、转鼓数目等加以分类。

1. 按分离因数的大小分类　可分为常速离心机、高速离心机和超速离心机。常速离心机：$f < 3000$，主要用于分离颗粒较大的悬浮液或物料的脱水；高速离心机：$3000 < f < 50\,000$，主要用于分离乳浊液和细粒悬浮液；超速离心机：$f > 50\,000$，主要用于分离极不容易分离的超微细粒悬浮液和高分子胶体悬浮液。

EQ4-15　过滤式离心机

2. 按操作原理分类　可分为过滤式离心机（详见 **EQ4-15 过滤式离心机**）和沉降式离心机（详见 **EQ4-16 沉降式离心机**）。

3. 按操作方式分类　可分为间歇式离心机和连续式离心机。间歇式离心机：卸料时必须停车，然后卸出物料，如三足式离心机和上悬式离心机，其特点是可根据需要调整过滤时间，满足物料最终湿度的要求；连续式离心机：整个操作均连续化，如螺旋卸料沉降式离心机、活塞推料式离心机。操作方式与物料的流动性有关，如用于液液分离的离心都为连续式的。

EQ4-16　沉降式离心机

4. 按卸料（渣）方式分类　可分为人工卸料离心机和自动卸料离心机两类。自动卸料离心机主要有刮刀卸料离心机、活塞卸料离心机、离心卸料离心机、螺旋卸料离心机、排料管卸料离心机、喷嘴卸料离心机等。

5. 按转鼓形状分类 可分为圆柱形转鼓离心机、圆锥形转鼓离心机和柱-锥形转鼓离心机三类。

6. 按转鼓的数目分类 可分为单鼓式离心机和多鼓式离心机两类。

（二）离心机

1. 过滤式离心机

（1）间歇过滤式离心机

1）三足式离心机：为最常用的过滤式离心设备，结构简单、价格便宜、操作平稳、占地面积小、滤过颗粒不易磨损，适用于过滤周期长、处理量不大，且滤渣含水量要求较低的生产过程（图4-10）。它对于粒状的、结晶状的、纤维状的颗粒物料脱水效果好，并可通过控制分离时间来达到对产品湿度的要求。缺点是下部传动上部出料，系统维护不便，间歇操作，人工卸料、劳动强度大、滤饼容易被污染，滤饼上下不均匀（上细下粗，上薄下厚，纯度不均匀），且液体可能漏入传动系统而发生腐蚀。

较先进的一种三足式离心机是用刮刀或气动装置卸除滤饼，如利用犁形刮刀将滤饼翻向中心，使其在底部开口处下落排出。

2）上悬式离心机：采用上部传动下部卸料的方式，可用于过滤和沉降分离。缺点是主轴较长，易磨损，有振动。

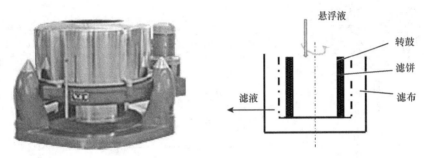

图4-10 三足式离心机

（2）连续过滤式离心机

1）卧式刮刀卸料离心机：结构如图4-11所示。转鼓由一悬臂式主轴带动，鼓内有进料管、冲洗管各一根，一个耙齿，一个固定的料斗和一个可上下移动的长形刮刀。卧式刮刀卸料离心机占地面积小，安装简单，进料、洗涤、脱水、卸料、洗网可实现自动操作，生产效率高，适合于中细粒度悬浮液的脱水及大规模生产；但是刮刀寿命短，设备振动严重，晶体破损率高，转鼓可能漏液到轴承箱。

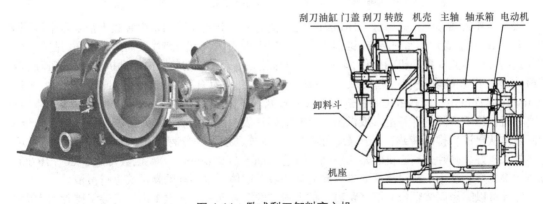

图4-11 卧式刮刀卸料离心机

2）离心卸料离心机：是一种最简单的自动连续式离心机（详见 **EQ4-17 离心卸料离心机**）。

EQ4-17 离心卸料离心机

2. 沉降式离心机

（1）管式离心机：如图 4-12 所示，主要结构为细长无孔转鼓（直径 70～160 mm，长径比 4～8），其上端悬挂于离心机的驱动轴上，下部与中空轴连接。电动机带动管式转鼓高速旋转，物料经进料管进入底部空心轴，而后被导入鼓底，在鼓内十字形挡板的作用下，加速至转鼓速度。在离心力的作用下，密度较大的固体迅速沉降在转鼓内侧形成固体层，澄清液在转鼓的中轴位置，向上从澄清液出口引出，实现固液分离。

管式离心机可用于液液分离和固液分离。对于液液分离，轻液通过驱动轴周围的环状挡板环溢流而出，重液则从转鼓上端排出，用于液液分离的管式离心机为连续操作。对于固液分离，固相出口必须关闭，只留液相溢流口，待固体聚积到一定体积后，停车拆下转鼓，进行清理，为间歇式操作。管式离心机通常用于处理固含量小于 1%的悬浮液，在生产过程中往往采用两台离心机交替使用来保持过滤的连续性。管式离心机的优点是平均允许滞留时间要比同体积的转鼓式离心机的长、分离能力大、结构简单紧凑、密封性好。缺点是容量小，分离能力较碟片式离心机低，固液分离只能为间歇操作。

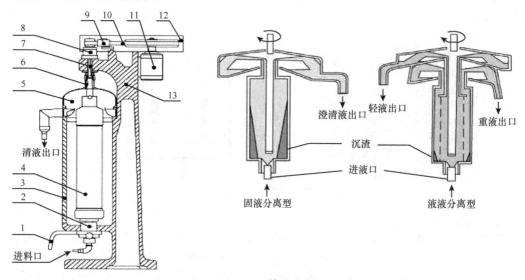

图 4-12 管式离心机

1. 手柄；2. 滑动轴承组件；3. 机身门；4. 转鼓组件；5. 集液盘组件；6. 保护套；7. 主轴；
8. 机头组件；9. 压带轮组件；10. 皮带；11. 电机传动组件；12. 防护罩；13. 机身

（2）碟片式离心机：是一种应用最为广泛的离心机，其主要结构是内装数十至上百个锥顶角为60°～120°锥形碟片的密封转鼓，锥顶角的大小应大于固体颗粒与碟片表面的摩擦角，见图 4-13。碟片式离心机是立式离心机的一种，转鼓装在立轴上端，通过传动装置由电动机驱动而高速旋转。转鼓内有一组互相套叠在一起的碟片。碟片与碟片之间留有很小的间隙（间距一般为 0.5～2.5mm）。悬浮液由位于转鼓中心的进料管加入转鼓。当悬浮液流过碟片之间的间隙时，固体颗粒在离心机作用下沉降到碟片上形成沉渣。沉渣沿碟片表面滑动而脱离碟片并积聚在鼓壁上，分离后的液体从出液口排出转鼓。由于碟片间隙很小，形成薄层流动分离，固体颗粒的沉降距离极短，分离效果较好。碟片式离心机的转速较高，可达 5000～7000r/min，分离因数可达 3000～10 000，分离效果良好，适用于对澄清度要求较高的悬浮液及固体含量不高的悬浮液进行澄清。

碟片可以缩短固体颗粒的沉降距离、扩大转鼓的沉降面积。转鼓中由于安装了碟片而大大提高了分离机的生产能力。积聚在转鼓内的固体在分离机停机后拆开转鼓由人工清除，或通过排渣结构在不停机的情况下从转鼓中排出。

根据卸渣方式的不同，碟片式离心机可分为以下几种类型。①人工排渣式，适合处理固体浓度小于 2%的料液，尤其适合于分离两种液体并同时除去少量固体，且可用于澄清。②喷嘴排渣式，转鼓周边有多个喷嘴，连续操作。由于排渣的含液量较高，适合浓缩过程，可用于固体含量小于25%、粒径 0.1～100μm 的悬浮液，浓缩比为 5～20。③活门排渣式，利用活门启闭排渣孔进行断续自动排渣。分离因数为 5000～9000，适合于处理固体含量小于 10%、粒径 0.1～500μm 的悬浮液。活门排渣的喷嘴式，是新近开发的，与相同大小的活门式相似，但速度可以增加 20%～30%，分离因数可高达 15 000 左右，优于其他类型的碟片式离心机。

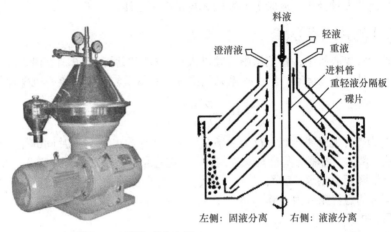

图 4-13 碟片式离心机

（3）螺旋卸料式离心机：也叫倾析器，是一种新型的固液分离设备（详见 **EQ4-18 螺旋卸料式离心机**）。

EQ4-18 螺旋卸料
式离心机

三、离心分离工艺计算

（一）管式离心机

对于离心分离系统内某参照颗粒，分别考虑其沿径向 r 和轴向 z 的运动，前者促使颗粒向管壁沉降，后者使颗粒随液流一起逸出圆筒。颗粒必须在沿轴向 z 运动离开圆筒之前已经沉降到筒壁，才能达到分离的目的。颗粒在离心机内的运动轨迹可以表示为

$$\frac{\mathrm{d}r}{\mathrm{d}z} = \frac{\mathrm{d}r/\mathrm{d}t}{\mathrm{d}z/\mathrm{d}t} = v_g\left(\frac{r\omega^2}{g}\right)\frac{\pi\left(R_0^2 - R_1^2\right)}{Q} \tag{4-15}$$

系统内参照颗粒很多，主要关注那些最难除去的颗粒，并以此为离心机设计的依据。最难除去的颗粒，是指那些在 $z=0$、$r=R_1$ 处进入离心机，以及在出口处即 $z=H$ 处，才刚到达筒壁（$r=R_0$）的颗粒。对这些最难除去的颗粒进行积分并整理后，得

$$Q = \frac{\pi H\left(R_0^2 - R_1^2\right)v_g\omega^2}{g \ln\left(\dfrac{R_0}{R_1}\right)} \tag{4-16}$$

式（4-16）给出了管式离心机可能达到的最大流量，为确保离心分离彻底，操作流量 Q_a 应小于或等于 Q。如果超过这一流量，则会出现因颗粒在 z 方向的运动速度加大而来不及沉向筒壁便被流体带出而未能除去的现象。

在大多数管式离心机内，因为液层很薄，$R_0 \approx R$，$R_1 \approx 0$，故式（4-16）可简化为

$$Q = v_g \Sigma \tag{4-17}$$

其中 $\Sigma = \dfrac{2\pi H R^2 \omega^2}{g}$

该式表明，流量 Q 取决于 v_g 和 Σ 两项因素，其中 v_g 反映系统的性质，包括料液的黏度、密度、固体颗粒的大小及密度等，而与离心机特性无关；Σ 则关联了离心机的特性，如其高度 H、转速 $n(\omega)$ 及半径 R 等，而与系统性质无关。所以，在操作、设计中，如果仅仅是系统发生变化，而不改变离心机的特性，那么只须考虑 v_g 的改变而无须考虑 Σ 的变化；反之，若是改变了离心机的特性，而系统不发生变化，那么此时只须考虑 Σ 的变化而不必考虑 v_g 的改变。这一思路，给离心分离的设计计算及放大等问题的解决带来了方便。

（二）碟片式离心机

在碟片式离心机中，颗粒从中心管进入离心机底部后，以 θ 角度沿锥形碟片向上 x 方向、垂直于碟片向外 y 方向运动。经过一系列的推导可获得颗粒在碟式离心机碟片间运动的轨迹为

$$\frac{dy}{dx} = \left[\frac{2\pi n h v_g \omega^2}{Q g f(y)}\right](R_0 - x\sin\theta)^2 \cos\theta \tag{4-18}$$

式中，R_0 为碟片的外缘半径，Q 为总流量，n 为碟片数，$2h$ 为碟片间的垂直距离。

然后，再重点考察那些最难除去的颗粒。这些颗粒在碟片的外缘进入，在碟片的内缘被除去。假定凡是沉降至上端碟片表面（$y=h$）的颗粒，才能被除去（注意：颗粒是向上沉降）。所以，这种颗粒积分的边界条件为 $x=0$、$y=0$（进入），$x=(R_0-R_1)/\sin\theta$，$y=h$（离开）。经积分式（4-13）并整理后，可得

$$Q = v_g\left[\frac{2\pi n\omega^2}{3g}(R_0^3 - R_1^3)\cot\theta\right] = v_g \Sigma \tag{4-19}$$

式（4-19）适用于碟片式离心机，v_g 是系统性质的函数，与离心机特性无关；Σ 反映了离心机的几何特性，与系统性质无关。

例 4-2 蓝藻在敞开的水环境中培养，需要将稀的蓝藻通过碟片式离心机，以便收获这些物质。现已测得，这些细胞的重力沉降速度为 1.13×10^{-6} m/s，离心机有碟片 100 片，倾角 40°，外半径为 15.7cm，内半径为 6cm。如果离心机在 9000 r/min 的转速下运行，试估算该离心机的容积生产能力 Q。

解：估算生产能力

$$Q = v_g\left[\frac{2\pi n\omega^2}{3g}(R_0^3 - R_1^3)\cot\theta\right]$$

根据题意已知：v_g=1.13×10⁻⁶ m/s，R_0=0.157 m，R_1=0.06 m，n=100，θ=40°，ω=2π×9000/60=942（rad/s），代入上式为

$$Q = 1.13\times10^{-6}\times\left[\frac{2\pi\times100\times942^2}{3\times9.8}(0.157^3 - 0.06^3)\cot40°\right]$$

$$=0.093(\text{m}^3/\text{s}) = 334.8\text{m}^3/\text{h}$$

四、离心分离设备选型

根据混合物特性、分离要求（包括澄清、增浓、脱水和洗涤等）、处理能力及经济性等进行初

步选择，再做必要的试验后才能最后确定离心机的型号及规格。初步选择时，利用处理能力 Q 和边界粒度或 Q/Σ，或根据处理能力 Q 和极限颗粒直径（或所需最小分离因数），查离心机性能图（图4-14），初步确定离心机类型。然后再根据物料特性和其他工艺要求，进一步缩小选择范围，确定离心机类型及型号。

物料特性包括：

（1）分散相的形态。若分散相为液体，可选用管式离心机、碟片式离心机及其他多鼓式离心机；若分散相为固体，可根据固相含量来选用离心机；若分散相既有液体，又有固体，则视固相含量在管式、碟片式和其他多鼓式离心机中选一种。

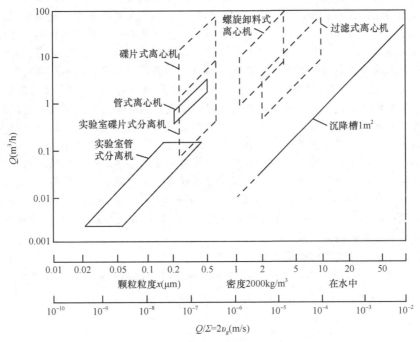

图 4-14　离心机性能图

（2）固相含量、粒度、与液相的密度差、可压缩性、液相黏度，以及处理后液体产品中固相含量或滤渣的含液量要求。若固相含量较高，粒度较大（＞0.1mm），固相密度等于或接近于液相密度，工艺上又要求获得含液量较低的滤渣并需要对滤渣进行洗涤时，应先考虑选用过滤式离心机；若固相含量较少，粒度较小（＜0.1mm），固体可压缩，液相黏度较大，过滤介质易被固相颗粒堵塞又难于再生，工艺上又要求获得较清的液相，则应考虑使用沉降式离心机。管式离心机或其他多鼓式离心机，均需停机后拆开转鼓卸渣，只适合处理固相含量低于 1%的物料。活塞排渣碟片式离心机和喷嘴排渣碟片式离心机可在运行中排渣，可以处理固相含量较高（＜10%）的物料，但排出的滤渣含液量大而呈糊状。螺旋卸料式离心机可处理固相含量高达70%（质量分数）的物料，并得到含液量较低的滤渣，且能进行一定程度的洗涤。

（3）液体性质（腐蚀性、对空气敏感性、挥发性等）。

（4）安全性（可燃性、易挥发性及爆炸性等）。

五、超速离心分离原理及技术

随着离心技术与材料学等技术的发展，离心机的转速得到了大幅度的提高，进一步推动了其在研究与实践生产中的应用。目前，一般将 $f>50\,000$ 的离心机称为超速离心机。由于超速离心机转速极快（最高速可达 80 000r/min），分离因子高，具有极好的分离效果，主要用于分离极不容易分离的超微细粒悬浮液和高分子胶体悬浮液，现已广泛应用于病毒、亚细胞结构、酶、DNA、RNA、脂蛋白等的分离、提纯、浓缩等。

超速离心分离在应用上分为制备性离心与分析性离心两大类。制备性离心是浓缩和纯化各种颗粒的最常用方法，主要有差速离心法、密度梯度离心法、S-p 区带离心法等。在实际应用过程中，需要根据物料性质、分离要求等，选择合适的分离方法。

案例 4-1：中药提取物的分离

已知：养阴清肺糖浆是由地黄、玄参、麦冬、甘草、牡丹皮、川贝母、白芍、薄荷脑等八味中药加工而成，具有养阴清肺、清热利咽的功效，临床上对于阴虚引起的咳嗽、咽喉干燥疼痛、干咳少痰、痰中带血等症有显著的治疗作用。但是八味中药均为固体，需要将其药用成分提取与分离出来，因此选择一种经济实惠、分离效果好的分离方法具有重要意义。

问题：如何选择一种恰当的方法，将这八味中药的药用成分进行提取与纯化？

分析讨论：目前，养阴清肺糖浆的生产工艺主要包括水提醇沉、醇提、重力沉降等工序。其中部分原药材经过水提后再经过醇沉法进行净化提纯，另一部分原药材用乙醇浸泡进行提取。水提醇沉法虽然可以去除部分不溶于乙醇的蛋白质、淀粉等杂质，但同时也造成有效成分的大量损失，此外醇沉过程操作周期长，乙醇耗用量大，成药的稳定性差，长期放置易出现沉淀或黏壁现象。而原药经过乙醇提取后，虽然减少了一些水溶性杂质的浸出，但药液中仍含有大量杂质，药液浊度较高，且重力沉降速度较慢，耗时较长，清液得率较低，沉渣量大且含液量高（在 95%以上）。需要开发新的高效分离技术，以提高生产效率与药品品质。

找寻关键：如何在分离时将提取液中的药用成分与杂质有效分离，减少药用成分的损失，提高分离效率与分离液的澄清度。

工艺设计：中药提取物的分离工艺。

图 4-15、图 4-16 是采用絮凝剂处理提取液后进行养阴清肺糖浆分离的流程图。

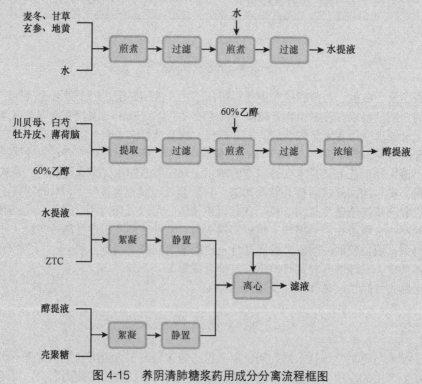

图 4-15 养阴清肺糖浆药用成分分离流程框图

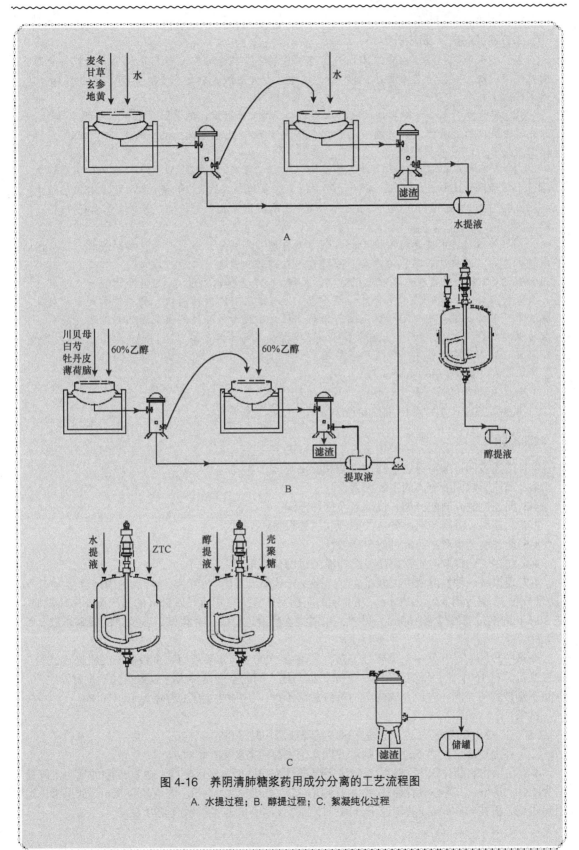

图 4-16 养阴清肺糖浆药用成分分离的工艺流程图

A. 水提过程；B. 醇提过程；C. 絮凝纯化过程

工艺路线的选择及流程设计：

（1）水提液的制备：按处方比例取麦冬、甘草、玄参和地黄，加水煎煮 3h，过滤，分别回收滤液滤渣；将滤渣加水再次煎煮 2h；过滤，合并煎液，加水适量，配制浓度为 0.1g/ml 的水提液。

（2）醇提液的制备：按处方比例取川贝母、白芍、牡丹皮、薄荷脑，用 60% 乙醇提取 3h，过滤，分别回收滤液滤渣；将滤渣加 60% 乙醇再次煎煮 2h；过滤，合并煎液，回收乙醇，配制浓度为 0.12g/ml 的醇提液。

（3）絮凝处理：取水提液，加热到 30℃，按 ZTC1＋1 絮凝剂 A：B=1：2 的比例先加 A 组分（质量体积比 0.2g/L），边加边搅拌，使其分散均匀，静置 30 min 加入 B 组分（质量体积比 0.4g/L），加热到 30℃ 搅拌 30min，放置；取醇提液，加入壳聚糖（质量体积比 0.1 g/L），搅拌 30min，放置。

（4）离心：选用过滤离心机（卧式刮刀卸料离心机），装好滤布后，将料液加入离心机中进行过滤。回收前面混浊的滤液，并将其加入到料液中进行二次过滤。

假设：如果提取液在分离前不经过絮凝处理，而是直接离心过滤，可能会出现什么情况？

分析与评价：絮凝技术具有设备投资少、处理效果好、操作简便、成本低等优点。在提取液中可以加入适当的絮凝剂预先进行絮凝作用，然后再将经过絮凝处理的料液进行离心。与传统的水提醇沉-重力沉降法结合相比，可以大幅度地降低分离时间，减少杂质含量与滤渣含湿量，提高产品回收率、澄清度与品质。

学习思考题（study questions）

SQ4-1 如何选择絮凝剂，絮凝的基本原理是什么？

SQ4-2 离心与重力沉降两种分离操作的优缺点有哪些？

练习题

4-1 简述表面过滤与深层过滤的机制和应用范围。

4-2 简述影响固液分离的主要因素。

4-3 简述过滤介质的分类、优缺点及使用范围。

4-4 简述离心沉降与离心分离的原理和主要设备。

4-5 简述制药生产中药液过滤分离特性。

4-6 简述中药提取与生物制药发酵药液的过滤分离情况。

4-7 现拟从一种发酵液中提取抗生素，需要先分离出菌体。已知该发酵液的固体含量为 7.5%（质量分数），黏度为 $6.0×10^{-3}$Pa·s。在前期的实验室研究中采用直径 5.5cm 的布氏漏斗减压抽滤，在 30min 内能过滤发酵液 100ml。另外，用同类发酵液进行的研究得知，其滤饼的压缩指数 s 等于 0.60。

在进一步的中试开发中，需要处理这种发酵液 5000 L。如果采用一个板框压滤机进行试验，该过滤机具有 16 个框，每框面积 5000cm²，框与框之间的空间足够大，以致在滤毕发酵液之前，框间不会被滤渣充满。过滤介质的阻力可以忽略不计，使用的过滤压力降为 $1.8×10^5$Pa。

试求：

（1）在 $1.8×10^5$Pa 压力下，过滤完这些发酵液需用时多少？

（2）在上述 2 倍压力下过滤，则过滤同样的发酵液需要多少时间？

4-8 在生物制药过程中，生物发酵液需要进行浓缩处理。现已测得，这些细胞的重力沉降速度为 $1.10×10^{-6}$m/s，离心机有碟片 80 片，倾角 45°，外半径为 25cm，内半径为 8cm。如果考虑运用碟式离心机在 6000r/min 的转速下分离，试估算该离心机的容积生产能力 Q。

第五章 沉 淀 分 离

1. 课程目标 在了解沉淀分离基本概念的基础上，掌握溶解度降低分离原理、工艺基本流程及其主要影响因素、工业应用范围及特点，培养学生分析、解决工艺研究和工业化生产中复杂分离问题的能力。理解盐析、有机溶剂沉淀、等电点沉淀的基本概念及分离原理，熟悉各种沉淀分离技术的特点和应用条件，了解典型沉淀分离仪器的结构及操作技术，使学生能综合考虑沉淀分离技术发展程度、环保、安全、职业卫生及经济方面的因素，从而能够选择或设计适宜的沉淀分离技术。

2. 重点和难点

重点： 盐析、有机溶剂沉淀和等电点沉淀沉淀分离的概念、原理及适用范围。

难点： 盐析、有机溶剂沉淀、等电点沉淀和高聚物沉淀分离技术的灵活应用。

第一节 概 述

沉淀分离（precipitation）又称沉析分离，是通过改变溶液的物理环境而引起溶质溶解度降低，生成固体凝聚物（aggregates）的现象。该法与结晶法同属固相析出分离技术，是最经典的纯化技术之一，适用于抗生素、有机酸等小分子物质的分离，也适用于蛋白质、酶、多肽、核酸及多糖等大分子的分离、浓缩，广泛应用于实验室和工业生产。

同结晶相比，沉淀是不定性固体颗粒，成分组成较复杂，常混合共沉淀的杂质、沉淀剂，因此其产品纯度一般低于结晶产品。但该技术简单、设备要求及成本低、收率高，其浓缩作用常大于纯化作用，一般作为化合物粗分离手段用于纯化单元的初始阶段。

根据沉淀原理及应用对象和范围的差异，沉淀法可分为盐析法、有机溶剂沉淀法、等电点沉淀法、高聚物沉淀法及其他沉淀法等。

第二节 盐 析 法

对于蛋白质、多肽、氨基酸等两性电解质，它们在高盐离子强度的溶液中溶解度下降，发生沉淀析出的现象称为盐析（salting-out）。盐析分离就是利用各种生物大分子（主要是蛋白质）在浓盐溶液中溶解度的差异，通过向溶液中引入一定数量的中性盐，使目标产物或杂蛋白部分析出并收集达到纯化目的的方法。

一、两性电解质表面特性

多肽、蛋白质等两性电解质，大多能溶于水溶液中，因多肽链中的氨基酸残基疏水折叠及所带电荷不同，其表面形成了疏水、亲水及荷电不同的区域（图 5-1），由于静电引力作用使溶液中带反电荷的离子（称反离子，counterion）被吸附在其周围，在界面上形成双电层（diffuse double layer）。双电层可分为两部分：①紧靠蛋白质表面的一层不流动反离子，称为紧密层（stern layer）；②紧密层外围反离子浓度逐渐降低直到零的部分，称为分散层（Gouy-Chapman layer）（图 5-2）。双电层中存在距表面由高到低（绝对值）的电位分布，双电层的性质与该电位分布密切相关。接近紧密层和分散层交界处的电位值称为 ζ 电位，带电粒子间的静电相互作用取决于 ζ 电位（绝对值）的大小。由于粒子表面电位一定，所以分散层厚度越小，ζ 电位越小。若分散层厚度为零，则ζ电位为零,粒子处于等电状态,不产生静电相互作用。当双电层的ζ电位足够大时,静电排斥作用抵御分子间的相互吸引作用(分子间范德瓦耳斯力),使蛋白质溶液处于稳定状态。

除双电层外,在蛋白质分子周围存在与蛋白质分子紧密或疏松结合的水化层。紧密结合的水化层可达到 0.35g/g 蛋白质,而疏松结合的水化层可达到蛋白质分子质量的 2 倍以上。蛋白质周围的水化层使得蛋白质相互隔离形成稳定的胶体溶液,从而防止蛋白质凝聚沉淀。

由于以上两种作用,蛋白质等生物大分子物质以亲水胶体形式存在于水溶液中,无外界影响时,呈稳定的分散状态。

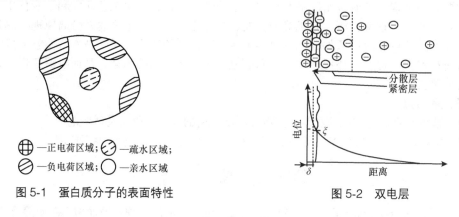

图 5-1　蛋白质分子的表面特性　　　　　　图 5-2　双电层

二、盐 析 原 理

由上述可知,蛋白质在溶液中能保持不聚集和稳定的主要原因:其一是蛋白质周围的水化层能阻碍蛋白质凝聚;其二是蛋白质分子周围电中性的双电层使蛋白质分子相互隔离,降低了范德瓦耳斯力的吸引作用。

当向蛋白质溶液中逐渐加入中性盐时,会产生两种现象:低盐浓度情况下,随着中性盐离子强度的增高,蛋白质溶解度增大,称为盐溶(salting-in)现象。但是,在高盐浓度时,蛋白质溶解度随之减小,就发生了盐析作用。产生盐析作用的一个原因是离子与蛋白质分子表面具相反电性的离子基团结合形成离子对,因而盐离子部分中和了蛋白质的电性,使蛋白质分子之间静电排斥作用减弱而能相互靠拢,聚集沉淀。

产生盐析作用的另一个原因是盐的亲水性比蛋白质大,盐离子在水中发生水化而使蛋白质逐步脱去了表面的水化膜,暴露出疏水区域,由于疏水作用相互聚集发生沉淀。蛋白质的盐析原理示意图见图 5-3。

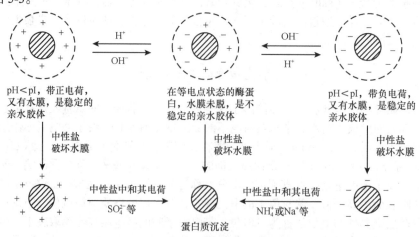

图 5-3　蛋白质的盐析原理示意图

（一）Cohn 方程

Cohn 方程（Cohn equation）常用于描述蛋白质的溶解度与盐浓度之间的关系

$$\lg S = \beta - K_s I \tag{5-1}$$

式中，S 为蛋白质溶解度，mol/L；β 和 K_s 为一对特定的盐析系统常数，K_s 称为盐析常数；I 为盐离子强度，$I = 1/2\sum c_i Z_i^2$，其中，c_i 为离子 i 的摩尔浓度，mol/L，Z_i 为离子 i 的电荷数。

有时也直接简化用浓度代替离子强度，则式（5-1）成为 $\lg S = \beta' - K_s' m$，式中 m 为盐的摩尔浓度。

式（5-1）的物理意义：当盐离子强度为零时，蛋白溶解度的对数值 $\lg S$ 是图中直线向纵轴延伸的截距 β（图 5-4），它与盐的种类无关，但与温度、pH 和蛋白质种类有关。K_s 是盐析常数，为直线的斜率，与温度和 pH 无关，但与蛋白质和盐的种类有关。

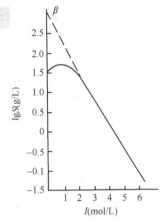

图 5-4 25℃、pH=6.6 时，碳氧血红蛋白 $\lg S$ 与（NH₄）₂SO₄ 离子强度 I 的关系

（二）盐析分类

根据 Cohn 方程，可将盐析方法分为两种类型。

1. K_s 盐析法 在一定的 pH 和温度下改变离子强度（盐浓度）进行盐析。该法多用于分离工作的前期，通过向溶液中加入固体中性盐或其饱和溶液，以改变溶液的离子强度（温度及 pH 基本不变），使目标产物或杂质分别沉淀析出，这种操作中，被盐析物质的溶解度剧烈下降，易产生共沉淀现象，分辨率不高。

2. β 盐析法 在一定离子强度下仅改变 pH 和温度进行盐析。该法因溶质溶解度变化缓慢，分辨率比 K_s 盐析法好，多用于分离的后期阶段，甚至可用于结晶。

盐析方法的优缺点及应用范围详见 **EQ5-1 盐析方法的优缺点及应用范围**。

EQ5-1 盐析方法的优缺点及应用范围

三、影响盐析的因素

（一）溶质种类对盐析的影响

在 Cohn 方程中，不同溶质的 K_s 和 β 值均不相同，因而它们的盐析行为也不同，图 5-5 显示了几种蛋白质在硫酸铵溶液中的盐析曲线。蛋白质沉淀的速度可用盐析分布曲线表示，从图 5-6 可看出，蛋白质沉淀速度开始时十分迅速，后逐步减缓，从开始沉淀到结束，形成尖端的峰，峰宽由 Cohn 方程中的 K_s 决定，峰在横轴上的位置由 β 值和蛋白质浓度决定。

因此，利用不同蛋白质盐析分布曲线在横轴上的位置不同，可采取先后加入不同量无机盐的方法来分级沉淀不同的蛋白质。

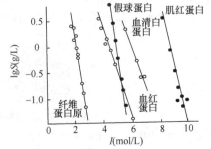

图 5-5 几种蛋白质析出所需硫酸铵的离子强度

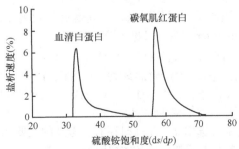

图 5-6 血清白蛋白和碳氧肌红蛋白的盐析分布曲线

（二）溶质浓度对盐析的影响

当对高浓度的蛋白质混合液进行盐析时，大量目标蛋白质沉淀时会通过分子间的相互作用吸附它种蛋白质而产生共沉淀作用，从而降低分辨率，影响分离效果。一般来说，蛋白质浓度大时，沉淀所需中性盐量低，共沉淀作用强，分辨率低；蛋白质浓度较小时，沉淀所需中性盐量大，但共沉淀作用弱，分辨率较高。所以在盐析时首先需要进行预实验，根据结果调节蛋白质溶液的浓度，如对溶液稀释可使原本重叠的两条蛋白质盐析曲线拉开距离而达到分离的目的；在生产目的蛋白时，也可提高溶液浓度，以减少用盐量而降低成本。实际操作中一般将蛋白质的浓度控制在 2%～3%为宜。

（三）pH 对盐析的影响

通常蛋白质分子表面所带的净电荷越多，溶解度就越大，当外界环境使其表面净电荷为零（等电点）时，溶解度将达到一个相对的最低值。所以调节溶液的 pH 或加入与蛋白质分子表面极性结合的离子（称反离子）可以改变它的溶解度。工业上往往通过调整蛋白质溶液的 pH 于沉淀目标产物等电点附近进行盐析。这样做所消耗的中性盐较少，蛋白质的收率也高，同时可以部分地减弱共沉淀作用。操作过程中需要特别注意的是，蛋白质等高分子化合物的表观等电点易受介质环境的影响，尤其是在高盐溶液中，分子表面电荷分布发生变化时，等电点往往发生偏移，与负离子结合的蛋白质，其等电点常向酸侧移动。当蛋白质分子结合较多的 Mg^{2+}、Zn^{2+} 等阳离子时等电点则向高 pH 偏移，因此实际操作时需要通过预实验灵活调整。

（四）温度对盐析的影响

由 Cohn 方程得知，温度的变化会影响 β 值，一般来说，在低盐浓度下蛋白质等生物大分子的溶解度与其他无机物、有机物相似，即温度升高，溶解度升高。但在高盐浓度下，它们的溶解度反而降低，如不同温度下，血红蛋白结合物在浓磷酸缓冲液中的溶解度，见图 5-7。只有少数蛋白质例外，如胃蛋白酶、大豆球蛋白，它们在高盐浓度下的溶解度随温度上升而升高，而卵球蛋白的溶解度几乎不受温度影响。由于很多生物大分子尤其是蛋白质易受热变性，常规盐析大多在室温下进行，因此盐析温度优化使用面较窄。

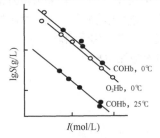

图 5-7　不同温度下血红蛋白结合物在浓磷酸缓冲液中的溶解度曲线

（五）盐的种类对盐析的影响

按照上述盐析理论，离子强度对溶质的溶解度起着决定性的影响。根据 Cohn 方程，盐离子强度是由离子浓度和离子化合价决定的。1988 年，Hofmeister 就对一系列盐沉淀蛋白质的行为进行了测定，得出通常半径小的高价离子在盐析时的作用较强，半径大的低价离子作用较弱；阴离子比阳离子盐析作用强，尤其是高价阴离子。下面列出了两类离子盐析效果强弱的经验规律（Hofmeister 序列，又称感胶离子序）。

阴离子：$C_6H_5O_7^{3-} > C_5H_4O_6^{2-} > SO_4^{2-} > F^- > IO_3^- > H_2PO_4^- > Ac^- > BrO_3^- > Cl^- > ClO_3^- > Br^- > NO_3^- > ClO_4^- > I^-$

阳离子：$Ti^{2+} > Al^{3+} > H^+ > Ba^{2+} > Sr^{2+} > Ca^{2+} > Mg^{2+} > Cs^+ > Rb^+ > NH_4^+ > K^+ > Na^+ > Li^+$

实际选用盐析用盐时还需要考虑的主要问题详见 **EQ5-2 实际选用盐析用盐需要考虑的主要问题**。

EQ5-2　实际选用盐析用盐需要考虑的主要问题

四、盐析操作

（一）盐析用盐计算

在生产和实验中的盐析用盐大多采用硫酸铵。一般有两种操作方式：一是直接加入固体细粉末，加入时速度不能太快，应分批加入并充分搅拌，使其完全溶解以防止溶液局部浓度过高，该法在工业生产中常采用；另一种是加入硫酸铵饱和溶液，在实验室和小规模生产中，或盐浓度不需太高时，可采用这种方式，它可有效防止溶液局部过浓，但加量较多时，料液会被稀释。

硫酸铵的加入量有不同的表示方法，常用"饱和度"来表征。"饱和度"指浓度相当于饱和溶解度的百分数。20℃时$(NH_4)_2SO_4$的饱和浓度为4.06mol/L（即536.34g/L），密度为1.235kg/L，即用1.0L水制备硫酸铵的饱和溶液，需要加入761g硫酸铵，饱和溶液体积约为1.42L，定义此时的浓度为100%饱和度。盐析操作中为了使目标溶液达到所需的饱和度，应加入固体$(NH_4)_2SO_4$的量，可由下式计算

$$X=G\left(P_2-P_1\right)/\left(1-AP_2\right) \tag{5-2}$$

式中，X为1L溶液所需加入$(NH_4)_2SO_4$的质量，g；G为特定温度下饱和$(NH_4)_2SO_4$溶液中溶解的$(NH_4)_2SO_4$的质量，0℃时为514.72g/L，10℃时为525.05g/L，20℃时为536.34g/L，25℃时为541.24g/L，30℃时为545.88g/L；P_1和P_2分别为初始和最终溶液的饱和度，%；A为常数，0℃时为0.29，10℃和20℃时为0.3，25℃和30℃时为0.31。

如果加入的是$(NH_4)_2SO_4$饱和溶液，为达到一定饱和度，所需加入的$(NH_4)_2SO_4$饱和溶液的体积可由下式求得

$$V_a=V_0 G\left(P_2-P_1\right)/\left(1-AP_2\right) \tag{5-3}$$

式中，V_a为加入的饱和$(NH_4)_2SO_4$溶液体积，L；V_0为蛋白质溶液的原始体积，L；其余参数同式（5-2）。

实际操作中常将以上公式数据制作成表格，方便快速查询（详见**EQ5-3 盐析用盐计算表**）。

EQ5-3 盐析用盐计算表

实际操作中盐析分离一种蛋白质料液所需的最佳$(NH_4)_2SO_4$饱和度可通过预实验确定，步骤如下（假设操作温度为0℃）：

（1）取一部分料液，将其分成等体积的数份，冷却至0℃。

（2）用式（5-2）计算饱和度达到20%～100%所需加入的$(NH_4)_2SO_4$量，并在搅拌条件下分别加到料液中，继续搅拌1h以上（同时保持温度在0℃），使沉淀达到平衡。

（3）3000g下离心40min后，将沉淀溶于2倍体积缓冲溶液中，测定其中蛋白质的总浓度和目标蛋白质的浓度（如有不溶物，可离心除去）。

（4）分别测定上清液中蛋白质的总浓度和目标蛋白质的浓度，比较沉淀前后蛋白质是否保持物料守恒，检验分析结果的可靠性。

（5）以饱和度为横坐标，上清液中蛋白质的总浓度和目标蛋白质的浓度为纵坐标作图，如图5-8所示，图中纵坐标为上清液中蛋白质的相对浓度（与原料液浓度之比）。

根据图5-8的结果得知，使目标蛋白质不出现沉淀的最大饱和度约为35%，使目标蛋白质完全沉淀的最小饱和度约为55%，因此，沉淀分级操作应选择的饱和度范围为35%～55%，具体饱和度值应根据同时得到较大纯化倍数和回收率确定。

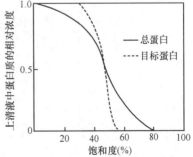

图5-8 盐析沉淀平衡后上清液中蛋白质浓度与硫酸铵饱和度关系曲线

（二）盐析方法及注意事项

盐析方法及注意事项详见 **EQ5-4 盐析方法及注意事项**。

五、盐析的应用

盐析的应用详见 **EQ5-5 盐析的应用**。

EQ5-4 盐析方法及注意事项

EQ5-5 盐析的应用

案例 5-1：盐析沉淀分离卵清蛋白质

鸡蛋中含有大量的活性蛋白，蛋清中的卵清白蛋白（ovalbumin，OVA）、卵运铁蛋白和溶菌酶等活性蛋白具有较高的开发价值。卵清白蛋白是蛋清中主要活性成分之一，含有 386 个氨基酸，分子质量为 45kDa，其等电点为 4.5。卵清白蛋白无论从分子结构还是生物学功能上都与人血清白蛋白非常类似，是人血清白蛋白的潜在替代品。卵清白蛋白还可以经过酶水解加工成低分子活性肽，其具有强抗氧化活性、血管舒张活性等。

目前，从鸡蛋清中分离卵清白蛋白的方法，主要采用硫酸铵、硫酸钠和氯化钠等盐析法，经过脱盐和离心等操作获得较高纯度的卵清白蛋白，或者盐析法结合离子交换层析法进行分离纯化。

问题：查阅有关文献，根据卵清白蛋白的性质，选定有效的分离纯化方法，确定工艺路线，使技术上有可行性，体现经济性。

案例 5-1 分析讨论：

已知：根据案例所给的信息，待分离的物质是卵清蛋白质，先要查找卵清蛋白质种类和性质，根据卵清蛋白质的各自性质，选定有效的分离纯化方法。

找寻关键：盐析法分离过程的关键是盐饱和度的选择。

盐饱和度的选择原则：生物分子的分子结构不同，其分子表面亲水基团与疏水基团不相同，不同生物分子产生盐析现象所需中性盐的浓度（离子强度）也不相同。利用中性盐的浓度（离子强度）的选择性，实现目标蛋白质最大程度沉淀。

工艺设计：

（1）盐析沉淀分离卵清蛋白质流程示意图：依据案例内容，盐析沉淀分离卵清蛋白质工艺流程如图 5-9 所示。

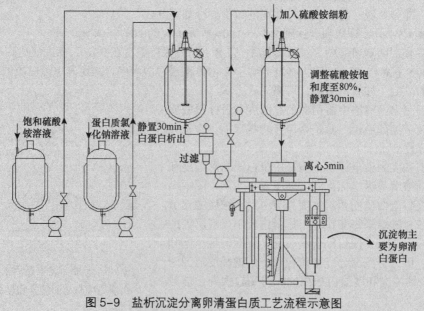

图 5-9 盐析沉淀分离卵清蛋白质工艺流程示意图

（2）Q-SepharoseFF 色谱柱分离卵清白蛋白工艺流程示意图：Q-SepharoseFast Flow
（Q-SepharoseFF）色谱柱分离卵清白蛋白工艺如图 5-10 所示。

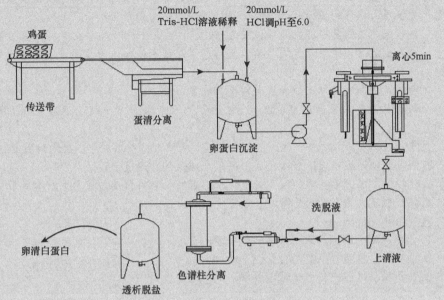

图 5-10　Q-SepharoseFF 色谱柱分离卵清白蛋白工艺流程示意图

（3）分离工艺要点

1）盐析反应完全需要一定时间，一般硫酸铵全部加完后，应放置 30min 以上才可进行
固液分离。

2）盐析操作时加入盐的纯度、加入量、加入方法、搅拌的速度、温度及 pH 等参数应严
格控制。

3）盐析时生物分子浓度要合适，应充分考虑共沉淀及稀释后收率、盐量和固-液分离等
问题。一般低浓度硫酸铵可采用离心分离，高浓度硫酸铵常用过滤方法。

4）为了平衡硫酸铵溶解时产生的轻微酸化作用，沉淀反应至少应在 50mmol/L 缓冲溶液
中进行。

5）硫酸铵粉末应少量多次加入，若出现未溶解的硫酸铵，应该等其完全溶解后再加，以
免引起局部盐浓度过高，影响盐析效果或使蛋白质失活。也可用玻璃棒边搅拌边加入盐，仍
要注意少量多次加入，搅拌速度要缓慢。

6）盐析法虽然可以生产大量的卵清白蛋白，但获得的卵清白蛋白含有较高浓度的盐类，
需经过反复结晶才能得到高纯度的卵清白蛋白。

7）蛋清中因含有大量的浓厚蛋白，黏度很大，不利于后续操作。采用水稀释和微滤法处
理蛋清原液可显著降低其黏度，增加可溶性蛋白质的溶出。

假设：假如采取色谱法分离卵白蛋白，对分离效果有什么影响？

分析：

几条工艺路线的分析比较：

（1）使用离子交换色谱法可以获得较高纯度的卵清白蛋白，纯度高达 92%，但色谱法还
需要复杂的层析分离设备和严格烦琐的层析分离处理过程，才能获得高纯度卵清白蛋白，分
离成本高。

（2）卵清白蛋白在蛋清中含量较大，而采用硫酸铵、硫酸钠和氯化钠等多步盐析法，具

有处理量大、成本低、操作简便、对蛋白质生物活性有稳定作用等优点，多步盐析法需要大量的盐，产品含盐量高，需要多次脱盐和离心等操作才能获得较高纯度的卵清白蛋白。

（3）可以采用盐析法与离子交换色谱法相结合，先用盐析法初步分离卵清白蛋白，可减轻后续离子交换层析操作的压力，从而获得高纯度的卵清白蛋白。

评价：盐析沉淀法因其经济、简便、安全等优点，广泛应用于多种化合物的粗分离，实际操作中常与变性沉淀、等电点沉淀、离子交换色谱等技术结合使用应用于工业生产中。

小结：

（1）合适的盐饱和度可以选择性最大程度沉淀蛋白质。

（2）盐析操作时加入盐的纯度、加入量、加入方法、搅拌的速度、温度及 pH 等参数应严格控制。

（3）盐析时生物分子浓度要合适，应充分考虑共沉淀及稀释后收率、盐量和固-液分离等问题。一般低浓度硫酸铵可采用离心分离，高浓度硫酸铵常用过滤方法。

（4）硫酸铵粉末应少量多次加入，若出现未溶解的硫酸铵，应该等其完全溶解后再加，以免引起局部盐浓度过高，影响盐析效果或使蛋白质失活。

学习思考题（study questions）

SQ5-1 盐析沉淀分离，如何选择合适的盐饱和度？

SQ5-2 采取什么措施可以提高盐析效果？

SQ5-3 盐析操作过程中，固体盐怎样加入到溶液中？

第三节　有机溶剂沉淀法

一、原　理

向水溶液中加入一定量亲水性有机溶剂，降低溶质的溶解度，使其沉淀析出的方法，称为有机溶剂沉淀法（organic solvent precipitation），其原理包括脱水作用和静电作用，其中脱水作用占主要地位。

1. 亲水性有机溶剂加入溶液后，溶剂本身较强的水合作用降低了原溶液中自由水的浓度，从而压缩了亲水溶质分子表面原有水化层的厚度，暴露出疏水区域，导致脱水凝聚。当然，有些有机溶剂还有可能破坏蛋白质或酶类生物活性物质的某些次级键，造成其空间结构变形，从而出现变性沉淀。

2. 亲水性有机溶剂加入溶液后降低了介质的介电常数，使溶质分子之间的静电排斥力减小，静电引力增加，易于发生聚集而沉淀。根据库仑公式

$$F=q_1q_2/\varepsilon r^2 \tag{5-4}$$

式中，q_1、q_2 分别代表两个带电质点的电荷量；r 代表质点间的距离；ε 为介电常数；F 为静止电荷之间的作用力；两个带电质点间的静电引力在质点电荷量不变、质点间距离不变的情况下与介质的介电常数 ε 成反比。一些常用有机溶剂的相对介电常数详见 **EQ5-6 常用有机溶剂的相对介电常数**。

EQ5-6　常用有机溶剂的相对介电常数

同盐析沉淀相似，有机溶剂沉淀也是一种经典的沉淀分离技术，其沉淀物与母液间密度差较大，适合于离心分离，共沉淀作用较盐析低，所得产物的纯度较高，乙醇等有机溶剂易挥发回收且对活性测定影响较小，产物不需脱盐处理，而且像乙醇这种有机溶剂是天然的杀菌剂，卫生条件较好，沉淀工艺可广泛应用于食品及药品行业；但缺点也很严重，其产率较盐析低，而且对于生物大分子，有机溶剂容易使其变性失活，且成本也较高，还

需注意防火防爆，低温操作。

二、影 响 因 素

（一）温度

有机溶剂与水混合时会产生一定热量，使溶液温度升高，增加了有机溶剂对蛋白质的变性作用。因此，在使用有机溶剂沉淀生物大分子时，一定要控制低温操作，同时低温通常会促使溶质溶解度下降，可减少溶剂用量。为了达到此目的，常将待分离的溶液和有机溶剂分别先在 0～4℃下进行预冷，当具体操作时还应不断搅拌散热，逐步加入溶剂使其混合均匀，防止溶剂局部过浓引起变性作用和分辨率下降。

在用于蛋白质沉淀时，为了减小溶剂对蛋白质的变性作用，通常使沉淀在低温下进行短时间（0.5～2h）的老化处理后再进行过滤或离心分离，接着真空抽去剩余溶剂或将沉淀溶入大量缓冲液中稀释溶剂，以减少有机溶剂与目标产物的接触。

（二）溶液的 pH

许多蛋白质在等电点附近有较好的沉淀效果，因此在进行蛋白质有机溶剂沉淀时可配合进行 pH 调整，适宜的 pH 可使沉淀效果增强，提高产品收率，同时还可提高分辨率。但不是所有的蛋白质都是如此，甚至有少数蛋白质在等电点附近不太稳定。在控制溶液 pH 时注意，务必使溶液中大多数蛋白质分子带有相同电荷，而不要让目标产物与主要杂质分子带相反电荷，以免出现严重的共沉淀作用。

（三）离子强度

较低离子强度往往有利于沉淀作用，甚至还有保护蛋白质，防止变性，减少水和溶剂相互溶解及稳定介质 pH 的作用。用有机溶剂沉淀蛋白质时，离子强度以 0.01～0.05mol/L 为好，通常不应超过 5%的含量，因此可加入乙酸钠、乙酸铵、氯化钠等单价盐作为助沉剂。它们可增加蛋白质分子的表面电荷，从而增强分子间引力，更有利于聚集沉淀。但在离子强度较高（0.2mol/L 以上）时，往往需增加溶剂的用量才能使沉淀析出。介质中离子强度很高时，沉淀物中会含有较多的盐，所以若要对盐析后的上清液进行溶剂沉淀，则必须预先除盐。

（四）样品浓度

与盐析相似，样品较稀时，将增加溶剂投入量和损耗，降低溶质收率，对于蛋白质容易产生稀释变性；但稀的样品共沉淀作用小，分离纯度较高。反之浓的样品会增强共沉淀作用，降低分辨率，然而可通过减少溶剂用量，提高回收率，变性的危险性也小于稀溶液。所以一般控制蛋白质初浓度以 0.5%～2%为好，对多糖则以 1%～2%较合适，如透明质酸的沉淀浓度为 1%～2%得到的效果最佳。

（五）金属离子的助沉作用

在用溶剂沉淀生物高分子时还需注意到一些金属离子，如 Zn^{2+}、Ca^{2+} 等可与某些呈阴离子状态的蛋白质形成复合物，使这种复合物的溶解度大大降低而不影响生物活性，有利于沉淀形成，并降低溶剂耗量，但是在运用金属离子的助沉作用时，应避免与这些金属离子能形成难溶性盐的阴离子（如磷酸根）存在。实际操作时，往往先加溶剂沉淀除去杂蛋白，再加 Zn^{2+} 以沉淀目标产物。图 5-11 是胰岛素精制工艺流程示意图。

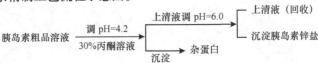

图 5-11 胰岛素精制工艺中有机溶剂沉淀时 Zn^{2+} 助沉淀作用

三、溶剂的选择

沉淀用有机溶剂的选择，主要应考虑以下几方面因素。

1. 相对介电常数小，沉淀作用强。

2. 毒性小，挥发性适中。

3. 能与水无限混溶。

4. 变性作用小。

因以上原则，有机溶剂中乙醇、丙酮和甲醇最为常用，其性质详见 **EQ5-7 乙醇、丙酮和甲醇的性质**。

EQ5-7　乙醇、丙酮和甲醇的性质

四、有机溶剂沉淀技术的应用

有机溶剂沉淀技术的应用详见 **EQ5-8 有机溶剂沉淀技术的应用**。

EQ5-8　有机溶剂沉淀技术的应用

案例 5-2：有机溶剂沉淀法应用实例——细胞超氧化物歧化酶的分离

　　超氧化物歧化酶（superoxide dismutase，SOD）是一种新型酶制剂。它在生物界的分布极广，几乎从动物到植物，甚至从人到单细胞生物，都有它的存在。SOD 是氧自由基的自然天敌，是机体内氧自由基的头号杀手，是生命健康要素之一。

　　问题：查阅有关文献，根据 SOD 的性质，选定有效的分离纯化方法，确定合适的工艺路线，体现出技术可行性和经济合理性。

案例 5-2 分析讨论：

　　已知：根据案例所给的信息，待分离的物质是 SOD，先要查找 SOD 性质，选定有效的分离纯化方法。

　　找寻关键：有机溶剂沉淀分离过程的关键是有机溶剂的选择。

　　工艺设计：

　　（1）有机溶剂沉淀分离 SOD 工艺：依据案例内容，有机溶剂沉淀分离 SOD 工艺流程如图 5-12 所示。

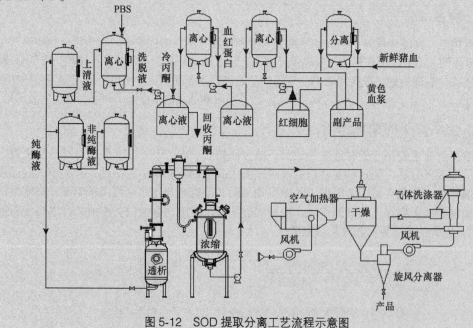

图 5-12　SOD 提取分离工艺流程示意图

（2）分离工艺要点

1）先要选择合适的有机溶剂，注意调控样品的浓度、温度、pH和离子强度，使之达到最佳的分离效果。

2）沉淀所得的固体样品，如果不是立即溶解，要进行下一步的分离，则应尽可能抽干沉析物，减少其中有机溶剂的含量，如若必要可以装透析袋透析脱除有机溶剂，以免影响样品的生物活性。

3）有机溶剂沉淀需在低温下进行，以免引起具有生物活性的大分子变性失活。

假设：假如采取三氯乙酸、苦味酸等有机溶剂分离 SOD，对分离效果影响如何？

分析：采取三氯乙酸、苦味酸作为沉淀剂，它们与蛋白质作用生成不可逆沉淀，通过改变 SOD 结构使之失去生理活性。而有机溶剂沉淀分离是利用低温有机溶剂与蛋白质短时间接触，能使蛋白质发生不变性沉淀。

评价：有机溶剂沉淀是一种经典的沉淀分离技术，适用于有机溶剂浓度范围比较窄的生物大分子分离。沉淀物与母液间密度差较大，适合采用离心分离，所得产物的纯度较高，沉析不用脱盐，过滤比较容易，常应用于蛋白质、酶、多糖和核酸等生物大分子的沉淀分离，可广泛应用于食品及药品行业。但对于生物大分子，有机溶剂容易使其变性失活，且成本也较高，还需注意防火防爆，需低温操作。

总之，有机溶剂沉淀同盐析沉淀一样是常用的沉淀分离技术，能相互互补，广泛用于多种类型化合物的分离。目前，它们之间联用及与金属离子沉淀、高压 CO_2 提取联用的趋势越发明显。

小结：

（1）有机溶剂沉淀分离技术适用于有机溶剂浓度范围比较窄的生物大分子的分离。

（2）低温有机溶剂在短时间内与蛋白质相接触，可使蛋白质发生不变性的沉淀。

（3）有机溶剂沉淀分离受到温度、溶液的 pH、离子强度、样品浓度及金属离子的影响。

学习思考题（study questions）

SQ5-4 沉淀分离操作，如何选择有机溶剂？

SQ5-5 为什么不能用三氯乙酸、苦味酸或硫酸铜作为沉淀剂，如何从血细胞和血浆中提取分离 SOD 和凝血酶？

SQ5-6 影响有机溶剂沉淀分离的主要因素有哪些？

第四节　等电点沉淀法

一、原　　理

蛋白质等两性电解质带电性质与溶液的 pH 有关，当溶液的 pH 为某一值时，蛋白质不带电荷，此时溶液 pH 常用 pI 表示，称为等电点。不同蛋白质的 pI 值不同（详见 **EQ5-9 几种酶和蛋白质的等电点及 pI 值**），当溶液 pH>pI 时，蛋白质带负电；当 pH<pI 时，蛋白质带正电。

EQ5-9　几种酶和蛋白质的等电点及 pI 值

两性电解质在溶液 pH 处于等电点时，分子表面净电荷为零，相互之间无静电推斥作用，易聚合沉淀，溶解度最低。通过调节溶液的 pH，利用蛋白质等两性电解质等电点时溶解度最低的原理进行沉淀分级的方法称为等电点沉淀法（isoelectric point precipitation）。

等电点沉淀法操作简便，试剂消耗及杂质引入均较少，无须后续脱盐操作，主要用于对 pH 变化耐受能力较大的氨基酸、多肽及蛋白质的分离。缺点在于两性溶质在等电点及等电点附近仍有相当的溶解度，所以等电点沉淀往往不完全，加上许多生物分子的等电点比较接近，故很少单独使用等电点沉淀法作为主要纯化手段，而是与盐析法、有机溶剂沉淀法等方法联合使用。在实际工作中普遍用等电点沉淀法作为去杂手段。

二、影响因素

（一）离子强度

等电点沉淀的操作条件是低离子强度且 pH=pI。因此，等电点沉淀操作需在低离子强度下调节溶液 pH 至等电点，或在等电点的 pH 下利用透析等方法降低离子强度，使蛋白质沉淀。由于一般蛋白质的等电点多在偏酸性范围内，故等电点沉淀操作中，多通过加入无机酸（如盐酸、磷酸和硫酸等）调节 pH，见图 5-13。

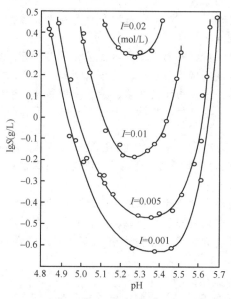

图 5-13　不同离子强度下同种蛋白质的溶解度与 pH 的关系

（二）适用对象

等电点沉淀法一般适用于疏水性较大的蛋白质（如酪蛋白），而对于亲水性很强的蛋白质（如明胶），由于在水中溶解度较大，在等电点的 pH 下不易产生沉淀。等电点操作时需要注意的问题详见 **EQ5-10 等电点操作时需要注意的几个问题**。

EQ5-10　等电点操作时需要注意的几个问题

三、等电点沉淀的应用

等电点沉淀的应用详见 **EQ5-11 等电点沉淀的应用**。

EQ5-11　等电点沉淀的应用

案例 5-3：等电点沉淀法分离毛发水解液中 L-酪氨酸

　　L-酪氨酸（L-tyrosine）是一种重要的生化试剂，是合成多肽类激素、抗生素、L-多巴等药物的主要原料，广泛地应用于医药、食品添加剂、生物化工和饲料等领域，在医药上能用于甲状腺功能亢进症的治疗。

　　毛发水解液中含有各种氨基酸，其中 L-胱氨酸和 L-酪氨酸在水中溶解度远较其他氨基酸小，利用等电点沉淀法，调节水解液 pH=4.8～5.0，使 L-胱氨酸和 L-酪氨酸及少量其他共沉淀的氨基酸先沉淀出来，然后再调节等电点使 L-胱氨酸与 L-酪氨酸分开，从而提取出 L-酪氨酸粗品，最后经过精制，即得到 L-酪氨酸产品。

案例 5-3 分析讨论:

已知: 根据案例所给的信息,待分离的物质是毛发水解液中的 L-酪氨酸,先查找 L-酪氨酸性质,然后选定有效的分离纯化方法。

找寻关键: 等电点沉淀法分离过程的关键是蛋白质等电性质的选择。

工艺设计:

(1) 等电点沉淀法分离毛发水解液中 L-酪氨酸工艺:依据案例内容,等电点沉淀法分离毛发水解液中 L-酪氨酸工艺流程如图 5-14 所示。

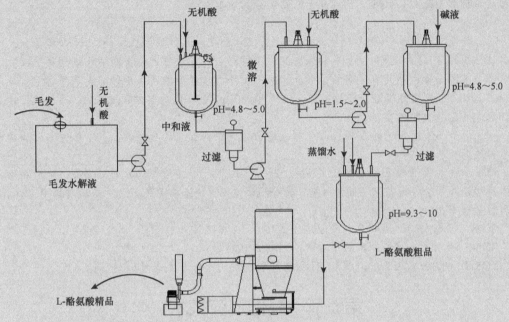

图 5-14 等电点沉淀法分离毛发水解物中 L-酪氨酸工艺流程示意图

(2) 分离工艺要点

1) 等电点沉淀法一般适用于疏水性较大的蛋白质(如酪蛋白),而对亲水性很强的蛋白质(如明胶),由于在水中的溶解度较大,在等电点的 pH 下不易产生沉淀。

2) 等电点沉淀的操作条件:低离子强度,pH=pI。等电点沉淀操作需要低离子强度下调整溶液的 pH 至等电点,或在等电点的 pH 下利用透析等方法降低离子强度,使蛋白质沉淀。

3) 生产中应尽可能避免直接用强酸或强碱调节 pH,以免局部过酸或过碱,而引起目的药物成分蛋白质或酶的变性。

4) 调节 pH 所用的酸或碱应与原溶液中的盐或即将加入的盐相适应,以尽量不增加新物质为原则。

5) 当单独使用等电点沉淀法沉淀不完全时,可以考虑采用几种方法联用来实现沉淀分离。

假设: 假如用离心法分离毛发水解液 L-酪氨酸,对分离效果影响如何?

分析:

(1) 采用离心分离(centrifugal separation)方法,操作步骤较复杂,费工费时,容易造成原辅料的消耗和产品的流失,所得到的产品 L-酪氨酸的比旋光度和透过率指标都较低,产品质量较难达标,限制产品的经济效益。

(2) L-酪氨酸与 L-胱氨酸的 pI 分别为 5.66 和 5.03,溶解度极其相近,而采用离心分离方法从 L-酪氨酸与 L-胱氨酸混合物中分离出高纯度的酪氨酸则非常困难。

（3）采用等电点沉淀法分离 L-酪氨酸，在不影响提取 L-胱氨酸的同时，提取 L-酪氨酸得率为 0.45%，产品质量达到要求，工艺简单易行，对于毛发水解液提取 L-酪氨酸的工业规模化生产具有指导意义。

评价：等电点沉淀法是利用蛋白质在等电点时溶解度最低的特性，向含有目的药物成分的混合液中加入酸或碱，调整其 pH 达到等电点，溶质净电荷为零，分子间排斥电位降低，吸引力增大，分子相互之间的作用力减弱，其溶解度最小，其颗粒极易碰撞、凝聚而产生沉淀。因其操作简单，设备要求不高，操作条件温和，对蛋白质损伤小等特点，被广泛应用于蛋白质等特别是疏水性大的生物大分子的初级分离。

小结：

（1）等电点沉淀法一般适用于疏水性较大，在等电点时溶解度很低的蛋白质（如酪蛋白），亲水性很强的蛋白质（如明胶）不易产生沉淀，等电点沉淀法可作为蛋白质初级分离手段。

（2）不同的蛋白质具有不同的等电点，同一种蛋白质在不同条件下等电点不同。

（3）生产中应尽可能避免直接用强酸或强碱调节 pH，以免局部过酸或过碱，而引起目的药物成分蛋白质或酶的变性。

（4）调节 pH 所用的酸或碱应与原溶液中的盐或即将加入的盐相适应，以尽量不增加新物质为原则。

（5）单独利用等电点沉淀法沉淀不完全时，实际生产中常与有机溶剂沉淀法、盐析法几种方法结合并用，以提高沉淀分离效果。但必须注意溶液 pH 应首先满足所需物质的稳定性。

学习思考题（study questions）

SQ5-7 等电点沉淀法分离的原理是什么？

SQ5-8 等电点沉淀法分离的主要影响因素有哪些？

SQ5-9 等电点沉淀法中，调节 pH 所用的酸或碱的添加原则是什么？

第五节　其他沉淀技术

一、高聚物沉淀法

高聚物沉淀（precipitation polymerization）属于絮凝（flocculation）现象，即通过高分子聚合物分子吸附多个微粒的架桥作用而使多个微粒形成絮凝团沉淀。高聚物絮凝剂包括非离子型聚合物和离子型聚合物（又称聚电解质）两类。相对盐析法、有机溶剂沉淀法等方法而言，聚合物沉淀法产生的聚集物要大得多，沉淀产物粒度粗、疏松、强度较大，破碎后一般不再成团。

（一）原理

1. 吸附力　高聚物依靠其分子中的多个官能团在颗粒表面多位置上吸附固着颗粒，吸附作用分为物理吸附和化学吸附。

（1）物理吸附

1）静电作用：聚电解质型沉淀剂在带异号电荷颗粒表面上吸附的主要作用，吸附过程几乎不可逆。

2）偶极吸引作用：非离子型聚合物沉淀剂可由偶极或诱导偶极在离子晶体上吸附，这种作用的键合能较弱。

3）范德瓦耳斯作用：暂时偶极作用，是中性分子或原子之间的吸引作用，力度较弱。

4）疏水作用：聚合物分子的某些非极性基团（如苯环等）与水颗粒表面的作用。

（2）化学吸附

1）化学键：聚合物沉淀剂的官能团与溶质中的金属离子通过共价键或离子键形成不溶解的化合物。

2）配位键：絮凝剂可借配位键在固体表面上形成络合物或螯合物而固着。

3）氢键：当有机化合物中的氢原子与负电性强的原子（O、S、N）连接时，氢原子能够从固体表面的原子接受电子而形成氢键。当颗粒表面和聚合物沉淀剂所带电荷符号相同时，氢键往往是聚合物分子在颗粒表面吸附的主要作用力之一。

2. 吸附状态　高分子聚合物有很多的活性官能团，分子链中有多处吸附于颗粒表面，由于分子链长，未吸附的部分以链环和无规则的链端伸向溶液，如图 5-15 所示。

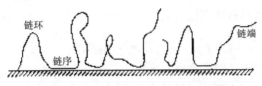

图 5-15　高分子聚合物在颗粒表面吸附示意图

EQ5-12　絮凝过程及其机制

3. 絮凝过程及其机制　高聚物沉淀主要是因为高分子的架桥作用，过程详见 **EQ5-12 絮凝过程及其机制**。

（二）高聚物沉淀法影响因素

高聚物沉淀法的影响因素主要有两方面：一是絮凝剂性质；二是悬浮液性质（包括悬浮物、pH、水温等）。

1. 絮凝剂性质

（1）分子量的影响：高分子絮凝剂一般都是线形结构的化合物，分子量越大，所含的有效官能团也越多，对颗粒的吸附也就越强烈，而且分子量越大，越有利于在相距较远的颗粒之间架桥，因而絮凝作用越强，但需要注意的是，絮凝剂分子量越大，溶解性越差，其在溶液中伸展受到限制，因而对絮凝剂分子量的选择，需综合考虑。

（2）极性基团的影响：阳离子絮凝剂适合于处理颗粒带负电的胶体和悬浮液，考虑到絮凝剂的解离情况，溶液应呈酸性或中性。若溶液 pH 介于碱性范围，则使用季铵盐絮凝剂为好。相反，阴离子絮凝剂适合于处理颗粒带正电的胶体和悬浮液，溶液应呈碱性或中性。虽然实际胶体或悬浮液中的颗粒大多数带有负电荷，但阴离子絮凝剂在实际生产中却比阳离子絮凝剂应用广泛，原因主要是阴离子絮凝剂的价格要比阳离子絮凝剂便宜得多。

与阳离子絮凝剂和阴离子絮凝剂相比，非离子絮凝剂受溶液 pH 和盐类波动的影响较小。一般情况下，在中性或碱性条件下，絮凝效果比阴离子絮凝剂差；但在酸性条件下，絮凝效果比阴离子絮凝剂好。

2. 悬浮液性质

（1）悬浮物的影响：主要表现在两方面，一是颗粒表面电性；二是颗粒的粒度。

1）颗粒表面电性：颗粒表面的 ζ 电位越高，悬浮液越稳定，ζ 电位越低，越有利于凝聚。

2）颗粒粒度：颗粒越细，碰撞概率越小，絮凝越困难，所以一般对于粒度较细的胶体或悬浮液可先用盐或有机溶剂凝聚后再絮凝。

（2）pH 的影响：胶体和悬浮液的 pH 对絮凝效果的影响，一方面是影响絮凝剂的溶解及其分子在溶液中的伸展程度；另一方面是影响颗粒表面电性，因为溶液中的 H^+ 和 OH^- 本身就可在颗粒表面吸附，从而引起电性中和及压缩双电层的作用。

（3）水温的影响：水温对絮凝效果的影响十分显著，水温升高，分子运动的动能增加，分子间的内聚力减弱，则水的黏度降低；反之则水的黏度增加。水的黏度增加的不良后果是胶粒的布朗运动减弱，导致凝聚作用减弱。其次是黏度增加，水流的剪切力增大，从而影响絮凝体的增长。水温降低，絮凝剂进入水中的分散速度降低，絮凝剂分子与颗粒的吸附反应变慢。此外，水温降低，颗粒表面的水化作用增强，且水化层内水分子的黏度和密度增大，这样有可能影响絮凝剂分子在颗粒表面的吸附。

EQ5-13　高聚物种类

（三）高聚物种类

高聚物种类分类介绍详见 **EQ5-13 高聚物种类**。

（四）高聚物沉淀法的应用

高聚物沉淀法的应用详见 **EQ5-14 高聚物沉淀法的应用**。

EQ5-14　高聚物沉淀法的应用

案例 5-4：高聚物沉淀法应用实例——PEG-8000 浓缩与纯化慢病毒

聚乙二醇（PEG）是使用最多的水溶性离子型聚合物，常写作 PEG-××，×× 表示平均分子量，近年来广泛用作蛋白质分离的沉淀剂。常用的 PEG 的分子量为 6000～20 000，又因为低分子量的聚合物无毒，所以在临床产品加工过程中优先使用。操作时应先离心除去粗大的悬浮颗粒，调节溶液 pH 和温度至适度，然后加入中性盐和多聚物至一定浓度，冷储一段时间后，即可形成沉淀。

问题： 查阅有关文献，根据慢病毒的性质，选定有效的分离纯化方法，确定工艺路线，使技术可行，操作方便，体现经济性。

案例 5-4 分析讨论：

已知： 根据案例所给的信息，待分离的物质是慢病毒的浓缩与纯化，先要查找慢病毒的性质，选定有效的浓缩与分离纯化方法。

找寻关键： 慢病毒的浓缩与纯化过程的关键是合适的分离介质的选择。

工艺设计： 慢病毒是寄生在活细胞中，将转染病毒的细胞破碎后，可用 PEG-8000 浓缩法和超速离心沉淀法从破碎细胞质中浓缩和纯化慢病毒。常见的浓缩与纯化工艺有以下 2 种。

（1）PEG-8000 浓缩与纯化慢病毒工艺：依据案例内容，PEG-8000 浓缩与纯化慢病毒工艺流程如图 5-16 所示。

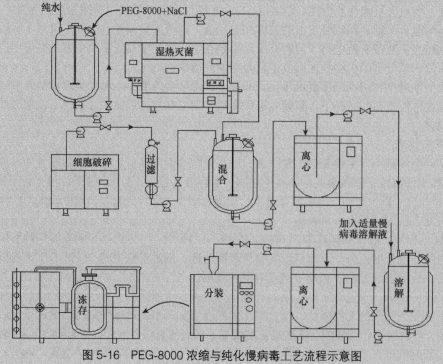

图 5-16　PEG-8000 浓缩与纯化慢病毒工艺流程示意图

分别称取一定量的 5×PEG-8000 和 NaCl 溶于纯水中,使 PEG-8000 和 NaCl 的浓度分别为 4.4%和 25%,然后 121℃湿热灭菌 30min。转染细胞经破碎释放病毒,用 0.45μm 滤头过滤慢病毒上清液,过滤后的病毒初始液以 4∶1 比例加入 5×50g PEG-8000+NaCl 母液,每 20~30min 混合一次,共 3~5 次。4℃下静置过夜,4℃下 8000r/min 离心 20min,弃上清液,然后加入适量慢病毒溶解液,溶解慢病毒。再次 4℃下静置过夜,4℃下 10 000r/min 离心 1h,分装 50μl 试管中,于-80℃下速冻储存。

(2)超速离心沉淀法浓缩与纯化慢病毒工艺:本案例中,超速离心沉淀法浓缩与纯化慢病毒工艺流程如图 5-17 所示。

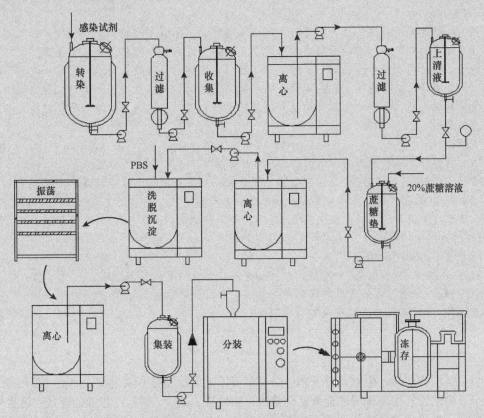

图 5-17 超速离心沉淀法浓缩与纯化慢病毒工艺流程示意图

慢病毒细胞转染 48h,4℃收集上清液,1300r/min 离心 10min 后,用 0.45μm 滤头过滤慢病毒细胞上清液,然后将病毒上清液移至消毒过的超速离心管中,同时在离心管底部加入 4ml 20%蔗糖溶液(PBS 配制),形成蔗糖垫。4℃下 25 000r/min 离心 2h,弃去上清液,再加入 100μl 不含 Ca^{2+} 和 Mg^{2+} 的 PBS 洗脱沉淀,将超速离心管装到 50ml 锥底离心管中,4℃溶解 2h,每隔 20min 轻轻振荡。4℃下 200r/min 离心 1min,液体集中到 1 个离心管中,溶液每管 50μl 进行分装,-80℃下冷冻储存。

(3)分离工艺要点

1)选择合适浓度的 PEG:PEG 溶于水和有机溶剂,有广泛的分子量,在生物大分子分离纯化中,用得较多的是分子量为 6000~20 000 的 PEG。PEG 的沉淀效果主要与其本身的浓度和分子量有关,同时还受离子强度、溶液 pH 和温度等因素的影响。一般认为,PEG 浓度在 3%~4%时沉淀免疫复合物,6%~7%时可沉淀 IgM,8%~12%时可沉淀 IgG,10%时可浓缩纯化慢病毒，12%～15%时可沉淀其他球蛋白，25%时可沉淀白蛋白。

2）操作快速简单，浓缩效率高：操作条件温和，快速简单，无须超速离心，浓缩倍数达10～100倍，使用很少量的 PEG 即可以沉淀相当多的生物大分子。

假设： 假如采取超速离心沉淀法分离慢病毒，效果如何？

分析：

（1）从工艺路线的分析比较：PEG 浓缩与纯化慢病毒工艺简单，只需将 5 倍的 PEG 溶液与包含病毒颗粒的细胞培养基混合分离 30min，即可得到 10～100 倍病毒浓缩液。

（2）从操作步骤和仪器上分析：相对超速离心沉淀法来说，步骤简单，操作无须使用昂贵的超高速离心机，只需要普通离心机即可。适合于大体积的病毒浓缩，避免了超滤管容量小的问题。

（3）从试剂毒性、安全性方面考虑：PEG 用量少，不易引起生物大分子变性，并且可提高病毒蛋白质的稳定性。同时对所有靶细胞是无毒的，沉淀后有机聚合物容易去除。

评价： PEG 是高分子聚合物，具有高亲水性，在溶液中会吸收大量水分，减少病毒之间的距离，使病毒与病毒能够很容易地聚合在一起，病毒的相对浓度提高，达到沉淀浓缩的目的。使目标病毒的收率和纯化程度均达到较高的水平，同时达到快速浓缩分离和操作时间短的产业化要求。

小结：

（1）操作条件温和，不易引起生物大分子变性。

（2）操作简便，沉淀效率高、完全，处理量大，可得到 10～100 倍病毒浓缩液。

（3）PEG 的沉淀效果主要与其本身的浓度和分子量有关，同时还受离子强度、溶液 pH 和蛋白质浓度等因素的影响。在一定的 pH 下，盐浓度越高，所需 PEG 的浓度越低，溶液的 pH 越接近目的物的等电点，沉淀所需 PEG 的浓度越低。

学习思考题（study questions）

SQ5-10 在高聚物沉淀法分离操作中，如何选择合适的高聚物沉淀剂？

SQ5-11 高聚物沉淀法分离的优点是什么？

SQ5-12 其他常用的沉淀分离方法有哪些？

二、成盐沉淀

除以上沉淀方法外，生物大分子和小分子都可以生成盐类复合物沉淀，此法一般可分为：①生物分子的酸性官能团作用的金属复合盐法（如铜盐、银盐、锌盐、铅盐、锂盐、钙盐等）；②与生物分子的碱性官能团作用的有机酸复合盐法（如苦味酸盐、苦酮酸盐、丹宁酸盐等）；③无机复合盐法（如磷钨酸盐、磷钼酸盐等）。以上盐类复合物都具有很低的溶解度，极易沉淀析出，若沉淀为金属复合盐，可通过 H_2S 使金属变成硫化物而除去；若为有机酸盐、磷钨酸盐，则可加入无机酸并用乙醚萃取，把有机酸、磷钨酸等移入乙醚中除去，或用离子交换法除去。但值得注意的是，重金属、某些有机酸和无机酸与蛋白质形成复合盐后，常可使蛋白质发生不可逆沉淀，应用时必须谨慎。

三、选择变性沉淀

利用溶液中溶质和杂质的物理或化学性质敏感性不同，选择特定的方法使其中杂质变性沉淀，以达到分离提纯目的的方法称为选择变性沉淀。主要用于蛋白质、酶和核酸等生物大分子的分离。

（一）热变性沉淀

在较高温度下，热稳定性差的蛋白质会发生变性沉淀，利用这一性质，可根据蛋白质稳定性的差别进行蛋白质的热沉淀，分离纯化稳定性高的目标产物。

例如，超氧化物歧化酶（SOD）的提纯，通常采用有机溶剂沉淀法。事实上 SOD 是一种对热较稳定的酶，可以耐受 60℃的温度。因此在提纯操作中先加热沉淀部分杂蛋白，再联合有机溶剂沉淀法，可大大减少有机溶剂的用量并提高提纯倍数。又例如，生物制药上游工艺中常用的 PCR 工具酶——*Taq*DNA 聚合酶，因其能耐受 80℃以上的高温，其工程菌表达产物只需在 75℃的水浴下就能使杂蛋白变性与 DNA 大分子缠绕沉淀，从而快速分离。

热变性方法操作简单，在制备一些对热稳定的小分子物质过程中，除去一些大分子蛋白质和核酸特别有用，可以大幅缩减纯化步骤和成本，但分离效率较低。

（二）选择性酸碱变性

利用蛋白质和酶等对于溶液中不同 pH 酸碱的稳定性不同而使杂蛋白变性沉淀，通常是在分离纯化过程中附带进行的一个分离纯化步骤。

（三）表面活性剂和有机溶剂变性

不同蛋白质和酶等对于表面活性剂和有机溶剂的敏感性不同，在分离纯化过程中使用它们可以使那些敏感性强的杂蛋白变性沉淀，而目标产物仍留在溶液中。使用此法时通常都在冰浴或冻室中进行，以保护目标产物的生物活性。

练习题

5-1 有机溶剂沉淀和盐析沉淀的区别是什么?

5-2 絮凝的原理是什么?常用的絮凝剂有哪几类?

5-3 盐析操作注意事项有哪些?

5-4 有 100L 蛋白质溶液，其中含牛血清白蛋白（BSA）和另一种蛋白（X），质量浓度分别为10g/L 和 5g/L，拟用硫酸铵沉淀法处理该溶液，回收沉淀中的 BSA。20℃下 BSA 和 X 的 Cohn 方程参数列于下表（假设其他蛋白质的存在不影响方程参数），其中离子强度用硫酸铵浓度表示，蛋白质质量浓度单位为 g/L，硫酸铵浓度单位为 mol/L。

蛋白质	B	K_s
BSA	21.6	7.65
X	20.0	6.85

问题:

（1）如果溶液体积变化与硫酸铵加入量成正比，若回收 90%的 BSA，需加入多少硫酸铵?

（2）沉淀中 BSA 的纯度是多少?

第六章 液液萃取

1. 课程目标 在了解萃取和分配定律、分配平衡基本概念的基础上，掌握有机溶剂萃取的基本概念及分离原理、工艺基本流程及其主要影响因素、工业应用范围及特点，培养学生分析、解决工艺研究和工业化生产中复杂分离问题的能力。理解双水相萃取、反胶束萃取的基本概念和分离原理，熟悉各种萃取技术的特点及应用条件，了解典型萃取设备的结构及工作原理，使学生能综合考虑液液分离技术发展程度、环保、安全、职业卫生及经济方面的因素，从而能够选择或设计适宜的液液萃取分离技术。

2. 重点和难点

重点： 有机溶剂萃取、双水相萃取、反胶束萃取的基本原理及实际应用，掌握一般液液萃取方式和单级萃取过程的计算解析方法及多级萃取过程萃取级数的计算方法。

难点： 影响反胶束萃取蛋白质的主要因素，影响双水相萃取物质平衡分配的主要因素。

第一节 概 述

溶剂萃取（solvent extraction）是利用溶质在互不相溶的两相之间分配系数的不同而使溶质得到纯化或浓缩的方法。

萃取是一种初步分离纯化技术，萃取法根据萃取剂的类型不同而分为多种，以液体为萃取剂，如果含有目标产物的原料也为液体，称此操作为液液萃取技术；如果含有目标产物的原料为固体，称此操作为液固萃取或浸取技术。另外，在液液萃取中，根据萃取剂的种类和形式不同又可分为有机溶剂萃取、反胶束萃取和双水相萃取，每种方法各具特点，适用于不同种类生物产物的分离纯化。目前，萃取技术是工业上生产中常用的分离提取方法之一，广泛应用于有机酸、氨基酸、抗生素、维生素、激素和生物碱的分离和纯化。

一、液液萃取基本概念及原理

（一）分配定律和分配常数

萃取是一种扩散分离操作，不同溶质在两相中分配平衡的差异是实现萃取分离的主要因素。

溶质的分配平衡规律即分配定律是指在恒温恒压条件下，溶质在互不相溶的两相中达到分配平衡时，如果其在两相中的分子量相等，则其在两相中的平衡浓度之比为常数，这个常数称为分配常数（partition constant）。

$$A = \frac{X}{Y} = \frac{萃取相浓度}{萃余相浓度} \tag{6-1}$$

式（6-1）的适用条件：①稀溶液；②溶质对溶剂的互溶度没有影响；③溶质在两相中必须以同一种分子形态存在。

多数情况下，溶质在各相中并非以同一种分子形态存在，特别是化学萃取中，此时式（6-1）不再适用，此时常用溶质在两相中的总浓度之比来表示溶质的分配平衡，称分配系数（partition coefficient），用 m 表示。

$$m = \frac{c_{2,t}}{c_{1,t}} \qquad (6-2)$$

或

$$m = \frac{y_t}{x_t} \qquad (6-3)$$

其中，$c_{1,t}$ 和 $c_{2,t}$ 为溶质在相 1 和相 2 中的总摩尔浓度，x_t 和 y_t 为溶质在相 1 和相 2 中的总摩尔分数。显然，分配常数是分配系数的一种特殊情况。式（6-3）的适应条件：高、低浓度溶液。

在生物产物的液液萃取中，一般产物的浓度均较低。当溶质浓度很低时，分配系数为常数，可表示成简单的 Henry 型平衡关系：

$$y = mx \qquad (6-4)$$

当溶质浓度很高时，式（6-4）不再适用，很多情况下，可用 Langmuir 型平衡关系表示：

$$y = \frac{m_1 x^n}{m_2 + x^n} \qquad (6-5)$$

式中，m_1、m_2 和 n 为常数。

（二）分离因数

在制药工业中，天然药物提取液、化学药物的反应液及微生物药物发酵液中的溶质并非是单一的组分，除了目标产物外，还存在杂质。萃取时难免会把杂质一同带到萃取液中，为了定量地描述某种萃取剂对料液混合物中各种物质选择性分离的难易程度，引入了分离因数（separation factor）的概念，常用 β 表示。

$$\beta = \frac{y_A / x_A}{y_B / x_B} = \frac{K_A}{K_B} \qquad (6-6)$$

如果原料中有两种溶质：A（产品）与 B（杂质），由于溶质 A、B 的分配系数不同，如 A 的分配系数大于 B，经萃取后，溶剂相中 A 的含量就较 B 多，这样经萃取后 A 和 B 得到了一定程度的分离，产品的纯度提高。β 越大表示萃取剂选择性越好，若 $\beta = 1$，则说明该操作条件下萃取剂不能把产品和杂质两种物质分开。

二、液液萃取相平衡

液液萃取相平衡，决定萃取过程的方向、推动力和过程的极限，因此，液液萃取相平衡是研究液液萃取过程的重要基础数据。在萃取过程中，每一液相至少要涉及三个组分，即溶质 A、原溶剂 B 和萃取剂 S，若所选择的萃取剂和原溶剂两相不相溶或基本上不溶，则萃取相和萃余相中都只含有两种组分，其平衡关系就类似于吸收操作中的溶解度曲线，可在直角坐标上标绘。但若萃取剂和原溶剂部分互溶，于是萃取相和萃余相中都含有三种组分。此时，为了既可以表示出被萃取组分在两相间的平衡分配关系，又可以表示出萃取剂和原溶剂两相的相对数量关系和互溶状况，通常采用三角形坐标图表示其平衡关系，即三角形相图。

（一）三角形相图

三角形相图的基本原理、构成及应用，在前面相关课程已有涉及，详见 **EQ6-1** 三角形相图。

EQ6-1 三角形相图

（二）液液相平衡数据的获得

液液相平衡数据是进行萃取流程设计和设备计算的基本依据。一般流程的工艺研究工作均要从平衡数据的测定开始。实验测定、活度系数模型计算是获得液液平衡数据的常用方法。

1. 实验测定 液液相平衡数据的测定实质上就是通过确定液液相平衡的溶解度曲线或平衡联结线，得到液液相平衡的相图。实验室中确定溶解度曲线或平衡联结线的实验方法主要有混合分层法（详见 **EQ6-2 混合分层法测定**）和浊度法（详见 **EQ6-3 浊度法测定**）。

EQ6-2 混合分层法测定

2. 液液相平衡数据的预测及其关联方法 上述系用图解法来关联数据，由于它们建立在经验方法的基础上，故在应用范围上受到限制。而非电解质溶液的活度系数的各种计算方法由于是由溶液理论为基础而发展起来的，并把过量热力学函数与萃取体系中的组分浓度相关联，所以已经得到广泛的应用，尤其是在物理萃取体系中。

EQ6-3 浊度法测定

溶液浓度可以由活度系数 γ 的值来求得。因此，如何求取非电解质溶液中组分的活度系数就成为学者们研究的对象。有关溶液活度系数的计算模型可参阅相关的专著或学术期刊。

第二节 有机溶剂液液萃取过程及工艺计算

有机溶剂萃取的工艺过程分为单级萃取和多级萃取（包括多级错流萃取、多级逆流萃取），其设备主要分为混合-澄清式萃取器（mixer-settler）和塔式微分萃取器（differential extraction column）两大类。

一、单级萃取的计算

只用一个混合器和一个分离器的萃取称为单级萃取。混合-澄清式萃取器由料液与萃取剂的混合器和用于两相分离的澄清器构成，如图 6-1 所示。

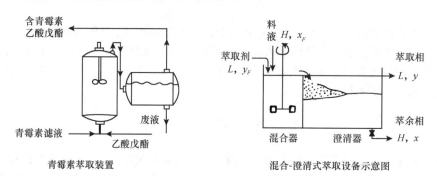

青霉素萃取装置　　　　　　混合-澄清式萃取设备示意图

图 6-1 混合-澄清式萃取器

混合-澄清式萃取器可进行间歇或连续的液液萃取。在连续萃取操作中，要保证在混合器中有充分的停留时间，以使溶质在两相中达到或接近分配平衡。混合-澄清式萃取器萃取过程的计算，可使用解析法或图解法。

（一）解析法

常从料液的初始浓度，计算平衡时的最终浓度。欲达到这一目的，需用两个关系式，即溶质的物料衡算式和平衡关系式。

物料衡算式：
$$Hx_F + Ly_F = Hx + Ly \tag{6-7}$$

假定传质处于平衡状态，则有
$$y = mx \tag{6-8}$$

式中，x 和 y 分别是萃余相中和萃取相中溶质的浓度。

初始萃取相中溶质浓度一般为零（$y_F = 0$），所以，

$$Hx_F = Hx + Ly \qquad (6-9)$$

进而可得萃取后轻重两相溶质在平衡时的浓度

$$y = \frac{mx_F}{1 + E} \qquad (6-10)$$

$$x = \frac{x_F}{1 + E} \qquad (6-11)$$

$$E = \frac{mL}{H} = \frac{yL}{xH} \qquad (6-12)$$

其中，E 为萃取因子，即萃取平衡后萃取相和萃余相中溶质量之比。E 值反映萃取后，溶剂相内溶质量与水相内的溶质量之比，因此，E 值大，表示萃取后，大部分的溶质转移至溶剂相内。

ϕ 表示萃余分率，则

$$\phi = \frac{Hx}{Hx_F} = \frac{1}{1 + E} \qquad (6-13)$$

而萃取分率 η 为

$$\eta = 1 - \phi = \frac{E}{1 + E} \qquad (6-14)$$

η 表示经一次萃取后，有多少溶质被萃取出来。η 值越大越好。E 和 η 都是萃取操作中的重要参数。

例 6-1 利用乙酸乙酯萃取发酵液中的放线菌素 D（actinomycin D），pH3.5 时分配系数 $m = 57$。令 $H = 450\text{L/h}$，单级萃取剂流量为 39L/h。计算单级萃取的萃取率。

解 单级萃取的萃取因子：$E = \dfrac{mL}{H} = 57 \times 39 \div 450 = 4.94$

单级萃取率 $\eta = \dfrac{E}{1 + E} = 4.94 \div (1 + 4.94) = 0.832$

由例 6-1 可看到存在的问题是，若效率低，为达到一定的萃取率，需加大萃取剂用量。单级萃取的特点：只用一个混合器和一个澄清器，流程简单，但萃取效率不高，产物在水相中含量仍较高。

（二）图解法

解析法清楚易懂，计算也方便，但如果平衡关系不呈简单的直线关系，甚至不能用公式表达时，对萃取的计算，只能用图解法。图解法，同样是基于平衡关系 $y = f(x)$ 和物料衡算关系

$$y = \left(\frac{H}{L}\right)(x_F - x)$$

把上述公式标绘于同一坐标纸上，如图 6-2 所示。

由平衡关系描述的曲线称为平衡线，由物料衡算关系表示的曲线称为操作线。他们的交点便是萃取后的 y 和 x 值。其他萃取方式图解法同此，不再重复叙述。

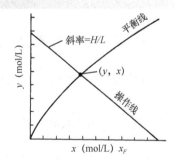

图 6-2 萃取的图解分析示意图

二、多级错流萃取的计算

单级接触萃取，由于只萃取一次，所以萃取效率不高，为达到一定的萃取收率，间歇操作时需要的萃取剂量较大，或者连续操作时所需萃取剂的流量较大，所以需要采用多级萃取。

多级错流接触萃取：将多个混合-澄清器单元串联起来，各个混合器中分别通入新鲜萃取剂，而料液从第一级通入，分离后分成两个相，萃余相流入下一个萃取器，萃取相则分别由各级排出，

混合在一起，再进入回收器回收溶剂，回收得到的溶剂仍做萃取剂循环使用的萃取操作称为多级错流接触萃取，典型的多级错流接触萃取工艺流程如图 6-3 所示。

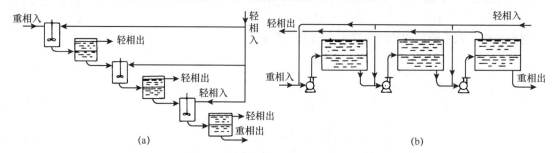

图 6-3　多级错流接触萃取工艺流程示意图

(a)艾德连式；(b)泵混合分离器

为了工艺计算，可将上述多级错流接触萃取操作进一步表达为如图 6-4 所示的工艺计算框图，图中每一个方块表示一个混合-澄清单元。

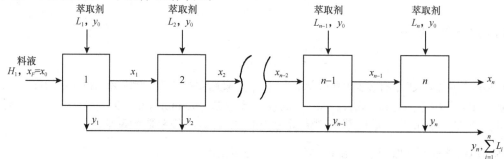

图 6-4　多级错流接触萃取流程工艺计算框图

在使用解析法计算时，经过 n 级错流接触萃取，最终萃余相和萃取相中溶质浓度分别表示为 x_n 和 y_n，

$$y_n = \frac{\sum_{i=1}^{n} L_i y_i}{\sum_{i=1}^{n} L_i} \qquad (6-15)$$

假设每一级中溶质的分配均达到平衡状态，并且分配平衡符合线性关系，则

$$y_i = m x_i \ (i = 1, \ 2, \ \cdots, \ n) \qquad (6-16)$$

如果通入每一级的萃取剂流量均相等（$=L$），则第 i 级的物料衡算式为

$$H x_{i-1} + L y_0 = H x_i + L y_i \qquad (6-17)$$

其中，y_0 为萃取剂中溶质浓度。若 $y_0 = 0$，则

$$x_i = \frac{x_{i-1}}{1 + E} \qquad (6-18)$$

即

$$x_1 = \frac{x_0}{1 + E} = \frac{x_F}{1 + E} \qquad (6-19)$$

$$x_2 = \frac{x_1}{1 + E} = \frac{x_F}{(1 + E)^2} \qquad (6-20)$$

依此类推，得

$$x_n = \frac{x_F}{(1 + E)^n} \qquad (6\text{-}21)$$

因而，萃余相的溶质（未被萃取）分率为 $\phi_n = \frac{Hx_n}{Hx_F} = \frac{1}{(1 + E)^n}$，而萃取相溶质分率 η 则为

$$\eta = 1 - \phi_n = \frac{(1 + E)^n - 1}{(1 + E)^n} \qquad (6\text{-}22)$$

当 $n \to \infty$ 时，萃取分率 $1 - \phi_n = 1$（$E > 0$）。

如每一级溶质分配为非线性平衡，或每一级萃取剂流量不等，则各级的萃取因子 E_i 也不相同，可采用逐级计算法。萃余率为

$$\phi_n' = \frac{1}{\prod_{i=1}^{n}(1 + E_i)} \qquad (6\text{-}23)$$

所以，萃取率为 $1 - \phi_n'$。

例 6-2 利用乙酸乙酯萃取发酵液中的放线菌素 D（actinomycin D），pH3.5 时分配系数 $m = 57$。采用三级错流萃取，令 $H = 450\text{L}/\text{h}$，三级萃取剂流量之和为 39L/h。分别计算 $L_1 = L_2 = L_3 = 13\text{L}/\text{h}$ 和 $L_1 = 20\text{L}/\text{h}$，$L_2 = 10\text{L}/\text{h}$，$L_3 = 9\text{L}/\text{h}$ 时的萃取率。

解 萃取剂流量相等时，即 $E = \frac{mL}{H} = 1.65$，用方程 $1 - \phi_n = \frac{(1 + E)^n - 1}{(1 + E)^n}$ 可得：

$$1 - \phi_3 = 0.946$$

若各级萃取剂流量不等，则 $E_1 = 2.53$，$E_2 = 1.27$，$E_3 = 1.14$，由式

$$1 - \phi_n' = 1 - \frac{1}{\prod_{i=1}^{n}(1 + E_i)}$$

得 $1 - \phi_3' = 0.942$，所以，$1 - \phi_3 > 1 - \phi_3'$。

可见，三级错流萃取率高于例 6-1 的单级萃取（单级萃取率 = 0.832）。

多级错流萃取的特点：①优点：由几个单级萃取单元串联组成，萃取剂分别加入各萃取单元；萃取推动力较大，萃取效率较高。②缺点：仍需加入大量萃取剂，因而产品浓度稀，需消耗较多能量回收萃取剂。

三、多级逆流萃取的计算

多级逆流接触萃取：将多个混合-澄清器单元串联起来分别在左右两段的混合器中连续通入料液和萃取液，使料液和萃取液逆流接触，即构成多级逆流接触萃取。图 6-5 是在三级逆流萃取装置中用乙酸戊酯从发酵液中分离青霉素的工艺流程示意图，多级逆流接触萃取工艺计算如图 6-6 所示。

萃取过程：萃取剂（L）从第一级通入，逐次进入下一级，从第 n 级流出；料液（H）从第 n 级通入，逐次进入上一级，从第一级流出。最终萃取相和萃余相中溶质浓度分别为 y_n 和 x_1。

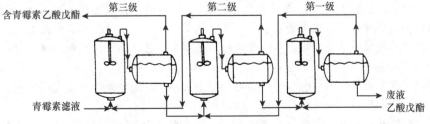

图 6-5　三级逆流萃取装置中用乙酸戊酯从发酵液中分离青霉素工艺流程示意图

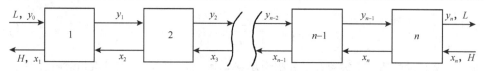

图6-6 多级逆流接触萃取流程工艺计算框图

假设各级中溶质的分配均达到平衡，并且分配平衡符合线性关系。

$$y_i = mx_i \quad (i = 1, 2, \cdots, n)$$

第 i 级的物料衡算式为：$Ly_i + Hx_i = Ly_{i-1} + Hx_{i+1} \quad (i = 1, 2, \cdots, n)$

对于第一级（$i=1$），设 $y_0 = 0$，得 $x_2 = (1 + E) x_1$

同样对于第二级，$\qquad x_3 = (1 + E + E^2) x_1$

依次类推，第 n 级，$\qquad x_{n+1} = (1 + E + E^2 + \cdots + E^n) x_1$

或

$$x_F = \frac{E^{n+1} - 1}{E - 1} x_1$$

该式为最终萃余相和进料中溶质浓度之间的关系。

另外可得萃余率为

$$\phi_n = \frac{Hx_1}{Hx_F} = \frac{E - 1}{E^{n+1} - 1}$$

而萃取率为

$$1 - \phi_n = \frac{E^{n+1} - E}{E^{n+1} - 1} \qquad (6\text{-}24)$$

例 6-3 设例 6-2 中操作条件不变（$L = 39\text{L/h}$），计算采用多级逆流接触萃取时使收率达到 99% 所需的级数。

解 $E = mL/H = 4.94$；因为收率为 99%，即 $1 - \phi_n = 0.99$，经式（6-24）得 $n = 2.74$，故需要三级萃取操作。

可计算采用三级逆流接触萃取的收率为 99.3%，高于例 6-2 的错流萃取，说明多级逆流接触萃取效率优于多级错流萃取。

多级逆流萃取的特点：亦由几个单级萃取单元串联组成，料液走向和萃取剂走向相反，只在最后一级中加入萃取剂，故和错流萃取相比，萃取剂耗量较少，因而萃取液平均浓度较高，产物收率最高。

由此可见，在上述三种萃取方式中，多级逆流萃取收率最高，溶剂用量最少，所以工业上普遍采用多级逆流萃取方式。

案例 6-1：液液萃取技术应用实例——青霉素的提取

青霉素是利用特定的菌种，经培养发酵，控制其代谢过程，使菌种产生青霉素。随着发酵工艺的不断改进，发酵单位已提高到 60 000～85 000 U/ml，但发酵液中青霉素的含量只有 4% 左右，发酵完成后，发酵液中除了含有很低浓度的青霉素外，还含有大量的其他杂质，这些杂质包括菌种本身、未用完的培养基（蛋白质类、糖类、无机盐类、难溶物质等）、微生物的代谢产物及其他物质。由于含有杂质多，而且青霉素在水溶液中也不稳定，必须及时将青霉素从发酵液中提取出来，并通过初步纯化的方法，得到浓度较高的青霉素提取液。

问题：查阅有关文献，根据青霉素的性质，选定有效的分离纯化方法，确定工艺路线，对设定的工艺路线进行分析比较，不仅要求技术上的可行性，还要体现经济性、环保性。

案例 6-1 分析讨论：

已知：根据案例所给的信息，待分离的物质是青霉素，先要查找青霉素的性质，根据青霉素的性质，选定几种有效的分离纯化方法。

青霉素的特性：青霉素是一种酸性抗生素，青霉素盐如青霉素钾盐或钠盐为白色结晶性粉末，无臭或微有特异性臭味，有吸湿性，遇酸、碱、重金属离子及氧化剂等即迅速失效，极易溶于水，微溶于乙醇，不溶于脂肪油或液状石蜡。青霉素在水溶液中极不稳定，而晶体状态的青霉素比较稳定，故一般均以固态晶体保存，使用前才用水溶解。

找寻关键：液液萃取过程的关键是萃取剂的选择。

萃取剂选择原则：根据相似相溶的原理，选择与目标产物性质相近的萃取剂，使溶质在萃取相中有最大的溶解度，易分离，有机溶剂还应是稳定的、毒性低、价廉易得的，容易回收和再利用。

工艺设计：

（1）青霉素的三种提取工艺：青霉素是由青霉菌经发酵而得到的。根据其在酸性条件下易溶于有机溶剂，在碱性条件下成盐而易溶于水的特性，可用液液萃取法从发酵液中提取青霉素。常见的提取工艺有以下几种。

1）液液萃取法的提取工艺：依据案例内容，液液萃取法的提取工艺流程如图6-7所示。

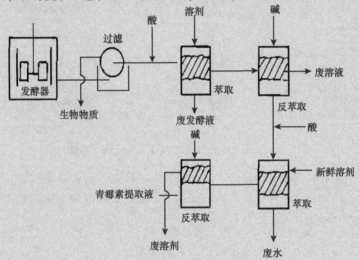

图 6-7　青霉素生产萃取提取工艺流程

发酵液经过滤，除去菌丝，然后进行萃取，青霉素是一种弱有机酸，pK_a 为 2.75。在 pH 2 左右是游离酸，溶于有机溶剂；在 pH 7 左右是盐，溶于水。pH 对其分配系数有很大影响。在较低 pH 下有利于青霉素在有机相中的分配，当 pH>6.0 时，青霉素几乎完全分配于水相中。选择适当的 pH，不仅有利于提高青霉素的收率，还可根据共存杂质的性质和分配系数，提高青霉素的萃取选择性。

2）DBED 沉淀法结合液液萃取的提取工艺：根据案例，DBED 沉淀法结合液液萃取的提取工艺流程如图6-8所示。

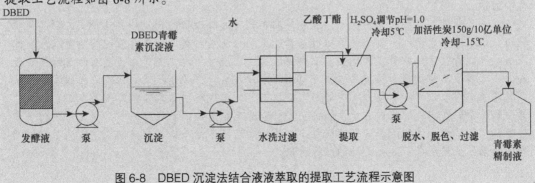

图 6-8　DBED 沉淀法结合液液萃取的提取工艺流程示意图

有机碱二苄基乙二胺盐酸盐（DBED）能与青霉素结合成盐，而该盐在水中的溶解度小，因此 DBED 可作为沉淀剂，直接从发酵滤液中沉淀青霉素，然后再在酸性条件下将青霉素转入乙酸丁酯，经脱水、脱色后得到浓度较高的青霉素精制液。

3）中空纤维膜的提取工艺：本案例中，采用中空纤维膜的提取工艺流程如图 6-9 所示。

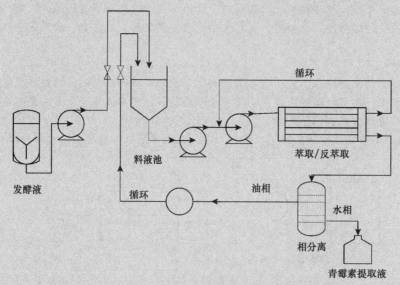

图 6-9　采用中空纤维膜的提取工艺流程示意图

（2）青霉素的提取工艺要点：因为青霉素水溶液不稳定，故发酵液预处理、提取和精制过程要条件温和、快速，防止降解。在提炼过程中要遵循下面四个原则：时间短、温度低、pH 适中、勤清洗消毒。

1）发酵液预处理：发酵液中除含有青霉素外（浓度 0.1%～4.5%），绝大部分是菌丝、未用完的培养基、易污染杂菌、产生菌的代谢产物如蛋白质、色素等。蛋白质的存在会使萃取时产生乳化，使溶媒和水相分离困难，预处理的目的是去除发酵液中的蛋白质，防止或减轻萃取时产生乳化现象。

2）pH 和温度：在青霉素提取时，pH 的高低对青霉素的收率及产品质量均有重要影响，必须严格控制。从发酵液萃取到乙酸丁酯时，pH 选择 2.8～3.0，从乙酸丁酯反萃取到水相时，pH 选择 6.8～7.2。为了避免 pH 波动，采用缓冲液使发酵液 pH 维持在 6.8～7.2，以提高青霉素产量。温度会影响青霉素的分配系数和萃取速率，选择适当的操作温度，有利于青霉素的回收，由于青霉素在较高温度下不稳定，故萃取度一般在较低温度下（10℃以下）进行。

假设： 假如萃取剂乙酸丁酯换成乙酸乙酯，对萃取分离有什么影响？

分析：

（1）几条工艺路线的分析比较：液液萃取工艺可连续进行，周期短，收率高，产品质量较好，但萃取剂用量大，需超速离心设备和通风防火防爆措施等。DBED 沉淀法可从发酵滤液直接沉淀青霉素制取青霉素钠盐，浓缩倍数高，比液液萃取工艺节省大量有机溶媒，在设备方面节省了不锈钢材和高速离心机，可用一般设备生产，节省投资。中空纤维膜实现了从发酵滤液中同步分离和富集青霉素的新型提取工艺。与现行的乙酸丁酯溶剂萃取工艺相比，萃取和反萃取在同一设备内进行，省去了冷却和溶剂的蒸馏回收提纯过程，极大地简化了工艺流程，所需设备体积小，溶剂消耗量小，后续处理简单，降低了生产能耗，提高了提取效率，降低了生产成本，具有更高的经济价值。

（2）几条工艺路线的经济效益分析

1）提取率、产量比较：以日处理 360t 青霉素发酵液为例，发酵液中青霉素浓度约为 60 000 U/ml。采用 3 种生产工艺分别处理该青霉素发酵液，液液萃取法收率以 75%计，DBED 沉淀法收率以 75%计，中空纤维膜工艺收率以 80%计，如表 6-1 所示，中空纤维膜工艺较液液萃取法和 DBED 沉淀法的青霉素 G 年产量可增加约 198 t，以市价 8 美元/10 亿单位计，每年可增收约 1848 万元。

表 6-1　几种提取工艺的经济成本比较（以日处理 360 t 青霉素发酵液为基准）

原料/产物	液液萃取工艺用量/产量（t）	DBED 沉淀法工艺用量/产量（t）	中空纤维膜工艺用量/产量（t）
60 000 U/ml	360.0	360.0	360.0
萃取剂损失量	13.1～16.3（乙酸丁酯）	—	7.0（7%DOA+煤油+30%异辛醇）
反萃液	36.0（2.7mol/L 碳酸钾溶液）	—	140.0（0.5mol/L 碳酸钾溶液）
水（仅考虑洗涤过程中洗涤用水）	36.0	—	0.0
青霉素 G	9.8	9.8	10.4

2）萃取剂用量比较：液液萃取法工艺中，乙酸丁酯的水溶性较大，导致所用乙酸丁酯的损失量较大。国内多家工厂的乙酸丁酯消耗指标为 0.8～1.0kg/10 亿单位青霉素 G，乙酸丁酯市场价为 7500 元/t，则每生产 10 亿单位青霉素 G 需乙酸丁酯的成本为 6.0～7.5 元，则日消耗费用为 9.8 万～12.2 万元；而中空纤维膜工艺中采用的混合萃取剂均微溶于水，其损失量小于发酵滤液量的 1.0%，市场价为 DOA 35 000 元/t、煤油 4 500 元/t、异辛醇 10 000 元/t，1t 混合萃取剂约为 8300 元，则中空纤维膜工艺中溶剂的日消耗费用仅为 5.8 万元。

3）过程能耗比较。溶剂萃取工艺要求低温操作（10℃以下），冷却过程耗能较大，而中空纤维膜工艺中可在常温条件下操作，可减少能量消耗。且中空纤维膜工艺中不需要对循环使用的萃取剂进行蒸馏提纯以及对萃余液中的溶剂进行蒸馏回收，因此，中空纤维膜工艺中的能耗大大降低。如表 6-2 所示，每生产 10 亿单位青霉素 G 盐可降低能耗约 $5.4×10^4$ kJ。在能耗方面，中空纤维膜工艺每年可节省约 600 万元。同时，由于中空纤维膜工艺省去了萃余废液蒸馏回收溶剂工序和废溶媒蒸馏提纯工序，也不存在冷却过程，故又可省去蒸馏回收溶媒、冷却过程的厂房和设备投资等数百万元。

表 6-2　液液萃取工艺回收溶媒过程能量衡算（以日处理 360 t 青霉素发酵液为基准）

过程	所用热量（kJ）
回收萃余液中溶媒	$8.6×10^8$
回收废溶媒	$3.2×10^7$
合计	$8.9×10^8$

评价： 由青霉素性质可知，青霉素属热敏物质，整个提取过程都在低温下快速进行，并严格控制 pH，以减少提取过程中青霉素的损失。同一种产品可以采用多种不同的生产路线，到底采用哪种生产路线，必须对路线进行经济评价分析，找到技术先进、产品成本低、收率高、投资少、能耗低，同时又环保的工艺路线。选用的三种工艺中，液液萃取法是工业生产中普遍应用的方法，其他两种方法未应用于工业生产。

小结:

1) 合适的溶剂可以选择性地从液体混合物中分离一种或多种组分。

2) 尽管液液萃取是一种相当成熟的分离技术,但是要找到合适的溶剂和高的传质效率,还需要做相当多的实验探索和努力。

3) 液液萃取的传质速率通常比汽-液系统低,柱效也低。

4) 溶剂选择需要考虑组分之间的相互作用等很多物理和化学的因素。

5) 液液萃取的分配系数受 pH、温度、盐和溶质的化合价影响;氢键、离子配偶、路易斯酸碱的相互作用也会影响有机溶剂的分配系数。

学习思考题(study questions)

SQ6-1 液液萃取操作,如何选择有机溶剂?

SQ6-2 良好的萃取剂有什么重要特性?

SQ6-3 有机溶剂萃取有哪些优点和缺点?

SQ6-4 pH 对萃取产品有什么影响?

第三节　反胶束萃取

一、概　述

传统的分离方法,如有机溶剂液液萃取技术,由于具有操作连续、多级分离、放大容易和便于控制等优点,已在抗生素等物质的生产中广泛应用,并显示出优良的分离性能。但却难以应用于一些生物活性物质(如蛋白质)的提取和分离。因为绝大多数蛋白质都不溶于有机溶剂,若使蛋白质与有机溶剂接触,会引起蛋白质的变性;另外,蛋白质分子表面带有许多电荷,普通的离子缔合型萃取剂很难奏效。因此,研究和开发易于工业化的、高效的生化物质分离方法已成为当务之急。反胶束萃取是近年来涌现出来的另一种新颖萃取方法。反胶束萃取技术为活性生化物质的分离开辟了一条具有工业应用前景的新途径。它的突出优点是:

(1) 有很高的萃取率和反萃取率,并具有选择性。

(2) 分离、浓缩可同时进行,过程简便。

(3) 能解决蛋白质(如胞内酶)在非细胞环境中迅速失活的问题。

(4) 由于构成反胶束的表面活性剂往往具有细胞破壁功效,因而可直接从完整细胞中提取具有活性的蛋白质和酶。

(5) 反胶束萃取技术的成本低,溶剂可反复使用等。

二、反胶束的形成及其基本性质

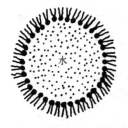

➡ 表面活性剂

有机溶剂

图 6-10　反胶束模型

将表面活性剂溶于水中,当表面活性剂的浓度超过一定的数值时,表面活性剂就会在水溶液中聚集在一起形成聚集体,称为胶束(micelle)。水相中的表面活性剂聚集体其亲水性的极性端向外指向水溶液,疏水性的非极性"尾"向内相互聚集在一起。同理,当向非极性溶剂中加入表面活性剂时,如表面活性剂的浓度超过一定的数值时,也会在非极性溶剂内形成表面活性剂的聚集体。与在水相中不同的是,非极性溶剂内形成的表面活性剂聚集体,其疏水性的非极性尾部向外,指向非极性溶剂,而极性头向内,与在水相中形成的微胶束方向相反,因而称为反胶束或反向胶束（reversed micelles），其示意图如图 6-10 所示。胶束或反胶束的形成均是表面活性剂分子自聚集的结果，是热力学稳定体系。

表面活性剂不同聚集体的微观构造详见 **EQ6-4 表面活性剂不同聚集体的微观构造**。

表面活性剂的存在是构成反胶束的必要条件，有三类即阴离子型、阳离子型和非离子型表面活性剂，都可在非极性溶剂中形成反胶束。在用反胶束萃取技术分离蛋白质的研究中使用得最多的是阴离子型表面活性剂 AOT（Aerosol OT），其化学名称是琥珀酸二（2-乙基己基）酯磺酸钠（sodium di-2-ethyl-hexylsulfosuccinate），它的化学结构式详见 **EQ6-5 AOT 的分子结构**。AOT 容易获得，其特点是具有双链，形成反胶束时无须加入助表面活性剂且有较好的强度；它的极性基团较小，所形成的反胶束空间较大，半径为 170nm，有利于生物大分子进入。

其他常用的表面活性剂有 CTAB（溴代十六烷基三甲铵）、DDAB（溴化十二烷基二甲铵）、TOMAC（氯化三辛基甲铵）等（其结构详见 **EQ6-6 表面活性剂 CTAB、DDAB、TOMAC 分子结构**）。而常用于反胶束萃取系统的非极性有机溶剂有环己烷、庚烷、辛烷、异辛烷、己醇、硅油等。AOT/异辛烷/水体系最常用。它的尺寸分布相对来说是均一的，含水量为 4%～50% 时，流体力学半径为 2.5～18nm，每个胶束中含有表面活性剂分子 35～1380 个。AOT/异辛烷体系对于分离核糖核酸酶、细胞色素 c、溶菌酶等具有较好的分离效果，但对于分子量大于 30 000 的酶，则不易分离。

EQ6-4 表面活性剂不同聚集体的微观构造

EQ6-5 AOT 的分子结构

EQ6-6 表面活性剂 CTAB、DDAB、TOMAC 分子结构

三、反胶束萃取蛋白质的基本原理

（一）反胶束萃取的基本原理

从宏观上看蛋白质进入反胶束溶液是一协同过程。在有机溶剂相和水相两宏观相界面间的表面活性剂层，同邻近的蛋白质分子发生静电吸引而变形，接着两界面形成含有蛋白质的反胶束，然后扩散到有机相中，从而实现了蛋白质的萃取。改变水相条件（如 pH、离子种类或离子强度），又可使蛋白质从有机相中返回到水相中，实现反萃取过程。微观上，如图 6-11 所示，是从主体水相向溶解于有机溶剂相中纳米级的、均一且稳定的、分散的反胶束微水相中的分配萃取。从原理上，可当作"液膜"分离操作的一种。

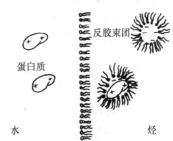
图 6-11 反胶束萃取原理

其特点是萃取进入有机相的生物大分子被表面活性分子所屏蔽，从而避免了与有机溶剂相直接接触而引起的变性、失活。pH、离子强度、表面活性剂浓度等因素会对反胶束萃取产生影响。通过对它们的调整，对分离场（反胶束）-待分离物质（生物大分子等）的相互作用加以控制，能实现对目的物质高选择性的萃取和反萃取。另外，因有机相内反胶束中微水相体积最多仅占有机相的几个百分点，所以它同时也是一个浓缩操作。只要直接添加盐类，就能从已和主体水相分开的有机相中分离出含有目的物的浓稠水溶液。

（二）水壳模型

由于反胶束内存在"水池"，故可溶解蛋白质等生物大分子，为生物活性物质提供易于生存的亲水微环境，因此，反胶束萃取可用于蛋白质等生物分子的分离纯化。蛋白质向非极性溶剂中反胶束的纳米级水池中的溶解，有图 6-12 所示的四种可能。目前水壳模型证据最多，也最为常用。在水壳模型中，蛋白质居于"水池"的中心，周围存在的水层将其与反胶束壁（表面活性剂）隔开，水壳层保护了蛋白质，使它的生物活性不会改变。

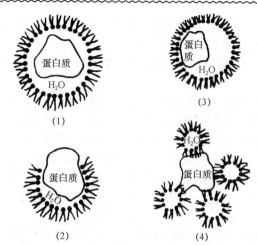

图 6-12　蛋白质向反胶束溶解的几种可能模型

（1）水壳模型；（2）蛋白质中的亲脂部分直接与非极性溶剂的碳氢化合物相接触；（3）蛋白质被吸附在微胶束的"内壁"上；
（4）蛋白质被几个微胶束所溶解，微胶束的非极性尾端与蛋白质的亲脂部分直接作用

（三）蛋白质溶入反胶束相的推动力

生物分子溶入反胶束相的主要推动力是表面活性剂和蛋白质的静电相互作用，反胶束与生物分子的空间相互作用和疏水性相互作用。下面以研究得较多的 AOT／异辛烷体系为对象，以空间性、静电性、疏水性相互作用的分离特性及效果作以下归纳。

1. 静电相互作用　在反胶束萃取体系中，表面活性剂与蛋白质都是带电的分子，因此静电相互作用是萃取过程的一种主要推动力。当水相 pH 偏离蛋白质等电点时，由于溶质带正电荷（pH ＜ pI）或负电荷（pH ＞ pI），与表面活性剂发生强烈的静电相互作用，影响溶质在反胶束相的溶解率。理论上，当溶质所带电荷与表面活性剂相反时，由于静电引力的作用，溶质易溶于反胶束，溶解率较大，反之则不能溶于反胶束相中。以表 6-3 所示的酶、蛋白质为例，考察它们从主体水相向反胶束内微水相中的萃取或反方向的反萃取时静电相互作用，以及 pH 对这种作用的影响情况。

表 6-3　蛋白质的分子量和等电点

蛋白质	分子量	pI
细胞色素 c	12 400	10.6
核糖核酸酶 a	13 700	7.8
溶菌酶	14 300	11.1
木瓜酶	23 400	8.8
BSA	65 000	4.9

（1）对于小分子蛋白质（$M<20\,000$），pH>pI 时，蛋白质不能溶入胶束内，但在等电点附近，急速变为可溶。当 pH ＜ pI 时，即在蛋白质带正电荷的 pH 范围内，它们几乎完全溶入胶束内（图 6-13）。

（2）蛋白质分子量增大到一定程度，即使将 pH 向酸性一侧偏离 pI，萃取率也会降低（即立体性相互作用效果增大）。

（3）分子量更大的 BSA，全 pH 范围内几乎都不能萃取（即静电相互作用效果无限小，可忽略不计）。此时，AOT 浓度如较通常条件（50～100 mmol/L）增加到 200～500 mmol/L，逐渐变为可萃取。

（4）降低 pH，正电荷量增加，似乎有利于萃取率的提高。事实上，缓慢减小 pH，萃取率从某一 pH 开始，急速减小。这可能是蛋白质的 pH 变性所造成的。蛋白质和水相中微量的 AOT 在静电、疏水性等的相互作用下，在水相中生成了缔合体，引起蛋白质变性，不能正常地溶解于反胶束相。

（5）添加 KCl 等无机盐，因离子强度的增加和静电屏蔽的作用，而使静电相互作用变弱，一般地，萃取率下降（图 6-14），而且，它对有机相具有脱水作用[含水率（W_0）减小，见图 6-15]，使立体性相互（排斥）作用增大。

2. 空间相互作用 反胶束"水池"的大小可以用 W_0 的变化来调节，并且会影响大分子如蛋白质的增溶或排斥，达到选择性萃取的目的，这就是空间排阻作用。研究表明，随着 W_0 的降低，反胶束直径减小，空间排阻作用增大，蛋白质的萃取率下降。

另外，空间排阻作用也体现在蛋白质分子大小对分配系数的影响上。随着蛋白质分子量的增大，蛋白质分子和胶束间的空间性相互作用增加，分配系数（溶解率）下降。用动态光散射法测定，发现反胶束粒径并非一致，存在一粒径分布（详见 **EQ6-7 胶束粒径大小分布**）。由附图 6-7 可知，胶束的粒径分布（分离场）随盐浓度和 AOT 浓度的增加而发生显著的变化。蛋白质溶入与否，对它几乎没有影响。

EQ6-7　胶束粒径大小分布

如分离场不受蛋白质种类的影响，反之则可认为，可能通过立体性相互（排斥）作用，高效分离纯化蛋白质。如图 6-16 所示，随着蛋白质分子量的增加，分配系数 K_{pI}（蛋白质等电点处的分配系数）迅速下降，当分子量超过 20 000 时，分配系数很小。该实验在蛋白质等电点处进行，排除了静电性相互作用的影响。表明随分子量的增加，空间位阻作用增大，蛋白质萃取率下降。因此可根据蛋白质间分子量的差异利用反胶束萃取实现蛋白质的选择性分离。从图中还可知道，即使萃取溶入胶束的蛋白质的种类和分子量不同，分离场的特性（胶束平均直径和含水率）几乎不变。

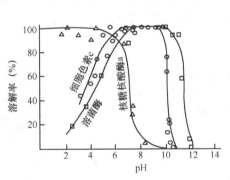

图 6-13　pH 对细胞色素 c、溶菌酶和
核糖核酸酶 a 萃取的影响

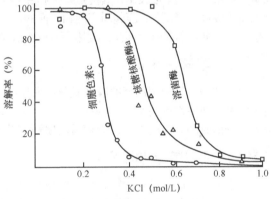

图 6-14　不同浓度 KCl 对细胞色素 c、
溶菌酶和核糖核酸酶 a 萃取的影响

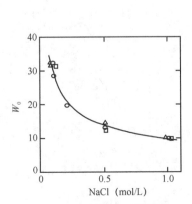

图 6-15　盐浓度对 W_0 的影响

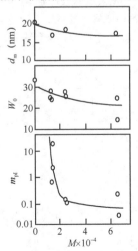

图 6-16　蛋白质平均分子量的影响

3. 其他的相互作用　关于疏水性相互作用和特异性相互作用，还研究得不多。即使是疏水性比其他蛋白质大的木瓜酶，由于其 K_{pI}，也可被统一性地关联在图 6-16 之中，所以在蛋白质的场合下，疏水性相互作用对蛋白质分配特性的影响不大。

四、反胶束萃取的过程和工艺开发

反胶束萃取的本质仍为液液有机溶剂萃取，可采用各种微分萃取设备和混合/澄清型萃取设备。

（一）混合澄清槽萃取

混合-澄清式萃取器是一种常用的液液萃取设备，该设备由料液与萃取剂的混合器和用于两相分离的澄清器组成，可进行间歇或连续的液液萃取。但该设备最大的缺点是反胶束相与水相相混合时，混合液易出现乳化现象，从而增加了相分离时间。

Dekker 等用混合澄清槽实现了用 TOMAC/异辛烷反胶束系统对 α-淀粉酶的连续萃取，详见 **EQ6-8 混合澄清槽反胶束萃取过程**。

EQ6-8　混合澄清槽反胶束萃取过程

（二）中空纤维膜萃取

中空纤维膜材料为聚丙烯，孔径约为 0.2 μm，可保证酶和含有酶的反胶束能够自由透过。膜萃取是一种新型溶剂萃取技术，其优点是水相和有机相分别通过膜组件的壳程和管程，从而保证两相有很高的接触比表面积；膜起固定两相界面的作用，从而在连续操作的条件下可防止液泛等现象的发生，流速可自由调整。因此，利用中空纤维膜萃取设备有利于提高萃取速度及放大萃取规模。

（三）喷淋柱萃取

喷淋柱是一种应用广泛的液液微分萃取设备，具有结构简单和操作弹性大等优点。特别是当用于含有表面活性剂的反胶束体系时，所需输入的能量很低，故不易乳化，从而缩短了相分离时间。但缺点是连续相易出现轴向返混，从而降低了萃取效率。

（四）反胶束液膜萃取

反胶束液膜萃取过程的特点是萃取与反萃取同时进行，利用体积液膜装置进行蛋白质的反胶束萃取的内容详见 **EQ6-9 反胶束液膜萃取**。

EQ6-9　反胶束液膜萃取

案例 6-2：反胶束萃取技术应用实例——蛋白质混合物的分离

已知含有核糖核酸酶a、细胞色素 c 和溶菌酶三种蛋白质的混合溶液，其分子量和 pI 见图 6-17A，盐浓度及 pH 的影响见图 6-17B 和图 6-17C。如何将它们从混合液中分离出来？

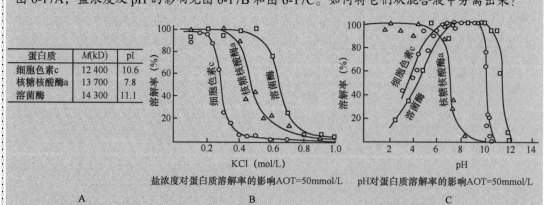

图 6-17　蛋白质混合物的分离

问题：如何根据已知条件，通过控制水相 pH 和 KCl 浓度，将它们从混合液中分离出来，并能保持蛋白质的活性。

案例 6-2 分析讨论：

已知：核糖核酸酶 a、细胞色素 c 和溶菌酶三种待分离的物质都是分子量相近的蛋白质，由于它们的 pI 及其他因素而具有不同的分配系数，可利用反胶束溶液进行选择性分离。根据已知条件，通过控制水相 pH 和 KCl 浓度将它们分离出来。

找寻关键：如何增加蛋白质溶入反胶束相的推动力，当蛋白质与微团极性头两者之间，有相反的电特性时，会引起增溶溶解作用。

工艺设计：蛋白质混合物的分离工艺。

图 6-18 是采用 AOT1 异辛烷体系的反胶束萃取法分离含有核糖核酸酶 a、细胞色素 c 和溶菌酶三种蛋白质的混合溶液的分离过程示意图。通过调节溶液的离子强度和 pH，可以控制各种蛋白质的溶解度，从而使之相互分离。第一步，调节体系状态为 pH=9、[KCl]=0.1 mol/L，此时核糖核酸酶不溶于胶束，而留在水相中；第二步，对进入反胶束中的细胞色素 c 和溶菌酶用 pH =9、[KCl]=0.5 mol/L 的水溶液反萃取，此时，因离子强度增大，细胞色素 c 在反胶束中溶解度大大降低而进入水相；第三步，对仍留在有机相中的溶菌酶用 pH=11.5、[KCl]=2.0 mol/L 的水溶液反萃取，使溶菌酶从反胶束中进入水相，从而实现了三种蛋白质的分离。

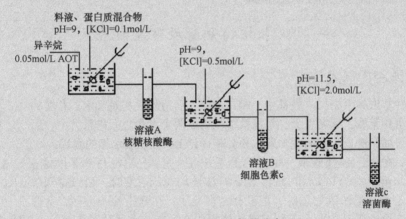

图 6-18　蛋白质混合物的分离

假设：若调节体系状态为 pH=2，会发生什么情况？

分析与评价：反胶束萃取法工艺流程简单，分离效率高，能耗低，可保护蛋白质活性，是蛋白质等各种活性物质分离、提取的重要方法。

学习思考题（study questions）

SQ6-5 反胶团是怎样构成的？反胶团萃取的基本原理是什么？

SQ6-6 为什么说反胶束萃取技术为活性生化物质的分离开辟了一条具有工业应用前景的新途径？反胶束萃取的突出优点有哪些？

第四节　双水相萃取

萃取是最常用的一种液液分离方法，在制药和化工行业应用极为普遍。但是随着生物技术的发展，有很多生物制品无法使用有机溶剂萃取的方法来进行分离纯化，其原因是有机溶剂对这些生物制品有毒害作用。因此需要开发可大规模生产的、经济简便的、快速高效的分离纯化技术，双水相萃取技术就是考虑到这种现状，基于液液萃取理论同时考虑保持生物活性所开发的一种新型的液液萃取分离技术。

双水相萃取，其特点是用两种不互相溶的聚合物，如聚乙二醇（PEG）和葡聚糖（Dex）进行萃取，而不用常规的有机溶剂作为萃取剂。因为所获得的两相，均含有很高的含水量，一般达70%～90%，故称双水相体系（aqueous two-phase system，ATPS）。

双水相萃取的优点：

（1）每一水相中均有很高的含水量，为生物制品提供了一个良好的环境；并且 PEG 和 Dex 对生物制品无毒害作用。用这种体系的溶剂处理发酵液，不必担心生物活性物质会发生变性，甚至这些亲水性聚合物对蛋白质等生物制品，还能起到保护和稳定的作用。

（2）双水相萃取不仅可从澄清的发酵液中提取物质，还可从含有菌体的原始发酵液或细胞匀浆液中直接提取蛋白质，免除过滤操作的麻烦。

（3）分相时间短，自然分相时间一般为 5～15min。

（4）界面张力小（10^{-7}～10^{-4} mN/m），有助于强化相际间的质量传递。

（5）不存在有机溶剂残留问题。

双水相萃取作为一种新型的分离技术，克服了常规萃取有机溶剂对生物物质的变性作用，提供了一个温和的活性环境，萃取过程中能够保留产物的活性，整个操作可以连续化，在除去细胞或细胞碎片时，还可以纯化蛋白质，与传统的过滤法和离心法去除细胞碎片相比，无论在收率上还是成本上，双水相萃取法都要优越得多。

一、双水相的分离原理及特点

（一）双水相的形成

常见的各种萃取体系中，一般其中一相是水相，而另外一相是和水不相溶的有机相。而双水相萃取，顾名思义，是指被萃取物在两个水相之间进行分配。那么，两个水相是如何进行分相的呢？双水相分相详见 **EQ6-10 双水相的发现**。

EQ6-10
双水相的发现

目前发现，在聚合物-盐或聚合物-聚合物系统混合时，会出现两个不相混溶的水相，如在水溶液中的 PEG 和 Dex，当各种溶质均在低浓度时，可以得到单向匀质液体；当溶质的浓度增加时，溶液会变得混浊，在静止的条件下，会形成两个液层，实际上是其中两个不相混溶的液相达到平衡，在这种系统中，上层富集了 PEG，而下层富集了 Dex。

这两个亲水成分的非互溶性，可由它们各自分子结构的不同所产生的相互排斥来说明：Dex 本质上是一种几乎不能形成偶极现象的球形分子，而 PEG 是一种具有共享电子对的高密度直链聚合物。各个聚合物分子都倾向于在其周围有相同形状、大小和极性的分子，同时由于不同类型分子间的斥力大于同它们的亲水性有关的相互吸引力，因此聚合物发生分离，形成两个不同的相，这种现象被称为聚合物的不相溶性，并由此而产生了双水相萃取。由此可知，双水相萃取法的原理与水-有机相萃取一样，也是利用物质在互不相溶的两相之间分配系数的差异来进行萃取分离的，不同的是双水相萃取中物质的分配是在两互不相溶的水相之间进行的。

利用物质在不相溶的两水相间分配系数的差异进行萃取的方法，称双水相萃取（aqueous two - phase extraction）。

（二）双水相的类型

常用的双水相体系有以下几种（详见 **EQ6-11 常用的双水相体系**）。

（1）高聚物-高聚物双水相体系，如 PEG/Dex 体系，该系统上相富含 PEG，下相富含 Dex。

EQ6-11　常用
的双水相体系

（2）高聚物-无机盐双水相体系，如 PEG/无机盐等体系，该系统上相富含 PEG，下相富含无机盐。

（3）低分子有机物-无机盐双水相体系。

（4）表面活性剂双水相体系。

甲基纤维素和聚乙烯醇属高聚物-高聚物双水相体系，因其黏度太高而限制了它们的应用，PEG 和 Dex 因其无毒性和良好的可调性而得到广泛的应用。近年发展较快的离子液体-无机盐双水相体系，结合了离子液体和双水相的优点，如蒸气压低、不易乳化、分离效率高、绿色环保、极性范围宽、可连续操作，是一种高效而温和的新型绿色分离体系。表面活性剂双水相体系结合了表面活性剂和双水相的优点，不仅选择性好、含水量高，同时具有亲水基和亲油基的特点，在疏水物质的分离中有很大优势。

（三）双水相萃取的原理

当两种聚合物溶液混合时，是否分相取决于熵的增加和分子间的作用力两种因素。熵的增加与分子数目有关，而与分子的大小无关，所以小分子和大分子混合熵的增量是相同的；分子间的作用力可看作分子间各基团相互作用力之和。因此，分子越大，作用力越强。对于大分子的混合而言，两种因素相比，分子间作用力占主导地位，决定了混合的效果。如果两种混合分子间存在空间排斥作用力，它们的线团结构无法相互渗透，具有强烈的相分离倾向。达到平衡后就有可能分为两相，两种聚合物分别进入其中一相，形成双水相。

在双水相萃取系统中，悬浮粒子与其周围物质具有的复杂的相互作用，如氢键、电荷力、疏水作用、范德瓦耳斯力、构象效应等。

（四）双水相的相图

水性两相的形成条件和定量关系常用相图表示，图 6-19 是 PEG/Dex 体系的相图。

图中把均匀区与两相区分开的曲线，称为双结线。双结线下方为均匀区，该处 PEG、Dex 在同一溶液中，不分层；双结线上方即为两相区，两相分别有不同的组成和密度。上相组成用 T（Top）表示，下相组成用 B（Bottom）表示。由图 6-19 可知，上相主要含 PEG，下相主要含 Dex，如点 M 为整个系统的组成，该系统实际上由 T、B 所代表的两相组成，TB 为系线。两相平衡时，符合杠杆规则，v_T 表示上相体积，v_B 表示下相体积，则

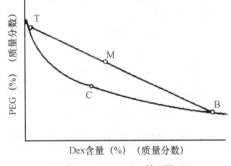

图 6-19 PEG/Dex 体系相图

$$\frac{v_T}{v_B} = \frac{BM}{MT} \qquad (6-24)$$

式中，BM 是 B 点到 M 点的距离；MT 是 M 点到 T 点的距离。

当点 M 向下移动时，系线长度缩短，两相差别减小，到达 C 点时，系线长度为 0，两相间差别消失而成为一相，因此 C 点为系统临界点。从理论上说，临界点处的两相应该具有同样的组成、同样的体积，且分配系数等于 1。

（五）双水相萃取的分配平衡

溶质在双水相中的分配系数：与溶剂萃取相同，溶质在双水相中的分配系数也用 $m = \dfrac{C_2}{C_1}$ 表示。式中，C_2 和 C_1 分别表示平衡时上相和下相中溶质的总浓度。

生物分子的分配系数取决于溶质与双水相系统间的各种相互作用，其中主要有静电作用、疏水作用和生物亲和作用等。因此，分配系数是各种相互作用的和。

$$\ln m = \ln m_e（静电作用）+\ln m_h（疏水作用）+\ln m_l（生物亲和作用）$$

1. 静电作用 非电解质型溶质的分配系数不受静电作用的影响，利用相平衡热力学理论可推导下述分配系数表达式：

$$\ln m = -\frac{M\lambda}{RT} \tag{6-25}$$

式中，m 为分配系数；M 为溶质的分子量；λ 为与溶质表面性质和成相系统有关的常数；R 为气体常数，J/（mol·K）；T 绝对温度，K。

因此，溶质的分配系数的对数与分子量之间呈线性关系，在同一个双水相系统中，若 $\lambda > 0$，不同溶质的分配系数随分子量的增大而减小。同一溶质的分配系数随双水相系统的不同而改变，这是因为式中的 λ 随双水相系统而异。

实际的双水相系统中通常含有缓冲液和无机盐等电解质，当这些离子在两相中分配浓度不同时，将在两相间产生电位差。此时，荷电溶质的分配平衡将受相间电位的影响，从相平衡热力学理论推导溶质的分配系数表达式为：

$$\ln m = \ln m_0 + \frac{FZ}{RT}\Delta\varphi$$

$$\Delta\varphi = \frac{RT}{(Z^+ - Z^-)F}\ln\frac{m_-}{m_+}$$

式中，m_0 为溶质净电荷（pH = pI）为零时的分配系数，F、R 和 T 分别为法拉第常数、气体常数和绝对温度；$\Delta\varphi$ 为相间电位，Z 为溶质的净电荷数，m_+ 和 m_- 分别为电解质的阳离子和阴离子的分配系数，Z^+ 和 Z^- 分别为电解质的阳离子和阴离子的电荷数。

因此，荷电溶质的分配系数的对数与溶质的净电荷数成正比，由于同一双水相系统中添加不同的盐产生的相间电位不同，故分配系数与静电荷数的关系因无机盐而异。

2. 疏水作用 一般蛋白质表面均存在疏水区，疏水区占总表面积的比例越大，疏水性越强。所以，不同蛋白质具有不同的相对疏水性。

（1）在 pH 为等电点的双水相中，蛋白质主要根据表面疏水性的差异产生各自的分配平衡。同时，疏水性一定的蛋白质的分配系数受双水相系统疏水性的影响。

（2）双水相系统的相间疏水性差用疏水性因子（hydrophobic factor，HF）表示，HF 可通过测定疏水性已知的氨基酸在其等电点处的分配系数 m_{aa} 测算。

3. 生物亲和作用 详见 EQ6-12 生物亲和作用。

EQ6-12 生物亲和作用

（六）影响双水相萃取的因素

影响分配平衡的主要参数有成相聚合物的分子量和浓度、体系的 pH、体系中盐的种类和浓度、体系中菌体或细胞的种类和浓度、体系温度等。选择合适的条件，可以达到较高的分配系数，较好地分离目的物。

1. 聚合物的分子量和浓度 成相聚合物的分子量和浓度是影响分配平衡的重要因素。若降低聚合物的分子量，则能提高蛋白质的分配系数。这是增大分配系数的一种有效手段。例如，PEG/Dex 系统的上相富含 PEG，蛋白质的分配系数随着 Dex 分子量的增加而增加，但随着 PEG 分子量的增加而降低。也就是说，当其他条件不变时，被分配的蛋白质易为相系统中低分子量高聚物所吸引，而易为高分子量高聚物所排斥。这是因为成相聚合物的疏水性对亲水物质的分配有较大的影响，同一聚合物的疏水性随分子量的增加而增加，当 PEG 的分子量增加时，在质量浓度不变的情况下，其两端羟基数目减少，疏水性增加，亲水性的蛋白质不再向富含 PEG 相中聚集而转向另一相。

选择相系统时，可改变成相聚合物的分子量以获得所需的分配系数，以使不同分子量的蛋白质获得较好的分离效果。

2. 盐的种类和浓度 盐的种类和浓度对分配系数的影响主要反映在对相间电位和蛋白质疏水性的影响。盐浓度不仅影响蛋白质的表面疏水性，而且扰乱双水相系统，改变各相中成相物质的组成和相体积比。这种相组成及相性质的改变对蛋白质的分配系数有很大的影响。

$$\ln m = HF(HFS + \Delta HFS) + \frac{FZ}{RT}\Delta\varphi$$

式中，HF 和 HFS 分别表示双水相系统和蛋白质的疏水性。

$$\Delta\varphi = \frac{RT}{(Z^+ - Z^-)F}\ln\frac{m_-}{m_+}$$

盐对相间电位 $\Delta\varphi$ 的影响：由图 6-20 可知，HPO_4^{2-} 和 $H_2PO_4^-$（$H_{1.5}PO_4^{1.5-}$）离子在 PEG/Dex 系统的 m 小，因此利用 pH>7 的磷酸盐缓冲液很容易改变 $\Delta\varphi$，使带负电蛋白质有较高的分配系数。

盐对蛋白质疏水性 ΔHFS 的影响：由于盐析作用，盐浓度增加则蛋白质表面疏水性增大，影响蛋白质表面疏水性增量 ΔHFS，从而影响蛋白质的分配系数。

盐对双水相系统的影响：盐的浓度不仅影响蛋白质表面疏水性，而且扰乱双水相系统，改变上、下相中成相物质的组成和相体积比。

利用这一特点，通过调节双水相系统中盐浓度，可选择性萃取不同的蛋白质。

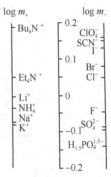

图 6-20 各种离子在 PEG/Dex 系统中的分配系数 m

在双水相体系萃取分配中，磷酸盐的作用非常特殊，其既可以作为成相盐形成 PEG/盐双水相体系，又可以作为缓冲剂调节体系的 pH。由于磷酸不同价态的酸根在双水相体系中有不同的分配系数，因而可通过调节双水相系统中不同磷酸盐的比例和浓度来调节相间电位，从而影响物质的分配，可有效地萃取分离不同的蛋白质。

3. pH pH 对分配系数的影响主要有两个方面的原因。第一，由于 pH 影响蛋白质的解离度，故调节 pH 可改变蛋白质的表面电荷数，进而改变分配系数。第二，pH 影响磷酸盐的解离程度，即影响 PEG/Kpi 系统的相间电位和蛋白质的分配系数。对某些蛋白质 pH 的微小变化会使分配系数改变 2~3 个数量级。

4. 温度 温度主要是影响双水相系统的相图，影响相的高聚物组成，只有当相系统组成位于临界点附近时，温度对分配系数才有较明显的作用，远离临界点时，影响较小。

分配系数对操作温度不敏感。所以大规模双水相萃取一般在室温下进行，不需冷却，这是因为：①成相聚合物 PEG 对蛋白质有稳定作用，常温下蛋白质一般不会发生失活或变性；②常温下溶液黏度较低，容易发生相分离；③常温操作节省冷却费用。

案例 6-3：双水相萃取技术应用实例——胞内酶提取

　　许多有应用价值的产品如酶、蛋白质等主要从微生物中获得，而且大部分的微生物代谢产物是胞内物质，必须破碎细胞壁才能释放这些胞内酶用于提取分离，但破壁后，细胞颗粒尺寸的变化给分离带来了困难，同时这类产品的活性和功能对 pH、温度和离子强度等环境因素特别敏感，试采用合适的分离方法让胞内酶从混合物中分离出来。

　　问题： 有机溶剂易使胞内酶变性，如何选定有效的分离纯化方法，让胞内酶从混合物中分离出来，同时能保证胞内酶的活性稳定？

案例 6-3 分析讨论：

已知： 胞内酶是在细胞内起催化作用的酶，这些酶在细胞内常与颗粒体结合并有着一定的分布。目前已知的胞内酶约有 2500 种，但投入生产的很少。原因之一是提取困难。

找寻关键： 选择合适的双水相系统和操作条件，使待提取的酶和细胞碎片分配在不同的相。

工艺设计：

胞内酶提取工艺：由于胞内酶属细胞内产品，需经细胞破碎后才能提取、纯化，但细胞颗粒尺寸的变化给固液分离带来了困难，同时这类产品的活性和功能对 pH、温度和离子强度等环境因素特别敏感，它们在有机溶剂中的溶解度低并且会发生变性，因此传统的溶剂萃取方法并不适合。采用在有机溶剂中添加表面活性剂产生反胶束的办法可克服这些问题，但存在相的分离问题，因此，胞内酶提取常用双水相萃取法。

双水相萃取胞内酶的工艺流程主要由三部分组成：胞内酶的萃取；PEG 的循环；无机盐的循环。

（1）胞内酶的萃取：胞内酶提取的第一步系将细胞破碎得到匀浆液，但匀浆液黏度很大，有微小的细胞碎片存在，欲将细胞碎片除去，过去是依靠离心分离的方法，但非常困难。

双水相系统可用于细胞碎片及酶的进一步精制。双水相体系萃取胞内酶时，用 PEG-Dex 体系从细胞匀浆液中除去核酸和细胞碎片。第一步，选择合适的条件，在系统中加入 0.1 mol/L NaCl 可使核酸和细胞碎片转移到下相（Dex 相），产物酶位于上相，分配系数为 0.1~1.0。第二步，选择适当的盐组分加入分相后的上相中，使其再形成双水相体系来进行纯化，这时如果 NaCl 浓度增大到 2~5mol/L，几乎所有的蛋白质、酶都转移到上相，下相富含核酸。第三步，将上相收集后透析，加入到 PEG-硫酸铵双水相系统中进行萃取，产物酶位于富含硫酸铵的下相，进一步纯化即可获得所需的产品。

（2）PEG 的循环：双水相萃取过程中，成相材料的回收和循环使用，不仅可以减少废水处理的费用，还可以节约化学试剂，降低成本。PEG 回收有两种方法：一种是加入盐使目标蛋白质转入富盐相来回收 PEG（图 6-21）；另一种是将 PEG 相通过离子交换树脂，用洗脱剂先洗去 PEG，再洗出蛋白质。常用的方法是将第一步萃取的 PEG 相或除去部分蛋白质的 PEG 相循环利用（图 6-22）。

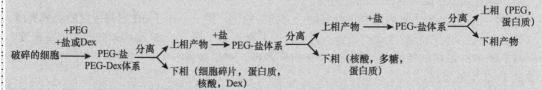

图 6-21 双水相体系萃取酶的工艺流程

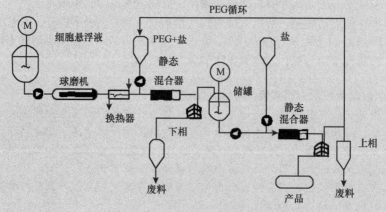

图 6-22 连续双水相萃取流程

（3）无机盐的循环：将含有硫酸铵的盐相冷却、结晶，然后用离心机分离收集。其他方法有电渗析法、膜分离法回收盐类或除去 PEG 相的盐。

假设：若利用 PEG/盐体系萃取胞内酶，当系统中氯化钠浓度变化时，分配系数随 pH 如何变化，其选择性、经济性、相分离情况和 PEG/Dex 系统相比，有何不同？

分析：根据胞内酶和细胞碎片的分子量、等电点、带电特性、亲水性等的差别，使用 PEG/Dex 体系，利用静电、疏水和添加合适浓度的氯化钠溶液，将细胞碎片分配到下相（盐相），分布在上相中的蛋白质通过加入适量的盐，进行第二次双水相萃取，目的是除去核酸和多糖，它们的亲水性较强，因而易分配在盐相中，蛋白质则停留在上相 PEG 中，在第三次萃取中，通过调节 pH，使蛋白质分配在下相（盐相），以便和主体 PEG 分离，色素因其憎水性分配在上相，盐相中的蛋白质通过分离弃除残余的 PEG，主体 PEG 可循环使用。

评价：双水相萃取法可选择性地使细胞碎片分配于双水相系统的下相，目标产物分配于上相，同时实现目标产物的部分纯化和细胞碎片的除去，节省利用离心法或膜分离法除去碎片的操作过程，用于胞内蛋白质的分离纯化是非常有利的，目前，双水相萃取法已广泛应用于细胞、细胞器、蛋白质、酶、核酸、病毒、细菌、海藻、叶绿素、线粒体、菌体等的分离与提取。双水相萃取法工艺简单，原材料成本较低，平衡时间短，含水量高，截面张力小，易于放大，是一种极有前途的新型分离技术。

学习思考题（study questions）

SQ6-7 怎样提高双水相体系对蛋白质萃取的选择性？

SQ6-8 在恒温恒压条件下，影响物质在 PEG/Dex 双水相体系中分配的因素有哪些？分配系数 m 分别怎样变化？

二、双水相萃取技术的发展

（一）新型双水相系统的开发

在实际应用中，高聚物/高聚物体系对生物活性物质变性作用低，界面吸附少，但是所用的聚合物如 Dex 价格较高，而且体系黏度大，影响工业规模应用的进程；而高聚物/无机盐体系成本相对低，黏度小，但是由于高浓度的盐废水不能直接排入生物氧化池，使其可行性受到环保限制，且有些对盐敏感的生物物质会在这类体系中失活。因此，寻求新型双水相体系成为双水相萃取技术的主要发展方向之一，目前，常用的双水相体系是 PEG/Dex 体系和 PEG/磷酸盐体系，成相聚合物价格昂贵是阻碍该技术应用于工业生产的主要因素。Dex 是医疗上的血浆代用品，价格很高，用粗品代替精制品又会造成 Dex 相黏度太高，使分离困难。研究应用最多的 PEG 并不是双水相体系最适合的聚合物，而磷酸盐又会带来环境问题，目前用作成相的聚合物或盐类还很少，缺乏价格低廉、性能好且无毒的聚合物或盐，故开发新型双水相系统是该技术应用急需解决的问题。

（二）开发廉价的双水相体系

双水相萃取与传统方法相比有很多优点，但实用性还取决于其经济可行性。廉价双水相系统的开发目前主要集中在寻找一些廉价的高聚物取代现用昂贵的高聚物，如采用变性淀粉（PPT）、乙基羟基纤维素（EHEC）、麦芽糊精、阿拉伯树胶等有机物取代昂贵的 Dex，用羟基纤维素、聚乙烯醇（PVA）或聚乙烯吡咯烷酮（PVP）取代 PEG 等。磷酸盐被硫酸钠、硫酸镁、碳酸钾等取代。目前已开发出几种成本较低的聚合物来代替 Dex，其中，比较成功的是用 PPT 取代昂贵的 Dex。

（三）开发新型功能双水相系统

详见 **EQ6-13 新型功能双水相系统**。

EQ6-13 新型
功能双水相系统

（四）亲和双水相体系

详见 **EQ6-14 亲和双水相体系**。

（五）双水相萃取技术与其他分离技术相结合

详见 **EQ6-15 双水相与其他分离技术相结合**。

EQ6-14 亲
和双水相体系

双水相萃取技术具有设备简单、容易放大的优点，其主要缺点是当放大规模很大时，原料成本将是一个关键因素。由于成相组分浓度放大时保持不变，当规模很大时，投入的原料将成比例增加，导致双水相的操作成本很高。而且反复使用次数较多后，PEG 相会含有大量的蛋白质和其他杂质，对目标产物的分离不利。但在一些高价值产物的分离纯化上，双水相萃取还是有其竞争优势的。生物技术的发展，必将促进双水相萃取体系的完善，从而更加显示出双水相体系萃取分离技术在生物物质分离中的独特优点。

EQ6-15 双
水相与其他分
离技术相结合

第五节 制药工业常用萃取设备及其验证

一、液液萃取设备的分类与选择

（一）液液萃取设备的分类

在液液萃取操作中，所采用的萃取设备都包括两相的混合和分离两部分（具体分类详见 **EQ6-16 液液萃取设备的分类**）。

当然，按分散相与连续相的接触方式不同可分为逐级接触式和连续微分接触式两大类。目前，工业上所采用的各种类型设备已超过 30 种，而且还在不断有更新的设备问世。不管以哪一种分类法，都是相对的，对某一种萃取设备而言，可能在不同的分类法中有交叉，因此，在这里仅仅列出制药工业中有代表性的设备并就其原理及应用做一介绍。

EQ6-16 液液
萃取设备的分类

（二）液液萃取设备的选择

在选择萃取设备时，一开始往往面临两种情况：一是有众多设备可供挑选；二是所要解决的问题的复杂因素繁多，包括体系的各种物理性质、对分离的要求、处理量的大小等，甚至还包括投资条件、技术与操作的可靠性、建设项目所在地的地理环境等因素。

尽管选择萃取设备所要考虑的因素繁多，甚至会使人困惑，但还是有一些原则可遵循，详见 **EQ6-17 液液萃取设备的选择原则**。

除了以上因素之外，设计者必须对各种萃取设备的性能有较全面的了解，从这个角度而言，往往设计者的经验和实践是十分重要的。

EQ6-17 液液萃
取设备的选择原则

二、常用萃取设备

（一）混合澄清槽

混合澄清槽是一种典型的逐级接触式液液萃取设备。每一级都是由一个混合器与一个澄清器组成，可连续操作或间歇操作（详见 **EQ6-18 混合澄清槽**）。

EQ6-18
混合澄清槽

（二）萃取塔

1. 逐级逆流筛板塔 筛板塔是利用重力使液体通过筛孔分散成为液滴的塔式萃取设备。其基本原理就是轻相、重相在每块塔板上进行错流流动，一相以液滴形式分散在另一连续相，经混合后利用重力使两相达到分离，每层塔板相当于单级混合澄清器，就整个筛板塔而言，两相呈逆流流动（详见 **EQ6-19 筛板塔**）。

2. 脉冲筛板塔 对于两相界面张力比较大的体系，仅仅依靠密度差将无法使两相通过筛板塔做逆流流动。为改善两相接触状况，强化传质过程，往往在筛板塔内提供外加机械能以造成脉动，脉动的产生可由往复泵或压缩空气来完成。采用脉冲搅拌的办法，可以明显地改善简单的填料柱与筛板柱的性能，使柱内流体做快速的往复脉动，既可以粉碎液滴，增加分散相存留分数，从而大大地增加两相接触面积，又可以增大流体的湍动，改善两相的接触。因此，脉冲萃取柱的传质效率比简单的重力作用萃取柱高得多，理论级的当量高度（HETS）或传质单元高度（HTU）大幅度下降。与此同时，采用脉冲搅拌，萃取柱内没有运动部件和轴承，对处理强腐蚀性和强放射性物料特别有利。因此脉冲萃取柱在核化工、湿法冶金与石油化工中得到广泛的应用（详见 **EQ6-20 脉冲筛板塔**）。

EQ6-19
筛板塔

EQ6-20
脉冲筛板塔

3. 振动筛板塔 振动筛板塔的工作原理与脉冲筛板塔相似，是为了克服脉冲筛板塔使整个萃取塔内流体产生脉动因而能量消耗较大的缺点，改为流体不流动而使筛板在塔内做上、下的往复运动。振动的筛板使液滴得到良好的分散和均匀的搅拌（详见 **EQ6-21 振动筛板塔**）。

其他振动筛板柱的研究和发展比较快，近年来还出现了一些新的设计，如振动分届网填料筛板柱、旋转振动筛板柱、小孔径小开孔率的振动筛板柱等，各有其一定的特点。

EQ6-21
振动筛板塔

（三）离心萃取器

离心萃取器是利用离心力代替重力进行相分离的一种萃取设备。与通常的萃取柱和混合澄清槽相比，由于离心力可以比重力大很多，因而其相分离能力很强。正是这一特点使离心萃取器得到广泛的应用（详见 **EQ6-22 离心萃取器**）。

EQ6-22
离心萃取器

（四）设备验证

萃取是把有效成分从液相中用另一液相进行混合接触并重新分离，使有效成分转移的过程。此类设备要求其设备本体及所附属的管道不积存料液，并可原位清洗。

1. 安装确认 详见 **EQ6-23 安装确认**。

2. 操作确认 详见 **EQ6-24 操作确认**。

3. 性能确认 详见 **EQ6-25 性能确认**。

原位清洗效果要通过实际加入模拟污染物按运行程序清洗后，检测模拟污染物的去除情况，证明原位清洗程序包括去污剂的种类和使用等能够达到要求，还应证明萃取反应器和有关管道的死角能得到有效清洗。原位消毒效果的验证则要用热电偶巡检仪检测萃取反应器和有关管道的消毒温度和保持时间，找出消毒温度最低点；验证中关键点和温度最低点放置微生物指示剂，消毒后培养应无微生物生长。

EQ6-23
安装确认

EQ6-24
操作确认

练习题

EQ6-25 性能确认

6-1 液液萃取从机制上分析可分为哪两类？

6-2 何谓萃取的分配系数？其影响因素有哪些？青霉素是弱酸性电解质，弱酸性电解质的分配系数随 pH 的降低有什么变化?红霉素是弱碱性电解质，弱碱性电解质的分配系数随 pH 的降低有什么变化?萃取和反萃取分别选用什么 pH 的水溶液？

6-3 何谓双水相萃取?常见的双水相构成体系有哪些？在恒温恒压下，影响物质在 PEG/Dex 双水相体系中分配的因素有哪些？分配系数 m 怎样变化？

6-4 用乙酸戊酯从发酵液中萃取青霉素，已知发酵液中青霉素浓度为 $0.2kg/m^3$，萃取平衡常数为 $K=40$，处理能力为 $H=0.5m^3/h$，萃取溶剂流量为 $L=0.03m^3/h$，若要产品收率达到 96%，试计算理论上所需萃取级数？

6-5 胰蛋白酶的等电点为 10.6，在 PEG/磷酸盐（磷酸二氢钾和磷酸氢二钾的混合物）体系中，随 pH 的增大，胰蛋白酶的分配系数随 pH 如何变化？

6-6 肌红蛋白的等电点为 7.0，如何利用 PEG/Dex 体系萃取肌红蛋白？当系统中分别含有磷酸盐和氯化钾时，分配系数随 pH 如何变化？并图示说明。

6-7 牛血清白蛋白（BSA）和肌红蛋白（Myo）的等电点分别为 4.7 和 7.0，表面疏水性分别为 –220 kJ/mol 和 –120 kJ/mol。

1）双水相系统的组成和性质对肌红蛋白萃取选择性的影响是什么？

2）应选择什么样的双水相系统，可确保 Myo 的萃取选择性较大？

第七章 超临界流体萃取

1. 课程目标 培养学生掌握超临界流体萃取的基本特性、基本原理、特点及萃取–分离过程的基本模式，理解超临界流体萃取过程的基本工艺计算原理，熟悉超临界 CO_2 流体萃取的特性、萃取工艺流程的设计、设备的基本结构与工作过程。培养学生能够对集成单元过程进行工艺流程分析与设计，并能结合能耗和经济等方面因素，对流程设计方案进行优化。

2. 重点和难点

重点： 超临界流体萃取的基本特性与特点，以及超临界 CO_2 的溶剂功能，超临界萃取的工艺分析。

难点： 超临界流体萃取过程基本工艺计算原理。

第一节 概 述

超临界流体萃取（supercritical fluid extraction）是以超临界流体为萃取剂，利用超临界流体具有高度增强溶解能力的性质，实现对原料中溶质的有效萃取分离的方法。其基本原理是：超临界流体溶剂与被萃取物料接触，使物料中的某些物质（称为萃取物）被超临界流体溶解并携带，从而与物料中的其他成分（萃余物）分离，之后通过降低压力或调节温度等，降低超临界流体的密度，从而降低其溶解能力，使超临界流体解析出其携带的萃取物，以达到萃取分离的目的。

早在 1869 年，英国学者 Thomas Andrews 就发现了超临界现象。1879 年，英国学者 J.B. Hannay 和 Hogrth 发现了无机盐在高压乙醇或乙醚中溶解度存在异常增加的现象，但当系统压力下降时，这些无机盐又会沉淀下来，第一次通过实验证明了超临界流体的溶解能力。到 20 世纪 60 年代，德国 Zosel 博士发现超临界流体可用作分离溶剂，实现对某些混合物的分离。同时，随着环境污染问题日益严重，各国政府开始采取各种措施限制或禁止一些工业有害溶剂的大量使用。超临界流体萃取工艺作为一种高效节能的"绿色工艺"受到了广泛的重视，得到了快速发展。1978 年，德国建成了年处理量达 27 000t 的咖啡豆脱除咖啡因的超临界 CO_2 萃取工业化装置。并于同年在德国 Essen 首次召开了"超临界流体萃取国际"会议，探讨该新技术的基础理论、工艺过程和设备等。1988 年美国 Maxwell House 在得克萨斯州建成了处理能力为 25 000t/年的超临界 CO_2 脱咖啡因工厂。随后，利用超临界 CO_2 流体从啤酒花中萃取酒花浸膏的大规模工业化装置也先后在德国、美国、日本等地投产。此后，该技术得到广泛的应用和发展，并且为了提高 CO_2 的萃取能力和选择性，除采用夹带剂外，还探索了多种拓展技术，如利用超声波、高压脉冲电场等物理场强化超临界萃取，与其他分离纯化技术如精馏、分子蒸馏、膜分离、吸附、结晶等联用，采用超临界 CO_2-微乳体系萃取极性大、分子量大的亲水性化合物，以及含络合物的 CO_2 萃取等，这些技术拓展了超临界 CO_2 流体萃取技术的应用范围。

在众多领域中，其在天然产物的萃取中应用最为广泛，包括高附加值天然产物的萃取（天然色素、香精香料、食用或药用成分等）或有害成分的脱除等。近年来，随着我国中药现代化进程的实施推进，超临界 CO_2 流体萃取技术被广泛用于各种中药有效成分的提取和纯化，并受到广泛重视，被誉为"安全、高效、稳定、可控"的现代中药关键技术。

一、超临界流体的性质及其萃取特点

（一）超临界流体的性质

超临界流体（supercritical fluid）是指当物质的温度和压力都处于其临界温度（T_c）和临界压力（P_c）以上时，会成为单一相的流体，这种流体称为超临界流体。

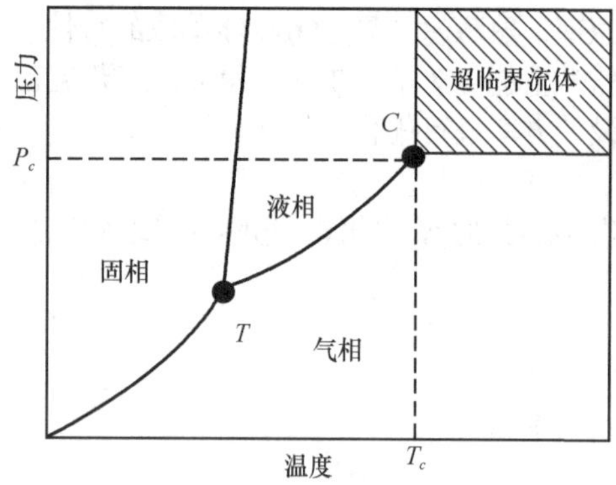

图 7-1　纯流体的压力-温度关系图

物质在不同的温度和压力下通常会呈现出液态、气态和固态等状态变化。气体分子具有最大动能，穿透性强，当温度降低、压力增加时，气体凝结成为液体状态，分子间距离减小，密度及溶解度增大。纯流体的压力-温度关系如图 7-1 所示，气相、液相和固相三相呈平衡态共存的点叫三相点（T 点），气液平衡线向高温延伸时气液界面恰好消失的点，就是纯流体的临界点（C 点），此处对应的温度和压力即为临界温度（T_c）和临界压力（P_c），而图中阴影部分就是超临界区域。

当流体处于超临界状态时，表现为一种特殊的凝聚状态，具有独特的物理化学性质。由表 7-1 可以看到，超临界流体的密度接近于液体，远大于气体的密度。由于溶质在溶剂中的溶解度通常与溶剂的密度成正比，因而，超临界流体具有与液体类似的高溶解能力。同时，可以看到，超临界流体的扩散系数介于气体和液体之间，而黏度接近于气体，由于流体的传质能力常与其扩散系数和黏度相关联，因此，超临界流体具有与气体类似的低黏度和高的扩散性能，故具有优良的传质性能。因而，超临界流体兼具气体和液体的优点，具有高扩散性、高溶解性和较高的传质速率，可以在分离时迅速达到萃取平衡。

表 7-1　气体、液体和超临界流体的性质

性质	气体	超临界流体		液体
	101.325kPa，15~30℃	T_c，P_c	T_c，$4P_c$	15~30℃
密度（g/ml）	$(0.6~2) \times 10^{-3}$	0.2~0.5	0.4~0.9	0.6~1.6
黏度[g/（cm·s）]	$(1~3) \times 10^{-4}$	$(1~3) \times 10^{-4}$	$(3~9) \times 10^{-4}$	$(0.2~3) \times 10^{-2}$
扩散系数（cm²/s）	0.1~0.4	0.7×10^{-3}	0.2×10^{-3}	$(0.2~3) \times 10^{-5}$

超临界流体的另一个特点是在临界点附近其性能对温度和压力的变化高度敏感。流体在其临界点附近的压力或温度的微小变化均会导致流体密度的显著变化，从而使其溶解度产生显著变化。另外，临界点附近的压力和温度微小变化也会导致其他流体性质（如扩散系数、黏度、热导率等）产生显著变化。同时，临界点处蒸发热（焓）理论值为零，由于能量消耗的大小可用蒸发焓来反映，所以在临界点附近进行化学反应与分离操作消耗的能量将比气-液平衡区域小。再者，超临界流体的表面张力为零，故超临界流体能够较好地渗透扩散到溶质内部，有利于提高传质效率。

（二）超临界流体萃取的特点

超临界流体萃取与传统萃取分离技术相比具有如下显著优势。

1. 超临界流体萃取是一种高效节能的分离技术 由于超临界流体密度接近液体，具有良好的溶解性能，而其扩散性能接近于气体，黏度小、扩散系数大、表面张力为零，能较好地扩散到溶质的内部，因而能形成高效萃取。萃取过程溶质溶解属于自发过程，降压阀的节流膨胀为等焓过程，因此耗能设备仅为升压装置和萃取及分离过程中控制所需温度的换热器，因而能耗小。

2. 超临界流体萃取操作方便 一方面，就萃取过程而言，超临界流体的萃取能力取决于流体的密度，而流体的密度很容易通过调节温度和压力来进行控制，因此，通过改变压力或温度来改变超临界流体的性质，就可以达到选择性地萃取各种类型目标溶质的目的，易于保证产品质量的稳定性。一般超临界流体萃取的操作条件选择操作温度超出临界温度 T_c 10~100℃，操作压力大于临界压力 P_c 即可。

另一方面，就分离过程而言，对于传统萃取技术，往往有复杂、高能耗的后续浓缩分离过程，而超临界流体萃取结束后，由于超临界流体变为液体或气体而没有相界面存在，临界点附近流体的汽化潜热很小，且一般溶剂与溶质间的挥发度差异很大，因此，通过调整体系压力或温度等也可以很方便地实现溶质与溶剂的分离，且萃取与分离操作可合二为一，同时萃取剂可循环使用，生产效率高，降低了费用成本。

3. 超临界流体萃取为一种环境友好型分离技术 采用超临界 CO_2 萃取剂，无须在有机溶剂中完成，具有无毒、无味、不易燃爆、使用安全、绿色环保，无溶剂残留的优点。

4. 超临界流体萃取尤其适合热敏性物质的提取分离 如超临界 CO_2 萃取操作温度接近于室温（31.3℃），能有效避免热敏性物质的热解和氧化。

5. 超临界流体萃取的技术局限性 由于其为高压技术，对设备材质、部件、密封、防腐、控制系统等要求远较常压设备高，加工难度大，设备一次性投资大，安全和维护费用相对也较高，选择时需要从成本上权衡利弊。

二、常用萃取剂

（一）超临界萃取溶剂概述

在超临界流体萃取选取合适的溶剂时，需要重点考虑其临界温度和临界压力这两个物理性质。若溶剂的临界压力 P_c 过高，则萃取过程设备的成本会较高，因为其需要耐受较高的压力。如果溶剂的临界温度 T_c 过高，热敏性物质有可能在操作过程中被高温破坏。溶剂的化学稳定性也是需要严格考虑的因素。超临界流体需要对处理原料保持惰性，以避免萃取过程中与之发生反应。同时，采用低沸点流体将有利于萃取后的分离。理想的超临界流体应当价廉、不易燃爆、无腐蚀、无毒、易得。

超临界流体的溶剂化能力主要取决于其理化性质，如可极化度（polarizability）和极性（polarity）。流体的溶剂化能力的差异不仅归因于其密度的不同或极性，一些化学性质相似的溶质在超临界流体中的溶解性还取决于其溶质的挥发性质如蒸气压。此外，在进行超临界流体选择和操作过程设计时，需要进行大量的溶质-溶质、溶质-溶剂间相互作用的实验，以评价其对混合物中各种不同成分的潜在溶剂化能力。

常用的超临界流体见表 7-2，分为极性溶剂和非极性溶剂两类。可以看到，虽然低分子烃类溶剂其临界压力在 3～5 MPa，且临界温度从接近室温（乙烷）到接近 200℃（戊烷）。也有报道超临界丙烷萃取天然产物（如辣椒红素）其溶解能力强于超临界 CO_2，但低分子烃类溶剂易燃，需要做防爆处理，因此，一般医药、食品等领域很少使用其作为超临界溶剂。芳烃类化合物的临界压力也在 3～5 MPa，但其临界温度约高达 300℃，需在中等压力和相对较高温度下进行超临界萃取，且芳烃化合物具有一定的毒性，限制了其作为超临界流体在医药、食品等领域中的应用。

表 7-2 常用的超临界流体的物理性质

流体	沸点（℃）	临界性质		
		临界压力 P_c（MPa）	临界温度 T_c（℃）	临界密度 ρ_c（g/cm³）
二氧化碳	−78.5	7.38	31.3	0.468
乙烷	88.0	4.88	32.2	0.203
乙烯	−103.7	5.04	9.3	0.200
丙烷	−44.5	4.25	96.7	0.220
丙烯	−47.4	4.62	91.9	0.230
戊烷	36.5	3.38	196.6	0.232
苯	80.1	4.8	289.0	0.302
甲苯	110.0	4.11	318.6	0.290
一氯三氟甲烷	81.4	3.92	28.9	0.580
三氯氟甲烷	23.7	4.41	196.6	0.554
一氧化二氮	89.0	7.10	36.5	0.457
氨	33.4	11.28	132.5	0.240
水	100.0	22.05	374.2	0.272

（二）超临界二氧化碳

最常用的超临界流体是 CO_2，其广泛应用取决于其优良性质。

1. 密度 CO_2 的临界温度 T_c = 31.3℃，操作温度接近于室温；临界压力 P_c = 7.38 MPa，比较适中；临界密度 ρ_c = 468kg /m³，在各种溶剂中相对较高。一般超临界流体的溶解能力随密度增加而增加，因此，CO_2 具有较适宜的超临界溶剂的临界点数据。

超临界流体密度的变化规律可以用流体的对比性质来表述。超临界流体的常用对比性质包括：对比压力 $P_r(P_r = P/P_c)$ 为实际压力 P 与临界压力 P_c 的比值；对比温度 $T_r(T_r = T/T_c)$ 指实际温度 T 与临界温度 T_c 的比值；对比密度 $\rho_r(\rho_r = \rho/\rho_c)$ 是指流体的实际密度 ρ 与临界密度 ρ_c 的比值。超临界流体也可以称为对比温度 T_r 和对比压力 P_r 均大于 1 的流体。由图 7-2 可知，在对比温度 T_r 为 0.95～1.4，对比压力 P_r 为 1～6，为比较适合的 CO_2 超临界萃取区域。在此区域附近，超临界流体压力和温度稍有变化就会引起 CO_2 密度的很大变化。在 $1.0 < T_r < 1.2$ 时，溶剂的对比密度可从气体般的对比密度（ρ_r = 0.1）升高到液体般的对比密度（ρ_r = 2.0），使 CO_2 流体具有很大的溶解能力。

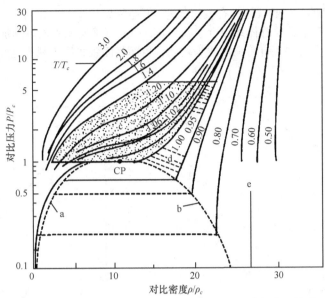

图 7-2　纯 CO_2 的对比压力 P_r、对比温度 T_r、对比密度 ρ_r 的关系

2. 扩散系数　扩散系数是影响超临界流体传质性能的重要参数。图 7-3 表述了不同压力和温度下，CO_2 的扩散系数的变化关系。CO_2 的扩散系数随着压力的升高而下降，随着温度的升高而升高；在临界点附近，扩散系数对温度和压力的变化高度敏感。一般情况下，溶质在常规液体中的扩散系数为 10^{-5} cm^2/s 左右，超临界流体的扩散系数约是液体的数百倍，远远高于溶质在常规液体中的扩散系数。

3. 黏度　黏度是影响超临界流体传质性能的另一个重要参数。超临界流体的黏度接近于气体，与液体相比要小 2 个数量级。而就其变化规律来看，由图 7-4 可知，在低于临界温度时，各温度下流体黏度值基本不变，且数值接近；当在超临界点附近时（如 37℃），CO_2 的黏度随压力升高而急剧增大，随后变化稍缓；在远临界点的范围内（如 77℃），黏度随压力升高持续增加。在图 7-5 中，当压力对超临界 CO_2 的黏度和密度的影响同时作图时，在 40℃下，当压力小于临界点时，黏度和密度基本恒定，随着压力的增大，黏度和密度明显增大，且压力对黏度和密度的影响不同步，尤其在临界点到 16MPa 范围内，CO_2 的密度会随压力的增大迅速上升，而黏度变化相对缓慢。这样就为利用压力调控和优化超临界 CO_2 的溶解能力和传质速率提供了依据。当压力超过 16 MPa 以后，黏度和密度随压力的变化趋缓。

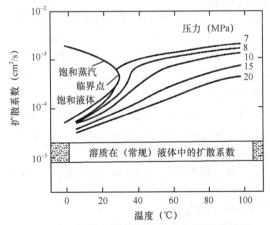

图 7-3　CO_2 的扩散系数与压力和温度的关系

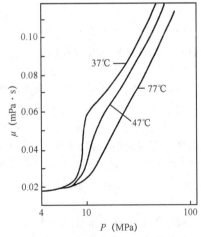

图 7-4　CO_2 的黏度与压力的关系

4. 表面张力和极性 一般液体具有表面张力，但超临界状态下，CO_2 流体表面张力近似为 0。这是由于在非临界状态下，随着体系接近于临界点，CO_2 气液两相界面逐渐加厚，并相互扩散；达到临界点时，两相会失去各自特征而成为均相，界面表面张力逐步减小至完全消失，如图 7-6 所示。

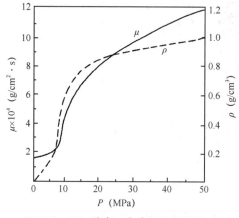

图 7-5 CO_2 黏度、密度与压力的关系

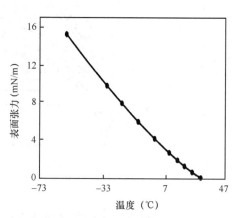

图 7-6 CO_2 的表面张力随温度变化图

根据相似相溶原理，极性相近的物质一般可以互溶，这是选择液相萃取溶剂的重要依据。而溶剂的极性与相对介电常数密切相关，相对介电常数大，溶剂的极性强。所以，溶剂的相对介电

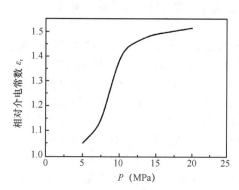

图 7-7 CO_2 的介电常数受压力影响的关系

常数是溶剂极性的重要考察指标。二氧化碳的介电常数受压力影响的关系见图 7-7。由图 7-7 中可知，CO_2 的相对介电常数随着压力升高而增大，在临界点附近（$1.00 < T_r < 1.10$、$1.00 < P_r < 2.00$）变化非常明显，但在较高压力区域介电常数对压力的变化不再敏感，说明 CO_2 的极性不再随压力增加而增加。同时，由 CO_2 的分子结构及分子间作用力分析可知，CO_2 虽有两个极性的 C=O 双键，但分子为直线形，整体呈非极性，偶极矩为零。超临界状态的 CO_2 的溶解度参数与碳氢化合物（如正己烷）相近。因此超临界 CO_2 的分子结构和物理特性决定了其非极性的性质，更易于萃取非极性和弱极性物质。

以上性质决定了 CO_2 作为超临界萃取溶剂的多方优势，目前有 90% 的超临界萃取工艺采用其作为萃取剂。其优势具体表现在以下几方面：

（1）超临界 CO_2 操作温度仅 31.3℃，可避免热敏性萃取物质发生氧化和降解，使高沸点、低挥发度、易热解的物质在远低于其沸点时被萃取出来。

（2）超临界 CO_2 操作压力（7.38 MPa）属于中等压力，一般易于达到。

（3）萃取效率高，提取速度快，生产周期短，一般 2～4h 即可基本完全提取，无须浓缩等步骤，收率高，资源利用率高。同时，萃取选择性好，且可通过调节操作过程温度或压力，显著改变超临界 CO_2 密度，调控 CO_2 对溶质的溶解度，且可有选择地进行多组分的分离。

（4）CO_2 无毒、无味、不易燃爆、不腐蚀、价廉易得，易于回收，操作中无溶剂残留，绿色环保。

（5）超临界 CO_2 还有氧化灭菌作用，有利于保护天然产物的质量。

三、萃取夹带剂

在超临界流体萃取中很难找到单一组分的溶剂兼具多种优点以满足对各种物质的萃取要求。因此，常常需要加入夹带剂（又称共溶剂或改性剂）以扩大超临界流体的应用范围，提高萃取效率。夹带剂的作用主要包括两方面：一是显著增加被分离组分在流体中的溶解能力；二是可显著提高对该溶质的选择性。就夹带剂的作用机制来看，少量夹带剂的加入一般对溶剂的密度影响不大，主要是由于夹带剂与溶质分子间的范德瓦耳斯力或其他特定的分子间相互作用如氢键或其他化学作用力等，是影响其溶解度和选择性的关键因素。

如超临界 CO_2 因其非极性，只能有效萃取非极性和弱极性的物质，常须加入适量的非极性或极性溶剂用作夹带剂。例如，甲醇、乙醇、丙酮、乙酸乙酯等具有较好溶解性能的极性溶剂作为夹带剂加入到超临界 CO_2 中时，极性溶质与极性夹带剂间由于形成了特殊分子作用力（如氢键、化学缔合等），增加了极性溶质的溶解度和选择性，且可保持流体的溶解性能的连续可调。

夹带剂的选择需考虑三方面问题：①在萃取段，夹带剂与溶质的相互作用能改善溶质的溶解度和选择性；②在分离段，夹带剂与超临界溶剂应能较易分离，且夹带剂易与目标产物分离；③夹带剂的残留不会对产品造成污染。

夹带剂常采用如下方式加入：一种是直接在原料中加入夹带剂，通入超临界流体进行萃取；另一种是让超临界流体和夹带剂分别经高压计量泵按一定比例混合并以适当的流速对原料进行萃取。当原料基质对溶质的束缚作用是主要影响因素时，采用第一种方法，夹带剂对原料的浸润有利于溶质的释放。当待萃取溶质在超临界流体中的溶解度是主要影响因素时，采用第二种方法能取得较好的效果。

夹带剂的使用常需充分考虑被萃取溶质和流体的性质，夹带剂自身的性质如极性、分子结构、分子量、分子体积，以及操作条件、体系热力学参数、成本、安全等因素，加以试验才能确定。

夹带剂的使用虽扩大了超临界 CO_2 流体萃取的应用范围，但同时带来了夹带剂残留问题，以及其回收系统带来的工艺设计、研制、运行上的困难，所以在使用夹带剂时应权衡利弊而定。

EQ7-1　超临界流体萃取拓展技术

除夹带剂外，还有多种技术来提高 CO_2 的萃取能力和选择性，拓展了超临界 CO_2 流体萃取技术的应用范围（详见 **EQ7-1 超临界流体萃取拓展技术**）。

第二节　超临界流体萃取过程的基本工艺计算原理

一、相平衡行为

尽管超临界流体本身为单一相态的流体，但由于超临界流体萃取属于传质分离中的平衡分离过程，萃取过程中超临界流体与被萃取混合物接触时，必然存在相际接触，进而通过平衡分配达到分离混合物的目的。而超临界流体萃取过程能否进行，可进行到哪种程度，超临界流体萃取分离时所需要的理论级，单位理论能耗需要等问题，都可用超临界系统的相平衡关系来计算。超临界萃取的混合物对象有固体和液体，而且操作条件是在萃取剂临界温度点以上的高压区，由于高压下的相平衡与常压下的相平衡有着明显的不同，其测定过程比较复杂，开展这方面的基础研究相对较少，相关数据比较缺乏，因此用热力学预测相平衡数据，或利用少量实验数据作热力学关联和延伸，并了解该类相图在超临界萃取领域的研究和应用是非常重要的。

（一）超临界流体-固体的高压相平衡

超临界流体萃取高压下的超临界流体-固体的相图主要有两类。

1. 第 I 类相图 超临界流体-固体的第 I 类相图见图 7-8。组成这类混合物的超临界流体-固体的分子大小、形状、结构及临界条件相差不是很大，轻组分的临界温度与重组分的熔融温度相差也不是太远，如超临界水-氯化钠等。通常用 P-T-Z（压力-温度-组成）三维图形表示。为了便于了解，把图投影到 PT 和 PZ 面上来观察。

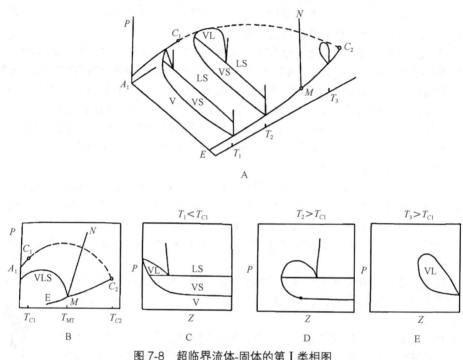

图 7-8 超临界流体-固体的第 I 类相图

P-T-Z 三维相图投影到 PT 平面上的情况见图 7-8B。因为固体的熔点和临界点温度都比超临界流体高得多，线段 A_1C_1 代表溶剂（即萃取剂）的蒸气压曲线，点 C_1 是溶剂的临界点；线段 EM 代表固体溶质的升华线，MN 是熔解线，MC_2 是溶质的蒸气压曲线，点 C_2 是溶质的临界点，M 为溶质的三相点。图中的 VLS 线是将各等温线上的三相共存线投影到 PT 面上所致。图 7-9C、D 分别是当操作温度 $T < T_{C1}$ 和 $T > T_{C1}$ 时，这两个等温截面投影到 PZ 面得到的相图。

在图 7-8C 中，因为 T 低于易挥发组分的临界温度 T_{C1}，所以等温包络线的左边交于纯易挥发组分的蒸气压线，当系统的总压低于固体的升华压时，体系为单一的气相 V，随着压力的增加，体系的状态由单一的气相进入气-固两相区 VS，压力继续增加，体系就到了气-液-固三相共存，出现了 V-L-S 三相平衡线，当压力再增加，出现 VL 和 LS 两相区，因液相组成随压力的变化不大，所以从图上看，液相线近似于直线垂直向上。

在图 7-8D 中，当温度超过易挥发组分的临界温度 T_{C1}，图的形状与图 7-8C 相似，但等温包络线的左边不与蒸气压线相交，而且固体在混合物中的溶解度增加，整个包络线向右移动，使气-液包络线区域扩大。温度继续升高，$T \gg T_{C1}$，气-液包络线区域继续扩大，一直到 $T > T_M$，此时只观察到 VL 的平衡曲线，如图 7-8E 所示。

2. 第 II 类相图 图 7-9 为第 II 类相图。这类相图的两个组分在分子大小、形状、极性上都相差很大，如超临界二氧化碳-萘、超临界乙烯-萘等组成的体系。其中 SLV 三相线是分成两部分的，LCEP 称下临界端点，UCEP 称上临界端点。

　　第Ⅱ类相图最大的特点就是 SLV 线是不连续的。由于性质差别大，以至于气体在已熔化固体中的溶解度不大，不会引起固体的熔点有明显的下降，所以从熔点出发绘制的 SLV 三相线不会随压力升高而弯向低温侧，而是陡峭地随压力升高而向上，并与临界混合物在曲线上临界端点相交，如图 7-9B 所示。该图当温度为 T_1 时（$T_1 < T_{C1}$），其 PZ 图与图 7-8 中的 T_1 时的图形相仿。当温度上升到 T_2 时（$T_2 > T_{C1}$），由于系统的难溶特性，使得气-液包络线的区域反而缩小了，见图 7-9C。当温度升高到 T_3 时，气-液临界区缩小成为一个点，并呈现为包络线上的一个转向点，该点的压力和温度代表了三相线的终点，表示下临界端点 LCEP。如果温度稍高于下临界端点的值，即如图 7-9E 所示 $T_4 > T_{LCEP}$ 的范围，则只能观察到气-固两相的存在，图中的 T_4 温度之下就只出现气-固两相，图中的曲线表示重组分在超临界流体中的溶解度随压力的变化。温度较低区域的相图分区描述在图 7-9B 的左边，三相线与临界混合物曲线相交于下临界端点上。在图中的下临界端点附近，从曲线的形状可以看出压力的微小变化会引起组成的明显变化，表明了体系如在临界端点附近操作，固体在超临界流体中的溶解度将有很大增加。图中 T_4 以下的温度都低于固体的熔点，所以图中右边都不出现液相，只有达到固体的熔点，才开始出现液相，所以固体的熔点是三相线的起点。当温度升高到图中的 T_5，压力也有相应的升高，正好达到有过量固体存在下的气-液临界点，它属于上临界端点 UCEP，在该点附近，压力的微小变化将引起溶解度的明显增加。温度再升高，如达到 T_6，体系就呈现为通常的气-液包络线形状。

　　从以上分析可知，对第Ⅱ类超临界流体-固体混合物而言，在 LCEP 和 UCEP 之间的范围内应该是超临界流体萃取的工作区域。

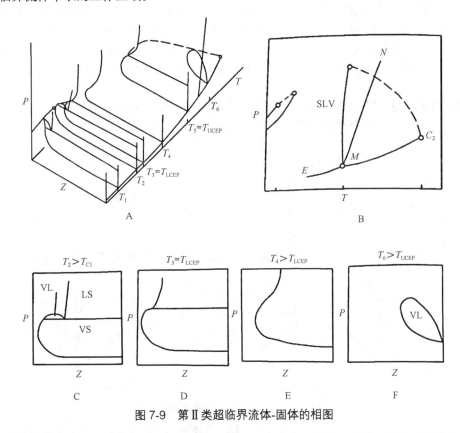

图 7-9　第Ⅱ类超临界流体-固体的相图

（二）超临界流体-液体的相平衡

　　对于混合物而言，除了天然产物绝大部分是以固体混合物存在外，实际接触的混合物很多是以液体混合物形式存在，因此，对于超临界流体萃取技术的应用而言，高压下超临界流体-液体三元系相行为的研究十分必要。需要说明的是与纯组分或二元系的临界性质和行为的研究是以实验为前提进行基础研究不同，由于三元或多元系的相行为基础数据测定难度大、成本高，许多数据都是通过理论模型模拟，再有选择地进行实验测量得到的，尽管如此，含超临界流体的三元相图数据依然十分稀缺，也不像二元体系那样容易形成规律，目前描述超临界流体-液体的相图常以有机溶剂（S）、水（H_2O）和乙烯（C_2H_4）三元体系为例，一般分为三类，下面分别进行介绍。

1. Ⅰ型三元相图 图 7-10A 为Ⅰ型三元混合物有机溶剂（S）、水（H_2O）和乙烯（C_2H_4）在等温条件下压力与组成的三棱柱图形。Ⅰ型三元相图的主要特点是不存在液-液-气三相区，温度处于稍高于超临界流体临界点的温度。在大气压为 P_1 时，水和有机溶剂可按任意比例混合，而乙烯基本不溶于水，仅微溶于有机溶剂中。当压力升至比乙烯的临界压力稍低的 P_2 时，乙烯基本上不溶于水，但在有机溶剂中的溶解度却显著升高。当压力继续升高，超过乙烯和有机溶剂的临界压力至 P_3 时，此时乙烯可按任意比例与有机溶剂混合，溶解度曲线不再与三元相图中乙烯-有机溶剂的二元轴相交，超临界 CO_2-乙醇-水体系的三元相图与此类似。

2. Ⅱ型三元相图 图 7-10B 为Ⅱ型三元混合物在等温条件下压力与组成的三棱柱图形。与Ⅰ型三元混合物不同的是，在一定温度和压力下，在相图中出现液-液-气三相平衡区和液-液两相平衡区，但液相不互溶区并不扩展至三棱柱的有机溶剂-乙烯面上。

当压力为大气压 P_1 时，等温 P-x 图与第Ⅰ类相图相同；压力升至略低于乙烯的临界压力 P_2 时，出现有机溶剂-水-乙烯不互溶区和液-液两相区；当压力进一步上升至 P_3 时，有机溶剂-水-乙烯不互溶区和液-液两相区的范围显著扩展，说明有机溶剂更容易从水中分离出来，但在富有机相中的有机溶剂含量稍有下降；当压力再进一步升高，超过有机溶剂-乙烯系的临界压力达到 P_4 时，乙烯与有机溶剂完全互溶，三相区完全消失，此时的相图与图 7-10A 压力 P_3 时相似。

3. Ⅲ型三元相图 图 7-10C 为Ⅲ型三元混合物在等温条件下压力与组成的三棱柱图形。此类三元混合物由超临界流体与两种部分互溶液体所组成。在压力为大气压 P_1 时，三元相图有很大的三相区；当压力升至 P_2 时，有机溶剂-水两相区扩大；当压力超过有机溶剂-水二元系的临界压力 P_3 时，出现单一的液-液溶解度曲线，并和有机溶剂-水两轴有两个交点，说明即使在较高的压力下，有机溶剂和水的部分互溶区仍然存在。

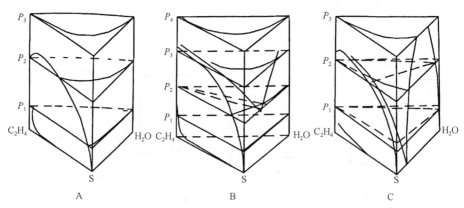

图 7-10 三元流体混合物的相图

A. Ⅰ型；B. Ⅱ型；C. Ⅲ型

需要指出的是，以上对三元流体混合物的分类是在一定温度下进行的，一个三元系在不同的温度下，可以显示出以上三类不同相平衡情况，所以在介绍相图时须注明温度和压力条件。

二、溶　解　度

（一）固体在临界流体中的溶解度

1. 固体在超临界流体中的溶解度曲线

由前可知，超临界流体的溶解能力与其密度有很大关系，因此受压力和温度影响也很大，在临界点附近区域体系压力或温度发生微小的变化都会引起超临界流体溶解能力的急剧变化。以萘和苯甲酸在超临界 CO_2 中的溶解度曲线为例，如图 7-11、图 7-12 所示，可以明显看出温度和压力对溶解度的影响。

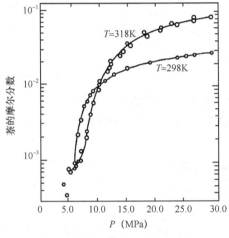

图 7-11　萘的溶解度-压力关系曲线

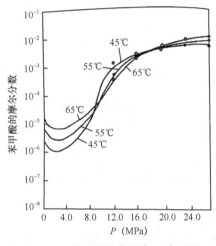

图 7-12　苯甲酸的溶解度-压力关系

2. 热力学模型
超临界流体热力学数据的实测过程复杂而且费用高，而利用热力学模型来关联和预测物性数据就不失为经济而又实用的一种方法。热力学模型的主要功能就是关联和预测，其中关联型的模型可以用内插法求取数据点；而预测型模型则是用外推法来获取数据，所以也称"推算"，由于具有"预测"功能，所以预测型模型显得比关联型模型更重要，但它的建立必须对系统有充分的了解，需要考虑的因素也更多，所以能得到普遍认同的预测型模型是非常少的。在固体-超临界流体溶解度数据的关联中，常将超临界流体看作"压缩气体"或"膨胀液体"，再利用热力学计算逸度系数和活度系数的方法来关联溶解度数据。下面简单介绍这两种模型。

（1）压缩气体模型：即"稠密气体"（dense gas）模型，是将超临界流体视作压缩气体来处理。也就是说，应用于压缩气体的有关热力学模型可以用在超临界体系进行数据关联与预测。此时，固体作为溶质，达到平衡时，其在超临界流体中的逸度与在固相中的逸度相等。热力学模型的具体表达式就是状态方程，用于压缩气体的状态方程较多，如立方型状态方程、微扰状态方程、格子气体状态方程等，但最常见的大多是立方型状态方程，其形式比较简单，且在计算超临界流体的相平衡数据中是比较令人满意的，因此应用得最普遍。

（2）膨胀液体模型：将超临界流体视作膨胀液体来处理，其特点是处理过程不需要通过临界区的积分。但这类模型中需要溶液理论的支撑，建模中会出现活度系数和溶液偏摩尔体积的热力学参数，计算起来比压缩气体模型要复杂得多。而且，能用于描述膨胀液体的热力学模型-状态方程相应较少，还需要对它做进一步的研究。

3. 数据关联

（1）双对数法：根据图 7-13 中的溶解度与密度的双对数曲线族，可以得出 $\ln C = m\ln\rho + n$ 的形式。其中，m、n 与不同的萃取剂及被萃取物质的化学性质有关。

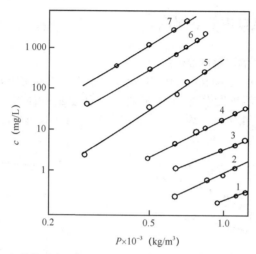

图 7-13　各种物质在 CO_2 中的溶解度与密度的关系曲线（$T=40℃$）

1.甘氨酸；2.弗朗鼠李苷（frangula lin）；3.大黄素[$C_{15}H_7O_2$（OH）$_3$]；4.对羟基苯甲酸；

5.1，8-二羟基蒽醌；6.水杨酸；7.苯甲酸

Prausnitz 等从理论上提出了以下固体溶质的溶解度关联式

$$y_2 = \frac{P_2^0 \phi_2^s}{P\phi_2} \exp\left[\frac{V_2^s(P - P_2^0)}{RT}\right] \tag{7-1}$$

式中，y_2 为溶质的平衡摩尔分数；P_2^0 为溶质的饱和蒸气压；V_2^s 为溶质的摩尔体积；P、T 为操作压力和温度；ϕ_2^s 为溶质在饱和蒸气压 P_2^0 下的逸度系数；ϕ_2 为溶质在压力 P 时的逸度系数；R 为通用气体常数。

由于固体蒸气压很低，所以 $\phi_2^s \approx 1$。通过热力学公式计算溶质的 ϕ_2，代入式（7-1），取对数，得到表达式

$$\ln y_2 = \alpha\ln\rho + \beta \tag{7-2}$$

式中，α、β 为斜率和截距。

（2）增强因子法：将观察到的平衡溶解度与用理想气体定律在同样的温度压力下推算的溶解度之比称为增强因子 E。

$$E = y_2 / y^* \tag{7-3}$$

而理想气体

$$y^* = P_2^0 / P \tag{7-4}$$

结合式（7-1）得　$\phi_2^s \approx 1$，$P > P_2^0$，

$$E = \frac{1}{\phi_2} \exp\left(\frac{V_2^s P}{RT}\right) \tag{7-5}$$

在常压到 10 MPa 内，指数项的值仍不大于 2，故 $\phi_2 \ll 1$ 是 E 大大增加的主要因素。要计算 E，归结为计算 ϕ_2，ϕ_2 计算的准确度直接关系到 y_2 的计算准确度，所以关键是寻找能较精准计算 ϕ_2 的方法。表 7-3 列出了几种 E 的计算方法。

表 7-3 溶解度数据关联表

方法		方程	说明
双对数法		$\ln c = m\ln\rho + n$ 或 $\ln y_2 = \alpha\ln\rho + \beta$	c 为溶质的质量浓度；y_2 为溶质的摩尔分数；ρ 为超临界流体的密度；m、α，为斜率，n、β 为截距，与不同的萃取剂及被萃取物的化学性质有关
增强因子法	状态方程法	维利方程 $\dfrac{PV}{RT} = 1 + \dfrac{B}{V} + \dfrac{C}{V^2} + \cdots$ $\ln E = \dfrac{V_2^S - 2B_{12}}{V_t}$（只考虑第二维利系数）	V_t 为混合物的体积；B 为第二维里系数，B_{12} 表示组分 1 和组分 2 分子之间的相互作用参数，呈负值
	经验关联法	Reid 等提出 $\lg E = \alpha\rho_r + \beta + \sigma(T - T_{ref})$	T_{ref} 为参考温度；ρ_r 为对比密度；σ 是在选定的密度下，$\lg E$ 对 ρ_r 作图的等温空间常数，K^{-1}；α、β 为方程的参数
		Ziger 等提出 $\lg E = \eta\left\{\varepsilon_2^*\dfrac{\Delta}{y_1}\left[2 - \dfrac{\Delta}{y_1}\right] - \lg\left(1 + \dfrac{\delta_1^2}{P}\right)\right\} + \gamma$ 1-超临界流体；2-溶质	$\Delta = \dfrac{\delta_1}{\delta_2}$，$\varepsilon_2^* = \dfrac{\delta_2^L V_2^L}{2.3RT}$ 为无因次能量参数，与温度有关；δ 为溶解度参数；η，γ 为斜率和截距
经验关联法		Chrastil 等提出 $c = (\rho_F)^k \exp\left(\dfrac{a}{T} + b\right)$	c 为溶质在超临界流体中的质量溶度，g/L；ρ_F 为超临界流体的密度，g/L；a、b、k 为经验常数
超临界 CO_2-液体的溶解度计算		PR 方程法 $P = \dfrac{RT}{V - b} - \dfrac{af(T)}{V(V + b) + b(V - b)}$ $f(T) = \left[1 + k(1 - T_r^{0.5})\right]^2$ $K = 0.37464 + 1.54226\omega - 0.2699\omega^2$ 热力学相平衡原理：$y_i\phi_i^V P = x_i\phi_i^L P$ 计算两相组成	T_c、P_c 为临界温度和压力；T_r 为对比温度；ω 为偏心因子。y_i 气相组成，x_i 液相组成，ϕ_i^V 流体相逸度系数，ϕ_i^L 液相逸度系数 $a = 0.45727\dfrac{R^2 T_c^2}{p_c}$，$b = 0.0778\dfrac{RT_c}{p_c}$，该方程在计算二元体系相平衡时，关键是混合物的参数 a、b 与组成之间的关系即混合规则，以及二元相互作用参数的求取

（3）以实验数据为依据的经验关联式：Chrastil 等提出的以实验数据为依据的经验关联式，如表 7-3 所示，固体在超临界流体中的溶解度关联方法中，双对数法最简单也直观，有一定的理论依据，而且符合性较好，但缺点是不具有普遍适用性；增强因子法能反映出溶质在超临界流体与普通气体中的溶解度差异的程度，从不同的增强因子计算方法中获得溶质的溶解度数据。

（二）液体在超临界流体中的溶解度

1. 超临界流体-液体的溶解平衡 与超临界流体在固体中的溶解度可以忽略不同，超临界流体在液体中会溶解，因此，液相不能被当作纯物质处理，其分析研究过程远比固体-超临界流体系统复杂得多。更为不同的是，各类液体的沸点范围宽，挥发度差异大，有时甚至高达几个数量级，因而需要分类处理。

超临界流体与低挥发性液体如 CO_2-$C_{16}H_{34}$ 体系、CO_2-苯甲醇体系、CO_2-油酸体系等。相平衡数据可通过测定相互间的溶解度来表达，如 CO_2-苯甲醇体系，需同时测定苯甲醇在 CO_2 中的溶解度和 CO_2 在苯甲醇中的溶解度，分别如图 7-14、图 7-15 所示。

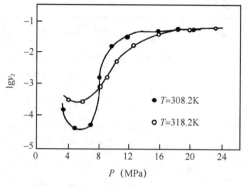

图 7-14 苯甲醇在 CO_2 中的溶解度

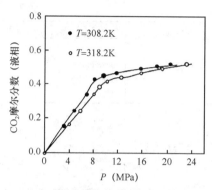

图 7-15 CO_2 在苯甲醇中的溶解度

溶质在超临界流体中的溶解度是超临界流体萃取过程设计和操作的依据，若超临界流体选定后，影响溶解度的其他主要因素有萃取剂密度、溶剂与溶质分子间的相互作用、溶质分子结构和挥发性。超临界流体与易挥发性液体如含醇体系：CO_2-甲醇、CO_2-乙醇、CO_2-丙醇、CO_2-丁醇、CO_2-辛烷等的二元体系相平衡数据已有发表，且关联和预测的状态方程比较多，精度也能达到要求。如 P-T 方程、P-R 方程。

2. 超临界 CO_2 流体-液体的热力学模型计算　在超临界 CO_2 萃取过程的设计计算中，对溶质在超临界 CO_2 中的溶解度的关联和预测是非常重要的，而状态方程是最有效的方法之一。在众多状态方程中，能用于超临界流体计算的状态方程以 P-T 方程、S-R-K 方程、P-R 方程等较为常用。其中 P-R 方程形式较简单，计算精度较其他方程高，在计算和关联超临界流体相平衡中有较好的表现，见表 7-3。

对于三元体系平衡关系计算，有三个二元相互作用参数，而每个 k_{ij}、η_{ij} 都需要通过实验数据拟合。以乙醇-水-CO_2 三元体系为例，从乙醇-CO_2、水-CO_2、乙醇-水三个二元体系的相平衡数据和拟合参数来推算三元系的相图，为了提高精度，还要实测乙醇-水-CO_2 三元系的数据，去拟合参数。有了这些参数，就可以计算溶质在超临界流体中的溶解度。

（三）溶解度的测定方法

由于溶质在超临界流体中的溶解度对萃取过程的设计至关重要，因此，尽管测定过程复杂而且费用较高，还是有不少机构开展了这方面的研究工作，并积累了一些测定超临界流体中物质溶解度的方法，按照溶质在超临界流体中的溶解方式，目前测试方法基本上可以归结为两类：动态法和静态法。

1. 动态法　也称流动法。测定在恒温条件下进行，测定时首先将超临界流体连续通过填充有溶质的床层，填充溶质的床层要足够长，以保证超临界流体有足够的停留时间与溶质充分接触达到饱和状态，然后将饱和状态的流体混合物释压膨胀到常压状态使溶质析出，最后收集溶质并进行分析即可。分析方法根据溶质的溶解度、性质等可采用重量法、光谱法、介电常数法和色谱法等。

2. 静态法　静态法测定溶解度首先将超临界流体与溶质置于高压釜内，在一定温度和压力下，使其充分接触以达到溶解平衡，为了尽快使体系达到平衡，可适当采用搅拌或连续循环等方法加速平衡进程。据所用高压釜的种类，静态法又可分为分析法与观测法两类。分析法需从高压釜中取出流体样品进行溶解度数据分析，取样过程影响实验测定的可靠性，因此取样体积必须足够小，以不致扰动平衡；观测法则是使用一个带有透明窗的高压釜，在测定过程中，通常是在一定温度下，改变压力，由高压釜的透明窗口观察完全溶解时的压力。

例 7-1　用超临界 CO_2 对 10%乙醇和 90%水（质量分数）的混合物进行萃取，超临界 CO_2 的流率为 3 mol/s，混合物流率为 1 mol/s，采用逆流接触萃取器，操作条件为 32℃（305 K）和 9.86 MPa，萃取分离程度相当于 5 个平衡级，萃取结果如下表所示，计算乙醇和水的萃取率。

解 先将进料组成质量分数转化成摩尔分数，总的物料平衡情况如下表。

组分	进料（mol/s）	萃取剂（mol/s）	萃取相（mol/s）	萃余相（mol/s）
二氧化碳	0.0000	3.0000	2.9713	0.0287
乙醇	0.0417	0.0000	0.0140	0.02775
水	0.9583	0.0000	0.0161	0.94351
总量	1.0000	3.0000	3.0014	0.9986

乙醇的萃取率：$0.0140 \div 0.0417 \times 100\% = 33.6\%$。

水的萃取率：$0.0161 \div 0.9583 \times 100\% = 1.68\%$。

萃余相中 CO_2 的萃取率为：$0.0287/3.0 \times 100\% = 0.957\%$。

可见，超临界 CO_2 对乙醇萃取率要远大于对水的萃取率，所以，用超临界 CO_2 从稀乙醇水溶液中提取乙醇是可行的。

例 7-2 在温度为 60℃（333 K），压力不同（临界压力以上）的条件下，测得咖啡因在超临界 CO_2 中的溶解度数据（摩尔分数），根据以下的实验数据，用双对数法拟合出溶解度与超临界 CO_2 密度的关系式，并计算当超临界 CO_2 密度为 780 kg/m^3 时咖啡因的溶解度。

超临界 CO_2 密度 ρ（kg/m^3）	735.1	757.5	772.8	796.3	812.4	828.8
咖啡因摩尔分数 $y_2 \times 10^4$	3.35	3.71	4.18	5.00	5.53	6.11

解 根据双对数法的表达式 $\ln y_2 = \alpha \ln \rho + \beta$，对表中的密度和摩尔分数分别取自然对数，然后用最小二乘法或作图法，拟合直线方程如下：

$$\ln y_2 = 5.22 \ln \rho - 42.50$$

当超临界 CO_2 密度为 780 kg/m^3 时，计算得 $y_2 = 4.36 \times 10^{-4}$（摩尔分数）。

第三节 超临界流体萃取工艺

一、超临界流体萃取的工艺类型及特点

（一）超临界流体萃取的基本流程

超临界流体萃取的工艺流程包括萃取和分离两个阶段。溶剂先通过高压泵压缩升压达到萃取压力，经换热器调节温度，达到超临界温度，使其成为超临界流体溶剂；然后进入萃取器与已脱除杂质气体的原料充分混合萃取至达到溶解平衡；溶解于超临界流体中的萃取物随流体离开萃取器后，在分离器内使得萃取物与溶剂分离。溶剂可重复使用，如图 7-16 所示。

根据分离方式常将超临界流体萃取工艺分为四种：降压法、等压变温法、吸附法和吸收法。表 7-4 为常见的超临界萃取过程操作模式。

1. 降压法 萃取后分离过程通过压力变化使萃取溶质从超临界流体中分离。如图 7-17 所示，被萃取物在萃取器中被萃取，经膨胀阀后，由于压力降低，被萃取物在超临界流体中的溶解度急剧下降，在分离器中析出，自动分离成溶质和萃取溶剂两部分，前者即为产品，后者为循环

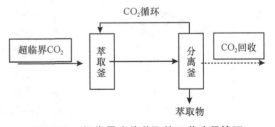

图 7-16 超临界流体萃取的工艺流程简图

流体萃取剂，经压缩机升压至超临界状态后可循环使用。该操作方式操作简单，可实现对高沸点、热敏性、易氧化物质接近常温的萃取，但存在压力大、投资大和能耗大的不足。

表 7-4　超临界流体萃取过程的操作模式

操作模式	类型号	参数调节		萃取状态	分离状态
		压力 P	温度 T		
降压法	1	$P_1>P_c>P_2$	$T_1>T_c>T_2$	超临界流体	气-液混合物
	2	$P_1>P_c>P_2$	$T_1<T_c>T_2$	亚临界流体	气-液混合物
	3	$P_1>P_c>P_2$	$T_1 \geqslant T_2>T_c$	超临界流体	气体
	4	$P_1>P_2>P_c$	$T_1 \geqslant T_2>T_c$	超临界流体	超临界流体
等压变温法	5	$P_1=P_2>P_c$	$T_1>T_2>T_c$	超临界流体	超临界流体
	6	$P_1=P_2>P_c$	$T_1<T_2>T_c$	超临界流体	超临界流体
恒温恒压吸附法	7	$P_1=P_2>P_c$	$T_1=T_2>T_c$	超临界流体	超临界流体

注：P_1、T_1 为萃取压力和温度；P_c、T_c 为临界压力和临界温度；P_2、T_2 为分离压力和温度。

2. 等压变温法　萃取过程在等压下进行，分离过程通过温度的变化来实现。在萃取器中充分萃取后，在分离器中通过改变温度，使被萃取物质溶解度下降而与溶剂分离，分离后的流体经调温后循环使用，如图 7-18 所示。

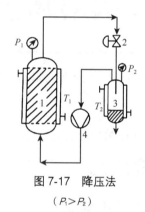

图 7-17　降压法

（$P_1>P_2$）

1.萃取器；2.膨胀阀；3.分离罐；4.压缩机

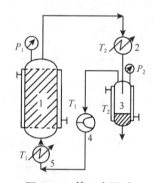

图 7-18　等压变温法

（$P_1=P_2$，$T_1>T_2$ 或 $T_1<T_2$）

1.萃取器；2.加热器；3.分离罐；4.循环泵；5.冷却器

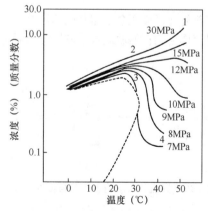

图 7-19　萘在超临界 CO_2 中的溶解度

等压变温法中分离温度可高于萃取温度，也可低于萃取温度，其分离温度的选择取决于溶质在超临界流体中的溶解度与温度的关系。温度对溶质溶解度的影响被两个竞争因素所制约：升高温度会使液体溶质的蒸气压升高或固体溶质升华压增大而使溶质在超临界流体中的溶解度升高；但升高温度也会使超临界流体的密度降低从而使溶质在超临界流体中的溶解度降低。

萘在不同温度下的超临界 CO_2 中的溶解度如图 7-19 所示。当压力大于 15MPa 时，CO_2 的密度对温度不敏感，溶质的蒸气压对溶质在超临界流体中的溶解度起主导作用。因而，萘在超临界 CO_2 中的溶解度随温度的升高几乎呈线性增加。压力在 12MPa 以下时，特别在临界压力（7～8 MPa）附近时，温度的微小变化导致密度的大幅度下降，此时，密度对溶质在超临界流体中的溶解度起主导作用，形成溶质溶解度随温度升高而下降的所谓"逆向冷凝区"。因而，等压变温操作的两种模式主要是依据压力的不同而有所区别，既可采用萃取和分离压力均为 30MPa，通过用 55℃的萃取温度和 32℃的分离温度使萘进行超临界萃取与分离（从 1 到 2），也可以在压力为 8MPa，温度为 32℃的条件下萃取，然后再等压升温到 42℃（从 3 到 4）进行分离。

该工艺操作方式，由于压力无变化，因而压缩能耗相对较低，但升温操作有可能对热敏性物料存在一定的影响。

3. 恒温恒压吸附法　在恒温恒压的条件下，利用对溶质的选择性吸附而将溶质与萃取剂分离的方法。如图 7-20 所示，萃取后，将溶解有萃取物的超临界流体导入到吸附分离罐中，利用吸附剂将溶质选择性吸附分离后，萃取剂可循环使用。吸附法分在分离罐（解析罐）中吸附和直接在萃取器中吸附两种。此工艺流程不需要反复升压与降压及变温等操作，比降压法、等压变温法更加实用、简单、节能，但必须选择廉价的、易于再生的吸附剂。该法主要用于对产品中少量杂质的脱除过程，如果吸附的萃取物为目的产品，需研究萃取物的脱附过程。

4. 吸收法　吸收法是利用萃取剂和溶质在吸收剂（水、有机溶剂等）中的溶解度不同而将其分离的一种操作。操作基本同吸附法。如图 7-21 所示，萃取后，将溶解有萃取物的超临界流体萃取剂从底部导入吸收罐中，然后逆流上升与吸收罐顶部导入的吸收剂相接触，利用吸收剂将溶质选择性吸收分离后，萃取剂循环使用，吸收剂经蒸发塔脱溶质后也再送回吸收罐中循环使用。

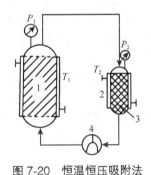

图 7-20　恒温恒压吸附法

（$T_1=T_2$，$P_1=P_2$）

1.萃取器；2.吸附分离罐；3.吸附剂；4.循环泵

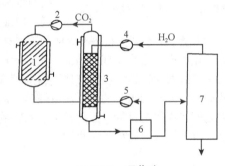

图 7-21　吸收法

1.萃取器；2，5.压缩机；3.吸收分离罐；4.水泵；6.脱气罐；

7.蒸发塔

（二）半连续和连续操作的超临界流体萃取工艺流程

超临界流体萃取工艺包括间歇式操作、半连续式和连续式操作。

在间歇式操作中，首先将待萃取分离的混合物装入萃取器中，通过置换等方式排除所有杂质气体，再注入超临界流体，达到溶解平衡后，将溶有溶质的超临界流体通过调节温度或压力通入分离器内，析出溶质即得产品。

在半连续式操作中，析出溶质后，将萃取流体调节温度或压力到设定状态后通入萃取器继续连续循环使用，溶质产品自分离器底部排出。大多数超临界萃取均采用此法，应用最为广泛。

在连续式操作中，超临界流体和被萃取物料同时连续不断地被送入萃取器中，并使其在萃取器中有充分接触时间以达到溶解平衡，然后超临界流体和被萃取后的物料进入收集分离器中被收集，在超临界流体的分离收集器中即可得到溶质产品。该法工艺复杂，工业化应用尚较少。

（三）超临界流体萃取的设备

由于萃取对象、后期分离方式及处理规模的不同，因此超临界流体萃取的设备结构差异很大，设备尺寸也大不相同，然而，典型的超临界流体萃取过程均包含萃取器、分离器和加压设备。

1. 萃取器 是整个超临界萃取系统的核心部件，其设计的科学性及合理性直接关系到萃取过程的成败。超临界萃取器的设计常根据萃取工艺的需要，结合物料的性质、萃取操作方式、产品分离要求、生产处理规模及工艺控制条件等相关因素，来选择和确定设备的结构形式、装卸料方式、设备材质和制造工艺。超临界萃取器常用不锈钢制造，且必须要耐高压，耐腐蚀，密封可靠，操作方便、安全，一般按《钢制压力容器》或《钢制化工容器制造技术要求》进行设计、制造、试验和验收。

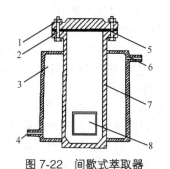

图 7-22　间歇式萃取器

1.法兰盖；2.螺栓；3.水冷套筒；4.进水口；
5.透镜垫；6.出水口；7.筒体；8.提篮

（1）间歇式萃取器：目前，超临界萃取过程大多数的萃取器都采用间歇式操作，图 7-22 为一种较典型的间歇式萃取器结构图。

一方面，由于超临界流体具有特异的溶解性和超强的渗透性，对萃取设备的密封材料要求苛刻；另一方面，间歇式操作需要频繁添加或卸出物料，设计时要考虑萃取器开盖的方便。因此，超临界萃取器的快开密封结构设计就变得十分重要，国内外许多机构都对此做过专门研究，目前常见的快开密封结构有卡箍式、齿啮式、剖分环式、螺纹式等。

（2）半连续式萃取器：主要用于固体物料的萃取，其结构原理与固定床反应器相似，操作时被萃取原料加入萃取器后所形成的"床层"静止不动，超临界流体为流动相，可连续通过萃取器。由于高压状态下固体物料的连续进出比较困难，装置设计复杂而又难以操作控制，目前连续化生产还很难实现，因此，实际生产应用中还是以半连续法操作为主。

（3）连续式萃取器：在以液体进料的萃取过程中有所应用，如从压榨柑橘类水果皮油中提取精油的操作，或精油组分的进一步分馏等；而对于固体原料，虽然有连续式萃取装置，但要在工业上大规模实现仍有难度。因此，由于原料的限制，连续式萃取器的使用范围相对有限。图 7-23 是液相物料连续式萃取塔的示意图。

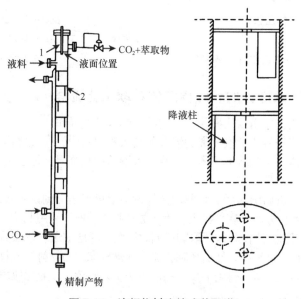

图 7-23　液相物料连续式萃取塔

1.电容传感器；2.塔盘

2. 分离器 分离器是溶质与超临界流体进行分离并被富集的场所，是萃取系统的另一重要部件，其结构内部一般不设进料管和其他辅助设施，并保证有足够的空间，根据溶质的性质和采用的分离原理不同，分离器一般有轴向进气、切线方向进气和内设换热器三种形式，如图 7-24 所示。三者各有特点，生产中可根据具体情况选用。

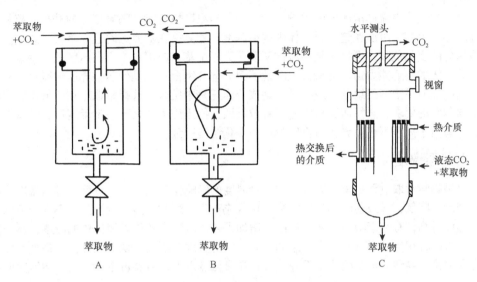

图 7-24 分离器的结构

A.轴向进气；B.切线方向进气；C.内设换热器

3. 加压设备 超临界萃取过程是高压操作过程，加压设备是使流体达到超临界状态并使萃取过程得以实施的主要设备，因此，加压系统的合理选用和确定工艺操作至关重要。超临界流体萃取的加压设备按其输送设备类型可分为压缩机和高压泵两种类型，压缩机的优点在于所用流体不必冷却成液体便可实现加压循环，过程简单、维护方便，缺点在于输送同样流量的流体所需压缩机体积较大，且由于等熵压缩过程会产生很大的升温，必须配置中间冷却系统。此外，压缩机噪声大，工作环境也比较恶劣；使用高压泵的优点是流体输送量大，噪声小，热效应也小，总能耗低，整个输送过程稳定、可靠，缺点是超临界流体在进入泵体前必须冷却成液体，需配备深冷系统，较大规模的工业化超临界萃取过程一般采用高压泵较多。

高压泵的种类较多，最常用的是柱塞泵和隔膜泵两种。柱塞泵是往复泵的一种，其柱塞靠泵轴的偏心转动驱动，往复运动，其吸入和排出阀都是单向阀，柱塞泵价格适宜，维修容易，操作简单，但密封环易磨损而导致泄漏，输出流量波动是其主要缺点。隔膜泵是一种由膜片往复变形造成容积变化的高压泵，其工作原理近似于柱塞泵，由于隔膜泵没有动密封，维修简便，因而避免了泄漏现象，而且隔膜泵的流量可调节，始终能保持高效，不会因为磨损而降低，并具有体积小、重量轻、便于移动等特点，因此生产中很受欢迎，但造价较高是其主要缺点。

EQ7-2 超临界流体萃取的工业化装置

除了上述两种高压泵以外，近些年还出现了多柱塞隔膜泵、气动隔膜泵等一些新型高压泵，可供生产中选择。超临界流体萃取的工业化装置见 **EQ7-2 超临界流体萃取的工业化装置**。

二、超临界萃取过程的影响因素

（一）萃取压力

压力是影响超临界流体溶解度的关键因素之一。当温度恒定时，随着压力的升高，超临界流体的密度增加，提高了溶质在超临界流体中的溶解度，尤其是在临界点附近，溶解度急剧上升。根据萃取压力的变化范围，可将超临界流体萃取分为三个基本应用：一是高压区的全萃取，高压时，超临界流体的溶解能力强，可最大限度地溶解大部分组分；二是低压临界区的脱毒，在临界点附近，仅能提取易溶解的组分，或除去有害成分；三是中压区的选择萃取，在高低压区之间，可根据物料萃取的要求，选择适宜压力进行有效萃取。但当压力增大到一定程度后，溶解能力增加缓慢，这是由于高压下超临界相对密度随压力变化缓慢所致。

（二）萃取温度

温度也是影响萃取过程的重要因素之一，且温度的影响比较复杂。一方面，升高温度，超临界流体的密度会降低，导致超临界流体的溶剂化效应下降，溶质的溶解度下降，不利于萃取；另一方面，温度升高，有利于溶质挥发和扩散，增加了被萃取物在超临界流体中的浓度，从而使萃取量增大。这两种相反的影响导致在一定的压力下，溶解度等压线出现最低点。在最低点以下，前者占主导地位，导致溶解度曲线呈下降趋势；在最低点以上，后者占主导地位，溶解度曲线呈上升趋势。

（三）夹带剂

夹带剂加入超临界流体系统能显著增加原本在超临界流体中较难溶解的溶质的溶解度，提高萃取效率，扩大超临界流体萃取范围。但需考虑其去除方法及残留毒性等问题。

（四）物料性质

物料的粒度影响萃取效果。一般情况下，物料破碎减少了扩散路径，有利于超临界流体向物料内部迁移，增加了传质效果，但物料如果粉碎过细，会增加表面流动阻力，反而不利于萃取。一些生物活性物质存在于细胞内，萃取时需要考虑细胞破壁。在 CO_2 超临界萃取中，溶剂极性与溶解度有密切关系，强极性物质的溶解度远小于非极性物质。水分也是影响萃取效果的重要因素，如在萃取含萜类成分的精油时，精油萃取率会随物料含水量的增加而急剧衰减。目前认为，物料中含水量高时，其水分主要以单分子水膜形式在亲水性生物大分子界面形成连续系统，从而增加了超临界流体流动的阻力。破坏传质界面的连续性水膜，使溶质与溶剂之间进行有效的接触，形成连续的主体传质体系就可减少水分的影响，如用高压脉冲电场能起到破坏水膜的作用，改善萃取效果。

（五）萃取剂流量

萃取剂流量的变化对超临界流体萃取有量方面的影响。流量太大，会造成萃取器内萃取溶剂流速增加，溶剂停留时间缩短，与原料接触时间减少，不利于获得高萃取率。另一方面，萃取流体流量的增加，可增大萃取过程的传质推动力，相应地增大传质系数，使传质速率加快，从而提高萃取溶剂的萃取能力。因此，合理选择超临界流体的流量也相当重要。

（六）萃取时间

在超临界流体萃取过程中，当萃取剂流量一定时，萃取时间越长，收率越高。萃取刚开始时，由于萃取溶剂与溶质未达到充分接触，收率较低。随着萃取时间的增加，传质达到一定程度，则萃取速率增大，直至达到最大后，由于待分离组分的减少，传质动力降低而使萃取速率降低。

EQ7-3 超临界 CO_2 萃取在天然药物制备中的应用

萃取过程的具体影响因素较多，在工艺过程中一般需要兼顾效率和经济等多方面来进行考虑。具体可参见 **EQ7-3 超临界 CO_2 萃取在天然药物制备中的应用**。

案例 7-1：超临界流体萃取分离咖啡因的生产工艺

咖啡因是一种黄嘌呤生物碱化合物，易溶于水，为白色结晶性粉末，无臭，味苦，呈弱碱性，是一种中枢神经兴奋剂。临床上主要应用于中枢性呼吸及循环功能不全，可使患者保持清醒；作为小儿多动症注意力不集中时的综合治疗药物；防治未成熟初生儿呼吸暂停或阵发性呼吸困难；与麦角胺合用治疗偏头痛；与阿司匹林、对乙酰氨基酚制成复方制剂用于一般性头痛等；与溴化物合用，能使大脑皮质的兴奋过程与抑制过程得到调节而恢复平稳，对神经症（旧称神经官能症）有效。

咖啡豆中咖啡因的含量为 0.9%～2.6%，平均值为 1%。从咖啡豆中提取天然咖啡因，既可获得一种有用的原料药——咖啡因，又能获得脱咖啡因咖啡，因此受到广泛重视。咖啡因的传统提取工艺包括溶剂萃取和升华法等，存在着产品纯度低、工艺复杂、提取率低、有毒物质作为萃取剂或助剂，以及环境污染等问题。

问题：超临界流体萃取法具有萃取率高、选择性好、分离操作简单、无溶剂残留等优点。如何采用超临界 CO_2 流体从咖啡豆中萃取分离咖啡因？

案例 7-1 分析讨论：

已知：咖啡豆中咖啡因的性质。干燥的咖啡豆中的咖啡因不溶于超临界 CO_2，推测可能是因为咖啡因与咖啡豆基质间存在的化学键，降低了咖啡因的活力，使咖啡豆中的咖啡因在超临界 CO_2 中的溶解度远低于纯咖啡因的溶解度值。

找寻关键：选择合适的方法促进咖啡因在超临界 CO_2 中的溶解，并尽可能选择经济节能的咖啡因与超临界 CO_2 分离方法。

工艺设计：

1. 萃取工艺 萃取前对咖啡豆进行预处理。先用机械法清洗咖啡豆，除去灰尘和杂质，随后通入蒸汽和水浸泡，以使咖啡豆中的水分含量提高到 30%～50% 备用。研究表明，水的存在有利于咖啡因的萃取，且在一定的萃取时间下，萃取液中咖啡因的浓度伴随着浸泡时间的增加而增加。推测是因为水的吸入提高了湿咖啡豆的孔隙率，水分充斥在咖啡豆的孔隙中，水的存在可以破坏咖啡因与咖啡豆基质间存在的化学键，使得咖啡因从咖啡豆固体基质上脱附出来，并溶解在水中，并扩散到咖啡豆的外表面后，被超临界 CO_2 萃取。

同时，最好采用含水的超临界 CO_2 进行萃取。研究表明用干的超临界 CO_2 萃取咖啡豆，随着萃取的进行，咖啡豆中的水分也不断地被带出，导致萃取速率下降，因此建议采用含 1% 水分的超临界 CO_2 进行萃取。这里水起到了夹带剂的作用。

2. 分离工艺 常用的萃取后从超临界流体中分离萃取物的方法中，节流、降压等方法能耗高，设备投资及操作费用较高。为降低能耗及经济成本，现主要采用以下分离方法。

（1）活性炭吸附法：经预浸泡过的生咖啡豆在约 90℃ 和 22 MPa 条件下，用超临界 CO_2 处理 5h，可使咖啡豆中的咖啡因含量下降到 0.08%。如图 7-25 所示，从萃取器顶部排出的富含咖啡因的 CO_2，进入含有活性炭的吸附器顶部，经活性炭床层时，咖啡因被活性炭吸附，CO_2 回到萃取器内。定期排出吸附咖啡因的活性炭，然后使咖啡因解吸而与活性炭分离。

（2）萃取-吸附法：如图 7-26 所示，将预浸泡过的生咖啡豆直接和处理好的活性炭混合，装入萃取器内，经超临界 CO_2 充分萃取后，从萃取器中排出所有的固体物料，用振动筛将活性炭和咖啡豆分开，再设法将咖啡因解吸而与活性炭分离，CO_2 则循环使用。

（3）水吸收法：如图 7-27 所示，经预浸泡过的生咖啡豆在萃取器内经超临界 CO_2 充分萃取后，带有咖啡因的 CO_2 流体进入水洗塔用水洗涤，咖啡因由于易溶于水而转入水相，CO_2 流体则从塔顶逸出循环使用。经约 10 h 处理后的咖啡豆，其咖啡因的含量可从原先的 0.7%～3%降低至 0.02%，低于规定的 0.08%。每处理 1kg 咖啡豆需 3～5L 水。

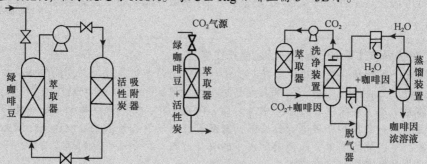

图 7-25　活性炭吸附法　　　图 7-26　萃取-吸附法　　　图 7-27　水吸收法

（4）半连续法：首先将含水分的生咖啡豆通过输送管道送入咖啡因萃取塔中，向装置内不断通入超临界 CO_2 流体，经过咖啡豆床后，含有咖啡因的超临界 CO_2 流体从萃取塔上部离开，进入水洗塔底部，并逆流而上与吸收塔顶部喷淋而下的水逆流接触，水吸收咖啡因后，从该塔的底部流出进入反渗透装置中，分离出一部分水，浓缩后富含咖啡因的水溶液从反渗透装置中排出进入下一道工序。分离出的水与新鲜补充水合并，重新回到水吸收塔的上部循环使用；从水吸收塔的顶部排除的 CO_2 中的咖啡因含量已经很低，与 CO_2 气源出来的 CO_2 合并通过管线循环进入咖啡萃取塔中继续作萃取剂使用，如图 7-28 所示。

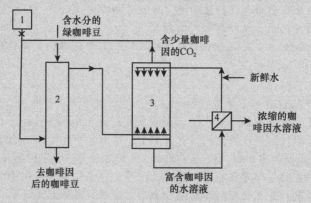

图 7-28　半连续法咖啡豆萃取咖啡因工艺

半连续法的特点是操作时超临界 CO_2 流体连续进出萃取器，而被萃取物料则是周期性地进出。采用周期性加入新鲜咖啡豆的进料方式，能保持 CO_2 流体与咖啡豆中的咖啡因之间有最大的浓度差，因此传质速度明显加快。

假设：在从超临界 CO_2 中解析分离咖啡因的过程中，当 N_2 加到超临界 CO_2 相中时，会发生什么现象？

分析与评价：

（1）不同分离工艺能耗与费用的比较：在分离咖啡因的过程中，若单纯采用降压法，较

难使咖啡因与 CO_2 分离，除非降压幅度很大，但这样又会大大提高压缩所需的能耗，因而，人们考虑采用其他分离方法，如吸附法来完成咖啡因与超临界 CO_2 的分离。

能耗比较：采用活性炭的吸附法，萃取压力和吸附压力一般都在 $10\sim22$ MPa 的范围内，温度在 $70\sim90℃$ 范围内，也称为等温等压法，基本上不消耗热能，而且电能消耗也少。水吸收法及半连续法中，不采用压缩机（或风机），也无须加热、冷却等设备，也属于等温等压萃取咖啡因的方法。在半连续法中采用了反渗透技术，将超临界流体萃取与膜分离相结合。输出产品为脱咖啡因的咖啡豆和浓缩的咖啡因水溶液，待进一步加工后可得咖啡因，而水和 CO_2 都在流程中循环。随着生产的继续，只要及时补充 CO_2 和新鲜水即可。当然，新加入此环路中的物质的升压，需要消耗电能，而 CO_2 和水的循环也同样需要消耗电能。

费用比较：各种分离萃取超临界 CO_2 的方法会有不同的操作费用，有研究对三种萃取分离工艺，即降压法、吸附法和水吸收法进行了操作费用相关报道，如图 7-29 所示。其中降压法热能和电能消耗最大，吸附法与水吸收法的电能消耗基本相同，而且不需要热能，因此降压法的操作费用最高。水吸收法操作费用比吸附法少，主要是因为水比活性炭便宜。

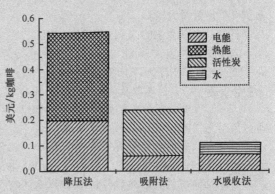

图 7-29　三种分离工艺的操作费用比较

（2）水作吸收剂的依据：在采用水吸收法脱除萃取物，并与超临界 CO_2 分离时，要求吸收剂不能影响萃取物的质量，且萃取物在吸收剂中具有较高的溶解度，同时吸收剂和超临界 CO_2 不会相互溶解，以免出现吸附剂和超临界 CO_2 分离的问题，使流程变长，增加设备和操作费用。咖啡因易溶于水，在 $100℃$ 以下时，水与 CO_2 的互溶性很小，从以上几方面来看，水是比较好的分离超临界 CO_2 和咖啡因的吸收剂。也有研究表明，在 $80℃$ 和 31.0 MPa 时咖啡因在超临界 CO_2 相和水相的分配系数值为 $0.03\sim0.04$（质量比），说明咖啡因在超临界 CO_2 相中分配很少。这充分表明，水是分离咖啡因的良好吸收剂，是水吸收法分离咖啡因的重要依据。

水在此工艺中既是吸收剂又是夹带剂，在萃取和吸收中都起到重要作用，同时，水便宜无污染，后续分离过程比较简单，提高了咖啡因的分离效率，降低了设备投资和操作费用，从技术经济指标和保护环境来说，水吸收法都是比较完美而实用的从咖啡豆中提取咖啡因的流程。

小结：在超临界 CO_2 萃取分离咖啡因工艺中，采用新鲜水吸收咖啡因的工业化工艺，被人们称为一件工程奇迹，它是将技术、经济和环保问题结合起来考虑的一个先进工艺。同时，也提示出一个工艺过程的产业化，必须全面考虑技术创新、各种经济指标及环保安全等多方面因素，才能取得真正的成功。

学习思考题（study questions）

SQ7-1 为什么说水在超临界 CO_2 流体萃取咖啡豆中的咖啡因工艺过程中起到了重要作用？

SQ7-2 茶叶也是富含咖啡因的原料，如何采用超临界流体萃取法提取茶叶中咖啡因，并在工艺和技术开发时综合考虑提取其他有效成分？

案例 7-2 超临界流体萃取分离鱼油中 EPA 和 DHA 的生产工艺

海洋鱼油中富含不饱和脂肪酸二十碳五烯酸（EPA）和二十二碳六烯酸（DHA），二者均为 ω-3 型不饱和脂肪酸。EPA 具有降低胆固醇和三酰甘油含量，促进体内饱和脂肪酸代谢的作用，从而降低血液黏稠度，增进血液循环，提高组织供氧而消除疲劳，且能防止脂肪在血管壁的沉积，预防动脉粥样硬化的形成和发展，预防脑血栓、脑出血、高血压等心血管疾病。而 DHA 具有明显的健脑益智作用，是大脑细胞形成、发育及运作不可缺少的物质基础，可以促进、协调神经回路的传导作用，以维持脑部细胞的正常运作。因而从海洋鱼油中提取分离 EPA 和 DHA 受到广泛重视。

由于 EPA 和 DHA 均为高度不饱和脂肪酸，自身性质不稳定，极易受光、热和氧气等影响发生氧化、聚合、降解、转位和异构化等反应而使天然结构受到破坏。EPA 和 DHA 的传统分离方法有尿素包合法、分子蒸馏法、冷冻结晶法、有机溶剂萃取法、酶法等，但均面临大量有机溶剂需要回收、分离效果欠佳，难以实现高浓度分离等问题。

问题： 如何考虑采用超临界流体萃取法来分离鱼油中 EPA 和 DHA？

案例 7-2 分析讨论：

已知： 鱼油中 EPA 和 DHA 的性质：

（1）鱼油中 EPA 和 DHA 主要以三酰甘油的形式存在，它们与其他脂肪酸一起结合在甘油分子上。超临界 CO_2 对鱼油直接萃取，鱼油的溶解度很低，更难以将 EPA 和 DHA 从甘油分子上解离下来，而只能萃取鱼油的色素、臭味物质、部分游离脂肪酸等，只起到精制鱼油的作用。

（2）鱼油中含有相当数量的饱和脂肪酸和单烯酸，这些脂肪酸也以三酰甘油的形式存在，易水解后与 EPA 和 DHA 形成混合脂肪酸，且分子量与 EPA 和 DHA 相近，这些饱和脂肪酸与低不饱和脂肪酸也能够溶解于超临界 CO_2 流体，需要找到适合的方式予以分离除去。

找寻关键： 选择合适方法增加鱼油 EPA 和 DHA 在超临界 CO_2 中的溶解度；找到合适的分离去除鱼油中饱和脂肪酸与低不饱和脂肪酸的方法。

工艺设计：

1. 鱼油预处理 首先对鱼油进行酯化处理，把甘油酯变成脂肪酸甲酯或乙酯。目的是把 EPA 和 DHA 从三酰甘油上解离下来，并使之成为游离脂肪酸酯的形式，提高在超临界 CO_2 中的溶解度。有研究表明，在 80℃、20MPa 附近，鱼油在超临界 CO_2 中的浓度为 0.016%，而鱼油甲酯的浓度为 5% 左右，即在相同条件下，鱼油甲酯的溶解度约是鱼油的 310 倍。

2. 分离工艺 为将鱼油中 EPA 和 DHA 同与其分子量接近的饱和脂肪酸和低不饱和脂肪酸进行有效分离，常将超临界 CO_2 萃取与其他分离技术如尿素包合技术、精馏塔技术、银树脂层析技术等结合起来使用。

（1）尿素包合-超临界流体萃取联合法

1）原理：尿素分子是个 0.5nm 的中空正方晶系，在结晶过程中能包合饱和度各不相同的脂肪酸（或其甲酯），形成较稳定的六方晶系而析出，饱和脂肪酸结构呈直链型，易被尿素包合，不饱和脂肪酸中有双键，使长链弯曲，具有一定的空间构型，不易被尿素包合。双键越多，越不易被尿素包合。因此，饱和脂肪酸和低不饱和脂肪酸就与尿素形成包合物从溶液中沉淀出来，可通过过滤除去，实现与高不饱和脂肪酸的分离。

2）工艺流程：有两种。一种是先用尿素包合法进行前处理，再用滤液进行超临界 CO_2 萃取；另一种是先用超临界 CO_2 萃取鱼油脂肪酸混合物，得到的溶有脂肪酸的超临界流体进入装有尿素细粉的容器，形成包合物，CO_2 和不与尿素发生包合的组分流出，得到不饱和度较高的脂肪酸。如图 7-30 所示，在萃取器 5 上部装入尿素，下部放入酯化处理过的鱼油，关闭阀门 6，当压力和温度达到设定值后，关闭阀门 4 和 8，打开阀门 6，开启循环泵 7，包合反应开始。经过一段时间，关闭阀门 6 和循环泵 7，打开阀门 4 和 8，用超临界 CO_2 进行萃取分离，将液相中未被尿素包合的成分萃取出来。

（2）精馏塔-超临界流体萃取联合法：利用塔式装置对鱼油中 EPA 和 DHA 进行超临界技术分离浓缩的研究较多。在最早报道的鲆鱼油乙酯超临界精馏中，在萃取器和分离器之间安装一个分馏柱和一个直接热交换器，当携带有脂肪酸酯的超临界 CO_2 流体通过塔顶温度较高的区域时，溶解度较低的组分就会分离出来形成液体向下回流，溶解度较高的组分则通过塔顶分离出去。这样，溶解度较低的组分在塔内的浓度会越来越高，起到浓缩的作用。也有报道采用带有温度梯度的塔式萃取柱来分离经尿素预处理过的鱼油或鱼油酯类。将萃取柱设置不同的温度区，温度从下向上逐步升高，形成温度梯度，与上法一样起到分离浓缩的作用。

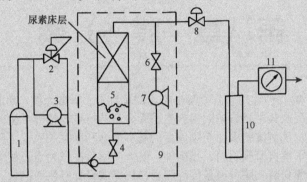

图7-30　尿素包合-超临界流体萃取联合法分离鱼油EPA和DHA流程图

1.CO₂气源；2.背压阀；3.高压泵；4，6.截止阀；5.萃取器；7.循环泵；8.减压阀；9.恒温系统；
10.收集器；11.干气计量仪

（3）银树脂层析-超临界流体萃取联合法：该系统将硝酸银树脂置于一硅酸盐柱中，萃取鱼油后的超临界CO₂流体通过硝酸银树脂柱，溶解在CO₂中的高度不饱和脂肪酸与硝酸银结合而被吸附，饱和与低不饱和脂肪酸则不与其反应而通过，从而实现分离，最后再用超临界CO₂将高度不饱和脂肪酸"洗脱下来"。该法可将鱼油中EPA含量由12%提高到93%，DHA含量由13%提高到82%。

假设：如果要进一步获得高纯度EPA和DHA，还可以采用哪些技术与超临界流体萃取技术联用？

分析与评价：EPA和DHA是一类自身性质不稳定且活性易受环境影响的物质，超临界流体萃取法非常适合其提取分离。同时充分考虑鱼油性质，通过对鱼油酯化处理，把甘油酯变成脂肪酸甲酯或乙酯，以增加其在超临界CO₂流体中溶解度；联用其他技术能较好地将其与不饱和脂肪酸和低饱和脂肪酸实现分离。

学习思考题（study questions）

SQ7-3 对鱼油进行预处理的原因是什么？常用的预处理方法有哪些？

SQ7-4 为什么通常需要将超临界流体萃取与其他技术联用来提取分离EPA和DHA？常用的联用技术有哪些？

练习题

7-1 为什么说超临界流体萃取兼具精馏和液相萃取的双重特性？

7-2 简述超临界流体的特性，从能量利用观点分析超临界萃取-分离的几种模式。

7-3 超临界流体萃取中采用等压变温法分离时，如何选择分离温度？为什么？

7-4 试对超临界萃取应用于天然产物和中草药有效成分的提取的优势与局限性进行评价。

7-5 在温度80℃（353 K）、不同压力（临界压力以上）的条件，测得咖啡因在超临界CO₂中的溶解度数据（摩尔分数），根据下表的实验数据，用双对数法拟合出溶解度与超临界CO₂流体密度关系式，并计算当超临界CO₂流体密度为735.1kg/m³时咖啡因的溶解度，并与例7-2同样密度下的数据进行比较。

超临界CO₂密度 ρ（kg/m³）	601.8	632.7	665.1	720.5	749.9	772.8
咖啡因摩尔分数 $y_2 \times 10^4$	2.88	3.71	4.86	6.43	7.77	10.08

第八章 膜 分 离

1. 课程目标 在了解几种常用膜分离基本概念的基础上，掌握微滤、超滤、反渗透与纳滤的分离原理、基本工艺流程及其主要影响因素，熟悉膜分离的特点，培养学生分析、解决工业生产中复杂分离问题的能力。理解浓差极化与膜通量的基本概念和相互关系，了解引起膜污染的主要因素和膜清洗的方法。了解典型膜材料、膜组件、工业应用范围及特点，使学生能够综合考虑分离对象、膜分离种类、膜材料和膜分离条件等因素，选择或设计经济、高效、方便和安全的膜分离过程。

2. 重点和难点

重点： 膜分离的基本概念和应用特点；多种常用膜组件的结构、原理及特点；膜分离过程的操作方式、典型工艺流程；膜分离运行过程中浓差极化、膜污染的产生原因及其应对措施。

难点： 膜分离与前述传统固液过滤的异同；不同膜组件的适用对象；几种典型膜分离工艺流程的优缺点分析；应对膜分离过程的浓差极化、膜污染不利影响的措施。

第一节 概 述

一、膜分离的发展过程

膜分离（membrane separation）发现和发展的历史，最早可以追溯到 18 世纪。1748 年，法国物理学家 Abbe Nolet 发现水会自发地扩散穿过猪膀胱而进入乙醇中的渗透（osmosis）现象；Dubrunfaut 应用天然膜制成第一个膜渗透器，并成功地进行了糖蜜与盐类的分离。19 世纪中期，英国科学家 Graham 发现羊皮纸对盐和胶水具有选择性透过现象。在之后的相当长时间内，人们对膜的研究仅停留在实验室阶段。直到 1918 年，匈牙利科学家 Richard Adolf Zsigmondy 提出了规模化生产硝化纤维素微孔滤膜的方法（详见 **EQ8-1 硝酸纤维素**），并于 1921 年获得专利。1925 年，德国 Sartorius

EQ8-1 硝酸
纤维素

公司在世界上首次实现商业化生产和销售微孔滤膜。到 20 世纪 60 年代，随着聚合物材料的研发，以及人们对成膜机制的研究和制模工艺的持续发展，微孔滤膜品种不断增加，应用领域不断拓宽。然而，由于当时膜材料成本昂贵、选择性差、效率低等问题，限制了膜分离的应用。经过 30 多年的发展，上述问题逐渐得到解决，膜分离发展成为一种常用的新型分离技术。

二、膜材料及膜结构

（一）膜材料

1. 膜的含义及主要特性 膜（membrane）是指一种可渗透或半渗透的物质，通常指一层薄薄的聚合物或无机材料。膜的作用在于能控制待分离原料中不同组分通过自身时的相对传输速度，因而经膜分离后，渗透液（permeate）中会缺失或富集某特定组分，滞留液（retentate）则被膜截留而无法通过，最终起到分离、浓缩或纯化的作用。

膜的性能主要由两个因素决定：膜通量（flux）和膜选择性（selectivity）。

膜通量（flux）：单位时间、单位面积内通过膜的流体体积（质量或摩尔数）。

膜选择性（selectivity）：对于液体或气体中的溶质或微粒，滞留比（retention ratio，RR）指原混合物中溶质或微粒被膜截留的分数。对于互溶的混合气、液相，分离因子（separation factor，SF）指渗透液中某组分的浓度与原混合物中该组分浓度之比，RR≤1，而 SF≥1。理想的膜材料应具有高通量和高选择性，然而这两个参数常常会此消彼长，最终要通过综合评估，优化参数，来获得最大的分离效率。

2. 膜材料分类及其特性 近年来，随着膜材料的快速发展，许多不同结构和功能的膜不断出现，通常，这些材料可以归纳为三大类。

（1）合成聚合物材料，材料种类多，以多氟聚合物、硅橡胶、聚酰亚胺和聚酚为主。

（2）改性天然产物，主要是纤维类。

（3）其他材料，包括无机陶瓷、金属及动态膜和液膜。

高性能膜材料，实际使用过程中还需要满足：化学惰性、机械稳定性、热稳定性和操作稳定性。随着时间的推移，膜的分离性能会在几个月或几年内逐渐下降，选择性降低。因此，工业膜分离设计时，还要综合考虑投入和运行成本，做出最优化选择。例如，微滤或超滤中使用无机膜比有机膜成本要贵 5~20 倍，但使用寿命达 5 年或更长，维护成本也低。

总体而言，可供选择的膜材料很多，而且随着新材料的不断开发，极大地丰富了膜材料的种类。此外，还可以通过模块化设计、膜组件设计等来提高膜的综合性能，植入新功能，延长膜使用寿命等，不断推动膜的工业应用。不同膜材料的特性及其制备原理，参见 **EQ8-2 膜材料结构和制备**。

EQ8-2 膜材料
结构和制备

（二）膜结构

膜的功能与其结构密切相关，膜材料的结构决定了膜的分离机制，进而决定膜分离的应用。按膜断面的结构分类，固体膜结构一般有对称（symmetric）和不对称（asymmetric）两种。

（1）对称膜：膜两侧截面的结构及形态相同，且孔径尺寸和分布一致的膜称为对称膜。对称膜有微孔膜（有孔膜）和无孔膜两大类，膜的厚度为 10~200μm。多孔膜多呈不规则形状，有柱型、海绵型等结构。微孔膜是最简单的对称膜，主要用于过滤，如微滤、纳滤和超滤等。在其他分离中，如渗透萃取、液膜萃取也会用到这种结构。微孔膜有一定的空腔和孔隙，通过筛分（sieving action）来分离。对称膜常用的材料有陶瓷、金属、炭黑和聚合物材料。对称膜的常用制备方法，如陶瓷膜主要采用模具加工（moulding）和烧结工艺（sintering），而且目前，有些聚合物膜也可通过烧结工艺进行加工。另外也可以使用挤出机挤出加工，并在与挤出方向垂直的方向进行拉伸，形成部分开裂的多孔膜。柱型微孔膜可使用径迹蚀刻（track etching）技术加工生产。许多无机材料包括多孔玻璃或陶瓷都属于对称膜，镀膜后形成复合膜材料，增加膜的功能性。

（2）非对称膜：指由致密的活性表皮层与多孔支撑层组成的膜材料（详见 **EQ8-3 复合型非对称膜结构**）。非对称膜分三种：一般多孔型、表皮层-多孔支撑组合型和复合型。表皮层-多孔支撑组合型非对称膜主要用于纳滤和超滤。复合型非对称膜通常为扩散型膜，可用于反渗透、气体分离和渗透蒸发等。此外，复合型非对称膜的表皮层和涂层可以分别实现其他不同的功能，如生物兼容性等。总体而言，非对称膜具有一定的强度，能承受较高压力，不易引起形变。

EQ8-3 复合型
非对称膜结构

三、膜分离过程传质机制

膜分离过程中各组分的传递分为膜外传递和膜内传递两种。膜外传递指物质在膜表面及外围的运动行为，是分离组分受到膜表面边界层的传递阻力，膜周围形成浓差极化、温度极化时，形成的传递行为。

膜内传递动力来源于两个方面：一个是组分在膜表面的吸附、吸收和溶胀等热力学过程，主要由组分在原料液和膜内分配系数的不同决定；另一个则是动力学过程，指在膜两侧由化学势差产生的驱动力，造成分子运动，物质从膜表面进入膜内的过程。由于不同组分与膜之间的相互作用力不同，各组分受力不同，因而造成不同组分在膜内的运动速率不同而形成分离（详见 **EQ8-4 膜内传递形式及机制**）。膜内传递和膜外传递分别对应于膜材料和膜分离操作条件，需要综合起来考虑，才能获得实际的分离效果。

EQ8-4 膜内传递形式及机制

四、膜分离过程的类型及应用范围

工业分离需要处理的对象大体上可分为两大类：待分离物是多相系统及待分离物溶解在一相体系中。膜分离应用的范围基本可覆盖上述两大类工业分离，包括混合气体（或蒸气）、互溶的液体混合物（有机混合物或者水相/有机相混合物）、固-液和液-液分散体系、从溶液中分离溶质等。因此，实际上工业生产涉及的几乎所有分离，原则上都可以通过膜分离来完成。

膜的选择性允许某些特定成分通过膜来实现膜分离，并需要通过外界驱动力来完成。这种推动力来源于膜两侧之间存在动力学驱动的压力差、浓度差、电位差和温度差等。根据膜分离驱动力和所使用膜的不同，膜分离过程可以分为不同的种类。表 8-1 给出了目前常用的膜分离过程种类及其基本特性。

表 8-1 膜分离过程种类、基本特性及应用对象

膜分离过程	膜类型	推动力	分离机制	应用对象
微滤（microfiltration，MF）（0.02~10μm）	均相膜、非对称膜	压力差约 0.1MPa	筛分	悬浮物微粒、细菌
超滤（ultrafiltration，UF）（0.001~0.02μm）	非对称膜、复合膜	压力差 0.1~10MPa	微孔筛分	生物大分子、有机分子、溶剂
渗透汽化（pervaporation，PV）	均相膜、复合膜、非对称膜	压力差	溶解-扩散	易挥发液体混合物各组分、溶剂
膜蒸馏（membrane distillation，MD）	疏水均相微孔膜	温度差	蒸汽扩散渗透	大分子、离子等溶质，水
反渗透（reverse osmosis，RO）（0.0001~0.001μm）	非对称膜、复合膜	压力差 0.1~100MPa	溶解-扩散	溶质大分子、粒子、溶剂
渗析（dialysis，D）	非对称膜、离子交换膜	浓度差	扩散	大分子溶液、微溶质、盐
电渗析（electrodialysis，ED）	离子交换膜	电位差	反离子迁移	大分子、离子、水
膜电解（membrane electrodialysis，ME）	离子交换膜	电位差电化学反应	电解质离子选择传递电极反应	非电解质、离子
气体分离（gas permeation，GP）	均相膜、复合膜、非对称膜	压力差 1.0~10MP浓度差	溶解-扩散	气体混合物各组分

表 8-1 所列的各项膜分离中，约定原料液经膜允许通过的流体为渗透液，被膜阻挡的流体为

滞留物。所有的膜分离中，RO、MF、UF 和 ED 是较成熟的工业化膜分离工艺，GP 和 PV 是正在发展的膜分离工艺。膜分离技术也与其他技术耦合，发展出新的分离技术，如图 8-1 所示。

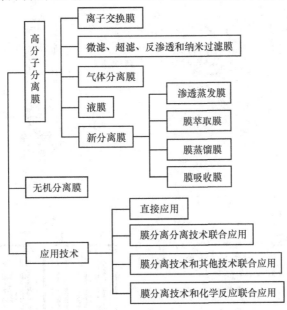

图 8-1　几种主要的膜分离工艺及其发展

膜分离技术的快速发展主要得益于以下四个方面：①可用于分馏、浓缩和纯化等，用途广；②新材料的出现和膜加工工艺的提高，高性能膜的出现；③无相变参与，低能耗；④模块化工程设计，对环境友好。

学习思考题（study questions）

SQ8-1 在膜分离发展史上，为什么 Dubrunfaut 选择膜分离的研究对象是糖蜜与盐类的混合物？

SQ8-2 膜分离与前面章节的传统固液过滤分离有何异同？

SQ8-3 合成高分子材料和无机材料均可制备分离膜，两类膜各有何应用特点？能够使用具有生物活性或功能的材料制备分离用途的膜吗？

SQ8-4 无孔膜如何分离混合物？

SQ8-5 膜分离技术与其他技术联合或耦合使用，举例说明有何优点。

第二节　膜组件、微滤与超滤膜分离工艺过程

一、膜组件及其类型

（一）膜组件及其分类

工业分离中，常常需要使用上千平方米面积的膜来完成一次分离，这么大面积的膜，如果不进行有效组合安装，会造成空间的巨大浪费，使膜分离的推广的变得难以实现。如果把膜以某种形式组装在一个结构紧凑、性能稳定的基本单元设备内，有效缩小膜分离占用空间，工业膜分离就简单多了，这种基本单元设备称膜组件（membrane module）。膜组件安装简单、使用方便、维护成本低，模块化操作便于系统集成，对膜分离工程设计具有特别重要的意义。

按组装方式不同，常用的膜组件可分为中空纤维式（hollow-fiber）、毛细管纤维式（capillary-fiber）、螺旋缠绕式（spiral-wound）、板框式（plate-frame）和管式（tubular）。其结构示

意图如图 8-2 所示。

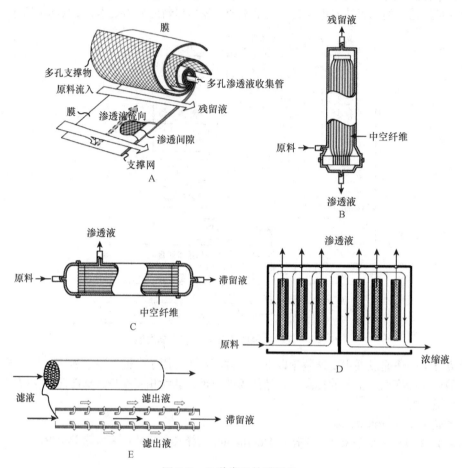

图 8-2 几种常见的膜组件

A.螺旋缠绕式膜组件；B.中空纤维式膜组件；C.毛细管纤维式膜组件；D.板框式膜组件；E.管式膜组件

（二）中空纤维式和毛细管纤维式膜组件

中空纤维式膜组件由直径为 $100\sim250\mu m$ 的许多细小的中空纤维管组成，数量为（$10\sim200$）万个，最终形成直径为 20cm 的膜组件。这种组装方式，有利于在相对狭小的空间内容纳较大的膜表面积，空间利用率高，生产成本低。工作方式分为内压式和外压式两种，流体分别通过纤维管壁向内（外压式）或向外流出（内压式）。中空纤维膜组件可以使用反冲洗，能使错流过滤方式得到最大的效率。毛细管纤维式和中空纤维式膜组件相似，但是由较粗的聚合物纤维组成，纤维直径为 $500\sim2000\mu m$。在压力的驱使下，流体经毛细管孔流出，这和中空纤维式组件内流体通过纤维管壁上的微孔进行传输有明显的区别。中空纤维式、毛细管纤维式膜组件，成本低是其最大优势，但想要高选择、高通量而且机械强度也好却很难。中空纤维式和毛细管纤维式膜组件，特别是前者，对膜污染特别敏感。

（三）螺旋缠绕式膜组件

比较而言，螺旋缠绕式膜组件则具有较好的综合分离性能。中空纤维式、毛细管纤维式膜组件分离时，需要较高的工作压力，经常会使微孔膜变软，导致分离失败。螺旋缠绕式膜组件也需要一定的工作压力，但它的压力由微孔支撑物和表皮层膜上的一层支撑网共同承担，因此，螺旋缠绕膜组件内膜相对坚固一些。

（四）管式和板框式膜组件

管式膜组件分为无机膜和有机膜两类。有机膜组件是将制膜液直接涂在内径 10～25mm 的多孔支撑管内壁或外壁，再由这样的 10～20 根支撑管并联组装成像换热器形状的膜组件。无机膜组件可由多支单通道管或多通道管组装而成。板框式膜组件有长方形、椭圆形或圆形等。膜首先放置于多孔支撑板上，两个相邻的支撑板通过隔板分开约 1mm，许多层这样的支撑板通过叠压形成多层交替的膜组件。隔板上沟槽用作料液通道，支撑板上空隙用作透过液通道。

二、不同膜组件的特点及技术经济性能

上述不同膜组件的优、缺点总结如表 8-2 所示。上述不同类型膜组件的技术经济特性及适合的膜分离过程，可参见表 8-3 有关信息。

表 8-2　不同膜组件的优缺点

组件	优点	缺点
平板式	保留体积小，操作费用低，低压力降，液流稳定，比较成熟	投资费用大，较大固体颗粒时会堵塞进料液通道，拆卸比清洁管道更费时间
螺旋卷式	设备投资很低，操作费用也低，单位体积中所含过滤面积大，换新膜容易	料液需经预处理，压力降大，易污染，难清洗，液流不易控制
管式	易清洗，单根管子容易更换，对流容易控制，无机组件可在高温下用有机溶剂进行操作并可用化学试剂来消毒	高的设备投资和操作费用，保留体积大，单位体积所含过滤面积小，高压力降
毛细管式	设备投资和操作费用低，单位体积所含过滤面积大，易清洗，能很好控制液流	操作压力有限，薄膜很容易被堵塞
中空纤维式	保留体积小，单位体积所含过滤面积大，可以逆流操作，压力较低，设备投资较低	料液需预处理，单根纤维损坏时，需调整整个组件，不够成熟

表 8-3　不同膜组件技术经济特点及适用的膜分离过程

膜组件	单位设备体积的膜面积（m²/m³）	设备费	运行费	膜污染的控制	应用的膜分离过程
中空纤维式	约 10^4	很低	低	很难	RO, DS
毛细管纤维式	600～1200	低	低	容易	UF, MF, PV
螺旋缠绕式	800～1000	低	低	难	RO, UF, MF
板框式	400～600	稿	低	容易	UF, MF, PV
管式	20～30	极高	高	很容易	UF, MF

三、微滤、超滤膜分离过程操作方式

（一）终端过滤

终端过滤（dead-end filtration）如图 8-3A 所示，在恒压膜分离过程中，料液中的微粒在膜表面持续积累，形成滤饼并逐渐增厚，膜分离阻力持续上升，导致膜通量逐渐下降。若要保持膜通量不变，则需逐渐增加压力差，但增大料液侧的压力会导致滤饼层的密度增大，不利于溶剂和小

分子溶质透过，尤其是生物类可压缩固体颗粒与小分子溶质的分离，过高的压力反而可导致膜通量下降。

该终端过滤方式主要适用于实验室小规模制备样品，以及在分析过程中用于快速去除待分析样品中的非溶解物质或固体微粒。

（二）错流过滤

错流过滤（cross-flow filtration）如图 8-3B 所示，料液沿膜表面切线方向流动，在压力差下，清液错流透过膜，微粒截留在膜面。由于料液在膜面的切向流能将沉积在膜面的部分微粒带走，使膜面积累的滤饼层达到一定厚度后不再增加，如图 8-3B 所示。在实际情况中，有时当滤饼形成后，仍发现在一段时间内通量缓慢下降，这种现象大多是由于滤饼和膜被压实所致。

终端过滤和错流过滤的操作方式原理上适合大多数膜分离过程，但实际应用中主要适用于微滤和超滤膜分离过程。

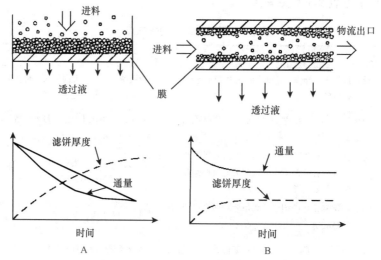

图 8-3　两种过滤过程的通量与滤饼厚度随时间的变化关系

A.终端过滤；B.错流过滤

四、微滤、超滤膜分离工作模式

下面以微滤、超滤分离过程为例，来介绍依据不同分离目的而采取的主要工作模式。

（一）浓缩

在浓缩过程中，悬浮粒子和大分子产物被膜截留在料液相中，如图 8-4A 所示。膜分离过程性能的优劣程度可以用分离过程中对物料中透过物的通量和截留物的去除率（或截留率，当截留物为目标产物时）R 来表示如下：

$$R = \left(1 - \frac{c_P}{c_0}\right) \times 100\% \tag{8-1}$$

式中，c_P 和 c_0 分别是透过液浓度和物料的主体浓度。浓缩过程常用体积浓缩比 VCR 来表示：

$$VCR = \frac{V_0}{V_R} \tag{8-2}$$

式中，V_0 为初始料液体积；V_R 为截留液体积。

同理，溶质的浓度比可用下式表示为：

$$SCR = \frac{c_R}{c_0} \tag{8-3}$$

式中，c_0 为初始料液浓度，kg/m³；c_R 为截留液浓度，kg/m³。根据以上定义，推出超滤溶质浓缩比与体积浓缩比之间的关系式

$$\log(SCR) = R\log(VCR) \tag{8-4}$$

若式中其中的任意两个变量确定，则另一个变量也随之确定。

（二）透析

膜分离过程中，有时在被分离的混合物溶液中加入纯溶剂（通常为水），以增加总渗透量，并带走残留在溶液中的小分子溶质，达到分离、纯化产品的目的，这种分离过程称为透析（dialysis）或洗滤。透析过滤常用于小分子和大分子混合物的分离，被分离的两种溶质的分子量差异较大，通常选取的膜的截留分子量介于两者之间，对大分子的截留率为100%，而对小分子则完全透过。两种洗滤过程如图 8-4B、C 所示。

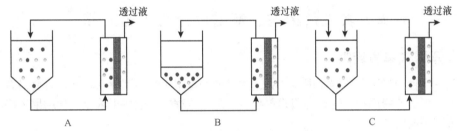

图 8-4 微滤、超滤的主要工作模式

A.分批浓缩；B.间歇透析；C.连续透析

1. 间歇透析 洗滤前的溶液体积为 100%，溶液中含有大分子和小分子两种溶质，随着洗滤过程的进行，小分子溶质随溶剂（水）透过膜后，溶液体积减小，如图 8-4B 所示，再加水至100%，将未透过的溶质稀释，重新进行洗滤，这种过程可重复进行，直至溶液中的小分子溶质全部除净。

若每次操作体积浓缩比都相等，且截留率 R 不变，则经 n 次洗滤后，被截留溶质的浓度为

$$c_R = c_0 (VCR)^{1+n(R-1)} \tag{8-5}$$

式中，c_0 为原始料液浓度，n 为洗滤次数，R 为溶质的平均截留。如果两次洗滤的 VCR 及 R 不相同，两次洗滤后组分浓度应为

$$c_R = c_0 (VCR)^{R_1} (VCR)_2^{R_2-1} \tag{8-6}$$

式中，下标 1、2 分别为第一、二次洗滤。

2. 连续透析 连续洗滤过程如图 8-4C 所示，设原料液量一定，膜面积为 A，则在洗滤过程中，任一时刻的各种溶质浓度可通过简单的物料衡算来确定。假定在操作过程中，原料液的体积以加入相等的纯水来保持，则操作过程可用以下关系描述：

$$-V\left(\frac{dc_R}{dt}\right) = (1-R)c_R A J_V \tag{8-7}$$

若初始溶液中溶质的浓度为 c_0，则积分上式得

$$\frac{c_R}{c_0} = \exp\left[-(1-R)\left(A\frac{J_V}{V_0}\right)t\right] \tag{8-8}$$

式中，c_R 为任一时刻在洗滤池中溶质的浓度，kmol/m³；V_0 为溶液的体积，m³。

式（8-8）中的 AJ_Vt 的乘积即为渗透物的总体积 V_P，定义洗滤过程中的体积稀释比 V_D。

$$V_D = \frac{AJ_Vt}{V_0} = \frac{V_P}{V_0} \tag{8-9}$$

如果溶质完全被截留，即，$R=1$ 那么该溶液在渗透池中的浓度为常数，$C_R = C_0$，如果溶质全部通过膜，即 $R=0$，则由式（8-8）可知，该溶质洗滤池中的浓度将呈指数函数趋势下降；如果大分子溶质只有部分被截留，则大分子溶质在连续透析过程中会损失。因此，对透析过程，总是希望低分子量溶质的截留率接近于零，而对大分子溶质的截留率要求接近 100%。

（三）纯化

如果低分子量目标产物能够通过膜进入透过液中，一般采用浓缩和透析过滤结合的方式进行，即先将料液浓缩至最适宜程度——不显著影响低分子量目标产物透过膜，然后用一个或几个透析步骤尽可能洗去尚存在截留物质中的小分子目标产物，从而消耗最少的透析溶剂，获得最大的产物收率。在该过程中被截留的物质也获得纯化，这尤其适用于截留物和透过物均是目标产物的场合。

五、典型的微滤、超滤膜分离工艺流程

（一）开路式单程连续

料液仅一次性通过膜分离器（图 8-5A），透过液的量将很少，回收率较低。若要提高一次回收率，需要增大过滤膜面积。这种开路式单程连续工艺流程主要适用于浓差极化结果忽略不计和流动速率要求不高的情况。

（二）间歇式

常见的有三种工艺流程，下面分别做简要介绍。

1. 开路单程连续操作　在该最简单的工艺流程中，料液每浓缩一次又全部返回初始浓度的料液槽中（图 8-5B），少量的浓缩液与大量的原料液混合，可使料液槽的原料液浓度有所提高，经多次循环后最终能达到所要求的浓度。该方式流程简单、控制容易，但效率不够高。

2. 死端式分批操作　该工艺流程与前述开路单程连续操作截然不同，如图 8-5C 所示。从膜分离器出来的浓缩液与从料液槽来的原料液混合，即可做到数量相差不是很大的浓缩液与低浓度原料液混合，从而有利于明显提高进入膜分离器的料液浓度，使每经过一次膜分离过程后浓度可较快速提高。

3. 浓缩液部分循环的分批操作　该工艺流程如图 8-5D 所示，综合了前述两个间歇式操作工艺流程的部分特点。工艺流程中，一部分浓缩液返回料液槽的同时，另一部分浓缩液与来自料液槽的原料液在流体输送管路中混合，提高膜分离器入口的料液浓度。流程略为复杂，也需要多使用一个流体泵，但物料流动的控制调节更方便，效率较高。

（三）进料排放式

工艺流程如图 8-5E 所示，类似于死端式分批操作的流程。当物料液循环浓缩至膜分离器入口浓度达到预定浓度后，开始连续从膜分离器入口的支路排出产物液。达到产物液排出浓度的时间较短，但对于小分子杂质的有效透过膜是不利的，也可能由于膜分离进口浓度提升较高导致膜通量下降较快。

（四）多级再循环式

多级再循环式有利于解决上述进料排放式的不足，可以采用多级的方式，使进入膜分离器的浓度不至于提高太快而导致严重的膜污染和浓差极化，影响膜的通量和纯化效果。

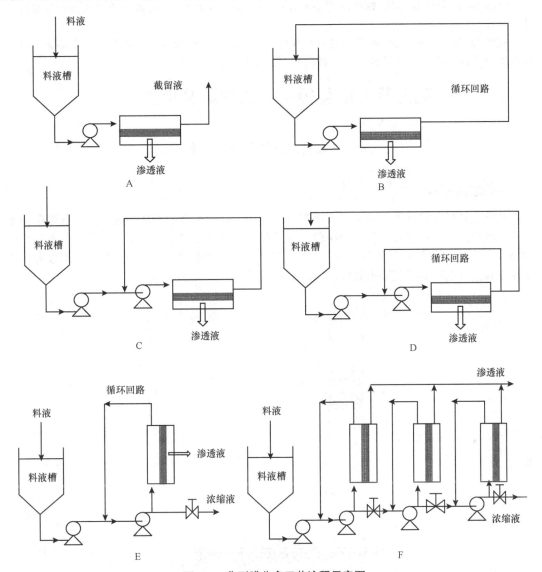

图 8-5　典型膜分离工艺流程示意图

A.开路式单程连续操作示意；B.浓缩液完全循环的分批操作示意；C.死端式分批操作示意；D.浓缩液部分循环的分批操作示意；

E.进料和排放式操作示意；F.三级进料和排放联结系统的多级操作示意

学习思考题（study questions）

　　SQ8-6　微滤、超滤、纳滤、渗透蒸发等不同膜分离过程，是否可以选择任何一种膜组件？为什么？

　　SQ8-7　为什么表 8-3 中的管式、板框式及毛细管纤维式膜组件的单位设备体积的膜面积（m²/m³）会差异很大？

　　SQ8-8　在本章第二节中介绍了微滤、超滤膜分离过程的两种操作方式，即"终端过滤"和"错流过滤"。对于其他膜分离过程如纳滤、反渗透、渗透汽化、渗析及气体分离等，这两种操作方式能否适用？为什么？

SQ8-9 浓缩、透析过程各自的目的及其特点是什么？

SQ8-10 试分析图 8-5B 浓缩液完全循环的分批操作与图 8-5C 死端式分批操作的各自优点和不足。

SQ8-11 试分析图 8-5E 进料和排放式操作工艺流程中，如果浓缩液产品从膜分离器入口引出改为从膜分离器出口引出，试分析两种引出方式的效果。

第三节　浓差极化、膜污染及其清洗

一、浓差极化及其处理

（一）浓差极化

浓差极化是指在膜分离过程中由于溶剂透过膜后，在膜表面的溶质浓度增高，在浓度梯度作用下，溶质向与溶剂透过的反方向扩散，在达到平衡时膜表面形成一个溶质浓度分布边界层（图 8-6）。该边界层对溶剂的透过具有阻碍作用（图 8-7）。但通过调节流速、压力、温度和料液浓度等参数，可以减弱浓差极化效应，所以是可逆的。

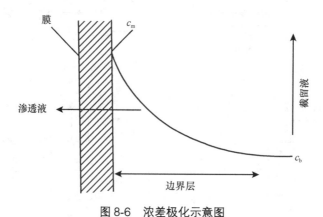

图 8-6　浓差极化示意图

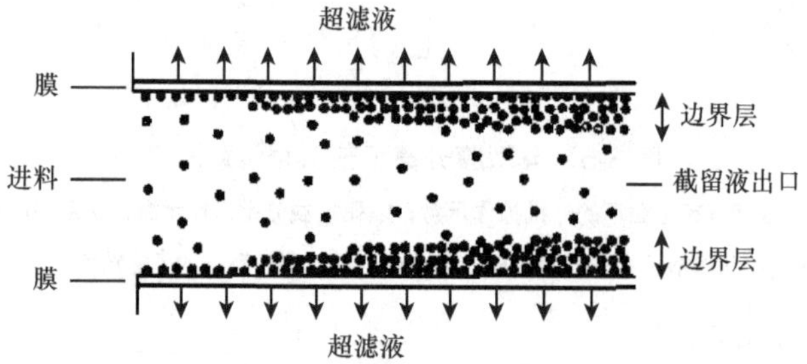

图 8-7　浓差极化边界层的产生

（二）减弱浓差极化的措施

浓差极化效应会明显降低膜分离过程的效率，尤其是在超滤膜分离过程中不可忽略，需要采取适当措施。几种减弱浓差极化的措施参见图 8-8。

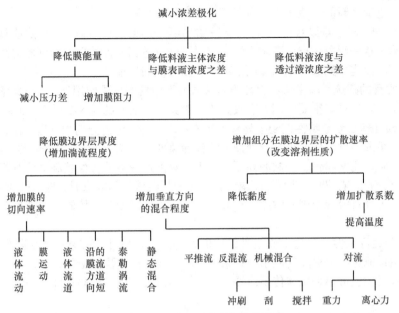

图 8-8　几种减弱浓差极化的措施

二、膜污染及其处理

（一）膜污染的原因及效果

膜污染是指处理物料中的微粒、乳浊液、胶体或溶质分子等受某种作用而使其吸附或沉积在膜表面或膜孔内，造成膜孔径变小或堵塞的不可逆现象。这种作用可以是膜与被处理物料的物理化学相互作用，或浓差极化作用，或机械作用等。其结果是造成膜的透过通量下降，对某些体系，膜污染比浓差极化的影响更为严重，足以使过程难以进行。膜污染现象十分普遍，膜污染不仅造成透过通量的大幅度下降，而且影响目标产物的回收率，因此，是膜分离过程中一个十分重要的问题。

膜污染的机制非常复杂，对于一种给定溶液，其污染程度不但取决于溶液本身的特性及其与膜的相互作用力，如浓度、pH、离子强度等，还取决于具体的分离过程。污染大多发生在微滤、超滤、纳滤等以压差为推动力的膜过程中，这是由于这些过程使用的多孔膜，易使截留的颗粒、胶粒、乳浊液、悬浮液等在膜表面沉积或吸附，同时也与这些过程所处理的原料特征有关。在反渗透中，仅盐等低分子量溶质被截留，故污染可能性较低。

（二）减轻膜污染的措施

从上述膜污染的产生原因可见，膜过程中的污染现象是客观存在的，不可避免，但可以通过采取适当的措施或方法减轻膜污染对膜分离效果的影响。

1. 膜材料与膜的筛选　膜的亲疏水性、荷电性会影响膜与溶质间的相互作用大小。通常认为亲水性膜及膜材料电荷与溶质电荷相同的膜较耐污染，疏水性膜则可过膜表面改性引入亲水基团，或用复合手段复合一层亲水分离层等方法降低膜的污染。

多孔的微滤与超滤膜，由于通量较大，因而其污染也比一般的致密膜严重得多，使用较低通量的膜能减轻浓差极化。根据分离的体系，选择适当膜孔结构与孔径分布的膜，也可以减轻污染。经验表明，具有窄孔径分布的膜有助于减轻污染；选用亲水性膜也有利于降低蛋白质在膜面上的吸附污染，因为，一般状况下，蛋白质在疏水膜上比在亲水膜表面上更容易吸附且不易除去；当原料中含有带负电荷微粒时，使用带负电荷膜也有利于减少污染。

2. 膜的预处理 对于难以获得适宜的膜材料的情况，还可以利用膜对某些溶质具有优先吸附的特性，预先除去这些组分；选用高亲水性膜或对膜进行适当的预处理，均可缓解污染程度，如聚砜膜用乙醇溶液浸泡，醋酸纤维素膜用阳离子表面活性剂处理。

3. 膜组件类型的筛选 除了膜材料性质对减弱膜污染具有重要作用外，不同类型的膜组件对减轻或控制及膜污染也具有重要作用。有关介绍可参见本章前面的表 8-2 和表 8-3 有关内容。

4. 原料液预处理及溶液特性控制 为减少污染，首先要确定适当的预处理方法，有时采用很简单的方法，即可取得良好的效果。预处理方法包括热处理、调节 pH、加螯合剂（EDTA 等）、氯化、活性炭吸附、化学净化、预微滤和预超滤等。对被处理溶液特性控制也可改善膜的污染程度，如对蛋白质分离或浓缩时，当将 pH 调节到对应于蛋白质的等电点时，即蛋白质为电中性时，污染程度较轻。另外对溶液中溶质浓度、料液流速与压力、温度等的控制等在某种条件下也是有效的。

5. 膜分离器运行条件 通过对膜组件结构的筛选及运行条件的改善可明显降低膜的污染程度。例如，采用错流过滤可提高传质系数；采用不同形式的湍流强化措施，可减少污染；采用旋转流动等流动方式，也可显著减薄传质边界层，减轻膜污染；应用浸润式和转动式膜器系统也能有效地控制膜污染。

尽管上述方法均可在某种程度上减少污染，但在实际应用中，还是要采用适当的清洗方法，清洗是膜分离过程不可缺少的步骤。

三、膜的清洗、恢复与灭菌保存

（一）膜的清洗

膜清洗方法的选择主要取决于膜的种类与构型、膜耐化学试剂的能力及污染物的种类。膜的清洗方法大致可以分成水力清洗、机械清洗、化学清洗和电清洗四种。

水力清洗方法有膜表面低压高速水洗、反冲洗、在低压下水和空气混合流体或空气喷射冲洗等，清洗水可用进料液或透过水。在清洗时，可以一定频率交替加压、减压和改变流向，经过一段时间操作后，原料侧减压，渗透物反向流回原料侧以除去膜内或膜表面的污染层，这种方法可使膜的透水性得到一定程度的恢复；抽吸清洗类似于反清洗，在某些情况下，清洗效果较好。机械清洗有海绵球清洗或刷洗，通常用于内压式管膜的清洗，海绵球的直径比膜管径稍大一些，通过水力使海绵球在管内膜表面流动，强制性地洗去膜表面的污染物，该法几乎能去除全部软质垢，但若对硬质垢进行清洗，则易损伤膜表面。电清洗是通过在膜上施加电场，使带电粒子或分子沿电场方向迁移，达到清除污染物的目的。电清洗的具体方法有电场过滤清洗、脉冲电解清洗、电渗透反洗、超声波清洗等。

化学清洗是减少膜污染的重要方法之一，一般选用稀酸或稀碱溶液、表面活性剂、络合剂、氧化剂和酶制剂等作为清洗剂。具体采用何种清洗剂，则要根据膜和污染物的性质，以及它们之间的相互作用而定，原则是所选用的清洗剂既具有良好的去污能力，同时又不能损害膜的过滤性能。如果用清水就可恢复膜的透过性能，则尽量不要使用其他清洗剂。

实践经验表明，对蛋白质吸附所引起的膜污染，用胃蛋白酶、胰蛋白酶等溶液清洗，效果较好；月桂基磺酸钠、加酶洗涤剂等对蛋白质、多糖类、油脂类等有机污垢及细菌有效；1%~2%的柠檬酸铵溶液（pH=4）用于含钙结垢、金属氢氧化物、无机胶质等的清洗，可防止对醋酸纤维素膜的水解；过硼酸钠溶液、尿素、硼酸、醇等可清洗堵塞在膜孔内的胶体；水溶性乳化液对被油和氧化铁污染的膜的清洗有效；2%的 H_2O_2 溶液对被废水和有机物污染的膜具有良好的清洗效果。EDTA 较之柠檬酸对碱土金属具有更多的键合位置和更大的络合常数，有极强的螯合能力，可与钙、镁、铁和钡等形成可溶性的络合物，因此，1%～2%的 EDTA 溶液常被用于锅炉用水等的处理。

（二）膜的恢复

膜恢复的目的是通过对渗透膜的表面进行化学处理而使盐截留率提高。膜在使用期间，由于膜表面的缺陷、磨损、化学侵蚀或水解等使盐的截留率明显下降。20 世纪 70～80 年代，Dupont、UOP 等公司提出了膜的恢复技术，开发了不少膜恢复剂，用于膜表面的涂敷及孔洞填塞。常用的三种膜恢复剂为聚乙酸乙烯酯共聚物-氨溶液、聚乙烯基甲基醚酯及聚乙酸乙烯酯。若膜的物理损伤较轻，膜的恢复效果理想，通常能使盐截留率至少提高到 94%；当盐截留率低于 75%时，不可能获得满意的恢复；如果盐截留率低于 45%，则不能恢复。

（三）膜的灭菌保存

灭菌目的在于膜存放或组件维护期间杀灭微生物或防止微生物在膜上生长。这是必不可少的过程。由于高分子膜只耐微量氯[$<1000mg/(L\cdot h)Cl_2)$]，甚至不耐氯，所以微生物活性几乎总是存在的。对于反渗透水处理过程，若当 RO 单元长时间停止运行时（$>2～5$ 天），便难以确保其系统无微生物，此时需对系统灭菌。通常用 0.25%～1.0%的甲醛溶液、0.2%～1.0%的亚硫酸氢钠，或 0.2%～1.0%的亚硫酸氢钠/16%～20%的甘油溶液作为灭菌剂。

学习思考题（study questions）

SQ8-12 试比较浓差极化与膜污染对膜分离影响的差别。

SQ8-13 减轻膜污染有哪些措施？他们如何发挥作用？

SQ8-14 从 GMP 的要求考虑，膜的清洗应首选什么方法？为什么？

第四节　其他膜分离技术和应用

本章前述内容主要针对在制药生产中使用频率最多、范围最广的微滤和超滤做了较详细的介绍。其他的膜分离技术在制药过程也有一些特殊的用途，本节将做简要介绍。

一、纳　滤（NF）

（一）纳滤膜的性质及分离机制

纳滤和反渗透分离很相似，都属于压力驱动的分离过程。纳滤膜对离子的截留主要由离子与膜之间的道南（Donnan）效应或电荷效应引起的，使得纳滤膜对不同离子具有选择透过的能力，纳滤膜对中性物质的截留则是根据微孔筛分机制实现的。纳滤的目标分离物介于超滤和反渗透之间的区域，如从小分子溶质中分离离子，如从糖中分离离子。得益于新型非纤维素薄膜的发展，纳滤分离最近取得了较快的发展。纳滤膜材料使用多孔的聚砜或聚醚砜作底物，然后发生界面聚合而制备，大部分纳滤膜为负电荷膜。

纳滤膜分离的主要特点：①能截留小分子量有机物，同时允许盐通过膜；②操作压力比反渗透低，更经济。

（二）纳滤膜分离的应用

纳滤工艺的发展很大程度上提高了膜分离效率，为制药、生物、保健食品等行业，在新产品的生产、分离、纯化方面提供了新途径。纳滤和反渗透分离相比，纳滤分离操作压力低，约为 5bar（$1bar = 10^5Pa$），而且膜通量高。它特别适用于体系中要求保留钠离子，去除二价离子如镁、钙等离子等情况。纳滤分离对于分子量的限定为约 200，操作压力为 5 bar，溶质浓度为 2000 ppm（1×10^{-6}）。经纳滤分离，可以去除 60% NaCl、80% $CaCO_3$、98% $MgSO_4$ 及葡萄糖和蔗糖。

纳滤过程的脱盐率 T 常用下式表示：

$$T = 1 - c_0/c_R \qquad (8\text{-}10)$$

式中，c_0、c_R 分别对应为滞留液和原料的浓度，单位为 $kmol/m^3$。

美国 Filmtec 公司开发出的一种新型聚酰胺纳滤膜，具有低脱盐性能，已经成功应用于咸芝士乳清和药物的生产。纳滤的其他应用还包括如溶液脱色，去除地表水中的总有机硫（TOC）、三卤甲烷前体物，以及井水软化、镭元素和固体溶解物的去除；在无电极镀铜时，纳滤可以实现从副产物盐中分离 Cu-EDTA。值得一提的是，使用纳滤进行海水分离时，硫酸盐（Na 或 Ca）的去除率几乎达 100%。

由于纳滤膜分离介于有孔膜和无孔膜之间，因此除了具有浓差极化、膜面和孔内吸附及粒子的沉积现象等主因外，因为是荷电膜，溶质与膜之间的静电作用也是污染的原因。所以，应针对其产生的原因采用相应的措施减轻这些不利影响。

二、渗透蒸发（PV）和膜蒸馏（MD）

（一）渗透蒸发

渗透蒸发/汽化（pervaporation）用于分离、浓缩互溶的液体混合物，获得某一组分的浓缩液。相对于反渗透分离需要极高的操作压力，渗透蒸发，只需要在膜的产品流出侧保持低压（通过抽真空），膜的另一侧为待分离液体。产品侧分压由于一直低于饱和蒸气压，为渗透蒸发提供了分离的驱动力。

渗透蒸发过程较为复杂，分离过程中，质量和热能同时进行传输，而且需要汽化潜热来完成渗透蒸发。渗透蒸发原理与蒸馏不同，前者分离主要依靠待分离组分在膜中的溶解度和扩散速度的不同，包括三步：原料中不同组分被选择性地吸附到膜原料侧，选择性地通过膜进行扩散，最后渗透液在膜表面变成气相释放（图 8-9）。

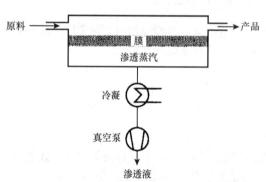

图 8-9　渗透蒸发原理示意图

渗透蒸发可以有效地改变气/液平衡，获得较高的产品蒸汽分压，而且不受溶液共沸的影响，因此，可用于共沸体系的分离。例如，含水乙醇溶液的脱水。但是由于渗透蒸馏设备昂贵，分离过程中涉及相转变，也意味着渗透蒸发过程本身能耗高。

渗透蒸发使用非多孔、各向异性的非对称结构膜。膜材料可以是弹性体聚合物或玻璃态聚合物，材料的选择在很大程度上取决于待分离对象。目前，膜的制备尚处于初级阶段，可供选择的膜不多，主要有厚度约 50μm 的聚乙烯醇、聚丙烯腈和聚丙烯酰胺。

渗透蒸发过程中，膜需要克服溶胀问题。膜聚合物的微晶结构对膜的渗透率和选择性有非常大的影响。商业化的渗透蒸馏技术主要用于化学或生化行业，回收低浓度有机物，如从发酵液中回收乙醇或从水中去除少量溶剂。

（二）膜蒸馏

渗透蒸发过程利用无孔膜进行分离，膜蒸馏（membrane distillation）过程则使用多孔膜材料，如使用多孔疏水聚合物材料在低温下进行减压蒸馏。在这种情况下，膜材料不容易被润湿，只要操作压力小于膜孔挤入压力，液体就无法通过膜进行渗透和传质。如图 8-10 所示，原料液在膜孔的入口处开始蒸发，之后蒸汽自然通过膜的多孔网络结构到达膜的另一面。

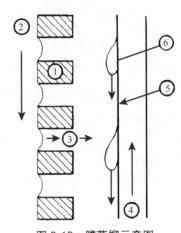

图 8-10　膜蒸馏示意图

1.多孔疏水膜聚合物；2.进料方向；3.蒸汽孔隙；

4.冷凝水；5.冷壁；6.冷凝液滴

在膜的右侧，蒸汽在膜与冷壁表面接触区域遇冷凝结，蒸汽被锁在膜内。如果膜进料侧的温度高于冷凝液一侧，在温度差的驱动下，蒸汽持续不断地被冷凝下来。膜蒸馏效率依赖于膜孔中蒸汽的对流质量传递，而且如果原料中含有惰性气体，会积聚于膜孔中，对膜蒸馏操作不利。如果发生这种情况，蒸汽输送最终会转变为在滞留气体中的扩散行为，过程极为缓慢。因此，膜蒸馏通常建议在操作前对原料进行脱气处理。

膜蒸馏的另一种操作方式是使蒸汽自由通过膜到其外表面，靠近膜渗透侧有一冷凝面，蒸汽遇冷凝结。这项技术受压力驱动，也被称为"低压膜蒸馏"。也可以使用惰性气体吹扫移去渗透蒸汽，让压差持续保持，一直推动膜蒸馏。

膜蒸馏分馏效率理论上等于单次蒸发，无法达到较高的分离系数。膜蒸馏的优点在于，由于采用紧凑的中空纤维式膜组件，单位体积内膜比表面积高，因此可以获得很高的总渗透率。

典型的膜蒸馏材料使用亚微米孔径的 PP（聚丙烯）、PTFE（聚四氟乙烯）和 PVDF（聚偏二氟乙烯），主要使用疏水膜来处理水溶液，如海水脱盐、咸水和废水的净化；从发酵培养基中提取乙醇；浓缩盐的水溶液和酸等。

三、反　渗　透

（一）反渗透分离原理

反渗透（RO）是渗透的逆过程，借助于半透膜对溶液中溶质的截留作用，在压差为推动力下，使溶剂透过半透膜，达到溶液脱溶质的目的。渗透和反渗透现象如图 8-11 所示，图中 A 为平衡过程，当膜两侧的溶剂化学位 μ 不等时，溶剂会从化学位高的一侧透过半透膜向化学位低的一侧流动，直到膜两侧溶剂的化学位相等。此时达到动态平衡。图中 B 为渗透过程，假定膜左侧为溶剂、右侧为溶液，由于溶液中溶质的浓度 $C_1 > C_2 = 0$，有 $\mu_2 > \mu_1$。当两侧压力相等时，则溶剂分子自纯溶剂的一侧透过膜进入溶液一侧，直至渗透平衡。

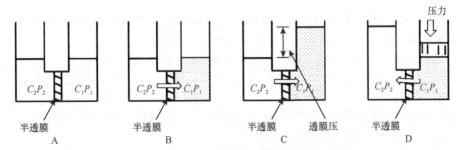

图 8-11　反渗透过程的基本原理

A.动态平衡过程；B.渗透过程；C.动态渗透平衡；D.反渗透过程

为阻止溶剂分子进入溶液，需要在溶液上方施加额外的压力，以增加其蒸气压，使半透膜两侧溶剂的化学位相等而达到平衡，这个额外的压力就是渗透压差。如图 8-11C 所示，如果膜两侧溶液上方的压差等于两侧溶剂的渗透压差 $\Delta P = \Delta \pi$，此时膜两侧溶剂的化学位相等 $\mu_2 = \mu_1$，故系统处于动态渗透平衡。图 8-11D 为反渗透过程，膜两侧溶剂的化学位为 $\mu_1 > \mu_2$。当在右室溶液上方施加一个压力，使膜两侧的压差大于两侧溶剂的渗透压差 $\Delta P > \Delta \pi$，则溶剂从高浓度侧透过膜流入低浓度侧，这种依靠外界压力使溶剂从高浓度侧向低浓度侧渗透的过程称为反渗透。

（二）反渗透膜分离在制药工业中的应用

反渗透膜分离可以处理尺寸大小为 0.0001～0.001μm（1～10Å）的颗粒，分子质量大于 300Da 的溶质可以实现完全分离。反渗透膜分离在制药行业主要用于纯化水的制备，此外也可用于部分制药溶液的浓缩及废水处理。

随着新材料的发展，反渗透膜材料的表现越来越优异，它的用途也会越来越广泛。

四、其他膜分离

（一）渗析与电渗析

渗析（dialysis，D）过程由溶液的浓度梯度来驱使，主要用于从无机溶液中分离胶体等特大分子。广为熟知的应用是医疗上用于肾脏透析和血浆纯化。根据原料液所含成分被渗析膜吸附作用的不同，形成一定的浓度梯度，逐渐在膜内开始扩散。通过增加操作压力或其他势场，渗析速度会加快。此外，在渗透端通过添加缓冲液来保持渗透液一定的浓度梯度，可以保证渗析稳定的分离速度。渗析膜一般使用亲水的有机聚合物微孔材料，厚度约为 100nm，与超滤膜接近。常见的渗析膜有赛璐玢或铜氨纤维、醋酸纤维素、乙烯-乙烯醇（VEOH）和乙烯-乙酸乙烯共聚物。

渗析速率和两个因素有关：溶质在膜孔隙内的扩散速度和溶质通过膜两侧不同浓度界面的扩散速率，后者的扩散速率与操作压力相关。渗析分离过程缓慢，选择性也不高，工业应用有限。但是，渗析是一个非常简单的分离过程，如果用在工业分离领域，它可以避免使用高压，尤其对一些药厂、食品厂和相关工厂生产的敏感成分或生物制品等不造成破坏，因而也有一定的市场。其他的用途包括从啤酒中去除乙醇等。最近，使用离子交换膜材料，渗析可以从金属精整和提炼使用过的废水中，有选择性地分离一些特定离子。

电渗析（electrodialysis，ED）用来从带相反电荷的离子中选择性地分离出带一个电荷的离子。电渗析膜具有离子选择性，因此也称为离子交换膜。电渗析可以用在很多离子分离或者富集的场合，制药、食品等行业的纯水制备，废水处理。有关渗析更多内容详见 **EQ8-5 电渗析**。

EQ8-5　电渗析

（二）液膜

液膜（LM）分离类似于常规溶剂萃取和分离。溶质从液膜进料侧传输到液膜渗透液一侧，由于液膜的扩散率高，所以它的分离效率比普通聚合物膜高得多。

液膜分离有两种方式，如图 8-12 所示。第一种液膜由合适的微孔膜孔隙支撑，称为嵌入式固定液膜（immobilised liquid membrane，ILM）。在浓度差的推动下，跨膜运输仅发生在薄薄一层膜上，非常简单。原料中如果引入一种试剂，与溶质结合后，和浓度差的驱动力相反，能实现逆向运输。在液膜中附载能和溶质作用的载体后，可促进传质。通过使用 pH 梯度作为驱动力，可以实现主动传递，从而消除溶质浓度梯度的影响。

用于液膜支撑的聚合物通常是中空聚丙烯纤维。第一种液膜为表面活性剂液膜（surfactant liquid membrane，SLM）。具体为，将表面活性剂和液膜混合，液膜内包裹着乳液中的不连续液滴。溶质运输从水相穿过膜进入液滴相。与萃取相比，它的优点是溶剂使用量小。液膜存在的主要问题是膜的稳定性差。液膜的主要工业应用是芳烃、脂肪烃及金属离子萃取。

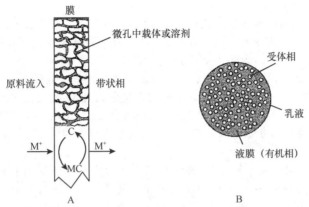

图 8-12　两种不同液膜的微结构示意图

A.嵌入式固定液膜；B.表面活性剂液膜

学习思考题（study questions）

SQ8-15 试比较反渗透与纳米膜分离的异同。

SQ8-16 渗透汽化膜分离与传统的蒸馏分离有何异同？

SQ8-17 液体膜与固态膜比较，有何特点？

案例 8-1：膜萃取分离工艺应用实例——药物活性成分 Mevinolinic acid（MK-819）的提取

　　萃取工艺经常被用于制药工程中药物中间体的预浓缩或预处理来除去副产物。尤其对于高分子量，化学敏感、热敏感产品的处理时，由于蒸馏或蒸发等传统工艺无法胜任，萃取往往能起到很好的替代作用。而且，制药领域涉及的活性化合物常常为有机弱酸或弱碱，一般也需要萃取的方法来分离。如弱碱使用高 pH 条件萃取，弱酸则用低 pH 条件萃取，待萃取的活性溶质一般呈非离子态。这种通过调节 pH 来调节溶质在两相的分配系数已经成功应用于复杂体系的分离，如青霉素的分离及本案例所示 MK-819 活性物的提取。但是，萃取工艺在实际生产时需要静置、澄清，有时耗时较长，活性成分被破坏，以及存在无法连续生产的问题。另外传统萃取要求两相的密度相差较大，有助于相的分离。试分析采用合适的膜萃取分离方法，高效提取 MK-819。

　　问题：传统 MK-819 萃取工艺，首先调节溶液 pH 在 5.8 以上（临界 pH），萃取溶剂使用乙酸异丙酯（IPAc），通过萃取，溶质从 IPAc 相进入水相。而后，降低 pH 至 5.8 以下，溶质经反萃取从水相进入 IPAc 相。在反萃取 pH 调酸的过程中，由于溶质所带电荷发生改变，会出现胶体，膜处理过程中如何避免胶体造成的膜污染？

案例 8-1 分析讨论：

　　已知：Mevinolinic acid（MK-819）是第一个上市的他汀类降血脂药物洛伐他汀（mevinolin）的前提物，它由土壤中土曲霉菌经培养基培养通过发酵来制取，其化学结构式如图 8-13 所示，临界 pH = 5.8（溶质离子化）。

　　找寻关键：膜萃取时 pH 非常关键，选择合适的有机相，通过有机酸可调节碱性水溶液至合适的酸度，避免胶体出现，同时不引起溶质在两相中的分配系数发生变化。

　　工艺设计：

　　1. 胶体化问题处理　当水溶液萃取相的 pH 较低时，由于 MK-819 和所含杂质之间的相互作用，MK-819 会从溶液中析出形成胶体，对于传统的混合-澄清槽萃取方法，当水相与 IPAc

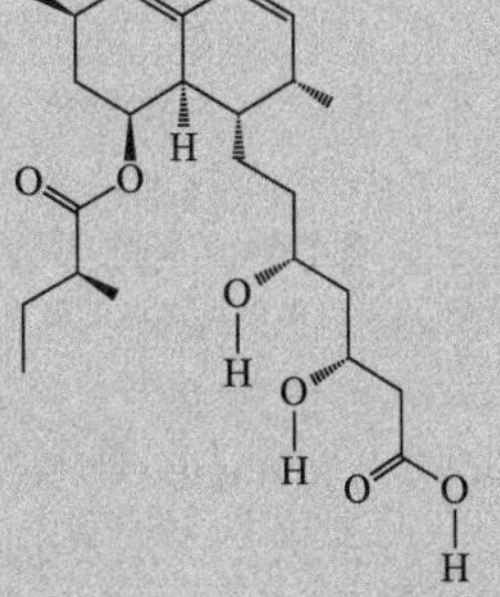

图 8-13　MK-819 分子结构式

接触进行酸化时，在胶体形成之前，就被 IPAc 溶解，因此传统的萃取方法不存在胶体问题。但对于膜萃取分离，水相要进入中空纤维内部，即使微量胶体的形成也会使酸化难以实现，因此需要发展一种可控酸化的方法，用于 IPAc 的萃取。

为了解决胶体化这一问题，酸化时，可使用乙酸进行调节，具体可在 IPAc 中添加乙酸。由于乙酸在水相与 IPAc 的分配系数为 1.5，因此乙酸会从 IPAc 相缓慢进入水相。乙酸在水-有机相界面能够适度降低水相的 pH，从而迫使 MK-819 进入 IPAc 相。有机酸的使用非常重要，如乙酸，须具有适当的分配系数，不能太快地被萃取到水相，太快会导致溶质沉淀析出，造成膜污染。

2. 相分配系数 MK-819 在 IPAc 相和水相之间的分配系数也和 pH 密切相关。pH 较高时，分配系数低，MK-819 从有机相进入水相，随着 pH 的降低，分配系数快速变大，MK819 从水相返回 IPAc 相。MK-819 的临界 pH 为 5.8，意味着 pH 为 5.8 时，MK-819 在 IPAc 相和水相之间的分配系数比为 1，以此为基础，可以调节相分配系数，来获得高效的膜萃取。

3. 表面张力 见表 8-4，水相和 IPAc 相之间的表面张力也和 pH 有关。在 pH=7.0 时，纯 IPAc 和水的表面张力是 10.3dyn/cm（$1dyn=10^{-5}N$），当 pH 增加到 11.2 时，含有溶质的 IPAc 和水之间的表面张力急剧降低到 0.3dyn/cm。这可能是由于 MK-819 起了表面活性剂的作用，有效降低了 IPAc-水之间的表面张力。在 pH = 5.8 时，由于 MK-819 所带电荷发生改变，因此 pH 在 5.8 上下浮动，表面张力随 pH 发生的变化，是溶液乳化和胶体化的主要因素。

表 8-4 IPAc-水-MK-819 溶液之间的表面张力

体系	pH	表面张力 dyn/cm
纯 IPAc-水 IPAc 萃取物-水	7.0	10.3
	11.2	0.3
	9.2	0.3
	7.4	0.9
	4.13	6.2
	1.8	8.1
IPAc-水-3%IPA IPAc 萃取物-水-3%IPA	7.0	7.4
	11.2	0.6
	8.8	0.5
	7.4	1.3

4. 质量传递因子 仅从质量传输考虑，溶质从有机相 IPAc 进入水相，分配系数低。此时，萃取效率与有机相在膜空隙处受到的阻力相关。流速一定时，亲水性膜的质量传输阻力较低，理论上选择亲水性膜较为合适。但本案例使用亲水性膜时，会在水-有机相界面出现不稳定沉淀物，从而阻塞膜孔隙，影响萃取效率。

5. 膜的清洗 发酵过程大多分批次进行，不同批次的操作过程之间，保证操作单元的清洁非常重要。尽管 IPAc 萃取液的固含量高，短时间内不会发生膜污染，但是随着 IPAc 的挥发，沉淀不可避免地聚集在膜孔隙。膜的清洗，使用纯的 IPAc 清洗，膜组件管进口侧和壁侧分别用 IPAc 冲洗 30min。然后，IPAc 从管进口侧进，管壁侧出，继续清洗 30min，可有效去除堵孔的沉淀物。然后膜组件用蒸馏水漂洗 4h。

6. 经济效益 传统萃取，溶质从 IPAc 相进入水相，需要使用离心萃取设备如坡别臬克萃取器（Podbielniak Extractor），价格为 $150 000。从水相反萃取进入 IPAc 相，需要使用混合-澄清槽，价格为 $100 000。传统萃取设备设计的设计寿命为 10 年。相比之下，纤维素膜萃取分离更有效，成本会更低，膜的使用寿命短，零配件更换成本也低，见表 8-5。

表 8-5 MHF 膜组件用于 MK-819 成分萃取成本

使用寿命	成本（美元）		膜成本（m²）	
（年）	高 pH 萃取	低 pH 萃取	高 pH 萃取	低 pH 萃取
0.5	7 500	5 000	6.1	32.6
1	15 000	10 000	12.2	65.2
2	30 000	20 000	24.3	130.4
3	45 000	40 000	36.5	260.9

7. 中空纤维式膜萃取（microporous hollow fiber, MHF） 综合以上，可选择使用 3M 公司的 Liqui-Cel® 中空纤维式膜组件。第一次膜萃取，含有 MK-819 的 IPAc 有机相萃取液，从 MHF 膜进口侧进入，膜壁侧维持 pH=9.0 的水相，水相流速为 4GPM，MK-819 从 IPAc 相进入水相，MK-819 的提取效率为 90%，水相外压比 IPAc 纤维内压高，为外压式中空纤维膜分离方式。第二次膜萃取，水萃取相从 MHF 管内通过，膜壁侧为含有乙酸的 IPAc 溶剂（25%v/v），MK-819 从水相进入 IPAc 相，相比传统混合-澄清槽萃取工艺，实现了连续萃取模式，可以减少由于混合-澄清槽中间停留时间，MK-819 变质造成产品的损失，提取率大于 99%。水相压力高于 IPAc 相压力，为内压式中空纤维膜分离。工艺流程见图 8-14。

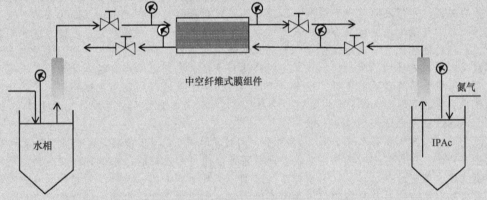

图 8-14 中空纤维式膜萃取 MK-819 工艺流程图

评价： 采用 3M 公司生产的 Liqui-Cel® 的疏水性多孔中空纤维式膜组件，成功地应用于药物活性成分 MK-819 的回收。膜萃取的优点：使用灵活，膜组件排列规则，具有非常高的工作效率，因而无须很高的质量传输系数。和上述传统萃取相比具有以下优势：

（1）无溢流现象，单相膜通量参数独立可调。

（2）两相之间无须像传统萃取，需要借助密度差异来帮助相分离。

（3）单一设备可以提供多级萃取。

（4）合理组装的中空纤维具有非常高的比表面积。

（5）可以处理微粒或易乳化相。

（6）实现连续萃取分离。

案例 8-2：液膜分离工艺应用实例——消旋体的拆分

许多常见的药物、杀虫剂和香料等都为消旋体混合物。消旋体所含两个对映体，通常只有一个具有生物活性，称为强效体（eutomer）；另一个占 50%，称为弱效体（distomer），该对映体不仅以杂质形式存在，造成浪费，有时还引起严重的副作用。例如，镇静剂沙利度胺，其 S 构型的对映体具有强烈的致畸作用；β 受体阻滞药（β-blockers），生物活性几乎完全来源于 S 构型的对映体。目前欧美等发达国家，针对手性药物，制定了严格的药物审批程序，尤其对药物的纯度提出了更高的要求。

虽然，现代分离技术几乎能实现所有消旋体的拆分，但对于大规模消旋体混合物的拆分，依然没有合适可靠的方法。目前使用较为广泛的消旋体的拆分方法，主要是非对映体盐结晶法。这种分离方法往往涉及许多工艺步骤，分离工艺复杂，造成产品的大量损失。通过化学不对称合成或动力学拆分，可获得较纯的手性活性成分，但每个独立的化合物需要开发合适的反应途径和工艺，最终导致成本的显著增加和漫长的开发时间。此外，使用含有非互溶手性选择剂（chiral selector）的萃取剂进行液液萃取分离，也可进行手性分离，但由于该工艺对两个对映体在两相的分配系数有特殊要求，使用也受到限制。

问题： 传统液液萃取分离工艺，如果对待分离消旋体中两个对映体都要求较高的回收率和纯度，要求两个对映体在两相中分配系数之比约为 1。但实际操作中，该分配系数之比经常会偏离 1。此时，使用萃取分离，会造成其中一个对映体的浪费。如何设计合理的膜分离工艺，实现消旋体中两个对映体的高效分离回收。

案例 8-2 分析讨论：

已知： 传统液液萃取进行手性拆分时，互不相溶的萃取液中需添加合适的手性选择剂，以选择性地只与消旋体中一个对映体发生作用，从而实现分离。如果使用两种相同的萃取液，分别添加不同的手性选择剂进行萃取分离，就可能实现对消旋体中两个对映体的高回收率。

找寻关键： 支撑液膜萃取和液液萃取进行消旋体拆分时，萃取液中手性选择剂与对映体的选择性非常关键。消旋体混合物进入萃取液的手性环境时，由于静电力、氢键或范德瓦耳斯力，一种对映体比另一种对映体更容易与萃取液中的手性添加剂形成络合物，这种络合物的形成是对映体选择性的驱动力，尤其是对映体和手性选择剂之间形成的氢键的作用至关重要。萃取液中如果存在无关氢键，通常会干扰对映体与手性选择剂之间氢键的形成。例如，如果使用水溶液萃取液，由于水中氢键的存在，对映体的选择性在水性萃取液中几乎不存在。因此，萃取液应避免使用水性萃取液。

工艺设计： 支撑液膜系统如图 8-15 所示，两种萃取液 F1、F2 分别含有手性选择剂 R 或 S 构型异构体，组成完全对称的系统。当两种手性液体逆向流动时，基本可以实现任何所需的分离纯度。理想的手性萃取液采用非水性溶剂，两种含有不同手性选择剂的萃取液中间被水性液膜隔开。液膜对待分离的消旋体可渗透，但对于两种萃取液中的手性选择剂分子则不允许通过。为了避免手性选择分子通过液膜转运，通常手性选择剂选用高度亲脂性的分子。此外采用中空纤维支撑液膜，可以获得较高的表面积。消旋体混合物经加料泵的推动，通过中空纤维腔体，两个分离后的对映体经萃取液 F1、F2 富集，浓缩后存储。

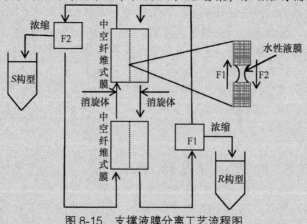

图 8-15　支撑液膜分离工艺流程图

对映体分离纯度：膜分离过程常常使用传输单元数（number of transfer units，NTU）和传输单元高度（height of a transfer unit，HTU）来表述。NTU 和 HTU 的乘积表示分离需要的总的传输高度。膜分离系统可以代用溶液萃取公式，对于 1∶1 消旋体混合物，对映体在流出的萃取液中的比例为

$$\frac{R}{S} = \frac{\dfrac{\Lambda_S}{\Lambda_S - 1}\left[\exp\left(\dfrac{\Lambda_S - 1}{2\Lambda_S}\,\text{NTU}\right) - \dfrac{1}{\Lambda_S}\right]}{\dfrac{\Lambda_R}{\Lambda_R - 1}\left[\exp\left(\dfrac{\Lambda_R - 1}{2\Lambda_R}\,\text{NTU}\right) - \dfrac{1}{\Lambda_R}\right]} \tag{8-11}$$

式中，Λ_R，Λ_S 分别为 R 和 S 对映体萃取因子，分别定义为

$$\Lambda_S = \frac{\alpha_S F_1}{F_2} \tag{8-12}$$

$$\Lambda_R = \frac{\alpha_R F_1}{F_2} \tag{8-13}$$

α_R，α_S 分别为两个对映体 R、S 构型在两种萃取相中的分配系数，F_1、F_2 为分别两种萃取相的流速。

传输单元数（NTU）：实验中得出的数据 α 一般处于 1.05～1.20，如表 8-6 所示。

表 8-6　消旋体拆分分离条件

消旋体	手性选择剂	溶剂	α
a	0.25 mol/L DHT	庚烷	1.19
b	0.10 mol/L DHT	庚烷	1.30
c	0.10 mol/L DHT	庚烷	1.05
d	0.25 mol/L DHT	庚烷	1.06
e	0.25 mol/L DHT	庚烷	1.06
f	0.43 mol/L DHT	二氯甲烷	1.14
g	0.25 mol/L DHT	庚烷	1.03
h	0.10 mol/L DHT	庚烷	1.10

注：DHT 为光学纯酒石酸二已酯。

根据式（8-11），可以计算所需的传输单元数。因此，对于纯度为 99% 的分离产物（$R/S = 100$），α 为 1.05 时，需要 90 个 NTU，当 α 数值增加至 1.20 时，NTU 可以减少至约 30 个。另外，温度对 α 也有较大的影响。例如，分离去甲麻黄碱，使用庚烷作为萃取液，DHT 为手性选择剂时，温度从 20℃ 降至 4℃ 时，α 从 1.19 增加到 1.50。因而可以有效减少 NTU。

中空纤维支撑液膜组件：一个膜组件包含许多传输单元，由于水性的中空纤维存在萃取液的有机环境中，这些纤维具有"粘在一起"的趋势，导致纤维周围萃取液流动阻塞，分离效率下降。在水性液膜相中添加水溶性的表面活性剂（如 1.6 mmol/L 的十二烷基三甲基溴化铵，DTAB），能使纤维较为疏水，避免纤维团聚。消旋体进入液膜的时间，加上对映体在萃取液中达到平衡的时间，可以推算传输单元高度 HTU 为 2～6cm，HTU 值一定，还可以分析中空纤维膜组件的传质过程。一般而言，采用较大孔径的纤维，或者较为松散组装的中空纤维膜组件，由于具有较高的流通量，可以适当减小 HTU 值。

综合以上，选择使用 Wuppertal 公司生产的再生中空纤维 Cuprophan®，编织成含有约 4200 个纤维卷式膜组件，交换面积 0.5 m²，纤维长度 0.18 m，壁厚 8 μm，内径 200 μm 的膜组件，膜组件体积为 54 ml，流量为 31 ml。此时，HTU 约为 7.6cm，中空纤维壁侧萃取液流速为 $7×10^{-5}$m/s，可实现图 8-16 所列消旋体的高效拆分。

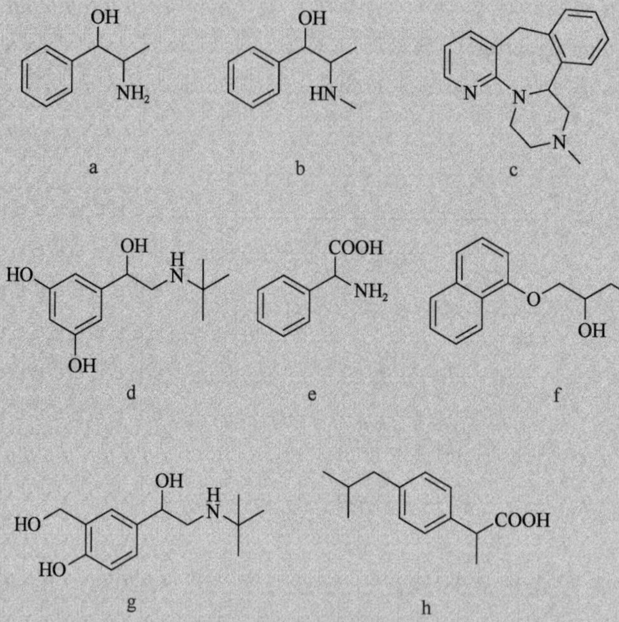

图 8-16　支撑液膜液膜可实现高效拆分的消旋体

　　评价：采用中空纤维支撑液膜组件进行消旋体拆分，显示了其灵活性和高效性。在手性药物、农药杀虫剂开发等领域，支撑液膜分离工艺，既适合较小规模科研实验，用于毒理和前期临床测试，也可用于分离公斤级高纯活性物质。而且，在较短的时间内（通常 24h 内）可以分离获得高达 99.3%～99.8%纯度的光学活性物质，节省了其他分离方法冗长的工艺验证和烦琐的工艺路线。另外，酒石酸衍生物用作手性选择剂除了对 α-羟胺或氨基酸具有较好的手性选择，如去甲麻黄碱和苯基甘氨酸。它还对许多其他氨基碱（如米氮平）或酸（如布洛芬）具有良好的选择性。另外，其他手性选择剂（如聚乳酸和酒石酸二苯甲酰）对很多消旋体的分离也有较好的选择性。膜分离工艺用于消旋体拆分具有广泛的应用前景。

练习题

8-1　什么是膜，有什么特点？

8-2　常用的膜分离方法有哪些，各有什么应用？

8-3　有孔膜与无孔膜分离混合物的机制分别是什么？请举例说明。

8-4　膜组件有哪些类型？试简要比较它们的结构特征、技术经济性能及适用的分离对象。

8-5　将浓缩与透析过程结合应用有何特点？为什么？

8-6　微滤、超滤有哪些典型的工艺流程？他们各有何特点及适用范围？

8-7　浓差极化形成的原因及如何减轻或避免其不利影响？

8-8　膜污染形成原因及会导致什么样结果？减轻膜污染有哪些措施？

8-9　膜清洗有哪些方法？它们各自有何特点？

8-10　纳米膜过滤与微滤、超滤及反渗透分离的对象有何不同？

8-11　与微滤和超滤比较，渗透汽化适合分离的对象有何不同？

第九章　吸附与离子交换

1. 课程目标　掌握吸附和离子交换基本概念、基本原理和基本操作，包括吸附等温线方程、吸附过程的影响因素、离子交换平衡方程和速度方程、典型吸附剂和离子交换剂，培养学生分析和解决吸附和离子交换工艺中复杂分离问题的能力；熟悉常用离子交换树脂的性质和命名；了解无机离子交换剂的应用，了解离子交换动力学理论、离子交换分离法和吸附分离的应用，使学生能从经济有效和安全环保方面角度出发，分析和解决吸附和离子交换工艺的实际问题。

2. 重点和难点

重点：吸附、离子交换的基本概念；吸附的分离原理、离子交换基本原理；常用吸附剂的性能，离子交换树脂的分类、性能。

难点：吸附相平衡、离子交换动力学和质量传递基本理论。

第一节　吸　　附

一、概　　述

吸附（adsorption）是当流体与多孔固体接触时，流体中某一组分或多个组分在固体表面处产生积蓄的现象。其中被吸附的流体称为吸附质，多孔固体称为吸附剂。吸附达到平衡时，流体的本体相主体称为吸余相，吸附剂内的流体称为吸附相。

实际上，人们很早就发现并利用了吸附现象，如生活中用木炭脱色和除臭等。随着新型吸附剂的开发及吸附分离工艺条件等方面的研究，吸附分离过程显示出节能、产品纯度高、可除去痕量物质、操作温度低等突出优点，使这一过程在化工、医药、食品、轻工、环保等行业得到了广泛的应用。随着吸附分离技术迅速发展，有的吸附剂可以反复使用，而 20 世纪 60 年代出现的变压吸附技术，使很多废气得到回收使用，不但过程中能耗较少，而且节能效果显著；同时吸附剂也得到了迅猛发展，品种增多，而且其配套技术装备也相应发展趋于完善。随着流化床吸附分离、移动床吸附分离及离子交换分离技术的发展，使得吸附分离技术具有良好的应用前景。吸附分离的应用范围及其特点可详见 **EQ9-1 吸附法的应用与特点**。

EQ9-1　吸附法的应用与特点

二、吸　附　平　衡

溶质在吸附剂上的吸附平衡关系是指吸附达到平衡时，吸附剂的平衡吸附质浓度 q^* 与液相游离溶质浓度 c 之间的关系。一般 q^* 是浓度和温度的函数，即：

$$q^* = \int (c, T) \tag{9-1}$$

但一般吸附过程是在一定温度下进行，此时 q^* 只是 c 的函数，q^* 与 c 的关系曲线称为吸附等温线，当 q^* 与 c 之间呈线性函数时，可用下式表示：

$$q^* = mc \tag{9-2}$$

式（9-2）称为亨利（Henry）型吸附平衡，其中 m 为分配系数。式（9-2）一般在低浓度范围内成立。当溶质浓度较高时，吸附平衡常呈非线性，式（9-2）不再成立，经常利用弗罗因德利希

（Freundlich）经验方程描述吸附平衡行为，即：

$$q^* = kc^{1/n} \tag{9-3}$$

此外，兰格缪尔（Langmuir）的单分子层吸附理论在很多情况下可解释溶质的吸附现象。该理论的要点是：吸附剂上具有许多活性点，每个活性点具有相同的能量，只能吸附一个分子，并且被吸附的分子间无相互作用。基于兰格缪尔单分子层吸附理论，可推导出兰格缪尔吸附平衡方程。

$$q^* = q_m \, c/(K_d + c) \tag{9-4（a）}$$

$$或 \; q^* = q_m \, K_b c/(1 + K_b c) \tag{9-4（b）}$$

式[9-4（a和b）]中，q_m 是饱和吸附容量；K_d 是吸附平衡的解离常数；K_b 是结合常数，K_b 为 $1/K_d$。

三、吸 附 剂

（一）常用吸附剂

吸附剂的主要特征是多孔结构和具有较大的比表面积。吸附剂的选用首先取决于它的吸附性。根据吸附剂表面的选择性不同，可将其分为亲水性和憎水性两大类。一般来说，吸附剂的性能不仅取决于其化学组成，而且与制造方法有关。目前在吸附分离过程中常用的吸附剂主要有活性炭、硅胶、活性氧化铝、聚合物吸附剂和沸石，以下将分别进行介绍。

1. 活性炭 活性炭具有吸附能力强、来源比较容易、价格便宜等优点，常用于生物产物的脱色和除臭，还应用于糖、氨基酸、多肽及脂肪酸的分离提取，是一种非极性吸附剂，故其在水中的吸附能力大于在有机溶剂中的吸附能力。针对不同类型的物质，具有一定的规律性；对极性基团多的化合物的吸附能力大于极性基团少的化合物的吸附能力；对芳香族类化合物的吸附能力大于脂肪族类化合物的吸附能力；对分子量大的化合物的吸附能力大于分子量小的化合物的吸附能力。

2. 硅胶 硅胶是应用较广泛的一类极性吸附剂，层析用硅胶具有多孔性网状结构。它的主要优点是化学惰性，且具有较大的吸附量，容易制备成不同类型、孔径、表面积的多孔性硅胶。可用于萜类、固醇类、生物碱、酸性化合物、磷脂类、脂肪类、氨基酸类等的吸附分离。

3. 氧化铝 氧化铝也是一种常用的亲水性吸附剂，它具有较高的吸附容量，分离效果好，特别适用于亲脂性成分的分离，广泛应用在醇、酚、生物碱、染料、苷类、氨基酸、蛋白质、维生素及抗生素等物质的分离。活性氧化铝价廉，再生容易，活性容易控制，但操作不便，程序烦琐，处理量有限，因此也限制了其在工业生产上大规模应用。

4. 聚合物吸附剂 聚合物吸附剂是在合成大孔网状聚合物吸附剂的过程中没有引入离子交换官能团，只有多孔的骨架，其性质与活性炭、硅胶的性质类似。例如，美国 Rohm&Haas 公司生产的 Amberlite XAD1～5（苯乙烯和二乙烯苯的共聚树脂）和 XAD6～8（聚酯）等均为大网格聚合物吸附剂。它是一种非离子型多聚物，机械强度高，使用寿命长，吸附选择性好，吸附质容易解吸，常用于微生物制药行业，如抗生素和维生素的分离浓缩。

5. 沸石 沸石分子筛是结晶硅酸金属盐的多水化合物，沸石吸附作用有两个特点：表面上的路易斯酸中心极性很强，沸石中的笼（A 型、X 型、Y 型沸石）或通道（丝光沸石、ZSM5）的尺寸很小，为 0.5～1.3nm，使得其中的引力场很大。因此沸石对外来分子的吸附力远远超过其他吸附剂，即使吸附质的分压（浓度）很低，吸附量仍然很大。

（二）吸附剂的物理性能要求

吸附剂的物理性能决定了去吸附性能，作为吸附剂其主要的物理性能有以下要求。

1. 有足够大的比表面积 物理吸附在分离过程中的应用较多，通常只发生在固体表面分子大小级别的厚度区域内，单位面积固体表面的吸附量非常小，因此作为工业用的吸附剂，必须有足够大的比表面积。

2. 较窄的孔径分布　孔径的大小及其分布对吸附剂的选择性影响很大。通常认为，孔径为200～10 000nm的孔为大孔，10～200nm的孔为过滤孔，1～10nm的孔为微孔。孔径分布是各种大小的孔体积在总孔体积中所占的比例。如果吸附剂的孔径分布很窄（如沸石分子筛），其选择吸附性能就强。通常的吸附剂，如活性炭、硅胶等，都具有较窄的孔径分布。

3. 颗粒尺寸和分布　吸附剂颗粒的尺寸应尽可能小，以增大外扩散传质表面，缩短颗粒内扩散的路程，增加吸附能力。在操作固定床时，考虑物料通过床层的流动阻力和动力消耗，所处理的液相物料尺寸以 1～2nm 为宜，所处理气相物料尺寸以 3～5nm 为宜。在用流化床进行吸附操作时，既要保持颗粒悬浮又要使之不流失，因此物料尺寸以 0.5～2nm 为宜。在采用槽式操作时，可用数十微米至数百微米的细粉，太细则不宜于过滤。在任何情况下，都要求颗粒尺寸均一，这样可使所有颗粒的粒内扩散时间相同，以达到颗粒群体的最大吸收效能。常见的吸附剂的物理性质见表 9-1，另外还要求吸附剂具有一定的吸附分离能力和一定的商业规模及合理的价格。

表 9-1　常见吸附剂的物理性质

吸附剂	粒径范围（mm）	孔隙率（%）	干填充密度(kg/L)	平均孔径直径（nm）	比表面积（km²/kg）	吸附容量（kg/kg）
氧化铝	1.00～7.00	30～60	0.70～0.90	4～14	0.20～0.40	0.20～0.33
分子筛	各种	30～40	0.60～0.70	0.1～0.3	0.7	0.10～0.36
硅胶	各种	38～48	0.70～0.82	2～5	0.6～0.8	0.35～0.50
硅藻土	各种		0.44～0.50		约 0.002	
活性炭	各种	60～85	0.25～0.70	1～4	0.7～1.8	0.3～0.7
聚苯乙烯树脂	0.250～0.841	40～50	0.64	4～9	0.3～0.7	
聚丙烯酯树脂	0.250～0.841	50～55	0.65～0.70	10～25	0.15～0.4	
酚醛树脂	0.297～1.17	45	0.42		0.08～0.12	0.45～0.55

四、吸附操作与计算

工业上利用固体的吸附特性进行吸附分离的操作方式主要包括搅拌槽吸附、固定床吸附、移动床和流化床吸附。移动床和流化床吸附主要应用于处理量较大的生产工艺，相比而言，搅拌槽吸附和固定槽吸附在制药工业上的应用较为广泛。

（一）搅拌槽吸附

搅拌槽吸附通常是在带有搅拌器的釜式吸附槽中进行的。在此过程中，吸附剂颗粒悬浮于溶液中，搅拌使溶液呈湍动状态，吸附剂颗粒表面的液膜阻力小，有利于液膜扩散控制的传质。这种工艺所需设备简单，但是吸附剂不易再生，不利于自动化工业生产，并且吸附剂寿命较短。

搅拌槽吸附的操作方式有三种：一次吸附、多次吸附和多级逆流吸附（图 9-1），由物料衡算得操作方程

$$G(Y_1 - Y_{n+1}) = V(c_0 - c_n) \tag{9-5}$$

式（9-5）中，V 为物料加入量，kg；G 为吸附剂加入量，kg；Y 为溶质在吸附剂中的含量，kg/kg；c 为溶液的浓度，kg/kg。

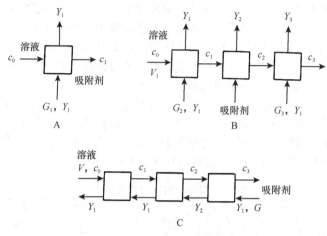

图 9-1　搅拌槽吸附法

A.一次吸附；B.多次吸附；C.多级逆流吸附

吸附过程所需的接触时间则可通过操作线和吸附平衡等温线解积分求得

$$t = \frac{1}{K_F a_P} \left(\frac{V}{G} \right) \int \frac{\mathrm{d}c}{c - c^*} \qquad (9\text{-}6)$$

式（9-6）中，K_F 为以流体浓度差为基准的总传质系数，m/h；a_P 为单位质量吸附颗粒表面积，m^2/kg。

（二）固定床循环操作

固定床吸附循环操作是目前应用最为广泛的一种吸附分离操作方式。固定床吸附操作的主要设备是装有颗粒状吸附剂的塔式设备。在吸附阶段，被处理的物料不断地通过吸附剂床层，被吸附的组分留在床层中，其余组分从塔中流出。当床层的吸附剂达到饱和时，吸附过程停止，进行解吸操作，用升温、减压或置换等方法将被吸附的组分脱附下来，使吸附剂床层完全再生，然后再进行下一循环的吸附操作。为了维持工艺过程的连续性，可以设置两个以上的吸附塔，至少有其中一个吸附塔处于吸附阶段。固定床吸附的特点是设备简单，吸附操作和床层再生方便，吸附剂寿命较长。

在固定床吸附过程的初期，流出液中没有溶质。随着时间的推移，床层逐渐饱和。靠近进料端的床层首先达到饱和，而靠近出料端的床层最后达到饱和。图 9-2 是固定床层出口浓度随时间的变化曲线。若流出液中出现溶质所需时间为 t_b，则 t_b 称为穿透时间。从 t_b 开始，流出液中溶质的浓度逐渐升高，直至达到与进料浓度相等的点 e，这段曲线称为穿透曲线，点 e 称为干点。穿透曲线的预测是固定床吸附过程设计与操作的基础。

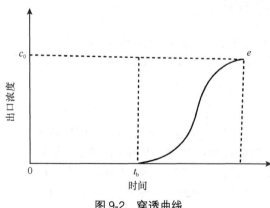

图 9-2　穿透曲线

恒温固定床低浓度单组分溶液的穿透曲线可采用物科衡算方程进行描述，即：

$$D_L \frac{\partial^2 c}{\partial z^2} = \frac{\partial (Vc)}{\partial Z} + \frac{\partial c}{\partial t} + \frac{1-\varepsilon}{\varepsilon} \frac{\partial q}{\partial t} \qquad (9\text{-}7)$$

解此偏微分方程除了需要进料浓度、流速、孔隙率等初始条件和边界条件之外，还需要根据具体的吸附剂种类及特性机制，代入相关的相平衡方程、传质速率方程、热量衡算方程进行求解。

（三）吸附剂的再生

吸附剂的再生是指在吸附剂本身不发生变化或变化很小的情况下，采用适当的方法将吸附质从吸附剂中除去，以恢复吸附剂的吸附能力，从而达到重复使用的目的。

对于性能稳定的大孔聚合物吸附剂，一般用水、稀酸、稀碱或有机溶剂就可实现再生，大部分吸附剂可以通过加热进行再生，如硅胶、活性炭、分子筛等。在采用加热法进行再生时，需要注意吸附剂的热稳定性，吸附剂晶体所能承受的温度可由差热分析（DTA）曲线的特征峰测出。吸附剂再生的条件还与吸附质有关。此外，还可以通过化学法、生物降解法将被吸附的吸附质转化或者分解，使得吸附剂再生。工业吸附装置的再生大多采用水蒸气（或者惰性气体）吹扫的方法。

五、吸附分离设备

（一）固定床

固定床吸附法是分离溶质最普遍、最重要的形式。所谓固定床就是一根简单的、充满吸附剂颗粒的竖直圆管，含有目标产物的液体从管子的一端流入，流经吸附剂后，从管子的另一端流出。操作开始时，绝大部分溶质被吸附，故流出液中溶质的浓度较低，随着吸附过程的继续进行，流出液中溶质的浓度逐渐升高，开始缓慢，后来加速，在某一时刻浓度突然急剧增大，此时称为吸附过程的"穿透"，应立即停止操作；吸附质需先用不同 pH 的水或不同的溶剂洗涤床层，然后洗脱下来。其中立式固定床吸附器如图 9-3 所示，其中固定床吸附理论基础详见 **EQ9-2 固定床吸附理论基础**。

EQ9-2　固定床吸附理论基础

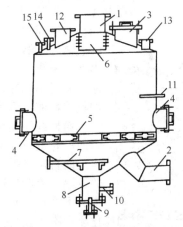

图 9-3　立式固定床吸附器

1.送蒸气、空气混合物入吸附器的接管；2.除去被吸蒸气后的空气排出管；

3.加料孔；4.活性炭与砾石排出孔；5.框架；6.带有有孔侧壁的蒸气、空气混合物分频器；

7.送直接蒸气入吸附器的鼓泡器；8.圆筒形凝液排出器；9.凝液排出管；10.进水管；11.温度计插套；

12.解吸时的蒸气排出管；13.排气管；14.压力计连接管；15.安全阀连接管

（二）流化床

流化床内吸附剂粒子呈流化状态，与液体在床层内混合程度高，但吸附效率低。吸附过程可以是间歇或者连续操作，其结构示意图见图 9-4。吸附操作时料液从床底以较高的流速循环输入，使固相产生流化，同时料液中的溶质在固相上发生吸附或者离子交换过程。连续操作中吸附剂粒子从床上方输入，从床底排出电容器，料液在出口仅少量排出，大部分循环流回流化床，以提高吸附效率（流化床的主要优点详见 **EQ9-3 流化床的主要优点及缺点**）。

EQ9-3 流化床的主要优点及缺点

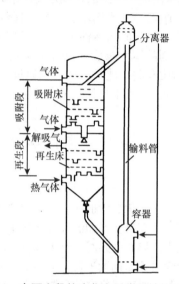

图 9-4 有再生段的流化床吸附器结构示意图

（三）膨胀床

膨胀床吸附是近年来首先由 Chase HA 等在研究流化床吸附的基础上发展起来的，是能在床层膨松状态下实现平推流的扩张床吸附技术。膨胀床吸附与固定床吸附和流化床吸附不同。众所周知，固定床吸附的料液是从柱上部的液体分布器流经层析介质层，从柱的下部流出并分步收集，流体在介质层中基本上呈平推流，返混小，柱效率高，但固定床无法处理含颗粒的料液，因为它会堵塞床层，造成压力降增大而最终使操作无法进行，所以在固定床吸附前需先进行料液的预处理和固-液分离；流化床虽能直接吸附含颗粒的料液，但是存在严重的返混，使床层理论塔板数降低，导致分离效率的下降；膨胀床吸附工艺综合了固定床和流化床吸附工艺的优点，它使介质颗粒按自身的物理性质相对稳定地处在床层中的一定层次上实现稳定分级，而流体保持以平推流的形式通过床层，同时介质之间有较大的空隙，使料液中固体颗粒能顺利通过床层，如图 9-5 所示。

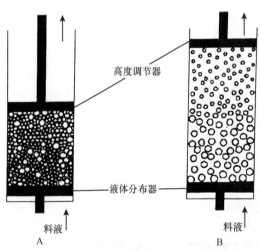

图 9-5 固定床与膨胀床操作状态比较

A.固定床；B.膨胀床

由于膨胀床的床层结构特性和处理原料的特点（主要为微粒悬浮液），其吸附操作方式与固定床不尽相同。处理细胞悬浮液或细胞匀浆液的一般操作流程见图 9-6。首先用缓冲液膨胀床层（图 9-6A），以便于输入悬浮液，开始膨胀床吸附操作（图 9-6B），当吸附接近饱和时，停止进料，转入清洗过程。在清洗过程初期，为除去床层内残留的微粒子，仍需要采用膨胀床进行操作（图 9-6C）。待微粒子清除干净后，则可恢复固定床操作，以降低清洗剂用量和清洗时间（图 9-6D），清洗操作之后的目标产物洗脱过程亦采用固定床方式（图 9-6E）。

清洗操作（图 9-6C）可利用一般缓冲液或黏性溶液。利用黏性溶液清洗时流体流动更接近平推流，清洗效率高，清洗液用量少。目标产物的洗脱操作采用固定床方式不仅可节省操作时间，而且可以提高回收产物的浓度。洗脱液流动方向可与吸附过程相反（图 9-6E），这样可以提高洗脱速率。另外，由于处理料液为悬浮液，吸附剂污染较严重，为循环利用吸附剂，洗脱操作后需要进行严格的吸附剂再生，恢复其吸附容量。

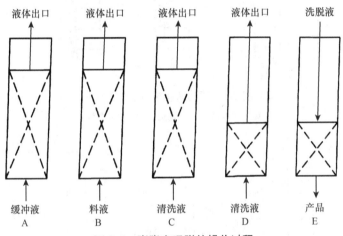

图 9-6 膨胀床吸附的操作过程

A.缓冲液膨胀（膨胀床）；B.进料（吸附）（膨胀床）；C.清洗颗粒（膨胀床）；

D.清洗可溶性杂质（固定床）；E.洗脱（固定床）

（四）移动床和模拟移动床

如果吸附操作中固相可以连续地输入和排出吸附塔，与料液形成逆流接触流动，则可以实现移动床和模拟移动床连续、稳态地进行操作，这种操作法称为移动床（moving bed）操作。图 9-7 为包括吸附剂再生过程在内的连续循环移动床操作示意图。因为在稳态操作条件下，溶质在液、固两相中的浓度分布不随时间的延长而发生改变，设备和过程的设计与气体吸收塔或液-液萃取塔基本相同。但在实际操作中，需要解决的问题是吸附剂的磨损和如何通畅地排出固体。为了防止固相出口的堵塞，可采用床层振动或利用球形旋转阀等特殊的装置将固相排出。

图 9-8 为移动床和模拟移动床吸附操作示意图，真正的移动床操作时料液从床层中部连续输入，固相自下向上移动。被吸附（或吸附作用较强）的溶质和不被吸附或吸附作用较弱

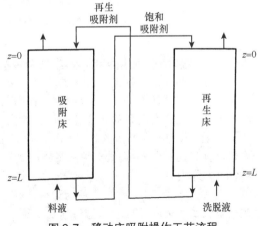

图 9-7 移动床吸附操作工艺流程

的溶质从不同的出口连续排出。溶质的排出口以上部分为吸附剂洗脱回收和吸附剂再生段。模拟移动床操作时，液相的入口和出口分别向下移动了一个床位，相当于液相的进、出口不变，而固相向上移动了一个床位的距离，形成液、固相逆流接触操作。模拟移动床应用实例包括二甲苯混合物的分离和葡萄糖、果糖的连续分离等，图9-9为该分离过程示意图。另外，吸附分离技术的应用详见 **EQ9-4 吸附分离技术的应用**。

EQ9-4 吸附分离技术的应用

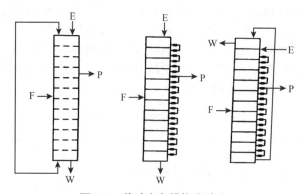

图 9-8　移动床和模拟移动床

F.料液；P.吸附剂；E.洗脱液；W.非吸附剂

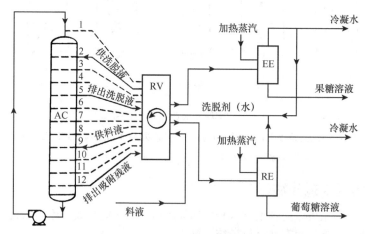

图 9-9　模拟移动床连续分离葡萄糖和果糖的流程

AC.模拟移动床；RV.旋转阀；EE.果糖浓缩液；RE.葡萄糖浓缩液

案例 9-1：吸附树脂应用实例——半枝莲中总黄酮的提取及其化合物单体分离

　　半枝莲的药理活性成分以黄酮类化合物为主。半枝莲中含有多种黄酮，其中野黄芩苷、野黄芩素、木犀草素和芹菜素的药效明显且含量较高，将这四种黄酮的含量进行累计，最终计算出半枝莲中总黄酮的含量。如何将半枝莲总黄酮提取出来再分离出单体？

　　问题：如何根据已知条件，利用树脂，通过控制 pH、吸附流速和解吸附流速，将半枝莲中的总黄酮提取出来，通过调控树脂的极性和洗脱液的乙醇浓度，实现四种黄酮的提取和分离。

案例 9-1 分析讨论：

　　已知：通过吸附、解吸条件的优化，确定合成的大孔吸附树脂 ME-3B 提取半枝莲中总黄酮的最佳工艺流程，检验工艺的可重复性和稳定性，最终产品中，总黄酮含量与商品化树脂的纯化效果进行比较，在分离得到总黄酮的基础上，基于疏水和偏极的协同作用，设计合成一系列 MA 和 DVB 共聚的树脂,通过 MA 含量变化调节树脂的极性,将其应用于半枝莲中总黄酮中结构极为相近的四种单体黄酮,即野黄芩苷、野黄芩素、木犀草素和芹菜素的分离。

找寻关键:设计合成不同结构功能的大孔吸附树脂,大大提高对半枝莲药材中黄酮成分的选择性,从而较大程度地提高产品纯度;通过对大孔吸附树脂极性的精细调节实现半枝莲中四种单体黄酮的完全分离。

工艺设计:

(1)半枝莲中总黄酮的提取工艺流程:采用合成 ME-3B 树脂提取半枝莲总黄酮(图 9-10)。

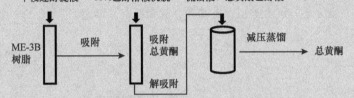

图 9-10 提取半枝莲中总黄酮的工艺流程图

半枝莲中总黄酮的提取工艺由吸附、解吸和产品回收三个过程组成。其中,第一步为吸附过程,将 30ml 半枝莲吸附溶液以一定流速通过 30ml 待测树脂柱,收集流出液,利用 HPLC 测定流出液中四种黄酮的浓度。吸附后,用蒸馏水洗至流出液基本无色。第二步为解吸过程:以 2BV①乙醇水溶液(80%)对吸附后的树脂柱在一定流速下解吸,收集解吸液,利用 HPLC 测定解吸液中四种黄酮的浓度。第三步为产品回收:上步收集的解吸液分别经旋转蒸发至干,真空干燥得半枝莲总黄酮提取物,称重,并利用 HPLC 测定提取物中四种黄酮的含量。

(2)半枝莲总黄酮中四种单体的分离工艺:半枝莲中野黄芩苷、野黄芩素、木犀草素和芹菜素的化学结构极为相似,四种黄酮的母核上均带有酚羟基,因此带有氢键等功能基团的树脂也不适于它们的分离,但是四种黄酮酚羟基数量和位置的不同会使它们表现出极性的差异。图 9-11 为四种黄酮单体的结构。

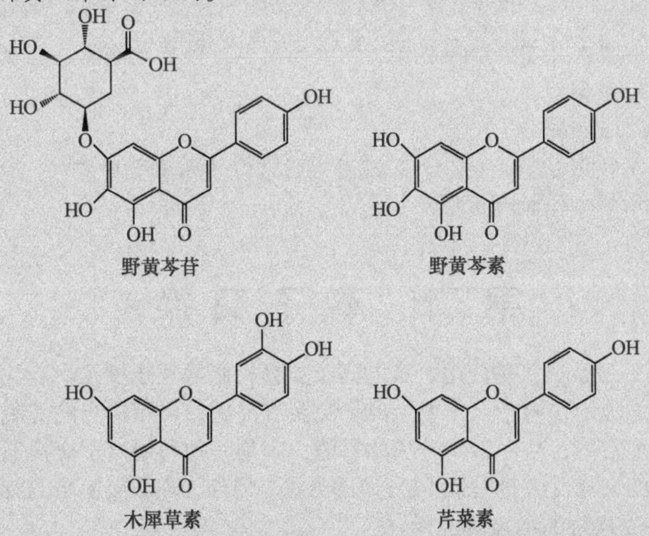

野黄芩苷

野黄芩素

木犀草素

芹菜素

图 9-11 野黄芩苷、野黄芩素、木犀草素和芹菜素的化学结构

半枝莲中四种黄酮的分离过程如图 9-12 所示。由于四种黄酮成分极性差别较小,难以在

---

① 2BV 指洗脱液的流速控制在每小时流过 2 倍体积。

同一个树脂上一次完全分离，将适宜的树脂联合使用，并设计合理的分离工艺流程，在保证吸附容量和分离效果的前提下，不造成因多个树脂的使用而带来的分离工艺的复杂化和非连续化，将 MD-2 和 MD-4 树脂巧妙地联用，并保证在一个连续的操作流程下完成四种黄酮成分的完全分离。首先 MD-4 树脂可将半枝莲四种黄酮利用梯度洗脱方法分为三个部分即野黄芩苷、野黄芩素及木犀草素和芹菜素的混合物，然后再通过 MD-2 树脂，只需简单的吸附-解吸附即可实现木犀草素和芹菜素的分离。根据这样的设计，又对影响两种树脂吸附解吸性能的条件进行优化，建立了半枝莲黄酮的制备分离工艺，通过该分离工艺制备的最终产品，四种黄酮的分离效果良好，而且每种黄酮的回收率均达到 90% 以上，这种大孔树脂的分离方法相比传统的分离方法，成本更低，更高效，且操作简单实用。

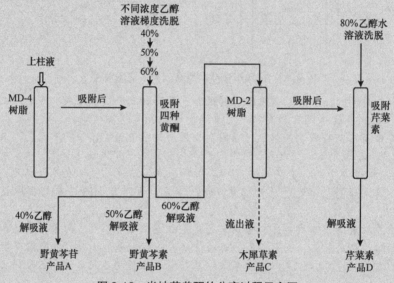

图 9-12 半枝莲黄酮的分离过程示意图

分析、评价及小结：大孔吸附树脂法工艺流程简单，分离效率高，能耗低，可作为黄酮类物质提取、分离的重要方法。

学习思考题（study questions）

SQ9-1 大孔吸附树脂分哪两类？大孔吸附树脂吸附的原理是什么？

SQ9-2 大孔吸附树脂的特点有哪些？

第二节　离 子 交 换

离子交换法（ion exchange）是使用合成的离子交换树脂等离子交换剂作为吸附剂，将溶液中的物质，依靠静电引力吸附在树脂上，发生离子交换过程后，再用适当的洗脱剂将吸附物从树脂上置换下来，进行浓缩富集，从而达到分离的目的，其是一种利用离子交换剂与溶液中离子之间所发生的交换反应进行固-液分离的方法。另外，离子交换法的特点及应用详见 **EQ9-5 离子交换法的特点及应用**。

EQ9-5 离子交换法的特点及应用

一、基 本 概 念

用一种带有可交换的 B 离子的不溶载体 RB，与含有 A 离子的溶液接触时，溶液中

的 A 离子进入载体与 R 结合，而 B 离子脱离载体而进入溶液中，该反应过程可表示为

$$RB+A \Longrightarrow RA+B \tag{9-8}$$

这种溶液和不溶物间交换离子的过程称离子交换过程，能与溶液中离子进行交换的物质称离子交换剂。上式中 A、B 为带同种电荷的离子，即同为带正电荷的阳离子或同为带负电荷的阴离子。阳离子交换反应和阴离子交换反应可分别表示为

$$R^-B^+ + A^+ \Longrightarrow R^-A^+ + B^+ \tag{9-9}$$

$$R^+B^- + A^- \Longrightarrow R^+A^- + B^- \tag{9-10}$$

离子交换反应是按离子等当量进行的。每当溶液中的离子被吸附到交换剂上，必然有等当量的同符号的离子从交换剂转入溶液。例如，链霉素（以 Str 表示）是三价阳离子，一个 Str 可取代三个钠离子。

$$3RCOONa + Str^{3+} \Longrightarrow (RCOO)_3Str + 3Na^+ \tag{9-11}$$

离子交换反应是可逆反应，在一定条件下被交换吸附的离子又可以被置换出来而得到分离；同时使离子交换剂又恢复到原来的离子形式而得到再生。离子交换剂通过交换和再生可以反复使用。离子交换剂是指在溶液中，能与溶液中阳离子或阴离子进行交换的不溶性物质的统称，即离子交换剂和周围溶液中的其他离子发生交换而不会使其本身结构发生物理变化。广义的离子交换剂呈固态和液态，一般常用的为固态。

离子交换剂母体上的离子是阳离子或阴离子。阳离子交换剂是由大分子或聚合物形式的负电荷阴离子和可移动的阳离子构成，阴离子交换剂的构成则相反。离子交换剂的母体可以是无机材料、复杂的天然有机材料或结构相对简单的合成高分子材料。天然无机离子交换剂的发现和应用最早，合成的离子交换剂应用最广。以天然多糖，如纤维素、葡聚糖、琼脂糖等天然有机大分子为骨架，通过对多糖上的羟基进行化学改性制得的离子交换剂，主要用于生化物质分离和酶的固定化。

二、离子交换剂

（一）离子交换剂的组成

有机高分子离子交换剂，包括合成离子交换剂和天然有机大分子离子交换剂，通常是典型的凝胶，一般统称为离子交换树脂。它是一类带有功能基的网状结构的有机高分子化合物，其结构由三部分组成：不溶性的三维空间网状骨架，固定在骨架上的不能自由移动的功能基团（活性基团），功能基团所带的相反电荷的可交换离子（活性离子）。

从电化学的观点来看，离子交换树脂是一种水不溶性的多价电解质。惰性不溶的网络骨架与功能基团是连成一体的，不能自由移动，统称为母体。活性离子则可以在网络骨架和溶液间自由迁移。当树脂浸于水溶液中时，树脂上的活性离子可以与溶液中的同电性离子，按与树脂功能基的化学亲和力不同产生交换。

功能基团的性质是决定离子交换树脂性能的第一因素。阳离子交换树脂骨架上功能基团为磺酸（—SO₃H）、羧酸（—COOH）等酸性功能基。将树脂浸于水中时，交换部分可如普通酸一样发生电离。以 R 表示树脂的骨架部分，阳离子交换树脂 RSO_3H 在水中时的电离如下：

$$RSO_3H \Longrightarrow RSO_3^- + H^+ \tag{9-12}$$

RSO_3H 型的树脂易电离，具有相当于盐酸或硫酸的强酸性，称为强酸性阳离子交换树脂。而 RCOOH 型的树脂类似有机酸，较难电离，具有弱酸的性质，因此称此为弱酸性阳离子交换树脂。

阴离子交换树脂骨架上结合有伯胺基、仲胺基、叔胺基、季铵基等功能基团。其中，以季铵基上的羟基为交换基的树脂具有强碱性，称为强碱性阴离子交换树脂。用 R 表示树脂中的聚合物骨架时，强碱树脂在水中会发生如下的电离。

$$RN^+(CH_3)_3OH^- \rightleftharpoons RN^+(CH_3)_3 + OH^-$$

（9-13）

具有伯胺基、仲胺基、叔胺基的阴离子交换树脂碱性较弱，称为弱碱性阴离子交换树脂。

（二）离子交换树脂的分类

离子交换树脂有多种分类方法。可按树脂骨架的主要成分进行分类，如聚苯乙烯型树脂、聚丙烯酸型树脂、环氧氯丙烷型树脂、多乙烯多胺型树脂、酚醛型树脂等；按骨架的物理结构分类，可分为凝胶型树脂（亦称微孔树脂）、大网格树脂（亦称大孔树脂）及均孔树脂（亦称等孔树脂）；按活性基团分类，分为含酸性基团的阳离子交换树脂和含碱性基团的阴离子交换树脂；由于活性基团的电离度强弱不同，又可按功能基团的酸碱强弱程度进一步细分为强酸（—SO$_3$H）、中强酸（—PO$_3$H$_2$）、弱酸（—COOH）阳离子交换树脂，强碱（—N$^+$R$_3$）、弱碱（—NH$_2$，—NRH，—NR$_2$）阴离子交换树脂。由于活性基团决定了树脂的主要交换特性，因而按活性基团分类最为常用。

（三）性能指标

树脂的性能一般按照树脂颜色、粒度、密度、孔结构、比表面积、交联度和交换容量等指标分别进行说明。

1. 树脂颜色　离子交换树脂因类型、生产工艺、使用条件及污染变质等情况不同，有白、黄、褐、棕、灰、红、黑等多种颜色。新购树脂时，观察树脂颜色可初步了解树脂纯正程度等一般情况。在树脂使用中，定期观察树脂颜色的变化可以辅助了解树脂性能变化情况。

2. 粒度　树脂除因特殊用途而制成膜状、棒状、粉状、片状、纤维状外，大多被制成球形颗粒。干颗粒的直径为 0.04～1.2mm。离子交换树脂颗粒大小的选择取决于使用的场合。粒度越小，离子交换速度越快。但粒度越小，水流阻力越大，沉降速度越慢。在水处理过程中使用的树脂粒度一般为 0.3～2mm，而用于吸附生物大分子的离子交换剂的粒径较小，一般为 0.02～0.3mm。色谱用树脂粒度更小，为 20～50μm。

3. 密度　树脂的密度有多种表示方法，常用的如下所述。①树脂骨架密度：也称真密度，是指树脂骨架本身的密度。一般阳离子树脂密度为 1.2～1.4g/ml，阴离子树脂密度约为 1.2g/ml。其测定方法是用能与骨架相互浸润，能渗入树脂内部孔穴但又不与树脂发生溶胀作用的液体和比重瓶法。所用的液体一般为正庚烷、正己烷、环己烷，过去也有用甲苯的。②干树脂堆积密度：是指单位体积中树脂的质量，它包括树脂的颗粒间隙。其测量方法是将干燥至恒重的树脂装入小量筒中，小心敦实至体积不变，读出体积数，再求出堆积密度。③湿树脂的真密度：是指湿态离子交换树脂单位真体积的质量。这里的真体积，是指离子交换树脂湿颗粒本身固有体积，它不包括颗粒间的空隙体积。湿态离子交换树脂是指吸收了平衡水分，并经离心法除去外部水分的树脂。对任何已知的湿树脂来说，其真密度随交换基团的离子型式不同而变。一般阳离子交换湿树脂的真密度为 1.1～1.3g/ml，阴离子交换湿树脂约为 1.1 g/ml。④湿树脂的堆积密度：是指单位堆体积湿态离子交换树脂的质量。堆积体积是指离子交换树脂以紧密的无规律排列方式在容器中占有的体积，它包括树脂颗粒固有体积及颗粒间的空隙体积。湿态树脂的堆积密度一般为 0.6～0.85g/ml。对一定数量的湿态离子交换树脂来说，其堆体积受许多因素影响，如离子型式、粒度分布、树脂的堆积状态和量器直径。

4. 孔结构　树脂的孔结构，常用孔度、孔径等指标来表示，称为孔的结构参数。无机交换剂中，孔道均匀固定；有机树脂中，孔穴大小不均，方向不定。交换树脂的孔主要有两种结构：第一种是通过交联使大分子链间形成孔，称凝胶孔，一般小于 3nm，在溶胀时由于分子链的伸张孔变大，许多交联高聚物、葡聚糖等树脂都具有这类孔，交联程度增加，孔径变小；第二种是大孔树脂除凝胶型的微孔外在的毛细孔结构，这类孔的干态和湿态都存在，孔径为 0.1～50μm。

5. 比表面积　比表面积是多孔树脂重要的性能参数之一，是指单位质量树脂所具有的内外总表面积，单位为 m^2/g。凝胶型树脂的比表面积一般在 0.1m^2/g 左右，大孔树脂的比表面积为 1～

$1000m^2/g$。比表面积与孔结构密切相关。表面积测定方法有气体吸附法、压汞法、染料吸附法等。

6. 交联度 树脂交联度是离子交换树脂骨架结构的重要结构参数。它与树脂的交换容量、选择性、溶胀性、微孔尺寸、含水量、稳定性等密切有关。离子交换树脂的交联度一般是生产过程中所加入的交联剂的量，一般为 1%～20%，国内典型的商品为 7%，国外多为 8%。但是离子交换树脂的实际交联度可能比所示的交联度高，而且阳离子和阴离子交换树脂的交联度也有区别，这是因为在制造过程中会发生附加交联。

7. 交换容量 树脂交换容量的大小表明树脂所具有的交换能力。离子交换容量有质量交换量和体积交换量两种。其定义为一定质量或体积的离子交换树脂所具有的交换离子数量。质量交换容量又分干态和湿态两种。树脂的质量随被吸附离子而改变，应表明所处的离子型式，单位为 mmol/g。体积交换容量一般是对湿态离子交换树脂而言的，它表示单位堆积体积树脂的交换容量，单位为 mmol/ml。树脂的堆积体积也与树脂的离子型式有关，也应注明树脂的离子型式。

8. 滴定曲线 H^+型阳离子交换剂或 OH^-型阴离子交换剂可以认为是不溶性的酸或碱。可溶于水的酸或碱的离解会使 H^+浓度发生变化，但把上述树脂浸入纯水中却不能使纯水中的 H^+浓度发生变化。和可溶性的酸或碱一样，可以用碱或酸对它们进行滴定，得到 pH 滴定曲线。

9. 机械强度 离子交换树脂的机械强度是指树脂在各种机械力作用下抗破损的能力，包括树脂的耐磨性、抗渗透冲击性及其物理稳定性等。

10. 化学稳定性 树脂的化学稳定性包括 pH 稳定范围、热稳定性、抗氧化性、耐还原性、耐有机溶剂、耐辐射，以及抗有机物污染和微生物侵袭等多方面。

三、离子交换平衡

目前已提出了许多关于离子交换平衡理论，如膜平衡理论、吸附平衡理论、质量作用定律、离子交换的渗透理论等。

（一）离子交换树脂的选择性

离子交换树脂的选择性是指树脂对不同离子所表现出来的不同交换系数和吸附性能。选择性可用分离因数 α_B^A 来表征。例如交换反应

$$RB+A \rightleftharpoons RA+B \tag{9-14}$$

其分离因数为

$$\alpha_B^A = \frac{c_B c_{RA}}{c_A c_{RB}} \tag{9-15}$$

式中，α_B^A 值与离子的价态无关。

离子交换树脂的选择性与树脂本身所带功能基、骨架结构、交联度有关。一般来说，反离子价越高，越易吸附；水合离子半径（或体积）越小，越易吸附；树脂交联度越大，选择性越高。

（二）小离子交换平衡

离子交换树脂的交换反应与溶液中的置换反应相似，是按化学当量关系进行的。在离子交换中，当溶液中两种离子的浓度差较大时，就产生一种交换的推动力使它们之间发生交换作用，浓度差越大，交换速度越快。利用这种浓度差的推动力关系使树脂上的可交换离子发生可逆交换反应，如当溶液中的钠离子浓度较大时，就可把磺酸树脂上的 H^+交换下来，成为钠型。然后，如果把溶液变为浓度较高的酸时，溶液中的 H^+又能把树脂上的 Na^+置换下来，这时树脂就再生为 H^+型。其他离子交换树脂的交换反应与此相类似。通过这种可逆交换作用原理，加上树脂固定的功能基对不同离子具有不同的亲和性，使离子交换树脂能应用于离子的分离、置换、浓缩、杂质的去除等。

选择适当条件使一些溶质分子变成离子态,通过静电作用结合到离子交换剂上,而另一些物质能被交换,则这两种物质即可被分离。带同种电荷的不同离子虽都可以结合到同一树脂上,但由于带电量不同,与树脂的结合力不同,改变洗脱条件可通过先后被洗脱而达到分离的目的。

树脂对不同离子的交换能力差异可用选择系数 K_B^A 来表示,其数值等于树脂相和溶液相中交换的 A 和 B 离子对的摩尔分数之比,一定量的离子交换树脂与含有已知浓度的 A、B 离子的溶液进行交换,达到交换平衡后,树脂对 A 离子的选择系数 K_B^A 为

$$K_B^A = \frac{c_B c_{RA}}{c_A c_{RB}} \tag{9-16}$$

式中,c_A、c_B 是溶液相中 A、B 离子的平衡浓度;c_{RA}、c_{RB} 是树脂相中 A、B 离子的平衡浓度。K 值的大小,反映了树脂对 A、B 两种离子的相对亲和力。平衡过程也与溶液中离子价数有关,当 A、B 离子不等价时,如 A 为 2 价,B 为 1 价时

$$K_B^A = \frac{[RA] / [RB]^2}{[A] / [B]^2} \tag{9-17}$$

可见,树脂对某种离子的选择系数越高,对树脂的交换过程越有利;但对于树脂再生过程,选择系数越大,再生越困难。因此,在再生树脂时常采用改变再生溶液中离子浓度或改变 pH 的方法以降低选择系数,使树脂再生完全。K_B^A 值与离子的价态有关,这一点在概念上与 α_B^A 不同。

(三)两性分子的离子交换

氨基酸、蛋白质等两性分子在离子交换剂表面的吸附是其自身所带电荷、交换剂表面的电荷和溶液中特定电荷相互作用的结果。即根据两性分子的等电点和溶液的 pH 相对大小,整个分子带正电荷或净负电荷,并在阳离子或阴离子交换剂上发生吸附。在等电点 pI 时,净电荷为零。pH 距离 pI 越远,带电荷越多,因而在两性物质的离子交换过程存在着电离平衡和吸附平衡。

(四)生物大分子的离子交换

对于生物大分子的离子交换过程要复杂很多,与离子交换树脂的作用亦并非是简单的电荷作用。试验表明,达到平衡时,国产弱酸 101×4 树脂对链霉素的吸附量仅为 2.33mg/g,小于对无机离子的总交换量 9.35mg/g。因此可以认为树脂内部的活性中心,由于其空间排列的关系,并不是全都能吸附链霉素。树脂上的活性中心排列过密,其中一部分被链霉素离子遮住,而后来的链霉素离子就不能达到这些活性中心,因此实际上只有一部分活性中心可吸附链霉素。对于更大的离子,由于孔径的限制,也可能无法达到树脂内部的活性中心,同样使得吸附容量减小。

(五)平衡经验方程

在药物分子的离子交换分离过程中,离子交换平衡关系相当复杂,常以在树脂上的吸附量与溶液中浓度 c 的关系式表示。常见的离子交换平衡表达式有以下几种经验式。

1. 线性平衡关系

$$q = mc \tag{9-18}$$

此式适用于低浓度范围。

2. 双曲线型（Langmuir 型）

$$q = \frac{mc}{1 + nc} \tag{9-19}$$

此式适用浓度范围较广。

3. 幂函数型（Freundlich 型）

$$q = mc^{1/n} \tag{9-20}$$

式（9-18）至式（9-20）中，m、n是受体系、pH、温度等影响而与交换离子浓度无关的常数，由实验来确定。

四、离子交换反应速度

离子交换反应速度较溶液中互换反应速度慢，因为树脂与溶液接触进行的离子交换反应只有很少比例发生在树脂颗粒表面，更主要的是在颗粒内部进行。离子交换过程需经过五个步骤才能完成：①欲交换离子从溶液主体穿过树脂颗粒表面的液膜向颗粒表面扩散；②从颗粒表面向颗粒内部扩散，达到交换位置；③发生交换反应；④交换下来的离子从颗粒内部向颗粒表面扩散；⑤穿过颗粒表面的液膜，进入溶液。

在上述五个过程中，①和⑤为外扩散过程，②和④为内扩散过程，③为交换反应过程。一般情况下，交换反应速度较快，外扩散速度较慢，内扩散速度最慢，这就使得树脂交换反应比均相溶液中的离子互换反应缓慢。外扩散速度可以通过提高固体和液体之间的相对运动速度而得到提高。对于内扩散，尤其在树脂凝胶化密度高、离子体积大时，使离子的扩散更为缓慢，一般可通过减小颗粒粒度和增大内部孔径得到改善。

影响交换反应速度的因素除来自树脂因素（类型、交联度、粒度等）外，还与吸附物因素（电荷体积、结构等）及操作条件（pH、浓度、搅拌、温度等）有关。例如，离子半径越大，扩散速度越慢。因此，在工艺中必须要选择有利于交换的最佳条件。

五、离子交换设备与操作方式

离子交换过程通常包括：①待分离料液与离子交换剂进行交换反应；②离子交换剂的再生；③再生后离子交换剂的清洗等步骤。在进行离子交换过程的设计和树脂的选择时，既要考虑交换反应过程，又要考虑再生、清洗等过程。离子交换过程的本质与液-固相间的吸附过程类似，所以它所采用的操作方式、设备及设计过程等均与吸附过程相类似。离子交换设备按结构可分为罐式、塔式、槽式等；按操作方式可以分为间歇式、半连续式和连续式。

（一）搅拌槽间歇操作

搅拌槽是带有多孔支撑板的筒形容器，离子交换树脂置于支撑板上，间歇操作，过程如下。

1. 交换　将溶液置于槽中，通气搅拌，使溶液与树脂充分混合，进行交换，过程接近平衡后，停止搅拌，排出溶液。

2. 再生　放入再生液，通气搅拌，再生完全后，将再生废液排出。

3. 清洗　通入清水，搅拌，洗去树脂中残存的再生液，然后进入下一个循环操作。

这种设备结构简单，操作方便，但是分离效果较差，只适用于规模小、分离要求不高的场合。根据两相间接触方式的不同，离子交换设备又可分为固定床、移动床、流化床等。

（二）固定床离子交换设备

固定床是应用较为广泛的一类离子交换设备，它的构造、操作特性、操作方式和设计等与固定床吸附相似。在一定量再生剂的条件下逆流再生获得较高的分离效果，并具有设备结构简单、操作树脂磨损少等优点。在固定床中离子交换树脂的下部需要用多孔陶土板、石英砂等作为支撑。通常被处理的料液从树脂的上方加入，经过分布管均匀分布在整个树脂的横截面上。如果是用压力加料，则要求设备密封。料液与再生剂从树脂上方各自的管道和分布器分别进入交换器，树脂支撑下方的分布管便于水的逆流冲洗。离子交换柱通常用不锈钢等材料制成，管道、阀门等一般用塑料制成。通常有顺流和逆流两种再生方式，逆流再生效果较好，再生剂用量较少，但易造成树脂层的上浮。如果将阳离子、阴离子两种树脂混合起来，则可以制成混合离子交换设备。混合床应用于抗生素等产品的精制，可以避免采用单床时溶液变酸（通过阳离子柱时）及变碱（通过阴离子柱时）的问题，从而能够减少目标产物的破坏。单床及混合床固定式离子交换装置如图 9-13 所示。有些离子交换器既可用于固定床的操作，也可用于流化床的操作，具体可详见 **EQ9-6 可用于固定床和流化床的操作装置**。

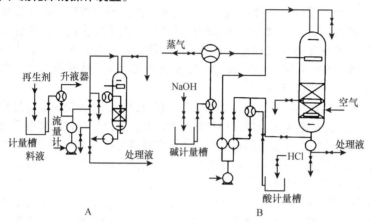

图 9-13　固定床离子交换装置的流程

A.单床；B.混合床

EQ9-6　可用于固定床和流化床的操作装置

（三）半连续式移动床离子交换设备

移动床过程属于半连续式离子交换过程。在此设备中，离子交换、再生、清洗等步骤是连续进行的。但是树脂需要在规定的时间内流动一部分，而在树脂的移动期间没有产物流出，所以从整个过程来看是半连续的，简化了阀门与管线，又将交换、再生、清洗等步骤分开进行。其操作过程为：待处理液进入处理柱后，树脂随待分离的料液一起在柱内流动，同时进行交换反应，树脂悬浮液流到中间循环柱，进行固-液分离，处理水外排。当再生信号发出，水处理系统内部分树脂进入饱和树脂存储柱，同时有再生好的树脂补充过来。然后，存储柱内的树脂进入再生柱再生。该装置可实现水处理，饱和树脂再生及再生后树脂返回等过程同时进行，从而达到连续产纯净水的目的。半连续式移动床离子交换系统的示意图如图 9-14 所示。

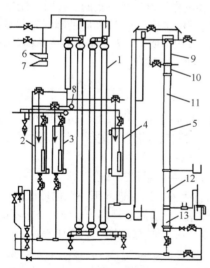

图 9-14　半连续式移动床离子交换系统

1.处理柱；2、3.中间循环柱；4.饱和树脂存储柱；5.再生柱；6~8.传感器；9.树脂计量段；10.缓冲液；11.再生段；12.清洗段；13.快速清洗段

（四）连续式离子交换设备

固定床的离子交换操作中，只能在很短的交换带中进行交换，因此树脂利用率低，生产周期长。如图 9-15 和图 9-16 所示，采用连续逆流式操作则可解决这些问题，而且交换速度快，

产品质量稳定，且连续化生产更易于自动化控制。其操作原理详见 **EQ9-7 连续式离子交换设备分类及工作原理**。

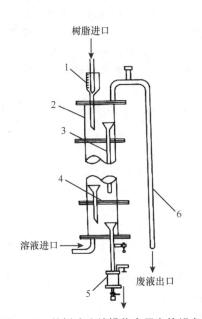

图 9-15　筛板式连续操作离子交换设备

1.树脂计量及加料口；2.塔身；3.漏斗形树脂加料口；
4.筛板；5.饱和树脂接收器；6.虹吸器

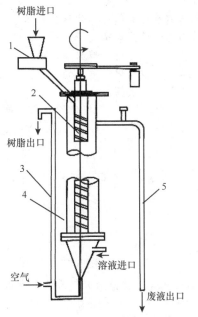

EQ9-7　连续式离子交换设备分类及工作原理

图 9-16　涡旋式连续操作交换设备

1.树脂加料口；2.具有螺旋带的转子；3.树脂提升器；
4.塔身；5.虹吸器

案例 9-2：离子交换技术应用实例——注射用苦参总碱工艺研究

目前苦参总碱常用的提取方法有溶剂提取法、离子树脂交换法（阳离子树脂交换法）、大孔树脂吸附法、超临界流体萃取法、超声波提取法、胶束提取法及近几年新提出的半仿生提取法。其中，离子树脂交换法因提取溶剂的不同又分为氯仿法、乙醇法。就苦参总碱而言，阳离子树脂氯仿萃取法所得苦参总碱收率高，薄层色谱特征与苦参药材在生物碱种类和相对含量上完全一致。以提取苦参总碱较好的阳离子树脂交换法为基础，设计三种不同苦参总碱生产工艺，进行药效、毒性等生物学指标和质量标准等理化指标的跟踪比较研究。挑选出药效最佳、毒性最低、各项理化指标最好的生产工艺，并以此类最佳指标为依据，重新确定苦参总碱的质量标准，这一标准可以达到对苦参总碱生产工艺、药效、毒性的高度控制，进而实现中药苦参的安全、有效、质量可控。

问题：查阅有关文献，根据苦参总碱的性质，选定有效的分离纯化方法，确定工艺路线，对设定的工艺路线进行分析比较，不仅要求技术上的可行性，还要体现经济性、环保性。

案例 9-2 分析讨论：

已知：根据案例所给的信息，待分离的物质是苦参总碱，先要查找苦参总碱的性质，根据苦参总碱的性质，选定几种有效的分离纯化方法。

苦参中的主要成分为生物碱，多数为喹诺里西啶类生物碱，极少数为双哌啶类生物碱，其中以氧化苦参碱和苦参碱含量居多。它们均含有以苦参碱（$C_{15}H_{24}N_2O$）为代表的骨架结构。

找寻关键：离子交换过程的关键是离子交换树脂的选择。

离子交换色谱（ion exchange chromatography, IEC）以离子交换树脂作为固定相，树脂上具有固定离子基团及可交换的离子基团。当流动相带着组分电离生成的离子通过固定相时，组分离子与树脂上可交换的离子基团进行可逆变换。根据组分离子对树脂亲和力不同而得到分离。

工艺设计：

（1）苦参总碱的三种提取纯化工艺：苦参总碱提取纯化工艺按照 2002 年纳入国家药品标准的苦参总碱质量标准制定。此种生产工艺是先将苦参粗粉经过酸水渗漉，渗漉液再通过事先处理好的阳离子交换树脂（732 型），经吸碱树脂倒出后干燥并经氨水碱化，再经氯仿回流提取，得膏状物，使用乙醇溶解，过滤，最后滤液减压回收乙醇，即得到苦参总碱。基于苦参生物碱与其杂质理化性质上的差异，将上述工艺在技术条件等方面考察后进行改进，最终确定三种提取工艺供筛选。

1）提取纯化工艺 Ⅰ：依据案例内容，单次阳离子交换的提取工艺流程如图 9-17 所示。

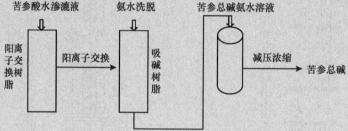

图 9-17　单次阳离子交换提取工艺流程

2）提取纯化工艺 Ⅱ：两次阳离子交换的提取工艺流程如图 9-18 所示。

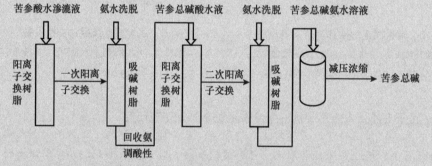

图 9-18　两次阳离子交换提取工艺流程

3）提取纯化工艺 Ⅲ：两次阳离子交换及一次阴离子交换的提取工艺流程如图 9-19 所示。

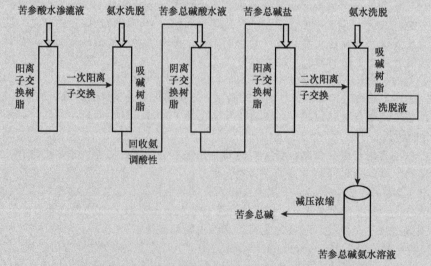

图 9-19　两次阳离子交换及一次阴离子交换提取工艺流程

（2）苦参总碱的提取工艺要点：通过对苦参总碱三种不同工艺的生物学指标（药效、毒性）和理化指标（质量标准）的比较研究，最终将各项指标最好的工艺确定为最佳的苦参总碱生产工艺。

最佳生产工艺确定为：苦参粗粉用 0.2% 的盐酸渗漉，渗漉液调至 pH=7，过滤，滤液通过 732 型阳离子交换树脂，吸碱树脂用 5% 的氨水洗脱，收集含生物碱的洗脱液（约树脂体积的 5 倍），减压回收氨，浓缩至膏状，加无离子水按药材重量 1∶5（W/V）溶解，溶液调至 pH=2，过滤，滤液体积为药材重量 0.5 倍，滤液通过 330 型阴离子交换树脂，流出液流速控制在 0.3BV/h，流出液通过 732 型阳离子交换树脂，吸碱树脂用 5% 氨水洗脱（约为树脂体积的 5 倍），洗脱液减压回收氨，浓缩至糖浆状，加水，调 pH 至 4，加活性炭适量，加热至沸，保持微沸 15min，趁热过滤，测定 pH 及含量，灭菌，分装，冻干，成品。

分析：

（1）几条工艺路线生物碱含量比较：依照国家标准对苦参总碱进行含量测定。结果表明，三种不同提取工艺所得到的苦参总碱含量差异显著，三种工艺分别为 60%、70%、85%，以工艺Ⅲ含量最高。

苦参碱、氧化槐果碱、氧化苦参碱为苦参总碱的三种主要生物碱，不同的提取方法会使各项成分发生不同程度的转变和破坏。因此，控制了它们的含量即可使苦参总碱的质量得到保障。依照文献中标准的含量测定方法测定，精密量取 10μl 供试品和对照品溶液在色谱仪中检测，检测结果显示，不同提取工艺所得三种主要生物碱的含量差异显著，其中工艺Ⅲ中主要生物碱的含量最高。

（2）不同工艺所得苦参总碱生物学指标（药效、毒性）的跟踪比较：对于 CCl_4 所致小鼠急性肝损伤而使血清中谷草转氨酶（AST）、谷丙转氨酶（ALT）水平升高，苦参总碱工艺Ⅲ各个剂量组均有显著地降低 AST 水平作用；工艺Ⅲ高剂量组还具有降低 ALT 水平作用；工艺Ⅰ、工艺Ⅱ仅高、中剂量组具有抑制 AST 水平作用，且各剂量组均无显著地降低 ALT 水平作用。

由上述三种不同工艺苦参总碱的小鼠急性毒性（LD_{50}）跟踪实验结果表明，工艺Ⅲ苦参总碱毒性最小。

注射工艺Ⅰ苦参总碱的豚鼠产生竖毛、抓鼻、颤抖过敏症状，注射工艺Ⅱ苦参总碱的豚鼠产生竖毛、轻微抓鼻过敏症状，注射工艺Ⅲ苦参总碱的豚鼠未出现竖毛、抓鼻、颤抖等过敏症状，表明工艺Ⅲ苦参总碱没有明显过敏反应发生，而工艺Ⅰ与工艺Ⅱ苦参总碱有部分过敏症状产生。

药效跟踪比较研究结果显示，工艺Ⅲ苦参总碱抗 CCl_4 所致急性肝损伤效果最好；毒性、过敏试验等跟踪比较研究表明工艺Ⅲ苦参总碱毒性等不良反应最小，因此确定工艺Ⅲ为最佳工艺。

（3）与生产工艺、药效、毒性相关的苦参总碱质量标准的重新确定：由苦参总碱三种不同工艺的生物学指标（药效、毒性）和理化指标比较研究而确定的最佳生产工艺Ⅲ，其得到的苦参提取物在药效、毒性、理化性质等方面有其本身的固有属性，即药效最佳、毒性最小、理化性质指标最好，这体现了苦参总碱生产工艺、药效、毒性同质量标准高度的相关性。因此，将苦参总碱生产工艺的各项参数及此工艺所得提取物特有的生物学指标（药效、毒性）和理化指标为依据，可对原来的苦参总碱质量标准进行修订，有助于出台新的质量标准，以达到对苦参总碱生产工艺、药效、毒性的高度控制，进而实现中药苦参用药的安全、有效、质量可控。

评价：生产工艺决定中药的药效、毒性及各项理化指标。通过上述三种不同生产提取工艺所得苦参总碱对生物学指标（药效、毒性）及各项理化指标的跟踪比较，可以知道，生产工艺的不同会对药物药效、毒性、理化指标等方面产生不同的影响，即生产工艺决定中药的药效、毒性及各项理化指标。因此，将苦参总碱生产工艺的各项参数及此工艺所得提取物特有的生物学指标（药效、毒性）和理化指标为依据，可对原来此种中药的质量标准进行修订，有助于出台新的质量标准，使生产工艺的执行受到严格限制。

小结：

（1）采用阳离子交换树脂对苦参中的生物碱进行分离纯化，能获得较好的分离纯化效果，该方法也非常成熟。

（2）由于苦参生物碱多为叔胺类生物碱，碱性较弱，为保证生物碱吸附完全，实验选择了强酸性阳离子树脂作为吸附树脂。

（3）结合阳离子树脂交换法纯化生物碱的特点，以酸水渗漉液直接上柱纯化，不仅减少了提取液中的杂质含量，而且大大简化了生产操作，有利于实现流程化操作。

（4）氨水洗脱时放热，树脂受热膨胀，体积增大 5%～20%，而生物碱有机大离子以树脂表面的离子交换为主，可能进入树脂膨胀形成的空隙中，不易被洗脱。

（5）对阳离子树脂交换法洗脱过程的系统研究不够，缺少对不同类型生物碱在离子树脂上的吸附 → 洗脱机制的认识，如洗脱剂种类、流速及洗脱方式（动态洗脱、静态洗脱、动静结合间歇洗脱）等的参数尚不能明确。

学习思考题（study questions）

SQ9-3 新树脂使用前为什么要进行预处理？

SQ9-4 离子交换技术的原理是什么？

练习题

9-1 常用的吸附剂有哪些？各有何特点？

9-2 吸附剂的哪些特征会影响吸附过程？

9-3 常见的吸附分离设备有哪些？

9-4 根据活性基团的不同，离子交换剂可分为几大类？

9-5 影响离子交换树脂的选择性的因素有哪些？

9-6 常见的离子交换分离设备有哪些？

9-7 吸附与离子交换技术在制药领域中有哪些主要的应用？

第十章　色谱分离技术

1. 课程目标　掌握色谱分离原理，熟悉色谱分离过程的基础理论与色谱分离过程的特点，熟悉典型制备色谱工艺及其应用，使学生能应用色谱基础知识和色谱工艺方法分析色谱分离中碰到的实际问题。了解色谱分离的分类、发展与应用状况，通过以上系统的学习，培养学生从经济可行、安全环保的角度出发，应用色谱分离的基本知识及色谱分离方法，解决色谱分离中碰到的实际问题。

2. 重点和难点

重点：色谱分离原理、基础理论和特点；典型制备色谱工艺及其应用。

难点：模拟移动床色谱、扩展床色谱基本原理。

第一节　概　　述

一、色谱法的分类

色谱技术的应用范围已越来越广泛，各种新的色谱分离技术也不断出现，分类方法也有很多种，一般可按流动相、固定相两相的状态、操作方式、分离机制和使用目的进行分类，这些分类相互交叉甚至部分重叠，如表 10-1 所示。

表 10-1　色谱法的分类、特点及应用

分类方式	类型	类型的基本特点或分离的基本原理	典型的名称及应用
按流动相与固定相分类	气相色谱法（GC）	流动相的分子聚集状态分别为气体、液体和超临界流体	
	液相色谱法（LC）		
	超临界流体色谱法（SFC）		
	气-固色谱法（GSC）	固定相的分子聚集状态分别为固体和液体	
	气-液色谱法（GLC）		
	液-固色谱法（LSC）		
	液-液色谱法（LLC）		
按操作方式分类	柱色谱法	一般柱色谱法、毛细管柱色谱法：柱子粗细不同	气相色谱法、高效液相色谱法及超临界流体色谱法等
		填充柱色谱法、开口柱色谱：固定相填充状况不同	
	平面色谱法	纸色谱法（PC）、薄层色谱法（TLC）及薄膜色谱法（TFC）等	
	逆流分配法		
按色谱过程的分离机制分类	吸附色谱法	所用固定相为吸附剂，靠样品组分在吸附剂上吸附系数（吸附能力）的差别而分离	
	分配色谱法	利用样品组分在固定相与流动相中的溶解度不同所造成的分配系数差别而分离	LLC 和 GLC
	尺寸排阻色谱法（SEC）	靠高分子样品的分子尺寸与凝胶的孔径间的关系即渗透系数差别而分离	凝胶渗透色谱法（GPC）及凝胶过滤色谱法（GFC）
	离子交换色谱法（IEC）	靠样品离子与固定相的可交换基团交换能力（交换系数）的差别而分离	氨基酸分析法（AA）及离子色谱法（IC）

分类方式	类型	类型的基本特点或分离的基本原理	典型的名称及应用
按色谱过程的分离机制分类	亲和色谱法	利用蛋白质或生物大分子与亲和色谱固定相表面上配位基的专属性亲和力进行分离	这种方法专用于分离与纯化蛋白质等生化样品
	化学键合相色谱法（BPC）	将固定相的官能团键合到载体表面，所形成的固定相称为化学键合相。用化学键合相的色谱法称为化学键合色谱法，简称键合色谱法	化学键合相可作为液液分配色谱法、离子交换色谱法、手性化合物拆分色谱法及亲和色谱法等色谱法的固定相
	毛细管电色谱法（CEC）	靠色谱与电场两种作用力，依据样品组分的分配系数及电泳速度的差别而分离	填充毛细管电色谱法、开口毛细管电色谱法，它快速、经济、应用广，是最有前途的分析方法之一
	毛细管电泳法（CE）	靠色谱与电场两种作用力，依据样品组分的分配系数及电泳速度的差别而分离	毛细管区带电泳（CZE）、胶束电动毛细管色谱（MECC）、毛细管凝胶电泳（CGE）及毛细管等电聚焦（CIEF）电泳等
按使用目的分类	分析用色谱	各类样品的分析；实验室使用色谱仪器和现场或便携式色谱仪	液相色谱，液液色谱，气相色谱，平板（薄层）色谱；实验室使用色谱仪器和现场便携式色谱仪
	制备用色谱	完成一般分离方法难以完成的纯物质制备任务	液相色谱，液液色谱，气相色谱，平板（薄层）色谱
	流程用色谱	为在线连续使用的色谱仪	主要用于化肥、制药、石油炼制及冶金工业过程的工业气相色谱仪

二、几种常用色谱法的比较

薄层色谱、气相色谱、高效液相色谱及纸色谱是四类广泛应用的色谱技术，它们各有优缺点及适用范围。总的来说，目前薄层色谱及高效液相色谱在医药行业应用最为广泛。薄层色谱的优点是设备和操作比较简单，展开速度快，应用范围及分析对象广，不论是无机物、有机物、生化制品、药物等都应用薄层色谱。从化合物的性质来看，小分子或大分子化合物，水溶性或非水溶性物质等各种类型物质的分离、精制、鉴定和定量都可用薄层色谱。高效液相色谱在定量的精确性和稳定性等方面比薄层色谱更好，但设备和费用较高。

气相色谱定量准确性高，但只适用于在一定温度（一般为 200～300℃）能气化的化合物，此限制了其应用范围。在有机化合物中只有 20%～30% 的产品适用，在制药及相关产品中比例较小，但气相色谱亦具有液相色谱不可取代的特点。

纸色谱是几种色谱中最廉价的一种，但是展开时间长，用来分离水溶性物质比较方便。表 10-2 对不同色谱在设备、适用对象等方面的差异进行了比较。

表 10-2　几种色谱方法的比较

项目	薄层色谱	气相色谱	高效液相色谱	纸色谱
设备	较简单	复杂	复杂	简单
分离对象	较广	能气化的物质，高温下不分解	较广	水溶性物质

续表

项目	薄层色谱	气相色谱	高效液相色谱	纸色谱
样品用量	n μg	0.01~1 μg	0.01~1 μg	n μg
检测灵敏度（g）	10^{-7}	10^{-10}	$10^{-12} \sim 10^{-8}$	10^{-5}
检测方法	以物质的化学特性或物理性质为基础的显色剂、扫描法	热导池氢火焰	紫外、可见荧光光谱、示差折光、电化学	以物质的化学特性或物理性质为基础的显色剂、扫描法
定量准确度	+	++	++	
定量重现性（%）	2~5	1	1	
展开及洗脱时间（min）	20~100	5~60	5~16	160~480

第二节 色谱法的基本原理

一、分离原理

色谱分离过程的实质是溶质在不互溶的固定相和流动相之间进行的一种连续多次的交换过程，它通过溶质在两相间分配行为的差异而使不同的溶质分离。不同组分在色谱过程中分离情况首先取决于各组分在两相间的分配系数、吸附能力、亲和力等是否有差异。图 10-1 是对 A、B 两组分的色谱分离过程原理的简单图示。

含 A、B 组分的混合物随流动相一起进入色谱柱，在流动过程中，各溶质组分在固定相（色谱柱中填料）和流动相之间分配，分配系数小的组分 A 不易被固定相滞留，较早流出色谱柱而被检测器检测；分配系数大的组分 B 在固定相上滞留时间长，较晚流出色谱柱，即混合物中各组分按其在两相间的分配系数不同先后流出色谱柱而分离。

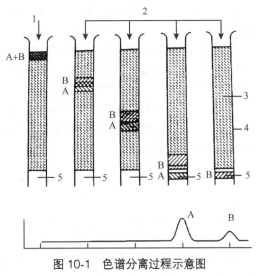

图 10-1 色谱分离过程示意图

1. 试样；2. 流动相；3. 固定相；4. 色谱柱；5. 检测器

分配系数的定义是：

$$K = c_s / c_m \qquad (10\text{-}1)$$

式（10-1）中，c 为溶质浓度，mol/L；下标 s 和 m 分别表示固定相和流动相。

二、固定相

色谱柱填料分为球形颗粒填料和不规则形状颗粒填料，前者具有较大的优势。其具有较高的机械强度，不易破碎，柱的装填重现性好，并可增加样品在柱中的渗透性，虽价格较高，但其使用寿命较长。选择合适的柱填料不仅应考虑其化学性质，还应考虑颗粒大小、色谱柱长度、操作压力等因素，才能得到较好的分离效果。其中，色谱分离过程中常用的柱填料有以下几种。

1. 硅胶及其衍生的固定相 大孔硅胶是最重要的色谱固定相，也被用于制备型键合固定相。根据制备方法的不同，可得到不同孔径、表面积及颗粒形状的吸附剂。对于制备型液相色谱，固定颗粒及大小已经由经典的无定形大颗粒（40~60μm 或更大）发展到目前的球形高效细颗粒（0~20μm 或更小），已经与分析用的固定相非常接近。

2. 活性炭 活性炭属于非极性吸附剂，以物理吸附为主，不同原料烧制成的活性炭性能上有些差异，主要可以吸附非极性和弱极性的有机气体和蒸气，其吸附容量大、吸附力强，但对水的吸附较少。因此，活性炭适合于采集有机气体和蒸气混合物，特别适用于在浓度低、湿度高的地点长时间采样。活性炭对于沸点高于 0℃的各种蒸气，在常温下均能有效吸附；对于沸点低于−150℃的气体，如氢气、氮气、氧气和一氧化碳气体等，活性炭在常温下几乎无吸附能力。

3. 离子交换树脂 离子交换树脂可分为强酸性阳离子交换树脂、弱酸性阳离子交换树脂、强碱性阴离子交换树脂和弱碱性阴离子交换树脂。离子交换树脂在湿法冶金中广泛采用，也用于葡萄糖和果糖的分离及蛋白质的分离与提纯。质子化的强离子交换树脂能用于分离高度氧化及脱水的二萜类化合物。

4. 大孔吸附树脂 大孔吸附树脂是单体在聚合过程中，同时加入适当的发泡剂聚合而成的球形颗粒，按其极性分为极性、非极性和中间极性三种类型。它具有化学稳定性和机械强度性能较好，吸附容量大和再生容易的优点，其应用十分普遍。多孔聚合物、大孔吸附树脂 Diaion HP-20 对于分离极性化合物十分有效。

5. 凝胶 根据凝胶的材料不同，可分为有机凝胶和无机凝胶。有机凝胶一般是交联的高聚物，根据其交联度的大小可以溶胀，柱的效率高，但易老化，热稳定性和机械强度都较差。无机凝胶的柱分离效率较差，但性能稳定，易于掌握。亲水性凝胶用于生化产品的分离，亲油性和两性凝胶适用于合成高分子材料的分离。

6. 手性固定相 常用的手性固定相主要是以下两类：一类是纯的手性有机聚合物或以其覆盖的多孔担体，包括寡糖和多糖、聚丙烯酸酯和由蛋白质衍生的固定相；另一类是通过对担体表面进行手性化学修饰所获得的物质，修饰剂包括氨基酸衍生物、冠醚、金鸡纳生物碱、碳水化合物、酒石酸衍生物、环糊精和双萘类化合物（典型手性固定相详见 **EQ10-1 具有代表性的手性固定相**）。

EQ10-1　具有代表性的手性固定相

三、色谱柱及柱技术

色谱柱是色谱技术的核心，因为无论应用哪种色谱方法，样品都是在色谱柱中实现分离的。制备型色谱柱尺寸大，且负载样品量大，因此制备色谱柱成为制备色谱柱的技术关键。色谱柱的性能依赖于三个因素：色谱柱装填方法、色谱柱设计和生产。以下重点介绍前两个因素。

（一）色谱柱装填方法

色谱柱装填方法一般有五种：高压匀浆填充、干法填充、径向压缩法、轴向压缩法和环状压缩法。而对于中型和大型制备色谱柱的装填主要采用后三种方法。轴向压缩法又分为动态轴向压缩法（DAC）和普通轴向压缩法，两者的区别在于：在 DAC 中，色谱柱在使用过程中仍保持一定的压力，从而处于压缩状态。其中，动态轴向压缩法的原理详见 **EQ10-2 动态轴向压缩法的基本原理**。

EQ10-2　动态轴向压缩法的基本原理

（二）色谱柱设计

色谱柱设计是影响色谱柱性能的关键因素。因为色谱柱的设计直接影响到能否在色谱柱中形成液体的平推流式分布。目前在工业规模的连续多色谱柱制备系统中，色谱柱多采用大直径、短柱式的"饼式"柱，其柱头结构与分析色谱柱完全不同，它的设计显得尤为重要。例如，在柱端口，当溶剂进入色谱柱后溶剂流速通常要降到原来的 1/200，因此要保证柱端的优化设计，首先利用流体力学模型进行模拟计算，达到最优柱端设计，然后再进行放大，以使被分离物质以"面进样"而不是"点进样"的方法分布在柱头截面上，形成平整的活塞流，减少谱带扩张。

四、色谱的主要检测器

检测器又称为鉴定器或检定器，是色谱仪器的重要组成部分。色谱检测器可以视为一个传感器，根据物质的物理或化学性质将从色谱柱内流动相流出的组分浓度或量的变化，转换成易于测量的电压和电流信号，信号的大小和组分的量成正比。

（一）气相色谱检测器

气相色谱检测器技术是气相色谱发展的主要动力。1952 年，最初的气相色谱检测技术采用自动酸碱滴定。热导检测器的出现使气相色谱技术迅速发展，时至今日已报道的气相色谱检测器已有很多种。具有实际使用价值的不多，常用的有氢火焰离子化检测器、热导检测器、电子捕获检测器和火焰热离子检测器等，其各自特点见表 10-3。

表 10-3　气相色谱检测器

检测器种类	优点	缺点	应用对象
氢火焰离子化检测器	成本低廉；通用性差；响应快	对永久性气体不产生信号；灵敏度较低	电离势比氢的电离势低的有机物
热导检测器	操作方便；不破坏样品；结构简单	载气气流波动对稳定性影响大	无机气体样品和有机样品
电子捕获检测器	灵敏度高；选择性高	设备昂贵	电负性物质，如卤素、硫、磷、氧的化合物
火焰热离子检测器	对氮、磷化合物有高选择性，灵敏度高	多用于分析，分离方面很少用	适合于农药、药物残留分析

（二）液相色谱检测器

在现代液相色谱中，要想连续地监测色谱柱流出物，灵敏的检测器是必不可少的。现用的液相色谱的检测器分为两种：一是普通检测器，它是测定流动相加入溶质后的某种物理性质的变化；另一种是溶质性质或选择检测器，它只对溶质的某些性质是灵敏的。液相色谱的主要检测器有紫外检测器、示差折光检测器和蒸发散射检测器等。表 10-4 就不同检测器的特点进行了比较。

表 10-4　液相色谱检测器的主要功能

检测器种类	优点	缺点	应用对象
紫外检测器	操作方便；线性范围宽；灵敏度高	异构体干扰性大	有紫外吸收的有机物、蛋白质、核酸等成分
示差折光检测器	可靠，容易操作；不破坏样品	难以用于梯度洗脱；灵敏度低；对温度变化敏感	溶质的折光指数和流动相有显著差异的成分
放射性检测器	选择性高	响应范围窄	放射标记物质
蒸发散射检测器	灵敏度高；稳定性好；通用型		任何挥发性低于流动相的成分
荧光检测器	灵敏度高；选择性好	检测受非目标荧光物质的干扰	具有对称共轭和非强离子化的化合物（氨基酸、维生素、多肽等）
电化学检测器	灵敏度高	应用范围窄	还原电性的化合物

第三节 色谱分离过程的理论基础

一、色谱分离基本术语

图 10-2 为典型的单一组分色谱图，现根据该图说明色谱分离中相关术语。

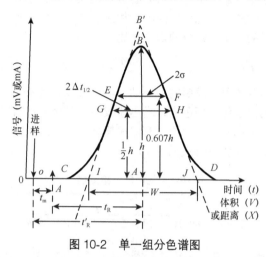

图 10-2 单一组分色谱图

（一）基线

色谱柱出口处连接一个检测器，能够记录下流经出口的溶质的浓度变化，当没有样品随流动相流进检测器时，检测器输出的电压或电流稳定，是一条平行于时间横坐标的直线，如图 10-2 中 CD 线所示。

（二）色谱峰高

组分从柱后洗出最大浓度时检测器输出的信号值，即色谱峰顶点向基线作垂线的距离，如图 10-2 中 AB 线所示。色谱峰高一般用毫伏（mV）、毫米（mm）或检测器输出的信号单位表示。

（三）色谱峰区域宽度

色谱峰的区域宽度是色谱流出曲线的一个重要参数，通常有三种表示方式。

1. 标准偏差 σ 色谱峰是一个对称的高斯曲线，在数理统计中用标准偏差 σ 来度量高斯曲线宽度。σ 是峰高 0.607 处峰宽度的一半，即图 10-2 中 EF 的一半。

2. 半峰高宽度 色谱峰高一半的宽度，亦称为色谱峰半高宽度。从峰高 1/2 处作平行于基线的直线，与峰两边交点的距离，即图 10-2 中 GH。

3. 色谱峰底宽 由色谱峰的两边的拐点作切线，与基线交点间的距离，即图 10-2 中 IJ。

（四）色谱峰面积

色谱峰面积 A 就是色谱曲线与基线间所包围的面积，即图中 CBD 内的面积。

（五）死时间

色谱柱中不保留成分流经色谱柱的平均时间定义为死时间，以 t_m 表示。

$$t_m = \frac{L}{u}$$

（10-2）

式（10-2）中，u 为流动相平均线速度；L 为色谱柱长。

（六）保留时间与保留体积

保留时间 t_R 与保留体积 V_R 是色谱柱淋洗曲线的两个基本参数，即自进样点至溶质峰最高点之间，流动相通过柱子的时间及相应的体积。

（七）分离因子

分离因子 a 用以表征两种不同的溶质在色谱柱中的分离过程，定义如下：

$$a = \frac{t_B - t_m}{t_A - t_m} \qquad (10\text{-}3)$$

式（10-3）中，t_m 为色谱柱的死时间，t_A 为组分 A 的保留时间；t_B 为组分 B 的保留时间。

（八）分离度

分离度为两峰间距离的两倍与其底宽之和的商，如图 10-3 所示，以 R 表示。

$$R = \frac{t_{R2} - t_{R1}}{\frac{1}{2}(W_{t2} + W_{t1})} = \frac{2(t_{R2} - t_{R1})}{W_{t2} + W_{t1}} \qquad (10\text{-}4)$$

式（10-4）中，t_{R1}、t_{R2} 为组分保留时间；W_{t2}、W_{t1} 为色谱峰底宽；R 是一个量纲为一的参数，两个溶质峰彼此离得越远分离就越好，且峰越尖锐、越窄，分离度越高，分离效果越好。

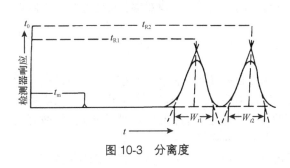

图 10-3 分离度

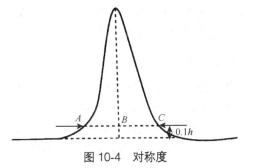

图 10-4 对称度

（九）对称度

对称度是用于描述色谱峰拖尾和前伸的程度，用 T_f 表示。如图 10-4 所示，T_f 定义为 AB 与 BC 的比值

$$T_f = \frac{AB}{BC} \qquad (10\text{-}5)$$

通常 $T_f = 1.2 \sim 1.4$，若 $T_f > 2$ 则峰不合格。造成色谱峰不对称的原因很多，如填料的热力学性质、色谱柱填充得不好、死体积和进样量过大等。在使用以硅胶为基质的高效液相色谱特别是反相色谱柱时，会因游离的硅羟基而导致非特异性吸附。对一些极性较强的溶质（如碱性物质）色谱峰会严重拖尾，甚至会因强吸附而不能洗脱。如果填料质量良好，那么峰不对称的主要原因是填充得不均匀和柱外死体积过大。

二、色谱法基本理论

（一）分配系数和分配比

1. 分配系数 K 分配色谱的分离过程经常用样品分子在两相间的分配来描述，而描述这种分配的参数称为分配系数 K。它是指在一定温度和压力下，组分在固定相和流动相之间分配达平衡

时的浓度之比。即

$$K = \text{溶质在固定相中的浓度／溶质在流动相中的浓度} = c_s / c_m \qquad (10\text{-}6)$$

分配系数是由组分和固定相的热力学性质决定的，它是每一个溶质的特征值，它仅与固定相和温度这两个变量有关，而与两相体积、柱管的特性及所使用的仪器无关。

2. 分配比 *k* 分配比又称容量因子，是指在一定温度和压力下，组分在两相间分配达平衡时，分配在固定相和流动相中的质量比，即

$$k = \text{组分在固定相中的质量／组分在流动相中的质量} = m_s / m_m \qquad (10\text{-}7)$$

k 值越大，说明组分在固定相中的量越多，相当于柱的容量越大，因此又称分配容量或容量因子。它是衡量色谱柱对被分离组分保留能力的重要参数。*k* 值也决定于组分及固定相热力学性质。

3. 分配系数 *K* 与分配比 *k* 的关系

$$K = k\beta \qquad (10\text{-}8)$$

式（10-8）中，β 称为相比率，它是反映各种色谱柱柱型特点的又一个参数。例如，对填充柱，其 β 值一般为 6～35；对毛细管柱，其 β 值一般为 60～600。

4. 分配系数 *K* 及分配比 *k* 与分离因子 *a* 的关系 对 A、B 两组分的选择因子，用下式表示。

$$a = k_A / k_B = K_A / K_B \qquad (10\text{-}9)$$

可见，若要使 A、B 组分完全分离，必须满足以下三点：两组分的分配系数必须有差异；区域扩宽的速率应小于区域分离的速度；在保证快速分离的前提下，提供足够长的色谱柱，前两点是完成色谱分离的必要条件。

（二）塔板理论

塔板理论假设：在柱内一小段长度 H 内，组分可以在两相间迅速达到平衡，这一小段柱长称为理论塔板高度 H；以气相色谱为例，载气进入色谱柱不是连续进行的，而是脉动式，每次进气为一个塔板体积（ΔV_m）；所有组分开始时存在于第 0 号塔板上，而且试样沿轴（纵）向扩散可忽略；分配系数在所有塔板上是常数，与组分在某一塔板上的量无关。

简单地认为：在每一块塔板上，溶质在两相间很快达到分配平衡，然后随着流动相按一个一个塔板的方式向前移动。对于一根长为 L 的色谱柱，溶质平衡的次数应为：

$$n = L / H \qquad (10\text{-}10)$$

式（10-10）中，*n* 称为理论塔板数。与精馏塔一样，色谱柱的柱效随 *n* 的增加而增加，随 H 的增大而减小。塔板理论指出：①当溶质在柱中的平衡次数，即理论塔板数 $n > 50$ 时，可得到基本对称的峰形曲线，在色谱柱中，*n* 值一般很大，如气相色谱柱的 *n* 为 103～106，因而这时的流出曲线可趋近于正态分布曲线；②当样品进入色谱柱后，只要各组分在两相间的分配系数有微小差异，经过反复多次的分配平衡后，仍可获得良好的分离；③*n* 与半峰宽及峰底宽的关系式为：

$$n = 5.54 \times (t_R / W_{1/2})^2 = 16 (t_R / W)^2 \qquad (10\text{-}11)$$

式（10-11）中，t_R 与 $W_{1/2}$（或 W）应采用同一单位（时间或距离）。从公式可以看出，当 t_R 一定时，如色谱峰越窄，则说明 *n* 越大，H 越小，柱效能越高。另外，塔板理论的资料详见 **EQ10-3 塔板理论的局限性**。

（三）速率理论

EQ10-3 塔板理论的局限性

1956 年荷兰学者范德姆特（van Deemter）等在研究气液色谱时，提出了色谱过程动力学理论速率理论。他们借鉴了塔板理论中板高的概念，并充分考虑了组分在两相间的扩散和传质过程，从而在动力学基础上较好地解释了影响板高的各种因素。该理论模型对气相、液相色谱都适用。Van Deemter 方程的数学简化式为

$$H = A + B / u + Cu \qquad (10\text{-}12)$$

式（10-12）中，u 为流动相的线速度；A、B、C 为常数，分别代表涡流扩散系数、分子扩散项系数和传质阻力项系数。

1. 涡流扩散项 A 在填充色谱柱中，当组分随流动相向色谱柱出口迁移时，流动相由于受到固定相颗粒的阻碍，不断改变流动方向，使组分分子在前进中形成紊乱的类似涡流的流动，故称涡流扩散。

由于填充物颗粒大小的不同及填充物的不均匀性，使组分在色谱柱中路径长短不一，因而同时进入色谱柱的相同组分到达柱口的时间并不一致，引起了色谱峰的变宽。色谱峰变宽的程度由下式决定。

$$A = 2\lambda d \qquad (10\text{-}13)$$

式（10-13）表明，A 与填充物的平均直径 d 和填充不规则因子 λ 有关，与流动相的性质、线速度和组分性质无关。为了减少涡流扩散，使用细而均匀的颗粒，并且填充均匀是十分必要的。

2. 分子扩散项 B/u（纵向扩散项） 纵向分子扩散是由组分浓度梯度造成的。当组分从柱入口进入后，其浓度分布的构型呈"活塞"状。它随着流动相向前推进，由于存在浓度梯度，"活塞"必然自发地向前和向后扩散，造成谱带展宽。分子扩散项系数为：

$$B = 2\gamma D_g \qquad (10\text{-}14)$$

式（10-14）中，γ 是填充柱内流动相扩散路径弯曲的因素，也称弯曲因子，它反映了固定相颗粒的几何形状对自由分子扩散的阻碍情况，D_g 为组分在流动相中扩散系数，分子扩散项与 D_g 成正比。

3. 传质阻力项 Cu 由于气相色谱以气体为流动相，液相色谱以液体为流动相，它们的传质过程不完全相同。

（1）气液色谱传质阻力系数（C）：包括气相传质阻力系数（C_g）和液相传质阻力系数（C_l）两项，即：

$$C = C_g + C_l \qquad (10\text{-}15)$$

气相传质过程是指试样组分从气相移动到固定相表面的过程，这一过程中试样组分将在两相间进行质量交换，即进行浓度分配。有的分子还未进入两相界面，就被载气带走；有的则进入两相界面又来不及返回气相。这样使得试样在两相界面上不能瞬间达到分配平衡，引起滞后现象，从而使色谱峰变宽。

液相传质过程是指试样组分从固定相的气液界面移动到液相内部，并发生质量交换，达到分离平衡，然后又返回气/液界面的传质过程。这个过程也需要一定的时间，此时，气相中组分的其他分子仍随载气不断向柱口运动，于是造成峰形扩张。

（2）液-液分配色谱传质阻力系数（C）：包含流动相传质阻力系数（C_m）和固定相传质阻力系数（C_s），即：

$$C = C_m + C_s \qquad (10\text{-}16)$$

式（10-16）中，C_m 又包含流动的流动相中的传质阻力和滞留的流动相中的传质阻力，即：

$$C_m = \omega_m d_p^2 / D_m + \omega_s d_p^2 / D_m \qquad (10\text{-}17)$$

式（10-17）中，右边第一项为流动的流动相中的传质阻力。当流动相流过色谱柱内的填充物时，靠近填充物物颗粒的流动相流速比在流路中间的稍慢一些，故柱内流动相的流速是不均匀的。这种传质阻力对板高的影响与固定相粒度 d_p 的平方成正比，与试样分子在流动相中的扩散系数 D_m 成反比，ω_m 是由色谱柱和填充的性质决定的因子。右边第二项为滞留的流动相中的传质阻力。这是由于固定相的多孔性，会造成某部分流动相滞留在一个局部，滞留在固定相微孔内的流动相一般是停滞不动的。流动相中的试样分子要与固定相进行质量交换，必须首先扩散到滞留区。如果固定相的微孔既小又深，传质速率就慢，对峰的扩展影响就大。式中 ω_m 是一常数，它与颗粒微孔中被流动相所占据部分的分数及容量因子有关。显然，固定相的粒度越小，微孔孔径越大，传质速率就越快，柱效就高。对高效液相色谱固定相的设计就是基于这一点考虑，液液分配色谱中固定相传质阻力系数（C_s）可用下式表示

$$C_s = \omega_s d^2_f / D_s \qquad (10\text{-}18)$$

式（10-18）说明试样分子从流动相进入固定液内进行质量交换的传质过程与液膜厚度 d_f 平方成正比，与试样分子在固定液的扩散系数 D_s 成反比。式中 ω_s 是与容量因子 k 有关的系数。

气相色谱速率方程和液相色谱速率方程的形式基本一致，主要区别在液液分配色谱中纵向扩散项可忽略不计，影响柱效的主要因素是传质阻力项。

4. 流动相线速度对板高的影响 流动相线速度对板高的影响主要从以下 3 个方面展开说明。

（1）LC 和 GC 的 H-u 图：根据 van Deemter 公式作 LC 和 GC 的 H-u 图，LC 和 GC 的 H-u 图非常相似，对应某一流速都有一个板高的极小值，这个极小值就是柱效最高点；LC 板高极小值比 GC 的极小值小一个数量级以上，说明液相色谱的柱效比气相色谱高得多；LC 的板高最低点相应的流速比起 GC 的流速亦小一个数量级，说明对于 LC，为了取得良好的柱效，流速不一定要很高。

（2）分子扩散项和传质阻力项对板高的贡献：在较低线速时，分子扩散项起主要作用；在较高线速时，传质阻力项起主要作用，其中流动相传质阻力项对板高的贡献几乎是一个定值；在高线速时，固定相传质阻力项成为影响板高的主要因素，随着速度增大，板高值越来越大，柱效急剧下降。

（3）固定相粒度大小对板高的影响：粒度越细，板高越小，并且受线速度影响亦小，这就是在高效液相色谱法中采用细颗粒作为固定相的根据。当然，固定相颗粒越细，柱流速越慢。只有采取高压技术，流动相流速才能符合实验要求。

三、高效液相色谱法

高效液相色谱法（high performance liquid chromatography，HPLC）是 20 世纪 60 年代末发展起来的一种以液体为流动相的色谱技术。高效液相色谱柱通常装填的固定相颗粒较小，一般为 5～10μm，所以产生很高的柱压，需使用压力很高的高压泵（一般最高达到 49×10^6Pa）才能使流动相在控制的流速下通过色谱柱。

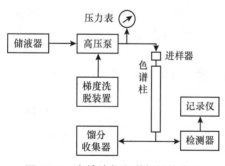

图 10-5 高效液相色谱仪结构流程

高效液相色谱仪主要由高压输液系统、进样系统、色谱柱分离系统、检测器和数据处理系统组成，见图 10-5。

液相色谱有正相和反相色谱之分，经典的液相色谱梯度洗脱装置是正相色谱，其使用的流动相的极性比固定相的极性小，溶质色谱柱分离后出来的先后顺序为：极性小的溶质先出峰，极性大的溶质后出峰。反相色谱中流动相的极性比固定相强，极性大的溶质的保留比极性小的溶质弱。反相液相色谱常用的固定相为非极性或弱极性的物质，使用的流动相通常是含有有机改性剂的水溶液，常用的有机改性剂有甲醇、乙腈和四氢呋喃等溶液。

第四节 放大策略、注意事项及案例分析

在将色谱过程从实验室规模放大到商业规模时，必须满足以下三点要求：①在小规模及中等规模研究时需对与设计有关的假设和数学模型进行验证。②考虑实际因素，给设计指标留下余量，

即在某项指标达不到预期值时整个系统仍能完成预分离任务，这个余量通常称为安全因子。③建立一个该色谱系统的经验数据系统，以供工作人员或供货者参考。色谱放大中的三个重要问题是色谱柱体积、体积通量（流速）与分离精度。大型色谱柱操作中的一个关键因素是介质颗粒尺寸。通常改进的 Ergun 方程可以预测装填尺寸均一的刚性颗粒的色谱柱压力降。

$$\frac{\Delta p}{L} = \frac{150u(1-\varepsilon)^2\eta}{d_p^2\varepsilon} + \frac{1.75pu(1-\varepsilon)}{d_p\varepsilon^3} \qquad (10\text{-}19)$$

式（10-19）中，Δp 为压力降；L 为柱长；u 为色谱柱表观速度；ε 为填料空隙率；ρ 为填料密度；d_p 为颗粒尺寸。此方程并不适用于压缩性强的固定相，具体可详见 **EQ10-4 改进的 Ergun 方程不适用于压缩性强的固定相**。

EQ10-4 改进的 Ergun 方程不适用于压缩性强的固定相

对于蛋白质分离，从实验室放大到商业规模的放大倍数有时可能并不大，此时或许通过调整色谱柱尺寸与操作条件就可以完成。放大过程必须考虑的四个色谱参数是柱体积、柱直径、表观速率或流量、采用梯度法时的梯度体积。这些参数的选择与放大后的样品量有关，具体内容参见表 10-5。

表 10-5 放大方法

参数	方法 1：颗粒尺寸不变	方法 2：颗粒尺寸改变	方法 3：多种因素平衡
柱体积	与样品体积成正比	与样品体积成正比：大规模分离所需的容量因子可能高于分析规模，从而导致分离精度下降	与样品体积成正比
柱长度	保持柱长不变，不增大峰宽；由 DLRM 模型可知，$Pe \ll 1$ 时（Peclet 简称 Pe，是滚流率与扩散速率之比），基础峰宽正比于柱长的 3/2 次幂，因此增大柱长会使产品稀释	由 DLRM 模型可知，此时若保证同样的分离精度则需要增大柱长度，增大值为 $(d_{p2}/d_{p1})^n$，n 为 1.415～2	根据直径的增大相应增大长度，以保持 L/D 不变
表观速率	保持不变或略有降低（例外的情形是：Δp 超过固定相推荐值时，表观速率需至少降低 10%）	保持不变或略有降低（例外的情形是：当 Δp 超过固定相推荐值时，表观速率需至少降低 10%）	保持 $Du\pi/\eta$
梯度体积	与样品体积成正比	与样品体积成正比	与样品体积成正比

一、放大方法 1（固定相颗粒尺寸不变）

保持柱长不变而增大柱直径与流速，从而保持恒定的表观速率是一种放大策略。在此情形下色谱柱压力降与色谱峰宽不增宽。许多商业化的色谱柱在其入口处采用了性能良好的液体流动分布器，使短粗色谱柱也具有良好的分离性能。值得指出的是，使用短色谱柱意味着缩短了保留时间，这也提高了分离效率。

使用多个色谱柱，并使每个色谱柱的操作状态错开，就可以形成连续循环处理。低固定相用量与快速循环的组合将会提高单位体积固定相的分离产量，满足成本与产品稳定性要求（固定相价格是比较昂贵的，而某些生物产品的活性在分离过程会持续降低）。

通常推荐采用逐级放大的方法来进行色谱柱的放大。例如，在蛋白质色谱中，建议每次提高上样量 500μg 左右。作为一种经验法则，色谱柱的尺寸在放大过程只增大一个数量级。这种逐级放大可能费用昂贵，而且如果该公司要加快产品上市速度以保持竞争力时，采用此方法有可能难以达到要求。为确定一次放大两个数量级是否可行，设计者应该在小规模水平上进行深入的研究。

二、放大方法 2 (增大固定相颗粒尺寸)

这里仅介绍一种描述色谱柱性能是如何随其规模变化的方法。增大颗粒尺寸将会使单位体积固定相的表面积减小，而固定相内扩散路径长度也随颗粒直径的增大而延长。因此，柱长度必须随颗粒尺寸的增大而延长（或者必须降低液相表观速率）。

当 $Pe \ll 1$ 时（溶质为大分子时的典型情况）应用 DLRM 模型，可以假定峰的分离度正比于 Peclet 准数的平方根，即

$$R \alpha Pe^{1/2} \alpha \left(\frac{L}{u} \right)^{0.5} \frac{1}{d_p} \qquad (10\text{-}20)$$

为在相同的表观速率下保持相同的分离度，柱长必须延长，其变化的方程如下

$$L_2 = L_1 \left(\frac{d_{p2}}{d_{p1}} \right)^2 \qquad (10\text{-}21)$$

当 Pe 很大时，分离度取决于速率参数 b，于是

$$R \alpha \left(\frac{L}{u} \right)^{0.5} \frac{1}{b^{0.5}} \qquad (10\text{-}22)$$

对液膜阻力控制有

$$L_2 = L_1 \left(\frac{d_{p2}}{d_{p1}} \right)^{1.415} \qquad (10\text{-}23)$$

对孔内扩散控制有

$$L_2 = L_1 \left(\frac{d_{p2}}{d_{p1}} \right)^2 \qquad (10\text{-}24)$$

在液膜阻力或孔内扩散控制中，除色谱柱长度和颗粒尺寸外其他参数均保持恒定。上述分析和其他经验性分析均指出，柱长随颗粒的增大而呈指数增长，指数在 1.415～2。显然在任何情况下，色谱柱长必须随色谱柱体积的增加而增长。

三、放大方法 3 (凝胶渗透与开关循环方法)

在凝胶渗透色谱中，有两个比率必须保持恒定，以确保洗脱模式不变。这种守恒方法中应该使动态参数不变。同样的策略可以应用于洗脱-吸附循环系统，使比值 L/D，$Du\pi/\eta$ 保持恒定。不过，此方法没有考虑颗粒尺寸的增大问题。如果我们假定 Peclet 准数也保持恒定，颗粒尺寸就受到限制，因为 Pe 由下式给出

$$Pe = \frac{192 L D_{\text{mobile}}}{u / d_p^2} \qquad (10\text{-}25)$$

式（10-25）中，如果 u/d_p 保持不变，颗粒尺寸必须随着表观速率的增大而增大。

这种方法对凝胶渗透色谱而言仅是一种建议，而且必须进行实验验证以保证它的有效性。当固定相吸附溶质的速率控制步骤是溶质到颗粒表面的传质而非固定相孔内的扩散时，此方法可以用于色谱技术。

案例 10-1：柱色谱技术应用实例——西洋参茎叶皂苷的提取分离

西洋参茎叶来源于是西洋参（*Panax quinquefolium* L.），资源丰富。由于西洋参茎叶所含的主要活性物质——人参皂苷在种类上与主根基本一致，含量上明显高于其他药用部位，因

而西洋参茎叶可以作为人参皂苷的可靠来源，具有较高的开发利用价值。对西洋参茎叶皂苷类化学成分进行研究，探索其物质组成，为药理活性实验提供原料，进而为西洋参茎叶的有效开发利用和扩大西洋参药源提供理论支撑。

问题：如何选定有效的提取分离纯化方法，将西洋参茎叶皂苷从药材中分离出来。

案例 10-1 分析讨论：

已知：西洋参的化学成分包括人参皂苷类、多糖类、脂肪酸类、挥发油类等，其中人参皂苷被认为是西洋参的主要活性成分，西洋参中的人参皂苷与人参中的人参皂苷种类大体一致，但含量上则有明显差别，主要区别包括西洋参中人参皂苷 Re/Rg1 含量比值较大，而人参中的 Rg1/Re 含量比值较大；西洋参中不含人参皂苷 Rf，而奥克梯隆型皂苷为其特有成分。

找寻关键：选择合适的方法，进行人参皂苷的分离。

工艺设计：利用大孔树脂柱吸附、萃取等提取方法；利用反复硅胶柱色谱、反相 C-18 柱色谱、高效液相色谱、薄层色谱等分离方法；利用滤过、重结晶等纯化方法。

（1）总皂苷的提取：西洋参茎叶（干燥）4kg，水提 3 次，合并提取液，减压浓缩后经大孔树脂柱层析，依次以水、75%乙醇、90%乙醇作为洗脱剂洗脱，并分别收集各洗脱液。将75%乙醇洗脱液经减压浓缩，真空干燥得到西洋参茎叶总皂苷约 300g。

（2）总皂苷的分离：将提取得到的西洋参茎叶总皂苷 300g，利用反复硅胶柱色谱、反相 C-18 柱色谱、薄层色谱、高效液相色谱、反复重结晶等分离纯化手段，分离得到 12 种皂苷类单体化合物，其分离过程如图 10-6 所示。

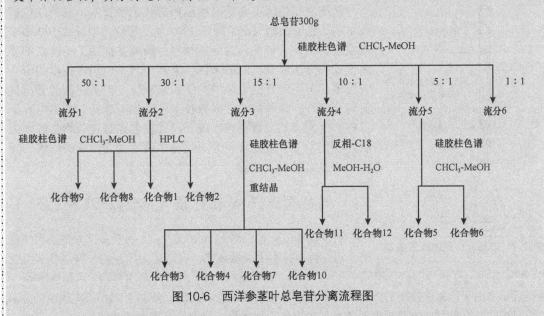

图 10-6　西洋参茎叶总皂苷分离流程图

分析：人参皂苷的提取分离方法除经典的传统方法（煎煮法、浸渍法、回流法等）之外，近代发展起来许多简便而高效的新方法，并经过不断优化，这些新方法逐渐运用于人参皂苷研究中。人参皂苷的分离通常使用固相-液相柱色谱。样品经过甲醇或乙醇的一次或几次提取，经真空干燥收集合并提取物。悬浮在水中的残渣通过有机溶剂分成不同溶剂溶解的几个部分，例如，正己烷层、乙酸乙酯层、正丁醇层和水层。正己烷层为高分子和油溶性杂质。其他部分经过以梯度溶剂系统洗脱的大孔树脂柱色谱和硅胶柱色谱进而再分成小部分。各小部分继续通过正相硅胶柱色谱、反相硅胶柱色谱、凝胶柱色谱以不同溶剂系统梯度洗脱分离。分离得到的物质可通过制备液相色谱纯化，其结构可由化学方法和光谱学方法测定。

评价和小结：柱色谱主要包括吸附色谱和分配色谱。吸附色谱又称"液-固相色谱"，流动相是液体，固定相是吸附剂（如活性炭、硅胶等）。当多成分的溶液渗过装有细粉多孔吸附剂的柱体时，由于吸附剂对各成分的吸附力不同，产生选择性吸附。以适当洗脱液淋洗时，各成分在各层吸附剂与洗脱液之间不断重复吸附与解吸附过程，使各成分逐步分离。吸附色谱在生物技术领域有比较广泛的应用，生物碱、萜类、苷类、色素等次生代谢小分子物质常采用吸附色谱或反相色谱进行分离。吸附色谱在天然药物的分离制备中也占有很大的比例。反相液相色谱柱效高、分离能力强、保留机制清楚，是液相色谱分离模式中使用最为广泛的一种，对于生物大分子、蛋白质及酶的分离分析，反相液相色谱正受到越来越多的关注。

学习思考题（study questions）

SQ10-1 硅胶吸附柱色谱的原理是什么？

SQ10-2 分配柱色谱的原理是什么？

第五节　常用制备色谱工艺及其应用

一、常压液相色谱

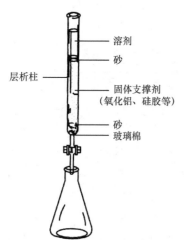

图 10-7　经典柱色谱操作示意图

常压液相色谱主要是采用经典的柱色谱技术，经典柱色谱技术源于色谱创始人茨维特于 1903 年的工作，但经过 100 多年的发展，出现了许多新的分离材料，研究并探明了一些新的分离模式和分离原理。总的来说，直到今日，应用该技术的研究者很多，但不断研究该领域的学者却较少，因为除新的分离材料的合成外，该领域的大多数技术已经趋于成熟。从国内外学术期刊上发表的文章不难发现，经典柱色谱是在药物合成和天然药物化学等一般的常规分离制备中应用最为广泛的技术，其操作过程如图 10-7 所示。

二、制备型加压液相色谱（含高压液相色谱）

制备型加压液相色谱（Pre-PLC），区别于靠重力驱动的柱色谱。它是目前技术手段最成熟、应用最为广泛的一种制备分离技术。它有多种可供选择的分离模式（反相、正相、离子交换、体积排斥、疏水作用、亲和色谱等）。而且近年来由于压缩柱技术的出现，特别是动态轴向压缩技术出现，使其可以完成大规模的分离工作。因此，制备型加压液相色谱技术在生物化工和制药工业中具有重要的地位。

（一）基本操作原理

制备型加压液相色谱一般为间歇式操作，以间歇式进行加样，即样品进入色谱系统后，必须完全流出色谱柱后才能进行下一次的分离纯化过程。它的系统装置组成如图 10-8 所示。

样品溶液从色谱柱柱顶端加入色谱柱中，用泵连续输入流动相，样品溶液中溶质在流动相和固定相之间进行扩散传质，由于溶质各组分在两相间的分配情况不同，造成各组分在柱中移动速度不同而得到分离。色谱柱出口流出液经检测器检测，通过色谱工作站将流出液的浓度变化以色谱峰的形式进行描述，根据依次流出色谱柱的色谱峰对流出液中各组分进行收集。

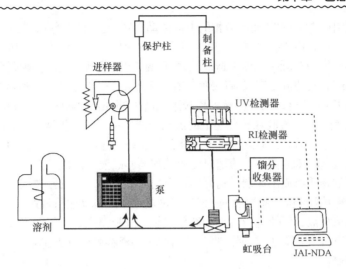

图 10-8　制备型加压液相色谱系统装置组成

（二）动态轴向压缩色谱

动态轴向压缩（dynamicaxialcompression，DAC）色谱是制备型加压液相色谱大规模应用的一种类型。

动态轴向压缩色谱柱法源于 Godbille 等的研究工作，所采用的设备是一套不同于传统匀浆法的新型色谱设备（图 10-9）。其基本原理是：移动活塞 4 至柱 1 的最底端，把上端的盖子（由图 10-9 中 2、3 组成）移开，将填料匀浆倒入空腔 9 中，再将盖子移回图中所示位置并固定到法兰 8 上，利用千斤顶施加压力给传动轴，压缩活塞向柱顶移动。由于柱两端分别有多孔板 6 和 5，可使管内气体或液体透过而阻止填料微粒通过，当床层内的匀浆受到一定压力时，微粒就会在空腔 9 中堆实，而调浆溶剂从多孔板通过，由导管 7 输出柱外。由于填料微粒被均匀、连续地堆实，因而获得好的柱性能。在整个色谱柱使用过程中，柱内始终保持一定压力，从而保持床层稳定（微粒不移动位置）均匀且没有空隙形成。将盖子移开，用活塞 4 压挤固体床层，使填料微粒移出柱体，以更换新的填料。其中，动态轴向压缩色谱柱的相关特点和应用详见 **EQ10-5 动态轴向压缩色谱柱的优点及应用实例**。

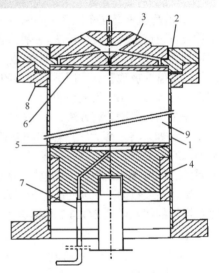

图 10-9　动态轴向压缩色谱柱剖面图

EQ10-5　动态轴向压缩色谱柱的优点及应用实例

三、扩展床吸附色谱

扩展床吸附色谱（expanded bed adsorption，EBA）是适应基因工程、单克隆细胞工程等生物工程的下游纯化工作需要而发展起来的一项色谱技术。近来，随着基因工程技术的发展和广泛使用，色谱技术逐渐成熟起来，而且应用越来越广泛。

扩展床吸附色谱的工作原理与一般的吸附色谱相同，扩展床吸附色谱通过装填的凝胶颗粒上结合的功能基团与目标生物分子进行亲和吸附、静电吸附、疏水作用、金属螯合作用等产生吸附力，从而达到分离纯化目标生物分子的目的。但 EBA 色谱的工作过程与一般吸附色谱不同，在

EBA 色谱分离过程中，凝胶颗粒随着液相的上向流动而缓慢上升，凝胶颗粒间的间隙逐渐扩大，凝胶柱的床层逐渐扩展，由于凝胶颗粒间的间隙扩大，使样品中的细胞、细胞碎片、颗粒等有形物质能够流穿而不会堆积在凝胶柱床上造成堵塞。可见 EBA 色谱与固定柱吸附色谱相比具有相对的流动性，而与传统意义的流化床又有区别。EBA 色谱分离过程是柱床扩展过程，因此，这种色谱分离过程就称为 EBA 色谱，又称为流动柱吸附色谱（fluidized bed adsorption，FBA）。

　　EBA 色谱的分离过程：凝胶颗粒柱在上向流动液体作用下向上扩展，当上向液体流速与凝胶颗粒的沉降速度达到平衡时，凝胶颗粒处于平衡悬浮状态，这时形成稳态流动柱床。柱塞的位置处于柱床的顶部。接着将未经离心、澄清过滤等处理的样品液上向流动而得到冲洗，未被吸附的物质都流出床层，这时停止上向流动液体，凝胶颗粒沉降下来，柱塞也逐渐下降至沉降床层表面。然后以洗脱液下向流动进行洗脱，得到目标蛋白质的浓缩液，以便进行进一步纯化工作。洗脱完成后，用适当的缓冲液对柱床进行再生。其中，扩展床吸附色谱的相关资料可详见 **EQ10-6 扩展床吸附色谱拓展**。

EQ10-6　扩展床吸附色谱拓展

四、液-液高速色谱

　　液-液高速色谱也称高速逆流色谱法（high-speed counter current chromatography，HSCCC），又称反流色谱法或逆流分配法。一种多次液-液连续萃取的分离技术，可得到类似于色谱法的分离，也可视为不使用固体支持介质的液-液分配色谱法。它不使用固体支撑介质，色谱柱材料为空的聚四氟乙烯管或玻璃管。选用不相混溶的两相溶剂系统，其中一相作为固定相并依重力或离心力保留在柱中，另一相作为流动相。

　　作为一种色谱分离方法，HSCCC 与 HPLC 最大的不同在于其柱分离系统。如果将一套大家所熟知的制备 HPLC 系统的色谱柱部分用一台 HSCCC 的螺旋管式离心分离仪代替，即可构成一套 HSCCC 色谱分离系统，如图 10-10 所示。它包括储液罐、输液泵、色谱柱、检测器、色谱工作站或数据采集软件或记录器及收集器等组成部分。其中高速逆流色谱法的特点详见 **EQ10-7 高速逆流色谱法的优点及应用**。

EQ10-7　高速逆流色谱法的优点及应用

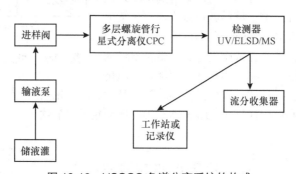

图 10-10　HSCCC 色谱分离系统的构成

五、制备色谱技术新进展

（一）模拟移动床色谱

　　模拟移动床（simulated moving bed，SMB）色谱是连续色谱的一种主要形式，是现代化工分离技术中的一种新技术。早在 20 世纪 60 年代就由美国工程公司 UDP 把逆流色谱的概念引入

Sorbex 家族的 SMB 工艺并使之商业化，从而作为一种工业制备工艺取得了长足的发展。在 20 世纪 70~80 年代，SMB 色谱主要用于石油及食品的分离。20 世纪 90 年代以来，SMB 色谱技术作为分离提纯手性药物及生物制药、制备高纯度标准品的理想工具，在医药工业、精细化工中得到了广泛的应用。目前，SMB 色谱已被公认为实现制备色谱技术规模化应用最重要的技术。

模拟移动床色谱的原理：模拟移动床色谱是连续操作的色谱系统。它由多根色谱柱（大多为 5~12 根）组成。每根柱子之间用多位阀和管子连接在一起，每根柱子均设有样品的进出口，并通过多位阀沿着流动相的流动方向，周期性地改变样品进出口位置，以此来模拟固定相与流动相之间的逆流移动，实现组分的连续分离。图 10-11 为 SMB 色谱原理示意图。

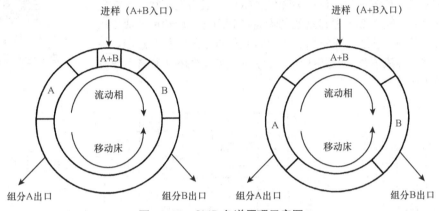

图 10-11　SMB 色谱原理示意图

在实际应用中，SMB 色谱根据色谱系统的结构特点可分为三带 SMB 色谱和四带 SMB 色谱。在三带 SMB 色谱中，各个色谱柱连成一个环路，在操作过程中，不但进样口位置不断向前更换，出样口位置也不断向前更换，既模拟了逆流，又实现了连续。但始终有一根柱子处于被清洗状态，不能实现溶剂循环。四带 SMB 色谱同时具有逆流和回流的机制，实现了溶剂循环和组分回流，分离能力更强，效率也更高。其中，四带 SMB 色谱的工作原理如图 10-12 所示。模拟移动床色谱其他技术方法详见 **EQ10-8 模拟移动床色谱拓展技术**。

EQ10-8　模拟移动床色谱拓展技术

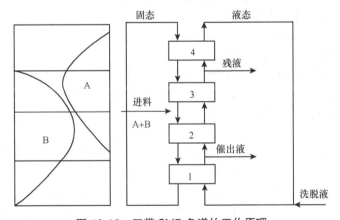

图 10-12　四带 SMB 色谱的工作原理

（二）制备型超临界流体色谱

制备型超临界流体色谱（preparative supercritical fluid chromatography，Pre-SFC）已应用于许

多化学工业中的提取过程，最常见的是采用 Pre-SFC 提取香料或咖啡因等。目前，SFC-CO₂ 在缓释药物合成及生物分子的稳定和转移等方面的应用，使 Pre-SFC 已引起了制药工业的广泛关注。

所谓超临界流体，是指在高于临界压力和临界温度时的一种物质的状态，它兼有气体和液体的某些性质，即兼有气体的低黏度、液体的高密度，以及介于气、液两相之间较高的扩散系数等特征。CO_2 作为一直被广泛采用的超临界流体是由它自身的特点决定的：临界点性质温和（$T_c=31.05℃$）、成本低、安全，且工业上易得高纯度 CO_2。

在超临界流体色谱分离过程中，CO_2 是循环使用的。液体通过 CO_2 泵注入加热装置受热变为超临界状态 CO_2。在超临界条件下，分离过程在色谱柱中完成。色谱柱中出口压力降低，CO_2 又成为气体状态，在气相中收集各流分。气体 CO_2 通过适当的设备得到净化、冷却后变成 CO_2 液体，流入储罐中，继续循环使用。图 10-13 为 SFC 的流程示意图。另外，制备型超临界流体色谱的其他相关介绍可详见 **EQ10-9 制备型超临界流体色谱拓展技术**。

EQ10-9　制备型超临界流体色谱拓展技术

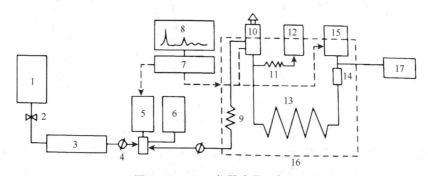

图 10-13　SFC 仪器流程示意图

1. 流动相储罐；2. 调节阀；3. 干净净化管；4. 截止阀；5. 高压泵；6. 泵头冷却装置；7. 微处理器；8. 显示打印装置；9. 热交换器；10. 进样阀；11. 分流阻力管；12. 分流加热出口；13. 色谱柱；14. 限流器；15. 检测器；16. 恒温箱；17. 尾吹气

练习题

10-1 色谱法有哪些分类方法？各种色谱法有何特点？

10-2 色谱柱的固定相主要有哪些？

10-3 常见的检测器有哪些？

10-4 简述色谱分离过程中的放大策略。

10-5 比较气相色谱和液相色谱各自的特点及其适用对象。

10-6 典型的制备色谱有哪些？各有何优点？

10-7 简述色谱分离技术的展望。

第十一章 电泳分离技术

1. 课程目标 在了解电泳和电泳分离基本概念的基础上，掌握自由溶液和溶胶中的电泳过程，影响电泳迁移率的主要因素，电泳工业应用范围及特点，培养学生分析、解决工艺研究和工业化生产中复杂分离问题的能力。理解电泳淌度的基本概念，熟悉各种电泳技术的特点及应用条件，了解典型电泳设备的结构及工作原理，使学生能综合考虑物料性质、分离要求、经济效率等方面的因素，选择或设计适宜的电泳分离技术。

2. 重点和难点

重点：电泳的基本原理及电泳淌度的计算，影响电泳迁移率的因素及实际应用，常见的电泳方法及优缺点。

难点：影响电泳迁移率的主要因素。

第一节 概　　述

惰性支持介质中的带电粒子，在电场作用下，向与其电荷性质相反的电极方向移动的现象，称为电泳（electrophoresis，EP）。不同物质，由于带电性质与荷质比不同，在电场下的迁移方向与移动速度不同。利用不同带电粒子在电场中移动速度不同而将其分离的技术称为电泳技术。电泳技术是一种传统有效的技术，距今已有 200 多年历史，在实现蛋白质、氨基酸、糖类、核酸、嘌呤嘧啶等物质分离、制备与鉴定中发挥了举足轻重的作用（详见 **EQ11-1 电泳发展历程**）。

EQ11-1　电泳
发展历程

第二节　电泳的理论基础

一、自由溶液中的电泳过程

带电颗粒在电场中迁移，主要受到电场力和介质的摩擦阻力这两种作用力。电场力使颗粒向与其带电性能相反的电极迁移，大小为：$F = qE$，其中，F 是电场力；q 是颗粒的有效电荷；E 是电场强度。介质的摩擦阻力则阻碍其迁移，在自由溶液中，摩擦阻力 f 与颗粒的迁移速度、带点颗粒尺寸及介质黏度相关，服从 Stocks 定律，即 $f = 6\pi r v \eta$，其中，r 是带电颗粒半径；v 是颗粒在电场中迁移速度；η 是介质黏度。

当电场力与摩擦阻力达到平衡时，即 $f = F$，颗粒做恒速迁移，则有

$$v = \frac{qE}{6\pi r\eta} \text{或} v = \frac{eZE}{6\pi r\eta} \tag{11-1}$$

式（11-1）表明，颗粒电泳迁移速度 v 与带电颗粒的净电荷量 q、电场强度 E 成正比，而与颗粒半径 r、介质黏度 η 成反比。不同物质的有效电荷、形状、尺寸的存在差异，在同一电场中的电泳迁移速度 v 就不同。随着电泳的进行，在介质中逐渐分开，从而得到分离。

经常使用电泳淌度（electrophoreticmobility）u 来表示单位电位梯度 E 下的颗粒迁移速度。

$$u = \frac{v}{E} = \frac{q}{6\pi r\eta} = \frac{eZ}{6\pi r\eta} \tag{11-2}$$

式（11-2）表明，颗粒的电泳淌度 u 与净电荷量 q 成正比，与颗粒半径 r、介质黏度 η 成反比，而与电场强度 E 无关。电泳淌度 u 是物质的物化特性参数，在确定的条件下为某一固定的常数。

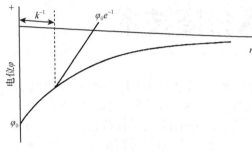

图 11-1　双电层中的电位分布

事实上，在溶液中除了带点颗粒受到上述的电场力和摩擦阻力作用外。介质中的反离子也会受到带电粒子的静电引力作用向带电粒子移动，同时电泳过程中电流发热使得介质具有一定的温度，反离子在分子热运动的影响下扩散，从而在颗粒的表面形成一个扩散双电层。双电层的浓度分布与带电颗粒的距离有关，距离越近，浓度越高。双电层区域颗粒表面附近的电位分布如图 11-1 所示。

若颗粒表面电位 φ_0 很小，电位沿表面附近半径方向的变化可用指数函数 $\varphi=\varphi_0 e^{-\kappa r}$ 表示，则 $\varphi=\varphi_0 e^{-1}$ 处距表面的距离成为双电层厚度，为 κ^{-1}。双电层厚度 κ^{-1} 的推算常用下式

$$\kappa^{-1}=\left(\frac{\varepsilon k_{\mathrm{B}}T}{2\times10^3 e^2 NI}\right)^{\frac{1}{2}}\qquad(11\text{-}3)$$

式中，ε 是溶液的介电常数（20℃时水的介电常数为 7.08×10^{-10}F/m）；N 是阿伏伽德罗常数（6.022×10^{23}mol^{-1}）；I 是离子强度；k_{B} 是玻尔兹曼常数（1.38×10^{-23}J/K）。

结合双电层中电位分布情况，带电颗粒的电泳淌度 u 为

$$u=\frac{qf(\kappa r)}{6\pi r\eta(1+\kappa)}=\frac{eZf(\kappa r)}{6\pi r\eta(1+\kappa)}\qquad(11\text{-}4)$$

式中，κr 是颗粒半径与双电层厚度的比值；$f(\kappa r)$ 是 Henry 形状校正因子。

当颗粒半径远小于双电层厚度时，$\kappa r=0$，$f(\kappa r)=1$，电泳淌度可用式（11-4）表示，当颗粒半径很大时，双电层厚度可以忽略不计，$f(\kappa r)=1.5$，则式（11-4）可改写为

$$u=\frac{q}{4\pi r\eta}=\frac{eZ}{4\pi r\eta}\qquad(11\text{-}5)$$

上述各基本方程式广泛应用于电泳速度的推算和电泳分离过程的分析。但是，上述讨论仅针对单一电解质。实际电泳分离过程中，往往存在多种电解质组分。当溶液中存在多种组分时，带不同电荷的组分彼此间存在相互作用力（带同种电荷的组分相互排斥，而带相反电荷的粒子在静电力的作用下彼此靠近，形成大的分子团），影响电泳分离。在实际操作过程中，为了防止组分间的相互干扰，一般采用增加溶液离子强度的方式。但是，离子强度的提高，会提高电泳时的电流，使电泳过程中产生较多的热量，使温度升高。而温度的升高，又会增加离子的热运动，使电泳区带变宽，降低分辨率。因此，在电泳分离时，为了获得好的分离效果，需要仔细选择电泳缓冲液的 pH、缓冲剂类型与浓度、盐浓度等。目前多组分之间相互作用的详细情况尚不清楚。

二、凝胶中的电泳过程

凝胶电泳（gel electrophoresis，GE）是一种常用的分析手段，也可以作为制备技术。凝胶电泳一方面可避免或减小因对流或热扩散引起的分离度降低，同时凝胶自身的分子筛作用有利于提高电泳分离度，具有很好的分离效果。常用的凝胶支持物有聚丙烯酰胺、琼脂糖和淀粉等。聚丙烯酰胺是以丙烯酰胺为单体、以 N,N'-亚甲基双丙烯酰胺为交联剂，经四甲基乙二胺催化、游离基引发聚合而成，其浓度一般用下式表示

$$T_{\mathrm{g}}=\frac{a+b}{m}\times100\%,\ c_{\mathrm{g}}=\frac{b}{a+b}\times100\%\qquad(11\text{-}6)$$

式中，a 是丙烯酰胺质量，g；b 是 N,N'-亚甲基双丙烯酰胺质量，g；m 是缓冲液体积，cm^3。

Morris 的研究表明，当交联剂 c_g 一定时，聚丙烯酰胺凝胶电泳淌度 u 的对数与 T_g（%）之间呈直线关系，即

$$\lg u = \lg u_0 - K_r T_g \qquad (11\text{-}7)$$

式中，u_0 是 $T_g = 0$ 时的电泳淌度，为所用缓冲溶液中的自由电泳淌度，通过外插法可以获得；K_r 是凝胶延迟系数，与交联剂浓度 c_g 有关。

第三节　电泳技术类型

一、常用电泳分类

经过 200 多年的发展，虽涌现出了多种电泳技术，但是其基本原理都是相同的。在实际应用中，由于研究对象及目的等不同，电泳可分为许多种类。根据分离对象不同，分为蛋白质电泳和核酸电泳；根据支持物不同，可分为自由溶液电泳（无支持物电泳）、琼脂糖凝胶电泳、聚丙烯酰胺凝胶电泳、醋酸纤维素膜电泳、滤纸电泳；根据分离原理不同分为移界电泳、区带电泳、等速电泳、等电聚焦；根据操作电压不同，可分为常压电泳（2～10V/cm）、高压电泳（20～200V/cm）、超高压电泳（100～1500V/cm）；根据操作方式不同，可分为一维电泳、二维电泳、交叉电泳、不连续电泳、连续电泳；根据泳动槽形状不同，分为移界电泳（U 形管）、毛细管电泳（毛细管）、连续自由流动幕电泳（薄层）（详见 **EQ11-2 常用电泳技术分类**）。

EQ11-2　常用电泳技术分类

（一）移界电泳

移界电泳（moving boundary electrophoresis）是一种比较老的电泳技术，现已基本不用（详见 **EQ11-3 移界电泳**）。

EQ11-3　移界电泳

（二）区带电泳

区带电泳（zone electrophoresis），是指有支持介质的电泳，待分离物质在介质上分离成若干独立的区带，可以用染色等方法显示出来。在区带电泳时，也存在扩散现象，且扩散程度随时间延长和距离加大而严重，进而影响分辨率，因此区带电泳只能起到部分分离的作用。介质（凝胶）的加入既可以减少组分的扩散，还兼具分子筛的作用，可以大幅度提高分辨率，成为应用最广泛的电泳技术。

1. 自由溶液中的区带电泳　自由溶液中的区带电泳有微量电泳、自由流动电泳、密度梯度区带电泳和葡聚糖凝胶柱上的区带电泳这四类。

（1）微量电泳：一种基于单个颗粒受到电场作用时会移动非常小的距离来测量带电颗粒淌度的高度专业化方法，可用于高、低分子量样品，以及病毒、细菌、红细胞和其他细胞的分离，其装置元件的主要部分如图 11-2 所示。在操作时，为了保持电泳过程中温度的恒定，避免电流发热等因素引起的温度变化对颗粒移动的影响，微量电泳往往在恒温槽中进行。电泳淌度可通过测量一个颗粒经过一定距离所需的时间来计算求出，采用统计学的方法来评价大量颗粒的结果。

（2）自由流动电泳：一种较大规模的分离带电颗粒的方法，与其他电泳方法相比，它能很好地保持细胞的存活力，但不足的是对可溶性物质的分辨率非常差。电泳仪有一个分离槽，分离的样品被缓冲液包围，在与缓冲液流动方向相垂直的方向上施加一个 100～150 V/cm 的外加电场，在槽的顶端小口中注入样品。随着样品的移动迁移，不同的成分分离成单个区带，并按不同的偏斜方向经过分离槽。样品从槽的上端进入，组分沿一系列对角线方向移动，在另一端的不同部位上收集，如图 11-3 所示。

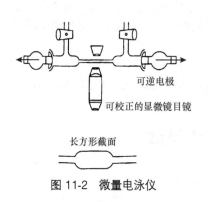

可逆电极

可校正的显微镜目镜

长方形截面

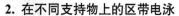

图 11-2　微量电泳仪

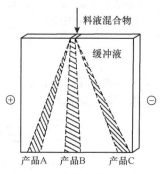

图 11-3　连续自由流动电泳

（3）密度梯度区带电泳：电泳过程中，粒子普遍存在扩散现象。扩散容易使相邻的几个分离区带相互重叠，影响分辨率，降低分离效果。扩散程度除了与操作温度、对流作用相关外，还与介质的黏度有重要关系。其他条件不变的情况下，介质的黏度越高，扩散程度越弱。通过在介质中加入惰性不导电的分子增加介质黏度，可以得到更好的分离效果（详见 **EQ11-4 密度梯度区带电泳**）。

EQ11-4　密度梯度区带电泳

（4）葡聚糖凝胶柱上的区带电泳：葡聚糖凝胶柱上的区带电泳是基于颗粒电荷性能而不是尺寸大小进行分离，在制备工作中具有一定的价值（详见 **EQ11-5 葡聚糖凝胶柱上的区带电泳**）。

2. 在不同支持物上的区带电泳

（1）滤纸电泳：是以滤纸作为支持物来进行的电泳，根据带电颗粒的质荷比不同实现分离，分辨率较低。在化学物质分离鉴定中，滤纸电泳常常与其他层析方法配合使用以达到预期的效果。它除了用作常规分析方法外，还常用于对物质的带电特性作试探性摸索。滤纸电泳按照所施加电压的高低可分为低压电泳和高压电泳。

EQ11-5　葡聚糖凝胶柱上的区带电泳

（2）醋酸纤维素膜电泳：是在滤纸电泳的基础上改进而来的，也是根据带电颗粒的质荷比不同实现分离（详见 **EQ11-6 醋酸纤维素电泳**）。

（3）聚丙烯酰胺凝胶电泳（polyacrylamide gel electrophoresis，PAGE）：是以聚丙烯酰胺凝胶作为支持物的一种电泳方法，根据待分离组分的质荷比差异及分子筛作用而进行有效分离，具有电泳与分子筛的双重作用，分离效果好，得到了广泛的应用。与淀粉凝胶电泳、琼脂糖凝胶电泳相比，PAGE孔径大小可以调节，对所有蛋白、多肽都有筛分效应。另外，该凝胶机械强度好、弹性大、电渗力低、分辨率高、易于重复。十二烷基硫酸钠-聚丙烯酰胺凝胶电泳（sodium dodecyl sulfate polyacrylamide gel electrophoresis，SDS-PAGE），是 PAGE 中最常用的一种蛋白表达分析技术（详见 **EQ11-7 十二烷基硫酸钠-聚丙烯酰胺凝胶电泳**）。

EQ11-6　醋酸纤维素膜电泳

EQ11-7　十二烷基硫酸钠-聚丙烯酰胺凝胶电泳

（4）琼脂糖凝胶：琼脂糖凝胶电泳是分离、纯化 DNA 片段的常用技术。琼脂糖是从海藻中提取出来的一种线状高聚物，是由 D-半乳糖和 3,6-脱水-L-半乳糖结合而成的链状多糖，其孔径比较大，对于大多数的蛋白质不具有分子筛作用，因而广泛用于核酸的分离研究。磷酸根残基带负电荷，在电场下，DNA 分子向正极移动。由于琼脂糖凝胶的分子筛效应，不同分子量的 DNA 片段的移动速度存在差异，因而可以根据 DNA 分子量的大小来进行分离。该法不仅可以分离分子量不同的 DNA 片段，也可以分离分子量相同而构型不同的 DNA 片段。在分离核酸和测定其分子量时，也可采用琼脂糖-聚丙烯酰胺凝胶进行电泳。此法除了分离线性 DNA 外，还可分离分析质粒的闭环和开环 DNA，以及分子量不等的 RNA 片段。在采用琼脂糖-聚丙烯酰胺凝胶分离核蛋白，一般在低浓度聚丙烯酰胺凝胶中掺入适量的琼脂糖，以增大凝胶的强度，提高分辨率。

（三）等速电泳

等速电泳（isotachophoresis，ITP）是一种不连续介质电泳技术，在电泳稳态时各组分区带具有相同的泳动速度，根据样品的有效淌度的差别进行分离。ITP 可以同时分析多种离子，样品前处理简单，操作条件可以根据需要灵活改变，特别适用于生化分析工作。但是 ITP 需要特殊的电解质系统（具有一定 pH 缓冲能力的前导电解质 LE 和终末电解质 TE，且 LE 和 TE 构成不连续的电泳介质环境），同时只能分析离子型样品，设备也不太简易，且要求背景电流要小到足以克服区带电泳效应。

（四）等电聚焦

等电聚焦（isoelectric focusing，IEF）是一种利用有 pH 梯度的介质分离等电点不同的蛋白质的电泳技术，分辨率可达 0.01pH 单位，特别适合分离分子量相近而等电点不同的蛋白质组分。IEF 的主要特点是介质的 pH 从阳极到阴极逐渐增大。若蛋白质的等电点低于介质 pH，则带负电荷，向阳极移动；反之，则向阴极移动。最终聚集在与其等电点相等的 pH 的位置上，从而就可以根据等电点的不同实现分离。IEF 可以用于分析和制备蛋白，其支持物有聚丙烯酰胺凝胶、琼脂糖凝胶、葡聚糖凝胶等，其中聚丙烯酰胺凝胶最常用。分离过程要求有稳定的 pH 梯度，另外温度也影响等电聚焦的效果，温度改变，pH 就改变，且高温会把凝胶烧糊，所以一般控制聚焦温度在 4～10℃。电泳结束后，应先将凝胶浸泡在 5% 的三氯乙酸中除去两性电解质，然后再染色。

二、影响电泳迁移率的因素

（一）电场强度与热效应

1. 电场强度　电场强度大，带电颗粒迁移速度越快。常压电泳的电压在 100～500 V，电场强度在 2～10 V/cm。高压电泳的电压在 500～10 000 V，电场强度在 20～200 V/cm，电泳时间短（有时只需几分钟），主要用于分离氨基酸、多肽、核苷酸、糖类等小分子物质。超高压电泳的电压在 30 000～50 000 V，电场强度在 100～1500 V/cm，主要用于毛细管电泳。

2. 热效应　电泳过程中会产生热量（$Q = VIt$），使温度升高，降低溶液的黏度，增加电泳流动性；同时，温度升高会加速溶剂蒸发，引起电解质浓度、离子强度和支持介质电导率增加，从而影响电泳迁移。在电导率增加时，可以选用恒定的直流电流 I 来减少蒸发，得到一个更为均一的电泳淌度。除此之外，还可以通过封闭设备系统（低压电源）或者使用冷冻介质（高压电泳）来控制溶剂的蒸发。

（二）电渗

带电固体与液体相接触时，会在固-液界面上形成双电层，产生电势差。电渗（electroosmosis）是指在电场作用下发生的液体相对于固体表面的移动现象（详见 **EQ11-8 电渗**）。

EQ11-8　电渗

（三）吸附

支持物吸附溶质，会延缓电泳分离。在某些情况下，如果它们能选择性地吸附低电泳淌度的组分，则可提高分离效果。就此而言，采用醋酸纤维素膜得到的分离效果要比滤纸好，这是因为滤纸的吸附能力低。电泳分离中，要求支持物均匀，吸附力和电渗合适，机械性能好，且便于染色和检测。

（四）分子筛分离

当采用凝胶作支持物，在伸展的凝胶中，其空间属于大分子尺寸，具有分子筛效应。小分子进入凝胶的孔状结构中，移动路程长，迁移被延缓。在组分分离时，调整凝胶的聚合程度、浓度、孔径大小等，就能得到一个高的分辨率。

（五）颗粒的性质和扩散

颗粒所带净电荷越大，直径越小或其形状越接近于球形，在电场中淌度就越大。扩散可使几个分离的区带相互重叠，从而降低分辨率。扩散速度主要取决于离子的大小。小分子的离子扩散快，扩散的影响大；而大分子的离子扩散相当缓慢，扩散的影响小。因此，在进行小分子的分离时，需要考虑扩散影响。

（六）溶液的性质

溶液的性质主要是指电极室缓冲溶液和目标产物样品溶液的pH、离子强度和黏度等。

1. pH 溶液的pH决定被分离物质的解离程度、带电性质及所带净电荷量。对于两性电解质，溶液的pH应远离其等电点，增加颗粒净电荷量可以提高其迁移速度。

2. 离子强度 高的离子强度可提高分离效果，但会降低电泳淌度。溶液的离子强度一般维持在0.05～0.1 mol/L内。

3. 黏度 黏度越大，电泳淌度越小；黏度越小，电泳淌度越大。因此，黏度不能过大或过小。

电泳淌度并不完全取决于电荷的性质和大小、颗粒性质和分子的特性，还受其他因素的影响，如分离效果有时取决于所用缓冲液的性质。

影响电泳分离的因素众多，除了实际操作中采用恒电流或恒电压的功能装置，使用夹套或与冷室相连的方法来调节电泳槽的温度，保持得到的淌度有很好的重现性外，关键还在于用实验方法确定最佳条件。具体结果用在规定的操作电压和时间条件下，离子移动距离的大小来评价，或用标准样品同时实验，进行直接比较。

第四节　常用的电泳方法

一、化学药品与中药分离纯化上应用的电泳技术

在化学药品与中药研究中，电泳技术主要用于定性定量分析。使用最广泛的是毛细管电泳技术（high performance capillary electrophoresis，HPCE），它是以毛细管为分离通道，以高压电场为推动力，依据样品中各组分之间淌度和分配行为上的差异而实现高效、快速分离的新型电泳技术。HPCE实际上包含电泳、色谱及其交叉内容，它使分析化学从微升水平提高到纳升水平，并使单细胞、单分子分析成为可能。与传统电泳技术及色谱法相比，HPCE有以下优点：

（1）仪器简单，操作方便，容易实现自动化。简易的高效毛细管电泳仪器只需要一根毛细管、一个检测器、一个高压电源和两个缓冲液瓶（图11-4）。

（2）灵敏度与效率高、速度快。紫外检测器的检测限可达10^{-15}～10^{-13} mol，激光诱导检测器可达10^{-21}～10^{-19} mol。分离效率一般可达10^5～

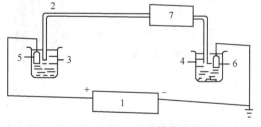

图11-4　毛细管电泳仪

1. 高压电源；2. 毛细管；3、4. 缓冲溶液瓶；5、6. 铂电极；7. 检测器

10^7 块/m。毛细管能抑制溶液对流，具有良好的散热性，允许在很高的电场下（可达 400 V/cm 以上）进行电泳，在短时间内（一般不超过 30min）完成分离。

（3）操作模式多，分析方法开发容易。更换毛细管内填充溶液的种类、浓度、酸度或添加剂等，便可用同一台仪器实现多种分离。

（4）样品用量少。只需要 ng 级或 nl 级的进样量。

（5）分析成本低，消耗少。在水介质中进行，消耗的是价格较低的无机盐类且只需要几毫升流动相，费用很低。

（6）应用范围极广。广泛应用于分子生物学、医学、材料学、化工、环保、食品等各个领域，对无机小分子、生物大分子、带电物质、中性物质等都可以进行分离分析。

EQ11-9　常见的毛细管电泳的分离模式

HPCE 也存在制备能力差、分离重现性不理想等缺点。毛细管电泳有多种分离模式，各有利弊，详见 **EQ11-9 常见的毛细管电泳的分离模式**。

二、生物产品分离纯化上应用的电泳技术

（一）连续自由流电泳

连续自由流电泳（continuous free-flow electrophoresis，CFE）为不用支持物的连续电泳，也称无载体连续流动电泳。它将分析型电泳（微克级）转变成制备型电泳（克级），达到分离和纯化的目的，是一种很有前途的电泳方法，广泛应用于蛋白质和细胞的分离，其分离原理详见 **EQ11-10 连续自由流电泳分离原理**。

EQ11-10　连续自由流电泳分离原理

（二）使用支持物的连续电泳

使用支持物的连续电泳属低压纸电泳的一种形式（图 11-5）。加到纸片顶部的样品，在重力作用下垂直向下移动，其速度与物质在流动相和支持物间的吸附力等有关。同时，在电场作用下，样品中各带电成分向水平方向移动，其速度与物质的荷质比有关。在这两种因素的共同作用下，各物质在滤纸上按各自的理化特性呈辐射状流入下端用于收集的试管中，从而实现分离。本法可用于分离制备带电分子、细胞、细胞膜和细胞器。

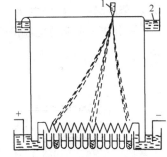

图 11-5　使用支持物的连续电泳分离
1. 物料加样器；2. 缓冲液槽

（三）制备凝胶电泳

最常见的是制备性聚丙烯酰胺凝胶电泳，它通过连续洗脱技术，能快速（几小时）有效地分离生物分子。加到凝胶上部表面的样品通过圆柱形凝胶基质电泳而分离成环状条带。条带迁移出凝胶底部，进入洗脱槽内一个很薄的洗脱滤板中。上面的透析膜可捕获洗脱滤板中的蛋白。洗脱缓冲液环绕着洗脱滤板周边流入洗脱槽。当条带移出凝胶，它们被拉向洗脱滤板中心，并从收集管进入蠕动泵。泵把分离的分子推向收集仪，用于测试和定性。获得最佳分辨率的关键是保持凝胶中不同部分的温度。

（四）与其他分离过程耦合的制备电泳技术

1. 反向作用色谱电泳　将体积排阻色谱原理与电泳原理相结合，直立的电泳柱内分层填装不同孔径的凝胶。选择适宜的电场强度，使目标蛋白质向上的电泳淌度与其随载流下移的速率相同，

从而在两层凝胶的接界处聚焦，其余组分则因为电泳淌度与其下移速率相异而从柱上端或下端移出。该技术实现了目标蛋白质的选择性堆积，克服了体积排阻色谱和区带电泳过程中共同存在的组分区带在分离过程中被加宽的缺点，但分离规模小，难以用于多组分分离。

EQ11-11 双水相电泳

2. 双水相电泳 双水相电泳是将电泳与萃取分离交叉耦合形成的一种新型分离技术（详见 **EQ11-11 双水相电泳**）。

3. 加入有机组分的制备电泳 加入有机组分有利于增大目标物质与杂质间的电泳淌度差异，从而提高电泳分离程度。罗坚等发现卵清白蛋白组分Ⅰ和组分Ⅱ在乙醇水溶液中可以得到更好的电泳分离；在多通道流动电泳分离过程中，加入有机组分能减小蛋白质的过膜阻力从而增大膜通量，提高设备的处理能力。对于蛋白质组在有机-水介质中对结构特性的考察有助于优化电泳分离。

第五节　主要装置与设备

一、制备凝胶电泳槽

常用的 491 型制备电泳槽运用一个缓冲液循环泵，下层电泳缓冲液不断流经冷却芯而被抽吸到凝胶中心，使整个凝胶的温度保持一致（图 11-6）。由于小型制备电泳槽使用的凝胶体积小，无须这项操作即可获得同样高的分辨率。这两种电泳槽都能分离分子量差别仅为 2% 的蛋白，因此应用极为广泛（图 11-7）。张绍斌等将猪肝富赖组蛋白溶于 15% 蔗糖-0.9mol/L 乙酸溶液后，将其小心注入样品池，以滤纸搭桥，上正极下负极的方式进行电泳。电泳结束后，染色 1min，经连续酸-尿素-聚丙烯酰胺凝胶电泳（CAU-PAGE）洗脱，获取纯化的 H1、H1$_a^0$ 和 H1$_b^0$ 三种组分。实验表明：采用 491 型制备电泳槽的 CAU-PAGE 是一种较简便、快速、经济的分离纯化蛋白组分的方法。

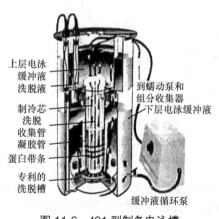

图 11-6　491 型制备电泳槽

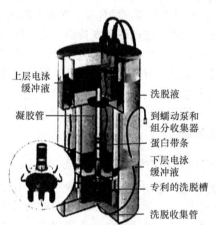

图 11-7　小型制备电泳槽

二、制备型电洗脱槽

从凝胶上洗脱蛋白质样品是非常麻烦与费时的，且回收率很低。利用带负电的生物大生子向阳极移动的特点，可在阳极用透析膜收集样品。洗脱时间从几十分钟到几小时（视样品而异），样品体积可从 100 到几百微升。当与电泳槽配合使用时，全凝胶洗脱仪（图 11-8）能同时从整块的制备凝胶中洗脱和收集多个生物分子带（图 11-9）。该仪器能快速有效、简便地将所有生物分子洗脱到溶液中，简化的实验操作过程，适合于筛选天然蛋白混合物以鉴定免疫相关抗原和纯化多个核酸或蛋白条带等应用。

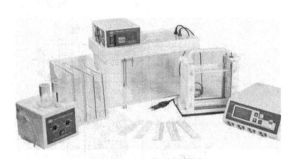

图 11-8 全凝胶洗脱仪

图 11-9 粗蛋白洗脱图

三、多腔式等电聚焦电泳槽

多腔式等电聚焦技术有效解决了 pH 梯度的稳定和抑制对流等问题。在此基础上使电泳槽在水平方向上进行了转动化热，使换热效率大为提高，从而增大了聚焦的处理量，缩短了操作时间，这一设计已由某公司改进并实现了商品化，即多腔式电泳槽（图 11-10）。其上样量可从毫克级到克级的水平，运行一次多腔式电泳系统就可使样品最多浓缩 20 倍。闫海等将大肠杆菌表达的人重组 IL-3 用 8mol/L 尿素变性后与

图 11-10 多腔式电泳槽

等电聚焦液混匀，然后加入到多腔式电泳槽聚焦室后进行等电聚焦电泳分离。实验结果表明：经等电聚焦后，人重组 IL-3 中的内毒素的含量降低了 500 倍。多腔式电泳槽具有上样量大、操作简单、纯化效果好等优点，已广泛用于蛋白质的纯化。

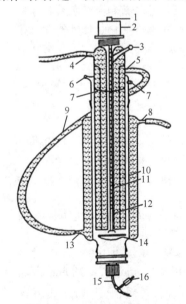

图 11-11 LKB 电聚焦柱示意图

1. 中心管电极；2. 中心管电极外套；3. 中心管电极溶液入口；4. 内层冷却水入口；5. 内层冷却水出口；6. 加样口；7. 上部电极；8. 外层冷却水出口；9. 内外层冷却水连通口；10. 样品层；11. 中心电极管；12. 中心管电极；13. 外层冷却水入口；14. 中心管电极活塞；15. 样品排出口；16. 样品排出口螺旋夹

四、制备等电聚焦电泳仪

以常见固相介质制备等电聚焦为例，固相介质制备等电聚焦技术中的密度梯度等电聚焦、凝胶板制备等电聚焦等商品化较早，如 LKB 柱（图 11-11）。

俞莲君将从绿色木霉培养液中提取的纤维素酶，经 Sephadex G-25 柱层析脱盐得粗酶液后，再经两次 LKB2117 等电聚焦电泳，分离制备出了 1, 4-β-D-葡聚糖水解酶（EC 3，2，1，4）、1, 4-β-D-葡聚糖纤维二糖水解酶（EC 3，2，

1，91）和β-D-葡萄糖苷酶（EC 3，2，1，21）。由于 LKB 柱操作较为烦琐（详见 **EQ11-12 LKB 柱操作**），电泳液排出时的流速、收集部分的体积、检测方法及意外因素均会影响其分辨率，因此出现了螺旋管等电聚焦电泳和水平旋转等电聚焦电泳等改进型，分别如图 11-12 和图 11-13 所示。

EQ11-12　LKB
柱操作

图 11-12　螺旋管等电聚焦电泳

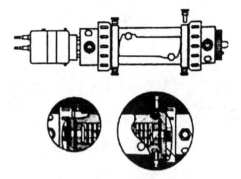

图 11-13　水平螺旋等电聚焦电泳

案例 11-1：毛细管电泳应用实例——丹参水提物的分离

　　已知丹参素、原儿茶醛、原儿茶酸是丹参主要的水溶性活性成分，其中丹参素可抗心肌缺血且对冠状动脉有作用，原儿茶醛具有扩张冠状动脉、抑制血小板聚集、修复受损静脉瓣膜、拮抗 Ca^{2+}、抗菌消炎、增强耐缺氧能力、改善肾功能等作用，原儿茶酸具有抗菌作用，对铜绿假单胞菌、大肠杆菌、伤寒杆菌、痢疾杆菌、产碱杆菌及枯草杆菌和金黄色葡萄球菌均有不同程度的抑菌作用，同时具有祛痰、平喘作用。临床对心脑血管疾病、慢性气管炎等多种疾病具有良好的治疗效果。但是，水提物除了含有这三种药用成分外，还含有大量的水溶性杂质，如何将它们从混合液中分离出来并测定其含量？

　　问题：如何根据已知条件，将丹参素、原儿茶醛、原儿茶酸从水提液混合液中分离出来，并测定含量？

案例 11-1 分析讨论：

　　已知：丹参素、原儿茶醛、原儿茶酸是丹参主要的水溶性活性成分，在水提操作中混入了大量的其他水溶性杂质，影响药效，需要将这三种物质分离处理，并测定其含量。

　　找寻关键：如何根据丹参素、原儿茶醛、原儿茶酸与其他杂质之间电泳淌度的差异，筛选合适、简便的分离方法将其分离处理，并测定含量。

　　工艺设计：丹参水提物（丹参素、原儿茶醛、原儿茶酸）的分离工艺路线的选择及流程设计。

　　（1）溶液配制：配制浓度为 1.0mol/L、0.1mol/L 的 NaOH 溶液，浓度为 100mmol/L 的磷酸二氢钠（pH 4.93）和磷酸氢二钠（pH 9.15），浓度为 100mmol/L、150mmol/L、200mmol/L、250mmol/L 的磷酸盐缓冲液（由等浓度的磷酸二氢钠与磷酸氢二钠按体积比为 1：1 混合而成）。在使用前经 0.45μm 微孔滤膜过滤，并超声脱气。

　　（2）柱子预处理：分别用 1.0mol/L、0.1mol/L 的 NaOH 溶液和重蒸水各冲洗柱子 60min，活化柱表面，用氮气吹干后备用。

　　（3）加样：采用流体动力学的方式将样品加入样品池。

　　（4）电泳：将水提物加入到毛细管电泳仪中，接通电泳后进行电泳分离，并进行检测。电泳条件：探测波长为 200nm，温度为 25℃，运行电压为 10 kV，运行时间为 30min。

　　假设：若采用薄层层析-分光光度法，会发生什么情况？

分析与评价： 相比于目前上述常用的薄层层析-分光光度法、纸层析-紫外分光光度法、荧光光谱法、薄层扫描法和高效液相色谱法，高效毛细管电泳具有高效、灵敏、快速、样品用量少，以及容易自动化、操作简便、溶剂消耗少、环境污染小等优点，具有较大的优越性。

学习思考题（study questions）

　　SQ11-1 毛细管电泳的基本原理是什么，其突出优点有哪些？

案例 11-2：等电聚焦电泳应用实例——β 型干扰素的分离

　　已知基因工程 β 型干扰素（IFN-β）与天然 β 型干扰素具有同样的抗病毒、抗肿瘤及免疫调节功能，广泛用于各种病毒性疾病的预防与治疗，对猫犬等动物感染犬瘟热、细小病毒性肠炎、副流感、病毒性流感、传染性肝炎、疱疹、传染性气管炎、慢性宫颈炎等具有良好的预防治疗作用。分离纯化是实现其大规模生产，用于临床应用的关键问题。如何将它们从混合液中分离出来？

　　问题： 如何根据已知条件，筛选简易的分离方法，控制分离条件，将 IFN-β 从混合液中分离出来，提高分离效率，并保持活性。

案例 11-2 分析讨论：

　　目前，IFN-β 的纯化多采用多种层析方法的组合，将部分纯化的 IFN-β 两次经 Sephaeryl S-200 层析，再经 Sephadex G75 柱，可以得到了纯度达 95%以上的 IFN-β。但是，多种层析组合法具有操作复杂、耗时长、损耗量大、回收效率低等不足。由于 IFN-β 与其他组分的 pI 不同，可以通过等电聚焦电泳将其分离出来。

　　已知： IFN-β 与其他组分的 pI 不同，可以采用等电聚焦电泳将其分离纯化。

　　找寻关键： 确定 IFN-β 及其他组分的 pI，然后制备相应 pH 梯度凝胶，控制电压及其他条件将 IFN-β 与其他组分的分离。

　　工艺设计： IFN-β 的分离工艺路线的选择及流程设计。

　　（1）溶液的配置：配置 pH 3～10 的两性电解混合物，0.5～1.0mg/ml 的 IFN-β 溶液，20mmol/L 的氢氧化钠溶液，10mmol/L 的磷酸溶液，氢氧化钠溶液与磷酸于 4℃储存。

　　（2）pH 梯度凝胶的制备：制备 pH 范围 3.5～10.0 的聚丙烯酰胺凝胶。

　　（3）IFN-β 样品稀释：将两性电解质混合物加入到 IFN-β 溶液中至两性电解质终浓度为 2.5%（V/V）。

　　（4）加样：以增压池子（0.5 lb/in^2）的方式注满毛细管。

　　（5）加溶液：在阳极池内放置 10 mol/L 磷酸，在阴极池放置 20mmol/L 氢氧化钠溶液。

　　（6）电流检查：在 8～10kV 恒定电压下聚焦样品 4～6min，检测电流直至其达到稳定状态。

　　（7）电泳：通过放置 20mmol/L 氢氧化钠溶液在阳极的方式迁移样品，调节电压至 10kV。检测 IFN-β 通过探测器迁移 15～20 min。

　　（8）洗柱：运行后，以 0.5 lb/in^2 速度用 10mmol/L 的磷酸洗涤柱子 1min，并在室温下将柱子储存于运行缓冲液中。

　　假设： 若凝胶的 pH 范围调到 3.5～6.0 会发生什么情况？

　　分析与评价： 与多种层析组合法相比，等电聚焦电泳制备分离 IFN-β 具有简单、快速、方便、制备量较大（达克级）及成本较低等优点，是蛋白质等各种活性物质分离、提取的重要方法。

学习思考题（study questions）

　　SQ11-2 pH 梯度凝胶是怎样构成的？等电聚焦电泳分离的基本原理是什么？

　　SQ11-3 为什么说等电聚焦电泳分离为是蛋白质等各种活性物质分离、提取的重要方法，其突出优点有哪些？

练习题

11-1 简述电泳分离及其影响因素。

11-2 简述电泳淌度及其主要影响因素。

11-3 简述自由溶液的电泳过程中影响颗粒迁移速度的主要因素。

11-4 简述凝胶电泳常用的介质及其优缺点。

11-5 常用电泳技术按照展开方式不同及支持物不同分别可分为哪几类?

11-6 简述高效毛细管电泳技术及其应用特点。

11-7 简述常见的制备电泳技术及其使用的电泳设备。

第十二章 结晶分离

1. 课程目标 在了解晶体特性和结晶形成过程的基础上,掌握结晶过程热力学和动力学的基本知识及影响晶体质量提高的主要因素。理解制药工业多种结晶技术的基本原理和应用范畴,了解典型结晶设备的结构及工作原理。培养学生分析、解决结晶工艺研究和工业化生产中复杂问题的能力,使学生能综合考虑不同技术中环保、安全、职业卫生及经济方面的因素,从而能够选择或设计适宜的结晶技术和工艺。

2. 重点和难点

重点:结晶过程的各种必要条件,影响晶体质量提高的各种因素,掌握一般结晶技术的应用范畴和设备使用注意事项。

难点:结晶过程热力学和动力学计算。

第一节 基本概念和原理

结晶(crystallization)是物质从液相(溶液或熔融物)或气相中析出晶体的过程。从熔融体析出晶体多用于单晶制备,从气体析出晶体用于真空镀膜和超细粉体的制备,而制药工业中常遇到的多为溶液中析出晶体。

相对于其他制药分离单元操作,结晶的特点包括:①能从杂质含量相当多的组分混合物中分离制备高纯产品;②结晶产品非常利于包装、运输、储存和使用;③对于使用其他分离方法较难分离的混合物体系,如同分异构体混合物、共沸物、热敏性物系等,采用结晶分离往往更为有效;④结晶过程可赋予固体产品以特定的晶体结构和形态(如晶形、粒度分布和堆密度等),这些特性对生物利用度往往影响巨大;⑤多低温操作,能耗低,对设备材质要求不高,操作相对安全,"三废"排放较少,有利于环境保护。

早在五千年前,人们已开始利用太阳能蒸发海水制取食盐。结晶这种古老同时也是应用最广的纯化方法,已成为制药工业下游生产的重要单元操作,对提高药物晶体质量及药物疗效或生物利用度起到非常重要的作用。由于溶质从溶液(或熔液)中析出晶体的过程涉及相平衡、结晶热力学和动力学,为了更好地探讨结晶分离的知识内容,首先需要学习与结晶过程有关的基本概念及原理。

一、晶 体

晶体(crystal)是化学组成均一、具有规则形状的固体。晶体结构是原子、离子或分子等质点在空间按一定规律排列的结果。如果结晶时没有其他物质干扰,晶体应形成有规则的多面体,称为结晶多面体(crystalline polyhedra)。

(一)特性

1. 自发性 晶体具有自发生长成为结晶多面体的可能性。在理想条件下,晶体在长大时保持几何相似性,其生长中心为结晶中心点,也即原始晶核的所在位置。

2. 各向异性(anisotropy) 晶体的几何特性和物理性质常随方向的不同而不同。除正方体晶型外,一般晶体各晶面的生长速率是不一样的。

3. 均匀性 晶体中每一宏观质点的物理性质和化学组成都相同,这一特性保证了晶体产品具有很高的纯度。

此外,晶体还具有几何形状和物理效应的对称性,具有最小内能,以及在熔融过程中熔点保持不变等特性。

（二）形状

晶体是质点按照点阵的数学方式排列而成的,构成空间点阵的质点称为结构单元,组成空间点阵结构的基本单位称为晶胞（crystal cell）。晶体是由许多晶胞密集堆砌而成的。无论晶体大小,无论其外形是否残缺,其内部的晶胞和晶胞在空间重复再现的方式都是一样的。晶系（crystal system）是指在一定的环境中结晶的外部形态。不同的物质所属晶系可能不同。对于同一物质,当所处的物理环境（如温度、压力等）改变时,晶系也可能变化。例如,硝酸铵在−18℃和125℃之间有五种晶系变化。

$$\text{熔融液} \xleftarrow{169.9℃} \text{立方晶系} \xleftarrow{125.2℃} \text{斜棱晶系} \xleftarrow{84.2℃} \text{长方晶体 I} \xleftarrow{32.3℃} \text{长方晶体 II}$$
$$\xleftarrow{-18℃} \text{不等边长方体}$$

1. 晶型对生物利用度及药效的影响 制药行业对药物晶体形状特别关注,因为晶型与稳定性、理化性质、生物利用度等紧密相关。当固体药物的晶型不同时,由于自由能的差异和分子间作用力不同,往往导致溶解度间存在差异,可造成药物溶出度和生物利用度的不同,从而影响药物在体内的吸收过程,继而使疗效产生差异。例如,吲哚美辛有α、β和γ三种晶型,β晶型不稳定,易转变为α、γ晶型,而α、γ晶型的溶解度和溶出速率均不同,γ晶型溶解度小,体内释放缓慢,有利于吸收,且毒性小于α晶型,故医药上选择γ晶型作为药用晶型。利福定用不同溶剂结晶可得四种晶型,其中IV型为有效型。动物试验表明,市售利福定IV型的血药浓度高峰是市售利福定II型的10倍,类似的还有棕榈氯霉素、西咪替丁等。但也不是所有多晶型固体药物的生物利用度都一定具有显著差异。在已研究过的众多多晶型固体药物中,一般难溶性药物晶型比易溶药物晶型对生物利用度的影响大。

2. 晶型分析 同一种药物的不同晶型在其外观、熔点、密度、硬度、溶解度、溶出速率,以及生物有效性等方面有显著的差异,从而影响药物的稳定性、生物利用度等药学特性,因此药物晶型的分析显得尤为重要。由于不同的分析测试方法又各有其特点和局限性,所以常采用多种分析手段联用策略对多晶型进行研究,以确保研究结果的可靠性。目前常用、特征性强和区分度高的方法包括显微镜法、热分析法和X射线衍射法等（详见 **EQ12-1 晶型分析方法**）。

EQ12-1 晶型
分析方法

（三）粒度

晶体粒度（crystal size）是指结晶颗粒的大小,不同尺寸颗粒粒度的集合称为晶体粒度分布（crystal size distribution,CSD）,用数学模型表示的粒度分布称为粒度密度函数,粒度密度函数可以通过筛分法、显微镜或激光粒度仪进行测定。根据粒度密度函数可以计算结晶微粒的平均粒度、粒度大小、体积及质量分布函数。这些数学参数直接与晶体的成核速率和生长速率,以及晶体在结晶器内的停留时间长短有关,间接地则几乎与结晶器所有的重要操作参数:结晶温度、溶液的过饱和度、悬浮液的循环速率、搅拌强度、晶体磨损、晶型改变与否等有关。因此,研究晶体的粒度及粒度分布对工业结晶过程具有特别重要的意义。

（四）溶解度

一个物质的溶解度与它的颗粒的大小有关系。微小颗粒的溶解度往往要比正常粒度的溶解度大。用热力学方法可以得到关系式

$$\ln \frac{c_1}{c_2} = \frac{2M\sigma}{RT\rho}\left(\frac{1}{r_1} - \frac{1}{r_2}\right) \tag{12-1}$$

式中，c_1 和 c_2 分别等于曲率半径为 r_1 和 r_2 的溶质的溶解度；R 和 T 分别表示气体常数和绝对温度；ρ 和 M 分别表示固体颗粒的密度和溶质的摩尔质量；σ 为固体颗粒和溶液间的界面张力。

若 $r_2 > r_1$，则 $\ln \frac{c_1}{c_2} > 0$，$\frac{c_1}{c_2} > 1$，所以 $c_1 > c_2$，即颗粒半径小，溶解度大。

若 $r_2 \to \infty$，相当于具有平表面的正常大颗粒，如果它的溶解度 c_2 定义为 c^*（溶质的正常溶解度），于是半径为 r 的粒子的溶解度 c 可表示为

$$\ln \frac{c}{c^*} = \frac{2M\sigma}{RT\rho r} = \ln S \tag{12-2}$$

即颗粒大小与过饱和度 S 的关系，此式就是著名的 Kelvin 公式。

二、结 晶 过 程

晶体的形成过程缓慢，溶质从溶液（或熔液）中结晶出来要经历两个步骤：首先要产生微观的晶粒作为结晶的核心（晶核），这一过程称为成核。接着，晶核长大成为宏观的、有规则、颗粒状的晶体，该过程称为晶体成长。在结晶器中由溶液结晶出来的晶体与余留下来的溶液构成的混合物，称为晶浆。晶浆去除了悬浮于其中的晶体后所余留的溶液称为母液。当晶体成长到一定大小时，需要采用固液分离技术从晶浆中去除母液，进行晶体收获。

无论是成核还是晶体成长，都必须以浓度差即溶液的过饱和度（或熔液的过冷度）作为推动力。推动力的大小直接决定成核与晶体成长的快慢，而这两个过程的快慢又影响着晶体产品的粒度分布和纯度。因此，过饱和度是结晶过程中一个极其重要的参数。

（一）过饱和溶液及溶液状态图

在某一温度下，当溶液中溶质浓度等于该溶质在同等条件下的溶解度时，该溶液称为饱和溶液；超过溶解度时的溶液，称为过饱和溶液（super-saturated solution）（详见 **EQ12-2 过饱和度的量度**）。

物质溶解度随温度变化的关系曲线称为饱和度曲线。对于溶剂相同的溶液体系，一种物质仅有一条恒定的饱和度曲线，受相平衡控制；而描述过饱和溶液中溶质的浓度随温度变化的关系曲线称为过饱和度曲线。过饱和度曲线在工程上受到很多因素如有无搅拌、搅拌强度的大小、有无晶种、晶种的大小与多少，以及其他过程条件的影响而变动。过饱和度曲线为一簇曲线，受动力学控制。

EQ12-2 过饱和度的量度

图 12-1 所描述溶液的温度-溶解度关系图称为溶液状态图，大致平行的 S-S 饱和曲线和 SS-SS 过饱和曲线将该图分割为三个区域，即稳定区、介稳区和不稳定区，其特点如下：

1. 稳定区 即 S-S 饱和曲线以下的区域，此区域溶液处于不饱和状态，不会有晶体析出。

2. 介稳区 即 S-S 饱和曲线和 SS-SS 过饱和曲线之间的区域。在介稳区内，溶液已饱和，能够维持溶液中已有晶体成长，但不能自发产生新晶核。接近 S-S 饱和曲线 B 区域即养晶区（或第

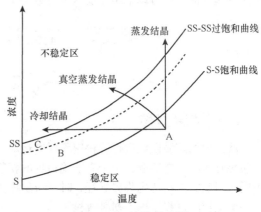

图 12-1 溶液状态图

一介稳区）较稳定，不可能发生均相成核；而接近 SS-SS 过饱和曲线的区域 C 即刺激结晶区（或第二介稳区）极易受刺激而结晶，如加入晶体，则能诱导结晶进行，这时主要是二次成核。这种加入的晶体称为晶种（crystal seed），晶种可以是同种物质或相同晶型的物质，有时惰性的无定形物质（如尘埃）也可作为结晶中心诱导结晶。

3. 不稳定区 即 SS-SS 过饱和曲线以上的区域，该区域溶液不稳定，结晶马上开始，均相成核，形成大量冗杂的晶体，造成晶体过滤和洗涤困难，晶体无法长大，质量较差。

从图 12-1 还可知实现结晶操作的基本原理：图中点 A 表示未饱和溶液，如果将点 A 所代表的溶液冷却到不稳定区而溶剂量保持不变时则结晶能自动进行，此操作称为冷却结晶（cooling crystallization）；如果将溶液在等温下蒸发达到不稳定区域时的结晶称为蒸发结晶（evaporative crystallization）。制药工业中，为了提高溶剂蒸发速度降低蒸发温度，往往采用真空条件下蒸发-冷却联合操作，称为真空蒸发结晶（vacuum evaporation crystallization）。并且结晶操作一般会避开不稳定区，而是通过加入晶种并将溶液控制在介稳区的养晶区，让晶体缓慢长大。为实现这一生产控制目的，就需要获得介稳区的宽度数据。

（二）介稳区宽度及测定

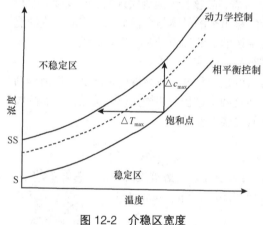

图 12-2 介稳区宽度

所谓介稳区宽度，是指物系的过饱和度曲线与溶解度曲线之间的距离，如图 12-2 所示。其垂直距离代表最大过饱和度 Δc_{max}，水平距离代表最大过冷却度 ΔT_{max}，两者之间的关系为

$$\Delta c_{max} = \left(\frac{dc^*}{dT}\right)\Delta T_{max} \tag{12-3}$$

式中，c^* 表示溶液的平衡浓度；$\frac{dc^*}{dT}$ 即溶解度曲线的斜率。

介稳区宽度作为结晶器设计中选择适宜过饱和度的依据，同时它也作为结晶操作的界限，对结晶操作及产品质量有重要影响。测定介稳区宽度就是通过实验测定较为确切的 Δc_{max} 或 ΔT_{max} 值，一般是在一定搅拌条件下缓慢冷却或蒸发不饱和溶液，在过饱和区域内检测晶核出现的温度或浓度，从而作出介稳区上限曲线，结合相对应条件下溶质的饱和曲线就可以给出介稳区宽度数据（详见 **EQ12-3 介稳区宽度测定**）。

EQ12-3 介稳区宽度测定

第二节 结晶过程热力学和动力学

一、晶体成核

（一）初级成核

溶液中的溶质微粒进行着快速无规则运动，由于碰撞作用运动微粒会结合在一起，当结合的溶质足够多时，能够形成一个有明确边界的新物相粒子时，晶胚就出现了。根据溶液过饱和度的不同，当晶胚大小达到临界半径 r_e 时，新晶核就形成了。这种在没有任何晶体存在的条件下，自发产生晶核的过程，称为初级成核。

晶核的形成是一个新相产生的过程，需要消耗一定的能量才能形成固-液界面。结晶过程中，体系总的吉布斯自由能改变为 ΔG，它由表面过剩吉布斯自由能 ΔG_s（固体表面和主体吉布斯自由能的差）和体积过剩吉布斯自由能 ΔG_v（晶体中分子与溶液中溶质吉布斯自由能的差）构成，前者用于形成表面，后者用于构筑晶体。若完整考虑，必须满足 $\Delta G = \Delta G_s + \Delta G_v < 0$ 的条件才能形成新相核心——晶核。ΔG_v 是负值，推动晶核产生，一旦产生晶核，必须形成新的界面，而 ΔG_s 是正值，又阻碍晶核形成，因此能否产生晶核，取决于两者的相对大小。

设晶体是半径为 r 的球形，则晶体表面过剩吉布斯自由能 ΔG_s 为 $4\pi r^2 \sigma$（σ 代表液固界面张力）；设单位体积晶体中的溶质与溶液中的溶质自由能的差为 ΔG_v^0，则晶体体积过剩吉布斯自由能 ΔG_v 为 $\frac{4}{3}\pi r^3 \Delta G_v^0$。此时，晶核形成时总的吉布斯自由能变化 ΔG 必须满足

$$\Delta G = 4\pi r^2 \sigma + \frac{4}{3}\pi r^3 \Delta G_v^0 < 0 \qquad (12\text{-}4)$$

如图 12-3 所示，随着晶体粒径的增大，其表面过剩吉布斯自由能 ΔG_s 将不断增大，而其体积过剩吉布斯自由能 ΔG_v 则会降低。对于确定的过饱和溶液，由于存在临界半径 r_c，当 $r < r_c$ 时，ΔG_s 占优势，由于 ΔG_s 为正值，故 $\Delta G > 0$，晶核不能自动形成，即使形成也将自发溶解而消失；当 $r > r_c$ 时，ΔG_v 占优势，由于 ΔG_v 为负值，所以 ΔG 从最高值开始下降。这意味着晶体半径为 r_c 的晶体具有最大 ΔG 值即 ΔG_{max}（临界吉布斯自由能变化），而当 $\Delta G = 0$ 时的晶核半径为 r_0。

$$\Delta G = 4\pi r^2 \sigma \left(1 - \frac{2r}{3r_c}\right) \qquad (12\text{-}5)$$

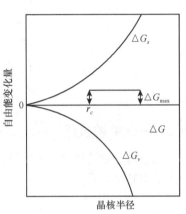

图 12-3 成核时吉布斯自由能变化

式（12-5）为结晶过程中 ΔG 与晶体半径 r 之间的关系，当 $r = r_c$ 时，ΔG 达到最大值。

$$\Delta G_{max} = \frac{4\pi r_c^2 \sigma}{3} = \frac{1}{3}\Delta G_s \qquad (12\text{-}6)$$

在操作温度和压力不变时，晶核此时处于热力学平衡状态，临界晶核形成所需的可逆功 W_{min}^* 等于 ΔG_{max}，相当于形成临界晶核时外界需消耗的功，称为临界成核功。式（12-6）表明，成核功等于形成临界半径晶核时表面吉布斯自由能的 1/3，此功必须依靠外界做功来克服。

（二）二次成核

除了一次成核，在含有溶质晶体的溶液中仍然存在成核过程，称此为二次成核。二次成核也属于非均相成核过程，是指在有待分离提纯物质的晶体存在下的成核，它是在晶体之间或晶体与其他固体（器壁或搅拌器等）碰撞时所产生的微小晶粒的诱导下发生的。由于可在较低的过饱和度下发生，二次成核是大多数工业结晶过程中的主要成核机制，是影响结晶产品的粒度分布和粒度大小的关键因素之一。

二次成核速率不仅受过饱和度的影响，也受悬浮密度、温度和杂质等因素的影响，甚至还会受晶体粒度的影响。由于涉及的参数问题较多，有关的定量理论关系还未建立，二次成核速率目前主要采用经验关联式表示（参见 **EQ12-4 二次成核速率经验公式**）。

EQ12-4 二次成核速率经验公式

二、晶体生长

在过饱和溶液中有晶核形成后，以过饱和度为推动力，溶质分子或离子继续一层层排列上去，从而形成晶粒。这种晶核长大的现象称为晶体生长。与结晶过程有关的晶体生长理论有很多，但

至今还未统一。根据在化工应用中得到较多认可的扩散学说，晶体的生长由三个步骤组成，可由图 12-4 说明。第一步，待结晶溶质借扩散作用穿过靠近晶体表面的静止液层（滞流层），从溶液中转移至晶体表面；第二步，到达晶体表面的溶质嵌入晶面，使晶体长大，同时放出结晶热；第三步，放出来的结晶热传导至溶液中。

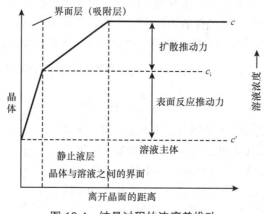

图 12-4　结晶过程的浓度差推动

（一）扩散过程

溶质经过滞流层只能靠分子扩散，扩散过程的速度取决于液相主体浓度 c 与晶体表面浓度 c_i 之差，其速度公式为

$$\frac{\mathrm{d}m}{\mathrm{d}t} = k_\mathrm{d}A(c - c_i) \qquad (12\text{-}7)$$

式中，m 是结晶质量，kg；t 是时间，s；k_d 是扩散传质系数；A 是晶体比表面积，m^{-1}；c 是液相主体浓度，$\mathrm{kg/m}^3$；c_i 是晶体表面浓度，$\mathrm{kg/m}^3$。

（二）表面化学反应过程

溶质穿过静止液层后到达晶体表面，到达晶体表面的溶质嵌入晶面，晶体按晶格排列增长使晶体长大，并产生结晶热。这一表面反应过程速度取决于晶体表面浓度 c_i 与饱和浓度 c_s 之差

$$\frac{\mathrm{d}m}{\mathrm{d}t} = k_\mathrm{r}A(c_i - c_s) \qquad (12\text{-}8)$$

式中，k_r 为表面反应速率常数；c_s 为饱和溶液浓度，$\mathrm{kg/m}^3$。

在工业结晶器中，结晶的成核与成长并不是相互独立的，晶体的成长与晶核的形成在速度上存在着相互的竞争。当推动力（即过饱和程度）变得较大时，晶体成核占主导，析出的晶体粒度较细。晶体逐渐析出后过饱和度最终下降为零，随着时间的延长，晶核的数量会逐渐减少，而晶体会逐渐增大，此时，各种晶体都有同等的成长和被溶解的机会。但是小粒度晶体的比表面积大于大粒度的晶体，这使得细微晶粒被溶解掉的可能性增大而晶体也易增大。因此结晶时间的延长有利于晶体的成长。

第三节　晶体质量的提高

晶体的质量主要是指晶体的大小、形状和纯度三个方面，它们是晶体经济效果的重要技术指标。制药行业药品生产中不仅要获得尽量多的晶体，而且希望得到粗大而均匀、并且纯度高的晶体。因此，研究和掌握结晶条件，以及如何提高晶体质量非常重要。

一、晶体大小

制药生产中一般都希望获得粗大而均匀的晶体，因为它们较细小不规则的晶体便于过滤与洗涤，在储存过程中也不容易结块。晶体细小，有时粒子会带静电，它们会相互排斥而四处跳散，并且会使比热容过大，为成品的分装带来不便。同时由于杂质通常吸附在晶体的表面，较细的晶体颗粒会吸附更多的杂质，再者细小晶粒容易聚集包藏母液，因此，细小晶粒质量往往比粗大晶体质量差。

前面已分别讨论了影响晶核形成及晶体成长的因素，但实际上成核及其生长是同时进行的，因此必须同时考虑这些因素对两者的影响。过饱和度增加能使成核速度和晶体生长速度增快，由于成核速度增加更快，因而得到细小的晶体。在通常情况下，过饱和度对成核的影响大于对生长的影响，因此，在过饱和度很高时影响更为显著。例如，生产上常用的青霉素钾盐结晶方法，由于形成的青霉素钾盐难溶于乙酸丁酯，从而造成过饱和度过高，因而形成较小晶体。若在结晶过程中始终维持较低的过饱和度，可得到较大的晶体。

当溶液的温度升高时，成核速度和晶体生长速度都加快，但对晶体生长的影响最为显著，因此低温得到较细晶体。例如，普鲁卡因青霉素结晶时所用的晶种，粒度要求在 $2\mu m$ 左右，所以制备这种晶种时温度要保持在$-10℃$左右。

搅拌有时可促进成核，加快扩散，提高晶体长大的速度。但当搅拌强度达到一定程度后，再加快搅拌速度，效果就不显著了；相反，晶体还会被打碎。

二、晶体形状

人工晶体生长的实际形态可大致分为两种情况。当晶体在自由体系中生长时（如晶体在气相、溶液等生长体系中生长，可近似地看作自由生长体系），晶体的各生长面的生长速率不受晶体生长环境的任何约束，各晶面的生长速率（比值）是恒定的，而晶体生长的实际形态最终取决于各晶面生长速率的各向异性，呈现出几何多面体形态。当晶体生长受到人为强制时，晶体各晶面生长速率的各向异性便无法表现出来，只能按人为的方向生长。

EQ12-5 晶体形状影响因素

同种物质用不同的方法结晶时，得到的晶体形状可以完全不一样。晶体外形的变化是由于在一个方向生长受阻，或在另一方向生长加速所致。一般快速冷却常形成针状结晶。其他影响晶形的因素主要还有过饱和度、pH、溶剂、杂质、温度和搅拌等（详见 **EQ12-5 晶体形状影响因素**）。

三、晶体的纯度

大多数情况下，结晶是同种物质分子的有序堆砌。无疑，杂质分子的存在是结晶分子规则化排列的空间障碍，所以多数分子（特别是生物大分子）需要相当的纯度才能进行结晶。所以，纯度越高越容易结晶，结晶母液中目的物的纯度应接近或超过50%。但对于个别物系，如果存在某些杂质（包括人为加入某些添加剂），哪怕是微量，均可显著地影响结晶行为，其中包括对溶解度、介稳区宽度、晶体成核及成长速率、晶形及粒度分布的影响等。但已结晶的制品并不表示达到了绝对的纯化，只能说纯度相当高。有时虽然制品纯度不高，若能创造条件，如加入有机溶剂和制成盐等，也能得到晶体。

溶液中杂质的存在一般对晶核的形成有抑制作用，如少量胶体物质、某些表面活性剂、痕量的杂质离子等。因此，在工业上结晶器需要非常清洁，结晶液也应仔细过滤以防止夹带灰尘、铁锈等。由于晶体表面有一定的物理吸附能力，因此表面上有很多母液和杂质。表面吸附的杂质可通过晶体的洗涤除去，但对于过细的晶体则洗涤过滤很难进行，甚至影响生产。对于非水溶性晶体，常可用水洗涤，如红霉素、制霉菌素等。有时用溶液洗涤能除去表面吸附的色素，对提高成品质量起很大作用。例如，灰黄霉素晶体，本来带黄色，用正丁醇洗涤后就显白色；又例如，青霉素钾盐的发黄变质主要是成品中含有青霉烯酸和噻唑酸，而这些杂质都很容易溶于醇中，故用正丁醇洗涤时可除去。用一种或多种溶剂洗涤后，为便于干燥，最后常用容易挥发的溶剂，如乙醇、乙醚等洗涤。为加强洗涤效果，最好是将溶液加到晶体中，搅拌后再过滤。而不采用边洗涤边过滤的方法，因为容易形成沟流使有些晶体不能洗到。

当结晶速度过大时(如过饱和度较高或冷却速度很快时)，常容易形成晶簇而包含母液等杂质，或因晶体对溶液有特殊的亲和力，使晶格中常包含溶剂，对于这种杂质，用洗涤的方法不能除去，只能通过重结晶来除去。例如，红霉素从有机溶剂中结晶时，每一分子碱可含1～3分子丙酮，只有在水中结晶才能除去。

杂质对结晶行为的影响是复杂的，目前尚没有公认的普遍规律。杂质与晶体具有相同晶形，称为同结晶现象。对于这种杂质需用特殊的物理化学方法分离除去。

四、晶体的结块

结晶物质常常有一个十分麻烦的特性就是结块，即由松散状态相互黏结形成团块，尤其是在湿热季节、长期存放、挤压的时候更为明显。大多数晶体产品都需要一个自由流动状态，以使它们能够容易地从储器中倒出；或者能够均匀地分散在一个表面上。结块不仅破坏了产品原有的自由流动状态，而且在使用之前还需要人工或机械的破碎处理。这不但给使用带来了极大的不便，而且对于易燃易爆的晶体产品，更有破碎硬块发生爆炸的危险。因此，人们需对晶体的结块性给予高度重视，将晶体产品的结块性能作为产品质量的重要指标之一。

结块的主要原因是母液没有洗净，温度的变化会使母液中溶质析出，而使颗粒胶结在一起。另外，晶体的吸湿点越高，其吸湿性越小，越不易结块。当空气中湿度较大时，表面晶体吸湿溶解成饱和溶液，充满于颗粒缝隙中，以后如空气中湿度降低时，饱和溶液蒸发又析出晶体，从而使颗粒胶结成块。

大而均匀整齐的球形粒状晶体的结块倾向很小，即使发生结块，但晶块结构疏松，单位体积的接触点少而易被破碎。粒度不均匀、分布很广的晶体，由于大晶粒之间的空隙充填了较细晶粒，单位体积中接触点增多，结块倾向较大，而且不容易弄碎。粒度不均匀的柱状、片状晶体，一般能紧密地挤贴在一起而具极强的结块特性。

晶体产品主要是按照先吸湿使得晶体颗粒表面溶解→水分蒸发结晶再析出→颗粒间桥接的顺序进行循环，经过一定时间而发生结块。为了防止晶体结块，可以采取以下主要措施：尽量采用控制的、分级的操作方法，以便获得粗大、均匀、粒度分布较窄的晶体；严格干燥操作，使晶体产品的湿含量控制在要求范围的最低限度；采用造粒(尤其是制成大而均匀的球形颗粒)，以减少颗粒间的彼此接触；在湿度很低的环境下包装，贮存在不漏气的容器或包装中；在仓库中贮存时，严格按要求堆放，防止给晶体产品施加压力。另外，还可以在晶体产品中加入少量防结块添加剂，改进颗粒表面性质，以达到防止结块的目的。

五、重　结　晶

利用各组分在某种溶剂中溶解度的不同，将混有少量可溶性杂质的晶体用合适的溶剂溶解并多次结晶的方法除去杂质得到纯度较高的物质的过程称重结晶(recrystallization)。

重结晶可以使不纯净的物质获得纯化。其效果与溶剂选择大有关系，因为杂质和结晶物质在不同溶剂和不同温度下的溶解度是不同的，所以重结晶的关键是选择合适的溶剂。选择对主要化合物是可溶性的，对杂质是微溶或不溶的溶剂，滤去杂质后，将溶液浓缩、冷却，即可得到纯度较高的物质。例如，溶质在某种溶剂中加热时能溶解，冷却时能析出较多的晶体，则这种溶剂可以认为适用于重结晶。如果溶质容易溶于某一溶剂而难溶于另一溶剂，且两溶剂能互溶，则可以用两者的混合溶剂进行试验。其方法为将溶质溶于溶解度较大的一种溶剂中，然后将第二种溶剂加热后小心加入，一直到稍显混浊结晶刚开始为止，接着冷却，放置一段时间使结晶完全。

重结晶是纯化固态有机化合物的重要实验方法之一，是有机化学中一项非常基本、非常重要的技术。重结晶原理简单、使用方便，在化学化工、制药、食品等多行业中用途甚广，尤其是在化学成分研究中，重结晶是不可缺少的一个重要环节，它对实验结果的影响较大。但是真的要做好重结晶，并不是很容易的事，尤其是对溶剂的选择（详见 **EQ12-6 重结晶溶剂选择方法**），以及在出现乳化现象时的处理方法等都有很深的学问。

EQ12-6 重结晶溶剂选择方法

第四节 制药工业结晶过程设计理论

结晶器的大型化要求设计方法有更高的可靠性，设计工作建立在更坚实的理论之上，迄今已提出的设计模型颇多，但往往是大同小异。在介绍结晶过程设计理论之前，需要强调的是，结晶器设计结果的可靠性，与其说取决于设计方法，不如说取决于试验工作的质量。即在设计工作开始之前应首先用所处理的工业原料液在适当规模的结晶装置中完成结晶动力学参数的测量及操作参数的选择，然后才能进行结晶器的设计。否则无论采用哪种设计模型也无法取得满意的结果。

晶体粒度分布问题直接与晶体的成核速率和生长速率，以及晶体在结晶器内的停留时间长短有关，间接地则几乎与结晶器所有的重要操作参数如结晶温度、溶液的过饱和度、悬浮液的循环速率、搅拌强度、晶体磨损、晶型改变与否等有关，因此，相互关系错综复杂。Randolph 及 Larson 将粒数衡算方法及粒数密度的概念应用于工业结晶过程，得以将产品的粒度分布与结晶器的结构参数及操作参数联系起来，成为工业结晶理论发展的一个里程碑。由于该部分理论知识较繁杂，本节介绍的晶体粒数衡算模型及其在结晶器的设计中的应用请参阅 **EQ12-7 制药工业结晶过程设计**。

EQ12-7 制药工业结晶过程设计

第五节 制药工业常用结晶方法及设备

对于同种物质的晶体，采用不同的结晶方法生产，即可获得完全不同的外形。有的结晶方法有利于针状晶体的生成，而有的结晶方法则有利于片状晶体的生成。结晶的方式还将直接影响晶体的其他品质。因此，针对特定的目标产物，需要通过充分的实验确定合适的操作条件。在满足结晶产品数量要求的前提下，更重要的是要能生产出符合质量、粒度分布及晶形要求的产品，并且最大限度地提高结晶生产速度，降低成本。

制药工业中最广泛应用的是溶液结晶。溶液结晶一般按产生过饱和度的方法分类，而过饱和度的产生方法又取决于物质的溶解度特性。对于溶解度随温度下降而显著降低的物系，适用于冷却结晶，由于很多物质具有这样的溶解度特性，故冷却结晶的应用极为广泛。当物质的溶解度几乎不随温度而变化或变化较小时，经常采用蒸发结晶。需要注意的是，在实际生产中，某一种物质的结晶过程往往是几种操作方式的综合应用，并不是靠某一种操作单独进行的，如溶解度随温度变化介于上述两类之间的物质就可以同时利用冷却和蒸发的方法产生过饱和的物系，适于采用真空结晶（vacuum crystallization）方法。表 12-1 显示了在制药工业实际生产中，常用的结晶方式的特点。

表 12-1　各种结晶方式比较

结晶方式	适用物系	产生过饱和度方式	特点	典型设备
冷却结晶	溶解度随温度降低显著降低	冷却	能耗低，应用广	桶管式结晶器
蒸发结晶	溶解度随温度降低无变化或随温度升高而降低	蒸发溶剂	能耗高，加热面易结垢，应用少	蒸发式结晶器
真空结晶	热敏性物质	冷却兼蒸发溶剂	操作稳定，无晶垢，应用广	真空结晶器
溶析结晶	热敏性药物	加稀释剂或沉淀剂	能耗低，但溶析剂需回收	
反应结晶	特殊物系药物转变成盐	加反应剂	能耗低，有利于反应的进行	
共沸结晶	易于形成共沸物	加共沸剂	低温操作	

在采用具体结晶方法时多需要使用到结晶器，该设备应满足以下基本要求：①产生溶液过饱和度的方法与生产出具有满意粒度分布的结晶产品相匹配；②结晶器容积应保证有足够的停留时间，使晶体长大到希望的粒度范围；③结晶器内应有均匀的混合。对于结晶方法和结晶设备，下面分类详细叙述。

一、冷 却 结 晶

冷却结晶过程基本上不去除溶剂，而是通过冷却降温使溶液变成过饱和。此法适用于溶解度随温度的降低而显著下降的物系。晶核产生后，将溶液缓慢冷却，维持溶液在介稳区中的育晶区，晶体慢慢长大。冷却的方法分为自然冷却法、间接换热冷却法和直接接触冷却法等。

（一）自然冷却法

将热的结晶溶液置于无搅拌的有时甚至是敞口的结晶釜中，靠大气自然冷却而降温结晶。此法所需时间较久，所得产品纯度较低，粒度分布不均，容易发生结块现象。由于这种结晶过程设备成本低，安装使用条件要求不高，目前在某些产品量不大、对产品纯度及粒度要求又不严格的情况下仍在应用。

（二）间接换热冷却法

相对于自然冷却法，间接换热冷却法在结晶釜周围或内部设置冷却夹套或管道，通过冷却剂带走釜内热量而降温，工业上常用桶管式结晶器和分级结晶器。

1. 桶管式结晶器　按照过程操作条件的需要，此类结晶器可以是连续的，也可以是间歇操作，多为夹套式或内设冷却管结构。该类结晶器结构简单，设备造价低，但生产能力比较小，过饱和度无法控制，器壁上容易形成晶垢，影响传热效率，为了减少清洗损失，有些结晶器在夹套冷却的内壁装有毛刷，既起到搅拌作用，又减缓结垢速度，延长使用时间。但是过饱和度没有得到控制，结垢未得到解决，机械除垢不会达到理想的效果。此外，还有双循环结晶器，即圆锥形遮流管分成两个空腔的壳体，由同心装置的中心管形成两个内循环回路。由螺旋搅拌桨形成一个回路，由另一个空腔形成第二个回路，产生双循环，以提高换热强度，增加结晶生产能力和消除传热表面结垢，如图 12-5 所示，还有强循环冷却结晶器，如图 12-6 所示，它属于外循环。

2. Krystal-Oslo 分级结晶器　Krystal-Oslo 分级结晶器是 20 世纪 20 年代由挪威 Issachsen 及 Jeremiassen 等开发的一种制造大粒结晶、连续操作的结晶器，至今仍广泛使用。这类结晶器过饱和溶液通过晶浆的底部，然后上升，从而消失过饱和度，如图 12-7 所示。接近饱和的溶液由结晶段的上部溢流而出，再经过循环泵进行下一次循环；强烈循环产生在由溢流口经循环泵通过过饱和发生器再至晶床的底部，回到溢流口。设计与操作控制在过饱和发生器中不超过介稳区的限度；

在溢流口上面的一段，拖过的流量在不取出成品晶浆时等于在溢流管处注入的加料流率，因此上升速度很低，细小结晶就在这一段积累，另由一个外设的细晶捕集器间歇或连续取出，经过沉降后，或者过滤，或者用新鲜加料液溶解，也可以辅之以加热助溶的办法，消除过剩的细小结晶，溶化后的溶液供给结晶器作为原料液，这样可以保证结晶颗粒稳步长大。

冷却式 Krystal 分级结晶器的过饱和产生设备是一个冷却换热器，见图 12-8，一般是溶液通过换热器的管程，而且管程以单程式的最普遍，冷却介质通过壳程。需指出的是壳程冷却介质的循环方式，在管程通过的溶液过饱和度设计限是靠主循环泵的流量所控制，但是冷却介质一侧也同样会发生过饱和度超过设计限的问题。因为新鲜的冷却介质冲入换热器壳程时，与溶液温度差很大，而过饱和度的介稳区是很狭窄的一个区域，为了防止这一现象发生，不致使冷却介质在入口处迅速结垢，必须另外再加上一套辅助循环泵，专为消除这一现象。

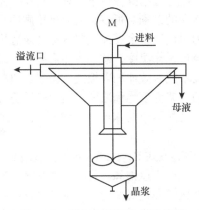

图 12-5 强制内循环冷却结晶槽

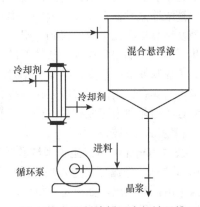

图 12-6 强制外循环冷却结晶槽

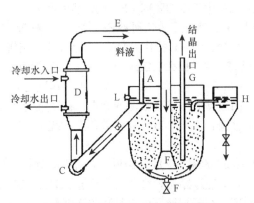

图 12-7 Krystal 式冷却续晶器

A. 结晶器进液管；B. 循环管入口；C. 主循环泵；D. 冷却器；
E. 过饱和吸入管；F. 放空管；G. 晶浆取出；H. 细晶捕集器

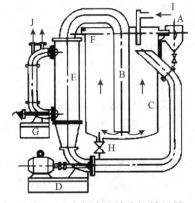

图 12-8 冷却式连续分级结晶器

A. 结晶捕集器；B. 中心降液管；C. 分级段；D. 主循环泵；
E. 冷却器；F. 溢流管；G. 辅助循环泵；H. 取出口；I. 加液口；J. 冷却剂出口

（三）直接接触冷却法

间接换热冷却结晶的缺点是冷却表面结垢，导致换热效率下降。而直接接触冷却结晶避免了这一问题的发生，它的原理是通过冷却介质与热结晶母液的直接混合达到冷却结晶的目的。常用的冷却介质有空气及与结晶溶液不能互相溶解的惰性液体碳氢化合物（如氟利昂）等；另外，还有采用专用的液态冷冻剂与结晶液直接混合，多借助于冷冻剂的气化而直接制冷。采用这种操作必须注意避免冷却介质可能对结晶产品产生的污染，选用的冷却介质不易与结晶母液的溶剂互溶或虽互溶又易于分离除去。

　　冷却结晶过程，影响结晶药物的粒度和粒度分布的主要影响因素为是否加晶种及冷却曲线的控制。如何能较好地控制结晶粒度的范围对于结晶质量影响巨大，该部分内容可详见 **EQ12-8 冷却结晶过程中粒度及分布的控制**。

EQ12-8　冷却结晶过程中粒度及分布的控制

二、蒸　发　结　晶

　　将稀溶液加热蒸发而移除部分溶剂的结晶过程称为蒸发结晶。它是使结晶母液在加压、常压或减压下加热蒸发浓缩而产生过饱和度。此法适用于溶解度随温度降低而变化不大或具有逆溶解度特性的物系。蒸发结晶消耗的热能较多，加热面结垢问题也会给操作带来困难。蒸发结晶器与一般的溶液浓缩蒸发器在原理、设备结构及操作上并无本质的差别。很多类型的自然循环及强制循环的蒸发结晶器已在工业上得到应用。溶液循环推动力可借助于泵、搅拌器或蒸气鼓泡热虹吸作用产生。蒸发结晶也常在减压条件下进行，目的在于降低操作温度，减小热能损耗。但需要指出的是，一般蒸发器用于蒸发结晶操作时，对晶体的粒度不能有效地加以控制。遇到必须严格控制晶体粒度的场合，则需将溶液先在一般的蒸发器中浓缩至略低于饱和浓度，然后移送至带有粒度分级装置的结晶器中完成结晶过程。工业上常用蒸发式结晶器包括 Krystal-Oslo 生长型结晶器和 DTB 型蒸发式结晶器。

　　1. 蒸发式 Krystal-Oslo 生长型结晶器　图 12-9 是典型蒸发式 Krystal-Oslo 生长型结晶器。加料溶液由 G 进入，经循环泵进入加热器，蒸汽在管间通入，产生过饱和。溶液在蒸发室内排除蒸汽（A 点）由顶部导出。如果是单机生产，分离的蒸汽直接送去大气冷凝器，有必要时可通过真空发生装置，如果是多效的蒸发流程，排出蒸气则通入下一级加热器，或者末级的排气进入冷凝装置。

　　溶液在蒸发室分离蒸汽之后，由中央下行管直送到结晶生长段的底部（E 点），然后再向上方流经晶体流化床层，过饱和得以消失，晶床中的晶粒得以生长。当粒子生长到要求的大小后，从产品取出口排出，排出晶浆经稠厚器、离心分离、母液送回结晶器。固体直接作为商品，或者干燥后出售。

　　Krystal-Oslo 蒸发结晶器大多数是采用分级的流化床，粒子长大后沉降速度超过悬浮速度而下沉。因此底部聚积着大粒的结晶，晶浆的浓度也比上面的高。空隙率减少，实际悬浮速度也必然增加，因此正适合分级粒度的需要。这也正好是新鲜的过饱和溶液先接触的所在，在密集的晶群中迅速消失过饱和度，流经上部由 O 点排出，作为母液排出系统，或者在多效蒸发系统中，进入下一级蒸发。

　　2. DTB 型蒸发式结晶器　DTB 是 Draft Tube Babbled 的缩写，即遮挡板与导流管的意思，简称遮导式结晶器，装置简图见图 12-10。液体循环方向是经过导流管快速上升至蒸发液面，然后使过饱和溶液沿环形面流向下部，属于快升慢降型循环，在强烈循环区内晶浆的浓度是一致的，所以过饱和度的控制比较容易，而且过饱和溶液始终与加料溶液并流。由于搅拌桨的阻力小，循环量较大，所以这是一种过饱和度最低的结晶器。

　　此类蒸发器可以与蒸发加热器联用，也可以把加热器分开，结晶器作为真空闪蒸制冷型结晶器使用，这种结晶器是目前采用最多的类型。它的特点是结晶循环泵设在内部，阻力小。为了提高循环螺旋桨的效率，需要一个导液管。遮挡板的钟罩形构造是为了把强烈循环的结晶生长区与溢流液穿过细晶沉淀区隔开，互不干扰。

　　对于蒸发结晶，温度是影响结晶粒度及其分布的最主要因素（详见 **EQ12-9 蒸发结晶粒度及分布影响因素**）。因此在工业生产中，在考虑节省

EQ12-9　蒸发结晶粒度及分布影响因素

能源的同时，选择一个合适的蒸发温度，也便于对系统蒸发过程的控制。

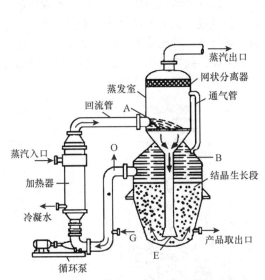

图 12-9　蒸发式 Krystal-Oslo 生长型结晶器

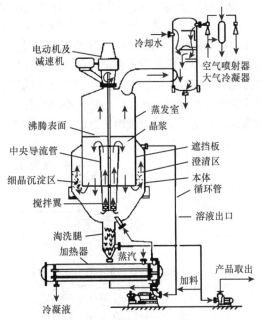

图 12-10　DTB 型蒸发式结晶器装置简图

三、真 空 结 晶

真空结晶是使溶剂在真空下绝热闪蒸，同时依靠浓缩与冷却两种效应来产生过饱和度，又称为真空绝热冷却结晶。该法适用于具有正溶解度特性且溶解度随温度的变化率中等的物系。该法不外加热源，仅仅利用真空系统的抽真空作用，通过不断提高真空度，由于对应的溶液沸点低于原料液温度，从而使溶液自蒸发，然后冷却结晶，并使晶体慢慢长大。其实质即溶液通过蒸发浓缩及冷却两种效应来产生过饱和度。

真空绝热冷却和蒸发结晶的相同之处：都有溶剂的蒸发，都需要抽真空。区别：前者的真空度更高，操作温度一般都低于大气温度。真空式结晶器的原料溶液多半是靠装置外部的加热器预热，然后注入结晶器。当进入真空蒸发器后，立即发生闪蒸效应，瞬间即可把蒸气抽走，随后就开始继续降温过程，当达到稳定状态后，溶液的温度与饱和蒸气压力相平衡。因此真空结晶器既有蒸发效应又有制冷效应，也就是同时起到移去溶剂与冷却溶液的作用。溶液变化沿着溶液浓缩与冷却的两个方向前进，迅速接近介稳区。目前工业上常用的真空结晶器主要是 Krystal-Oslo 真空结晶器。

Krystal-Oslo 真空结晶器如图 12-11A 所示是分级式，也就是控制循环泵抽吸的是基本不含晶体的清溶液，然后输送到蒸发室去进行闪蒸，在一定真空度下与溶液达到气液平衡而得到降温制冷的效应。下部的结晶生长器主要是使过饱和溶液经中央降液管直伸入生长器的底部，再徐徐穿过流态化的晶床层，从而消失过饱和现象，晶体也就逐渐长大。按照粒度的大小自动地从下至上分级排列，而晶浆浓度也是从下向上逐步下降，上升到循环泵入口附近已变成清液。分级的操作法使底部的晶粒与上部未生长到产品粒度的互相分开，取出管是插在底部，因此产品取出来的都是均匀的球状大粒结晶，这是它的最大优点。然而要达到分级的目的，受到流态化的终端速度和晶浆浓度（也就是空隙率的大小）的限制，循环泵的输送量是受到限制的。这就必然带来两个缺点：一个是过饱和度较大，安全的过饱和介稳区一般都很狭窄，生产能力的弹性很小；另一个是由于上述现象的存在，造成同一直径的设备比晶浆循环操作的生产能力要低几倍。

为了改变上述缺点，采用图 12-11B 所示的晶浆循环操作法。从装置的外观上看不出有什么区别，但在本质上截然不同。实际上是加大了晶浆循环液量，由生长段经过循环管到蒸发室再回到晶床之中是同一个晶浆浓度。有晶核存在时，过饱和的介稳区虽然压得更窄，但晶核的发生速率也会大为减小，因此设备各部位的结晶疤垢生长也就比较缓慢。又由于加大循环泵输液量，能弥补过饱和度值较小的因素，实际产量在相同的晶床截面条件下，可比分级操作法高若干倍。这种晶浆循环法所取出的产品结晶是大小晶粒相混合的，如果要得到均匀的颗粒，就必须增加外部的分级设备，把大晶粒淘选出来过滤分离，把不合格的晶粒随同溶液返回结晶系统。

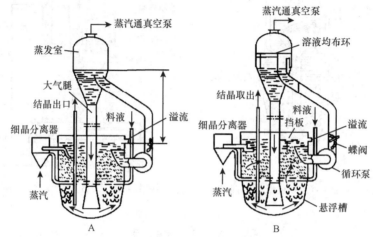

图 12-11　Krystal 式真空结晶器

A. 分极式（清液循环）；B. 混浆型（晶浆循环）

四、溶析（盐/有机溶剂等）结晶

溶析结晶是指在溶液中原来与溶质分子作用的溶剂分子，部分或全部与新加入的其他物质作用，使溶液体系的自由能大为提高，导致溶液过饱和而使溶质析出。所加入的物质可以是固体，也可以是液体或气体。该法多用于对温度敏感的生物大分子类药物分子的制备，主要包括盐析结晶和有机溶剂结晶两种类型。

在选择溶析剂时，除了要求溶质在其中的溶解度要小之外（如两性分子等电点处），还要求所加物质不与结晶溶质反应，而且溶剂与溶析剂的混合物易于分离。如果对溶析产品晶形还有特殊的要求，则还需考虑不同的溶析剂对晶体各晶面生长速率的影响，但目前这方面的理论研究还很不深入，更多的还必须依靠实验来具体探索。

（一）盐析结晶

这是生物大分子如蛋白质及酶类药物制备中用得最多的结晶方法。通过向结晶溶液中引入中性盐，逐渐降低溶质的溶解度使其过饱和，经过一定时间后晶体形成并逐渐长大。该法可与冷却法结合，提高溶质从母液中的回收率；另外，结晶过程的温度可保持在较低的水平，有利于热敏性物质结晶。其缺点是常需回收设备来处理结晶母液，以回收溶剂和盐析剂。结晶器可采用与冷却结晶相同的设备。

例如，细胞色素 c 的结晶，向细胞色素 c 浓缩液中按每克溶液 0.43g 的比例投入硫酸铵细粉，溶解后再投入少量维生素 C（抗氧化剂）和 36%的氨水（调 pH，控制接近等电点）。在 10℃下分批加入少量硫酸铵细末，边加边搅拌，直至溶液微浑。加盖，室温（15～25℃）放置1～2天后细胞色素 c 的红色针状结晶体析出。再按每毫升 0.02g 的量加入硫酸铵粉末，数天后结晶体析出完全。

（二）有机溶剂结晶

在制药行业中，经常采用向含有医药物质的水溶液中加入某些有机溶剂（如低碳醇、酮、酰胺等溶剂）的方法使医药产物结晶出来。这种向待结晶溶液中加入某些能与原溶液混合的有机溶剂，以降低溶质的溶解度而产生结晶的方法称为有机溶剂结晶。该结晶法的最大缺点是有机溶剂可能会引起结晶对象变性。

常用的有机溶剂有乙醇、丙酮、甲醇、丁醇、异丙醇、乙腈、2,4-二甲基戊二醇（MPO）等。例如，天冬酰胺酶的有机溶剂结晶法：将天冬酰胺酶粗品溶解后透析去除小分子杂质，然后加入0.6 倍体积的 MPO 去除大分子杂质，再加入 0.2 倍体积 MPO 可得天冬酰胺酶精品。将得到的精品用缓冲液溶解后滴加 MPO 至微浑，置于 4℃冰箱 24h 后可得到酶结晶。又例如，利用卡那霉素易溶于水，不溶于乙醇的性质，在卡那霉素脱色液中加 95%乙醇至微浑，加晶种并 30～35℃保温即得卡那霉素晶体。

溶析结晶需要注意的是，结晶残液中的盐类和有机溶剂在后续操作中需要去除或回收。

五、反 应 结 晶

反应结晶（reaction crystallization）又称反应沉淀结晶，是通过气体或液体之间进行化学反应而沉淀出固体产品的过程。反应结晶作为沉淀结晶的一种，是一个比较复杂的多相反应与结晶的耦合技术，在医药行业中用于制备和精制晶体药物。

反应结晶包括混合、化学反应和结晶过程，随着反应的进行，反应产物的浓度增大并达到过饱和，在溶液中产生晶核并逐渐长大为较大的晶体颗粒。其中宏观、微观及分子级混合、反应、成核与晶体生长称为一次过程；粒子的老化、聚结、破裂及熟化称为二次过程，所有这些过程都对产品质量（纯度、品系、晶形和大小等）有影响，混合对反应结晶过程往往也有较大的影响。

EQ12-10 结晶设备验证

为了保证以上多种结晶方法所用设备的安装、运行及性能满足生产工艺的要求，在实际生产前均要对设备进行验证，验证过程包括多方面，方案可详见 **EQ12-10 结晶设备验证**。

案例 12-1：氨苄西林钠原料药精制及结晶工艺优化

EQ12-11 青霉素代际历程

氨苄西林钠为第一代广谱半合成青霉素（可参考 **EQ12-11 青霉素代际历程**），结构如图 12-12 所示，其分子结构中含有以 β-内酰胺为母核的四元环酰胺和四氢噻唑环形成的并合环的结构，它的 7 位上连有侧链苯乙酰氨基。

随着半合成技术的更新发展，现在已开发了第二代、第三代半合成类青霉素，如美洛西林、哌拉西林等。但是作为第一代半合成类青霉素产品，氨苄西林钠具有抗菌谱广、毒性低、药效高和价格便宜等特点，在国内外医药市场上具有非常独特的优势。

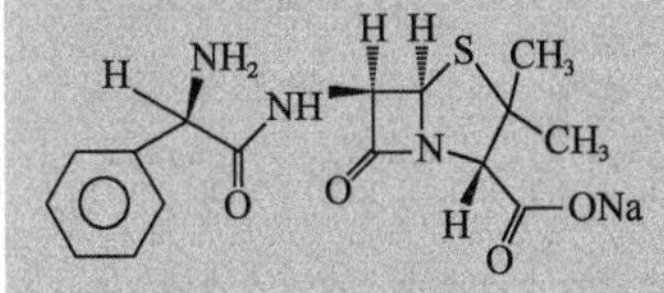

图 12-12　氨苄西林钠分子结构

1. 背景　氨苄西林钠属于 β-内酰胺类抗生素，其具有青霉素类产品的共同性质：不耐酸、不耐碱、不耐热等，故温度、水分、湿度、颗粒度和产品晶型等对氨苄西林钠的质量稳定性均有重要影响，具体如下：

（1）温度的影响：氨苄西林悬浮液在5℃相当稳定，到30℃降解就较快，并且不同的产品降解速度不同，故氨苄西林钠在生产、干燥和储存运输过程中的温度应尽量低。

（2）水分的影响：水分高，β-内酰胺环不稳定。文献报道其稳定性顺序：氨苄西林无水化合物＞氨苄西林钠＞氨苄西林三水化合物。因三水化合物中相对大量的水可以充分地参加水解反应，使得三水化合物更不稳定，但是如果通过干燥脱去水，则会增加晶体结构的无序性，晶格能降低，稳定性也下降。

（3）颗粒度与晶型的影响：产品颗粒度越大越稳定。文献报道，磨细的氨苄西林三水化合物稳定性差，因为研磨过程造成了晶格的破坏，增加了水分的自由移动性，水解反应加速，稳定性下降。经X射线粉末衍射、扫描电子显微镜等仪器的测试，检测出氨苄西林钠存在A、B和C三种晶型。通过52%相对湿度的吸湿实验和热稳定性加速实验，从动力学角度证明了C型晶体稳定性相对较好，其次为A型和B型，无定形最差。

2. 问题　查阅有关文献，根据化合物的性质和产品市场要求，选定多种结晶方法，确定工艺路线，对设定的工艺路线进行分析比较，不仅要求技术上的可行性，还要体现经济性和环保性。

3. 精制工艺比较　工业合成最终获得的是氨苄西林三水化合物，其可以直接在临床上口服使用，但因其生物利用度低，仅有50%，临床上大量使用的还是其转钠盐后的注射用氨苄西林钠。该化合物在工业化生产最后精制环节有三种工艺路线。

（1）喷雾干燥法：该法将氨苄西林三水化合物溶解在氢氧化钠的水溶液中制备氨苄西林钠，经过加热的空气流将喷雾状的氨苄西林钠水溶液中的水分带走，直接形成氨苄西林钠粉末（详见**EQ12-12 氨苄西林钠喷雾干燥工艺图**）。该法制成的氨苄西林钠，先是在强碱条件下，然后受热，极易发生降解，所以获得的最终产品质量较差。目前国内外大部分厂家已弃用该法。

EQ12-12　氨苄西林钠喷雾干燥工艺图

（2）冷冻干燥法：目前国际上普遍采用的方案，操作上是将氨苄西林三水化合物溶解在氢氧化钠水溶液后，通过冻干方式将溶液中的水分直接升华得到氨苄西林钠粉末。该法工艺简单、成本低、收率高（摩尔收率可达98%），产品基本没有损失，但问题在于杂质并未在冻干过程中除去，产品质量介于溶媒结晶法与喷雾干燥法之间。

（3）溶媒结晶法：用有机碱将氨苄西林三水化合物溶解在有机溶剂中，加入钠离子的成盐剂，进行复分解反应，结晶出氨苄西林钠，反应流程参见**EQ12-13 溶媒结晶法生产氨苄西林钠的反应流程图**。此法先后通过氨苄西林三水化合物溶解、脱水反应、结晶、过滤分离、干燥等多工序，可将原料及反应过程中的杂质在结晶过程中去除，生产的产品质量高、杂质少、稳定性好。相比冷冻干燥法，最大的缺陷是收率较低（目前可达到89%）。虽然溶媒结晶法收率较低，生产成本高、工艺复杂，但产品稳定性和质量有明显的优势，而且氨苄西林钠还可与β-内酰胺酶抑制剂合用形成复合制剂而得以在临床上更广泛地应用，目前国内大批企业开始采用该技术。

EQ12-13　溶媒结晶法生产氨苄西林钠的反应流程图

4. 结晶工艺优化

（1）问题：如上所述，现有最优溶媒结晶法，在产品稳定性和质量方面有明显的优势。但该法还有一个致命问题，就是晶体产品分装成制剂以后，经过一段时间的存放，会出现澄清度不稳定的现象，在整个市场上反应比较强烈，严重地影响到溶媒结晶法氨苄西林钠的生产和销售。

思考：为何原来合格的产品在储存过程（特别是分装后）澄清度会发生变化呢？

关键点：分装过程做了什么？我们需要细看溶媒结晶工艺流程（图 12-13），大家又想到了什么？

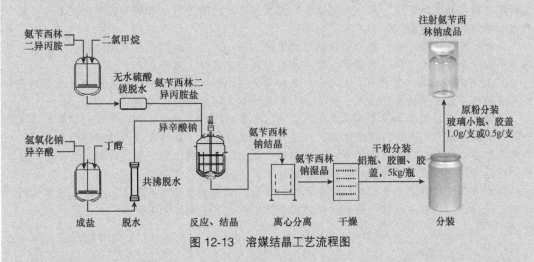

图 12-13　溶媒结晶工艺流程图

分装是将干粉直接装入相应器皿，该过程样品接触了铝、胶和玻璃三种外来物，极有可能就是这些外来物造成了样品的变化。到底是其中哪一种外来物造成的影响呢？

（2）分析

1）初步分析：通过大量分析实验发现正常工艺生产出的氨苄西林钠不论其化学物质残留量多少，在不与胶塞接触的情况下，其澄清度不随时间的变化而变化。说明产品中残存的化学物质在储存过程中未与氨苄西林钠发生作用，不会产生不溶于水、发乳光的物质。但在与胶塞接触时，随时间推移产生了水乳光或者水不溶的物质而致使产品的澄清度发生了变化，并且不同配方的胶塞对澄清度的影响区别很大。

看来问题找到了，是胶塞的过错！但是，固体注射剂最常用的包材就是西林瓶和胶塞加铝盖封装，基本无其他可选择性，那怎么办？看来只能深入分析，找到是谁和胶塞发生了反应，想办法除去它即可！

2）排除法深入分析：通过大量文献和实验的对比、对照发现，以二氯甲烷为溶剂的溶媒结晶法的生产工艺中使用了较多的有机溶剂和反应剂，包括二氯甲烷、正丁醇、二异丙胺、异辛酸和无水硫酸镁。前述的喷雾干燥法和冻干法仅使用了氢氧化钠一种反应剂。冻干产品中也有微量的二氯甲烷残留是由于生产氨苄西林钠的主要原料氨苄西林带入，与溶媒法对比，两种方法生产的产品其二氯甲烷含量是相同的。显然，二氯甲烷残留不是引起氨苄西林钠澄清度变化的原因。

溶媒法氨苄西林钠和溶媒法青霉素钠的生产工艺中均使用了正丁醇，而溶媒法青霉素钠不存在澄清度不稳定的问题。通过气相色谱分析，这两种产品的正丁醇残留量水平相当，因此正丁醇也不是造成氨苄西林钠澄清度不稳定的物质。

由于工艺的不同，冻干法获得的氨苄西林钠和溶媒法获得的青霉素钠生产过程中未使用异辛酸和二异丙胺两种化学物质，因此，以上两种产品中不可能含有异辛酸和二异丙胺，溶媒法获得氨苄西林钠生产过程中使用了异辛酸和二异丙胺两种物质，两种物质不可避免地残存于最终产品中。对这两种物质进行洗液添加挑战试验，结果发现二异丙胺的残留对澄清度稳定性没有影响，异辛酸的残留直接影响澄清度稳定性，当异辛酸的残留量超过一定限度时，澄清度初检即不合格。所以异辛酸是导致澄清度不稳定的主要因素。

（3）工艺改进

1）共沸结晶工艺：现有青霉素钠盐采用共沸结晶工艺，是否氨苄西林钠盐也可借用该工艺呢？

共沸结晶是蒸发结晶和真空结晶的结合，其基本原理是将酸性药品用无机碱性盐的水溶液进行溶解，加入一定比例的有机溶媒，利用有机溶媒与水形成共沸物的特点，使水、有机物的混合物在真空条件下，以一定的混合比例共同蒸出，随着有机溶媒和水的逐渐减少，药品以盐的形式结晶析出。

在背景部分已经介绍，氨苄西林钠热稳定性不好，在共沸过程中受到高温的影响，氨苄西林钠化学成分发生变化，其含量、有关物质含量严重超标，该法放弃。

2）现有溶媒结晶工艺优化：上文分析已知异辛酸是引起溶媒法氨苄西林钠澄清度不稳定的主要原因。显然，从反应体系中除去以上化学物质是解决问题的关键。

科研人员通过大量单因素和正交试验，测试了多种溶剂（乙腈、异丙醇、丙酮和乙酸丁酯等）和成盐剂（乙酸钠、碳酸氢钠、碳酸钠和氢氧化钠），最终发现乙腈溶媒结晶工艺产品的晶型要好于无水溶媒结晶体系。乙腈溶剂表现出比较强的优势，在各种不同类型的成盐剂的情况下，都有较高的含量和较低的降解物，且所得产品为结晶型。

再测试乙腈对胶塞不产生类似异辛酸的影响后，后续通过正交实验方法，对乙腈溶媒结晶工艺进行深入研究与优化，得出最终结晶工艺流程方案如图 12-14 所示。

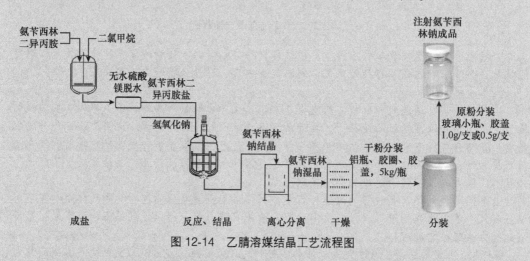

图 12-14　乙腈溶媒结晶工艺流程图

通过和传统二氯甲烷溶剂结晶法对比，新开发的乙腈溶媒结晶工艺所得氨苄西林钠产品符合《中华人民共和国药典》的规定，通过比较发现，乙腈工艺中所用乙腈与胶塞的作用要小于异辛酸与胶塞的作用。虽然乙腈溶媒结晶工艺所得氨苄西林钠产品的含量略低于二氯甲烷法产品的含量，前者产品降解物含量也较高，但产品的澄清度好于后者，而且澄清度更稳定。乙腈溶媒结晶工艺所得产品为结晶型，而二氯甲烷法却为无定形产品，因此前者稳定性好。此外，乙腈溶媒结晶工艺的原料消耗低于二氯甲烷工艺，以年产量110t氨苄西林钠的生产装置为例，仅原料费用一项，乙腈工艺与二氯甲烷工艺相比每年会多创利润255.2 万元。

学习思考题（study questions）

SQ12-1　请通过结晶工艺部分的文字描述判定是否可能是氨苄西林钠化合物本身与胶塞反应？为什么？

SQ12-2　原二氯甲烷溶媒结晶法因包材中胶塞原因，出现了澄清度不稳定的现象，因此可否选择非胶塞类包材，如安瓿瓶来封装样品？

练习题

12-1 结晶过程的原理是什么？结晶分离有什么特点？

12-2 什么是过饱和度？简述不同的过饱和度对结晶过程的影响。

12-3 什么是重结晶？

12-4 图为甲、乙两种溶质的溶解度对温度的关系图：

现有一混合物含有甲溶质 16g，乙溶质 4g。利用重结晶法先将此混合物溶于 80℃ 的热水中，再将溶液的温度降至 20℃，便可分离出部分甲溶质。试问：

1）如果想分离出最多的甲溶质，最理想的水量为多少克？

2）理论上可分离出甲溶质多少克？

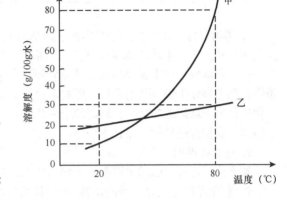

12-5 过饱和度、温度、搅拌、晶种及杂质是如何影响晶体颗粒的大小和纯度的？

12-6 溶液的稳定区、介稳区和不稳定区各有何特点？实际的工业结晶过程需控制在哪个区域内进行？

12-7 何为结晶过程初级成核和二次成核?简述工业结晶过程采用二次成核的实际意义。

12-8 如何描述晶粒的平均粒径及粒径分布？

12-9 通过查阅文献了解结晶新技术、新设备的进展及在制药工业中的应用。

第十三章 干 燥

1. 课程目标 在了解干燥基本概念的基础上,掌握喷雾干燥、冷冻干燥、双锥回转真空干燥、流化干燥和三合一干燥的基本概念及干燥原理、工艺基本流程及其主要影响因素、工业应用范围及特点。理解料液的干燥、结晶状或粉状原料药的干燥、制剂过程中各种干燥技术的特点及应用条件,熟悉典型干燥设备的原理、结构及操作,培养学生分析思考、解决干燥工艺技术及处理工业化生产中干燥问题的能力,同时综合考虑先进干燥技术、环保、安全及经济方面的因素,从而能够选择或设计适宜的干燥技术。

2. 重点和难点

重点:干燥过程的基本原理,干燥方法和设备,干燥器选型应考虑的因素。

难点:干燥过程热量质量的衡算,造粒目的与颗粒生成机制,如何保证在药品干燥过程中 GMP 对药品不变质,不得引入异物的要求。

第一节 概 述

干燥技术(drying technology)是利用热能除去物料中的水分(或溶剂),并利用气流或真空等带走汽化了的水分(或溶剂),从而获得干燥物品的工艺操作技术。干燥通常是药物成品化前的最后一个工序。因此,干燥的质量直接影响产品的质量和价值。

干燥技术的分类方法有多种,根据加热方式的原理不同,可以大致分为以下几种:常压干燥、减压(真空)干燥、喷雾干燥、流化干燥、冷冻干燥、微波干燥及远红外干燥等。干燥技术的覆盖面较广,既涉及复杂的热质传递机制,又与物系的特性处理规模等密切相关,最后体现在各种不同的设备结构及工艺上。

一台合格的制药干燥设备,不仅需满足干燥操作要求,还应满足"药品生产质量管理规范"(Good Manufacturing Practice, GMP)要求;既要满足设备强度、精度、表面粗糙度及运转可靠性等要求,还要考虑结构可拆卸、易清洗、无死角,避免污染物渗入。设计时要消除难以清洗和检查的部位,采用可靠的密封。制造时设备内壁光洁度要高,所有转角要圆滑过渡。

GMP 中规定了对制药干燥过程及干燥装置的要求,以保证药品的质量和均一性。

药品生产大致可分为原料药和成品药的生产。在绝大多数原料药的生产中,起始物料或其衍生物都经过明显的化学变化。因此,杂质、污染物、载体、基质、无效物、稀释剂,以及不想要的晶型或分子都可能存在于粗制药品中,需要有相应的措施以保证药品的纯净。

在药品生产中的干燥工艺,需考虑的是干燥时温度的升高会不会引起药品的降解或发生氧化等反应,以及在干燥过程中保证异物不得进入药品中。例如,热空气干燥时,热空气中可能挟带的灰尘与微生物等;再则是干燥设备中不能积存物料或其他杂质,因此原位清洗(CIP-clean in place)、原位灭菌(SIP-sterilizing in place)设施是药品干燥设备所必需的。原位清洗是指装置不必拆卸,利用所配置的管道阀门等将洁净水引入,将装置清洗干净的设施和方法。原位灭菌是使该装置可以利用所配置的管道、阀门或加热器等,将灭菌用的饱和蒸汽或高温热空气引入装置。在规定的温度、压力下维持规定的时间,以利被处理的装置内可能残留杂菌的杀灭。而灭菌的操作条件要经过规定的方法验证,证明是有效的。

(1)GMP 中涉及设备的有关内容:GMP 中除了对操作、记录、标签等工艺方面有严格规定以外，也对设备、环境等作了明确的要求（详见 **EQ13-1 GMP 中涉及设备的有关内容**）。

EQ13-1 GMP 中涉及设备的有关内容

（2）制药行业干燥装置的主要结构特点：制药行业的干燥装置，也和其他制药设备一样，需具有原位清洗及原位灭菌的设施。

对于进入干燥系统的热空气在进入干燥装置之前要经过严格的过滤，对于无菌药品其洁净程度要求达到 100 级。100 级的指标是每立方米空气中≥5μm 的尘埃粒子为 0 个；≥0.5μm 的尘埃粒子数≤3500 个；活微生物数<1。雾化用的空气和其他进入装置的空气，也都必须按此标准要求。根据 GMP 这种检测，要求定期进行，并作完整的记录。空气的采样口应设在进入干燥装置前，以保证进入干燥装置空气的质量。不允许经过滤后再加热，因为加热器表面会积有灰尘或产生的氧化物会脱落。因此终端过滤器必须能耐受灭菌温度。

由于药物生产对批号及整批均一性的要求，对连续操作或分盘干燥的一整批物料，就需要整机混合使这批物料质量均一，所以在可能的情况下优先考虑采用分批干燥的方式。为了在干燥器中不积存物料，除了内壁光洁以外在结构上要防止锐角，避免丝网或多孔结构，以利清洗彻底。

为了保证质量，GMP 强调批号和每一批号质量的均一性，因此干燥装置，特别是成品干燥装置，应该满足一整批物料的干燥，以免多次、多盘或连续干燥所得产品在干燥结束后，再进行一次混合。而且药品经多次转移也容易增加被污染的机会，所增设的混合器也照样被要求设置原位清洗、原位灭菌等设施，无疑会增加设备及操作成本。因此比较可行的方法是将干燥装置设计成能足够容纳一个批号的量，分批干燥，并配有原位清洗、原位灭菌的设施。

第二节　料液的干燥

不少原料药在制成干品以前是水溶液，这些药液的干燥一般都采用喷雾干燥。虽然喷雾干燥的热效率较低，但解决了药物的无菌要求，因此迄今已有若干品种药物采用喷雾干燥，如链霉素、庆大霉素等，中药注射用粉剂"双黄连"等均采用喷雾干燥。其他如真空滚筒干燥等虽也有试验性报告或介绍，但未见用于工业化规模生产。冷冻干燥是干燥温度在 0℃以下的干燥方法，适用于热敏性药物、生物制剂和血液制品，但由于冷冻干燥系统需要在高真空下凝集所升华的蒸汽，动力费用高，且操作周期长，因此单位质量产品的投资高。

药液的干燥方法是选定该药物能耐受的温度为前提。经过实验验证，在可以耐受喷雾干燥的温度和受热时间的条件下，可以不选冷冻干燥，因为该法投资及操作费用均较大。

一、喷 雾 干 燥

喷雾干燥（spray drying）是一种悬浮粒子加工（SPP）技术。液体雾化成微滴，当微滴在热的气态干燥介质（通常是空气）中运动的过程中，被干燥成单个的颗粒。在喷雾干燥机中，液态原料如溶液、悬浮液或乳浊液，能通过一步操作转变成粉状、粒状和块状的产品。典型喷雾干燥机的基本流程如图 13-1 所示。

药液的喷雾干燥除了考虑该药物耐受温度及受热时间以外，它与其他物料喷雾干燥的差别在于能否保证过程中及最终成品保持无菌，以及喷雾干燥过程中是否有影响药物质量的异物、润滑油等进入系统。

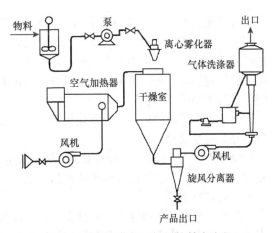

图 13-1　典型喷雾干燥机的基本流程

喷雾干燥技术大致分三种：气流式，压力式，离心式。这三种雾化方式中，由于离心式雾化器，其离心盘的传动轴分处干燥室内外，它的密封及防止轴封的细粒脱落比较困难；而压力式雾化系统中料液要经过高压泵压送，运作时活塞与缸体的摩擦及连杆的密封，都会影响料液的洁净。比较之下，气流雾化因雾化用的空气及料液在进塔之前均可先经洁净过滤，滤除所挟带的颗粒（包括细菌），故而比较适宜药品干燥。在采用气流式雾化器雾化时除了药液需经无菌过滤以外，雾化用压缩空气也需采用无菌过滤以达到无菌要求。

Niro 公司采用气流雾化来喷干药品，其气流雾化流程见图 13-2。流程中雾化用空气先经预过滤器 4，升压后通过过滤器及加热器，再经高效过滤器（HEPA）后进入雾化器。干燥用空气是先经 HEPA 再加热然后进喷干塔。药液则是由送料泵经灭菌过滤后至雾化器。其旋风分离器紧靠干燥器，可使管道积料减至最小。

我国引进的链霉素无菌喷干装置是用压缩空气作为干燥用热空气源，用厚层棉花作为此干燥用热空气的灭菌过滤装置。我国自行开发研制的无菌喷干装置用于无锡第二制药厂庆大霉素的喷干。

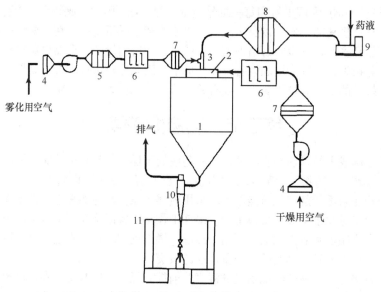

图 13-2　Niro 公司的无菌喷干流程

1. 干燥器；2. 空气分布器；3. 雾化器；4. 预过滤器；5. 过滤器；6. 加热器；7. 高效过滤器；8. 药液灭菌过滤器；9. 送料泵；
10. 旋风分离器；11. 分装间

其流程见图 13-3，其中干燥用热空气是由预过滤器、风机、蒸汽加热器、电加热器、中效过滤器（X2）和高效过滤器（HEPA，X2）组成，空气的净化程度可以达到 100 级。中、高效两种过滤器都能耐受喷干用的热空气温度。空气的净化程度远高于经厚层棉花的压缩空气。流程中增设了脉冲袋滤器，可以用来捕集旋风分离器未能收集到的部分细粉。这部分细粉不能作为成品，但可重新精制后得到利用。

无菌喷干系统的热空气、雾化用空气、药液无菌过滤器都要定期检查过滤效果及按规程更换过滤介质或过滤元件。

喷雾干燥工艺的优点：操作稳定，易实现连续化和自动化。干燥速度较快，干燥时间（5～30s）较短。可由液体物料直接获得固体产品，从而省去蒸发、结晶、分离等操作。产品常为松脆空心颗粒，具有速溶性。

然而，喷雾干燥也存在一些缺点，如①设备费用很高；②除非很好地设计和操作，否则热效率不高；③产品在干燥室内的沉积能导致产品质量下降，有起火或爆炸的危险。

喷雾干燥技术的应用广泛，如青霉素、血液制品、酶类、疫苗等，优势明显，但节能降耗问题比较突出。亚高温喷雾干燥（进风温度 60～150℃）、常温喷雾干燥（进风温度 60℃以下）、降低能耗与多级干燥都将是今后的研究重点。

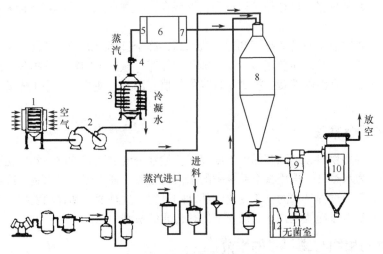

图 13-3　无菌喷雾干燥流程

1. 预过滤器；2. 风机；3. 蒸汽加热器；4. 电加热器；5～7. 过滤器；8. 干燥器；9. 旋风分离器；10. 脉冲袋滤器

二、冷冻干燥

在 0℃以下的严寒天气，将洗净的衣服晾在室外，很快衣服就被冻结了，但经过一段时间，衣服也会变干，这是因为衣服中已结冰的水升华到空气中去了。空气越干燥，空气中水蒸气的分压越低，升华就越快。我国和国外都有在冬天将冻肉晾在室外干燥的报道，这些现象就可以算是"冷冻干燥"。"冷冻干燥"技术在英文里被称为 freeze drying，也被称为 lyophilization。Lyophilization 一词是由 lyophile 衍生来的，lyophile 来源于希腊词 λνος 和 φιλειν，含义是"亲液（溶剂）的物质"，说明冻干后的物质具有极强的复水能力。

热敏性药物及生物制品、血液制品，在要求更低的干燥温度时，冷冻干燥是首选的干燥方法。

（一）冷冻干燥的特点

冷冻干燥（freeze drying）方法与其他干燥方法相比有许多优点。

（1）物料在低压下干燥，使物料中的易氧化成分不致氧化变质，同时因低压缺氧，能灭菌或抑制某些细菌的活力。

（2）物料在低温下干燥，使物料中的热敏成分能保留下来，营养成分和风味损失很少，可以最大限度地保留食品原有成分、味道、色泽和芳香。

（3）干燥过程中物料的状态变化如图 13-4 所示。由于物料在升华脱水以前先经冻结，形成稳定的固体骨架，所以水分升华以后，固体骨架基本保持不变，干制品不失原有的固体结构，保持着原有形状。多孔结构的制品具有很理想的速溶性和快速复水性。

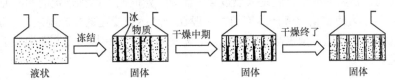

图 13-4　真空冷冻干燥过程物料状态变化

（4）由于物料中水分在预冻以后以冰晶的形态存在，原来溶于水中的无机盐类溶解物质被均匀分配在物料之中。升华时，溶于水中的溶解物质就被析出，避免了一般干燥方法中因物料内部水分向表面迁移所携带的无机盐在表面析出而造成表面硬化的现象。

（5）脱水彻底，重量轻，适合长途运输和长期保存，在常温下，采用真空包装，保质期可达3～5年。

冷冻干燥的主要缺点是设备的投资和运转费用高，冻干过程时间长，产品成本高。但由于冻干后产品重量减轻了，因此运输费用减少了；能长期储存，减少了物料变质损失；对某些农、副产品深加工后，减少了资源的浪费，提高了自身的价值。因此，使真空冷冻干燥的缺点又得到了部分弥补。

（二）冷冻干燥原理

冷冻干燥是先将湿物料冻结到其晶点温度以下，使水分变成固态的冰，然后在适当的真空度下，使冰直接升华为水蒸气，再用真空系统中的水汽凝结器（捕水器）将水蒸气冷凝，从而获得干燥制品的技术。干燥过程是水的物态变化和移动的过程。这种变化和移动发生在低温低压下。因此，冷冻干燥的基本原理就是在低温低压下传热传质的机制。

（三）纯水的相图与物料中的水分

图 13-5 为纯水的相平衡图。图中以压力为纵坐标，曲线 AB、AC、AD 把平面划分为 3 个区

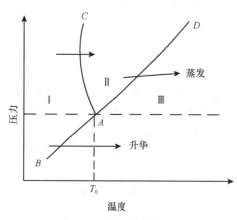

图 13-5　纯水的相平衡图

域，对应于水的 3 种不同的集聚态。曲线 AC 称为熔（融）解曲线，线上冰水共存，是冰水两相的平衡状态。它不能无限向上延伸，只能到 $2 \times 10^8 Pa$ 和 $-20℃$ 左右的状态。再升高压力会产生不同结构的冰，相图复杂。曲线 AD 称为蒸发（汽化）曲线或冷凝曲线。线上水汽共存，是水汽两相的平衡状态。AD 线上的 D 点是临界点，该点压力为 $2.18 \times 10^7 Pa$，温度为 $374℃$，在此点上液态水不存在。曲线 AB 为升华或凝聚曲线。线上冰汽共存，是冰汽两相的平衡状态。从理论上讲，AB 线可以延伸到绝对零度。真空冷冻干燥最基本的原理就在 AB 线上，故又称冷却升华干燥。AB 线也是固态冰的蒸气压曲线，它表明不同温度冰的蒸气压。由曲线可知，冰的蒸气压随温度降低而降低。

（四）冷冻干燥阶段

1. 预冻阶段　真空冷冻干燥的第一步就是预冻结。预冻是将溶液中的自由水固化，使干燥后产品与干燥前有相同的形态，防止抽空干燥时起泡、浓缩、收缩和溶质移动等不可逆变化产生，减少因温度下降引起的物质可溶性降低和生命特性的变化。

（1）预冻温度：预冻温度必须低于产品的共晶点温度，各种产品的共晶点温度是不一样的，必须认真测得。实际制定工艺曲线时，一般预冻温度要比共晶点温度低 5～10℃。

（2）预冻时间：物料的冻结过程是放热过程，需要一定时间。达到规定的预冻温度以后，还需要保持一定时间。为使整箱全部产品冻结，一般在产品达到规定的预冻温度后，需要保持 2h 左右的时间。这是个经验值。根据冻干机不同，总装量不同，物品与搁板之间接触不同，具体时间根据试验确定。

（3）预冻速率：缓慢冷冻产生的冰晶较大，快速冷冻产生的冰晶较小。对于生物细胞，缓冷对生命体影响大，速冷影响小。

从冰点到物质的共融点温度之间需要快冷，否则容易使蛋白质变性，生命体死亡，这一现象称溶质效应。为防止溶质效应发生，在这一温度范围内，应快速冷却。

冷冻时形成的冰晶大小会影响干燥速率和干燥后产品的溶解度。大冰晶利于升华，但干燥后溶解慢，小冰晶升华慢，干燥后溶解快，能反映出产品原来结构。

综上所述，需要根据试验确定一个合适的冷却速率，以得到较高的存活率，较好的物理性状和溶解度，且利于干燥过程中的升华。

2. 升华干燥（一次干燥）过程 物料中的水分，对冷冻干燥过程的分析而言，可以划分为两类：一类是在低温下可被冻结成冰的，这部分的水可以称为"自由水"（free water）或"物理截留水"；另一类是在低温下不可被冻结的水分，这部分的水可以看作被"束缚"的，称为"结合水"或"束缚水"（bound water）。对于含水量高的物料，其中"自由水"的含量约占总水分的90%以上。图 13-6 是某一物料在冻结和干燥过程中物料的温度变化和含水量变化的示意图。

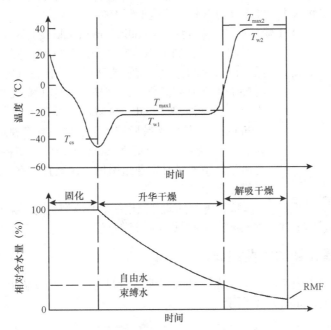

图 13-6 冻结和干燥过程中物料的温度和含水量变化的示意图

图 13-6 的横坐标为时间。在图的上半部分，纵坐标为温度；在图的下半部分，纵坐标为物料中的相对含水量(%)。相对含水量最初为 100%，最终为 RMF，即最终要求的剩余含水量（requested residual moisture final）。

升华干燥，又称一次干燥（sublimation drying，primary drying），是指在低温下对物料加热，使其中被冻结成冰的"自由水"直接升华成水蒸气。一次干燥的物料温度 T_{w1} 必须低于物料的最高允许温度 T_{max1}，T_{max1} 为物料的玻璃化转变温度 T_g，或共晶温度 T_e。如物料温度过高，会出现软化、塌陷等现象。

在一次干燥过程中，所需要的热量为冰的升华热。加热的方式可以是搁板导热加热或辐射加热。要维持升华干燥的顺利进行，必须满足两个基本条件：一是升华产生的水蒸气必须不断地从升华表面被移走；二是必须不断地给物料提供升华所需要的热量。如控制不好，会出现软化、融化、隆起、塌陷等现象。因此，升华干燥过程实际上是传热、传质同时进行的过程。只有当传递给升华界面的热量等于从升华界面逸出的水蒸气所需的热量时，升华干燥才能顺利进行。由于物料中的传热、传质过程受到多方面的限制，所以升华干燥是很费时的过程。

3. 解吸干燥（二次干燥）阶段　在第一阶段干燥结束后，在干燥物料的多孔结构表面和极性基团上还吸附着未被冻结的结合水。由于吸附的能量很大，因此必须提供较高的温度和足够的热量，才能实现结合水的解吸过程。但温度又不能过高，否则会造成药品过热而变性。

解吸干燥，又称二次干燥（desorption drying, secondary drying），是在较高温度下加热，使物料中被吸附的部分"束缚水"解吸，变成"自由"的液态水，再吸热蒸发成水蒸气。在解吸干燥过程中，物料的温度 T_{w2} 必须低于物料的最高允许温度 T_{max2}。最高允许温度 T_{max1} 由物料的性质所决定。如对蛋白质药物，最高允许温度一般应低于 40℃；对果蔬等食品，最高允许温度可以达 60～70℃。

在二次干燥过程中，所需要的热量为解吸附热与蒸发热之和，一般简单称之为"解吸热"。在二次干燥过程结束时，物料中的含水量应当达到最终要求的剩余含水量 RMF。冻干后物料中的剩余水分含量过高或过低都是不利的。剩余含水量过高不利于长期储存；过低也会损伤物料的活性。经二次干燥后，冻干后物料中的剩余水分含量一般应低于 5%。

4. 封装和储存　经二次干燥后，要进行封装（conditioning-packing）和储存（storage）。在干燥状态下，如果不与空气中的氧气和水蒸气相接触，冻干药品可以长时间储存。待需要使用时，再将其复水（rehydration）。封装仍须在真空条件，或充惰性气体（氮气或氩气）的条件下进行。对于瓶袋（vial）的物料，可在干燥室内，用压瓶塞器（stopper）直接将橡胶瓶塞压下，堵住蒸汽通道，并保证密封，如图 13-7 所示。对于安瓿（ampoule）装的物料或较大块的物料，可由干燥室通过真空通道引出，送至真空室，或充惰性气体室，用机械手封装。

图 13-7　瓶装的物料干燥时的蒸汽通道和封装用的橡胶瓶塞

冻干物料的储藏温度一般是室温。对于某些药品，要求储藏温度为 4℃；特殊的要求–18℃。这些都是一般冰箱所能满足的。

（五）冷冻干燥系统的主要组成

冷冻干燥系统主要由干燥室（或称冻干箱）、冷阱（cold trap）、制冷系统、真空系统、加热系统和控制系统等组成，如图 13-8 所示。

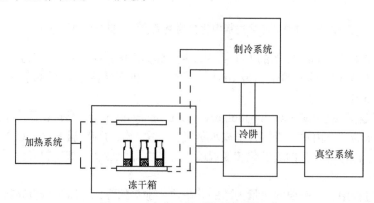

图 13-8　冷冻干燥系统的主要组成

用于药物的冷冻干燥，按照 GMP 是要求整批产品均一性。如一台冷冻干燥机在不足以处理

一整批物料而需要配备多台干燥机时，应该验证各台机组
的干燥性能，如操作温度、时间、成品含水量等，对于若
干药品需要在瓶中充注氮气的，冷冻干燥机应有经灭菌过
滤的氮气引入口，干燥室内应有分层自动压紧胶塞的装置。
此种胶塞系专门设计的，在瓶中注入药液以后，胶塞先插
入瓶口一半，在升华时蒸汽利用胶塞前半部的沟槽排出。
干燥结束时利用机械装置将整盘药瓶上的半插胶塞压紧到
位，与外界空气隔离，其示意图见图 13-9。处理无菌药物
的冷冻干燥机也应配置原位清洗及原位灭菌的设施。

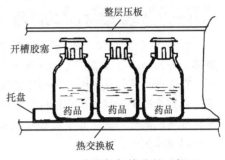

图 13-9　充注氮气的药瓶示意图

（六）冷冻干燥设备的消毒灭菌

真空冷冻干燥设备的消毒要求越来越严格。大部分细菌能够进入孢子状态，在这种状态下它
们会停止繁殖，并且还能抵制不利条件。因此，消毒方法必须能够消灭大部分孢子。最理想的是
将孢子全部消灭，但实际上很难做到，通常都有大量残存孢子。目前，常用的消毒方法有：

1. 加热灭菌法

（1）干加热法：是在特别设计的灭菌器中进行灭菌的方法，通过气体或电加热，温度可控，
如烘干隧道、干燥烘箱等。干热灭菌的温度通常是在 160～170℃或更高，时间不少于 2h。焚化或
氧化使微生物脱水死亡，从而达到灭菌的目的。干加热是利用氧化杀死细菌，实际上大部分是焚
化了。因此，直热式冻干机采用这种方法是方便的，只要加热功率加大，冻干箱上的元件能耐 150℃
高温就可以了。

（2）直接蒸汽加热：采用专用的低压蒸汽消毒蒸锅，要求蒸汽在 120℃左右，至少加热 30min。
为防止出现蒸汽加热不到的死角，可在通入蒸汽前将消毒容器抽真空至 100Pa 左右。这种方法要
求冻干箱有蒸汽入口和出口，要备有蒸汽消毒蒸锅。

（3）负压蒸汽加杀菌剂：将冻干箱和整个系统抽真空至 10Pa 以下，通入 70～90℃的蒸汽加
甲醛溶剂，使容器保持在热状态下 2h。这种方法最好能将冻干箱做成双层壁，以利于蒸汽通入加
热保温。

2. 气体杀菌消毒法　气体杀菌消毒是利用气态的或气化的化学物质处理设备或材料的方法。
这种方法的优点是：消毒在低温下进行，避免热敏和怕潮湿材料的损坏。能对包装内的物品进行
消毒处理，气体消毒剂通过包装物进到液体不能达到的地方。这种方法的缺点是：大部分消毒气
体有毒，还有些易燃性气体需要特殊的设备，气体杀菌消毒的费用大大高于加热灭菌法，气体消
毒需要严格监督和控制以确保有效。

常用作消毒剂的物质有环氧乙烷、环氧丙烷、甲醛、溴代甲烷、β-丙醇酸内酯。

3. 辐射灭菌法

（1）紫外线辐射：采用低压汞放电灯作为辐射源，产生波长为 2.537×10^{-3}m 的紫外线辐射
杀菌。

（2）X 射线：高压下产生的 X 射线具有很强的渗透力，可用来消毒食品和药品。它对各种微
生物都有杀伤作用（包括某些耐热孢子），但为杀死全部细菌需要相当长的辐射时间。

（3）阴极射线：具有快速杀菌作用，可在不加热情况下对食品进行有效消毒，其渗透能力可
达几厘米。因为电子的质量较小（9.1×10^{-28}g），如果以接近光速的速度运动，可以穿透金属、纸、
硬纸板、玻璃和塑料等容器进行消毒。

辐射灭菌法设备昂贵，操作者需要安全保护措施，目前国内还很少用。

以上的灭菌方法，应用和研究最广泛的就是干热和湿热灭菌。无论采用哪种方法，产品必须
要经过无菌检查以证明所采用方法的效果，同时还要对灭菌方法进行验证。

（七）冷冻干燥技术的应用

1. 药品冷冻干燥　现代药品大多为热敏性，即对温度（主要是高温）比较敏感的药品，如脂质体（liposome）、干扰素（interferon）、生长激素（human growth hormone）等，还有我国的中草药。在生产热敏性药品时，为防止温度过高使药品变性，而影响产品的质量，目前广泛应用的技术是真空冷冻干燥技术。用这种方法制造的药品的特征是结构稳定，生物活性基本不变；药物中的易挥发性成分和受热易变性成分损失很少；呈多孔状，药效好；排除了 95%～99% 的水分，能在室温或冰箱内长期保存。

对于大多数生物药品来说，冷冻干燥都是其生产过程一项极为重要的制剂手段。据文献报道，约有 14% 的抗生素类药品、92% 的生物大分子类药品、52% 其他生物制剂都需要冻干。实际上，近年来开发出的生物药品都是用冷冻干燥制成药剂的，而且冷冻干燥处于制药流程的最后阶段，它的优劣对药品的品质起着关键的影响作用。

2. 注射剂方面的应用

如注射用辅酶 A

处方	（1）	（2）	处方	（1）	（2）
辅酶 A	56.1U	112U	葡萄糖酸钙	1mg	2mg
水解明胶	5mg	5mg	半胱氨酸	0.5mg	1.0mg
甘露醇	10mg	10mg			

制法：将上述各成分用适量注射用水溶解，无菌过滤，分装在安瓿中，每支 0.5ml，冷冻干燥，熔封，半成品质检、包装。

3. 中药材保存加工方面的应用　例如，人参的冷冻干燥法研究。人参在加工过程中经过长时间的日晒、水蒸气蒸、高温干燥等大大降低了其有效成分含量，并影响其外观色泽及成品率等。为了改变这种情况，提高人参的加工质量，王贵华研究了用真空冷冻干燥法加工人参（即用机械在低温下将鲜参进行快速干燥）的方法，为商品人参提供了一个新的加工工艺和新品种（详见 **EQ13-2 人参的冷冻干燥**）。

EQ13-2　人参的冷冻干燥

第三节　结晶状或粉状原料药的干燥

药品生产中有不少品种是经过提纯结晶或在溶液中析出粉状固体，再经过滤或离心分离得到湿的晶状或粉状药物。这些药物要去除可挥发成分，得到干品，如青霉素、金霉素、磺胺、咖啡因、阿司匹林、林可霉素等原料药物都属这种类型。结晶状或粉状原料药的干燥通常采用如下方法。

一、双锥回转真空干燥

随着药品产量的扩大，GMP 的实施，以前采用烘箱或真空烘箱进行干燥的药物，现都已改为双锥回转真空干燥机干燥。

（一）双锥回转真空干燥机的结构、原理与工艺流程

1. 结构　双锥回转真空干燥机系统由主机、冷凝器、缓冲罐、真空抽气系统、加热系统与控制系统等组成。就主机而言，由回转筒体、真空抽气管路、左右回转轴、传动装置与机架等组成。

2. 工作原理　在回转筒体的密闭夹套中通入热能源（如热水、低压蒸汽或导热油），热量经筒体内壁传给被干燥物料。同时，在动力驱动下，回转筒体做缓慢旋转，筒体内物料不断地混合，

从而达到强化干燥的目的。工作时，物料处于真空状态，通过蒸气压的下降作用使物料表面的水分（或溶剂）达到饱和状态而蒸发，并由真空泵抽气及时排出回收。在干燥过程中，物料内部的水分（或溶剂）不断地向表面渗透、蒸发与排出，这 3 个过程是不断进行，物料能在很短时间内达到干燥目的，且符合 GMP 的要求。

3. 工艺流程 在实际应用过程中，由于各厂家生产原料药特性不同，这就导致了其工艺流程也有所不同。目前，根据其加热方式及溶剂回收状况的不同，有 2 种典型的工艺流程：①蒸汽加热，不需要回收溶剂工艺流程如图 13-10 所示；②热水加热需回收溶剂工艺流程如图 13-11 所示。

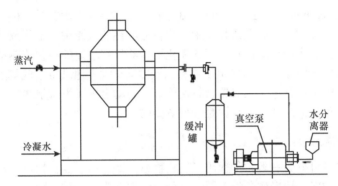

图 13-10 蒸汽加热不需要回收溶剂工艺流程图

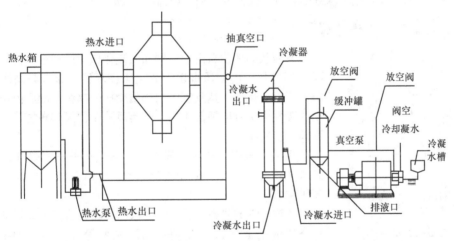

13-11 热水加热，需回收溶剂工艺流程

（二）双锥回转真空干燥机的特点

（1）由于是在真空下干燥，在较低温度下有较高速率，比一般干燥设备速度提高 2 倍，节约能源，热利用率高，特别适合热敏性物料和易氧化物料的干燥。

（2）间接加热，物料不会被污染，符合 GMP 要求。

（3）设备维修操作简便，易清洗。

（4）封闭干燥，产品无漏损，不污染，适合强烈刺激、有毒害性物料的干燥。

（5）物料在转动中混合干燥，可以将物料干燥至很低的含水量（≤0.5%），且均匀性好，适合不同物料要求。

（6）设备结构紧凑，占地面积小，操作简便，减轻劳动强度，节省劳力。

（三）双锥回转真空干燥机的应用

双锥回转真空干燥机适用于制药、食品等行业生产中含粉状、粒状及纤维的浓缩或混合物料的干燥，特别是需低温干燥的物料（如原料药、生化制品等），更适用于易氧化、易挥发、热敏性、强烈刺激、有毒性物料和不允许破坏结晶体物料的干燥。化学原料药（如青霉素、维生素系列、碘胺系列）及一些药物中间体绝大部分都是用双锥回转真空干燥机进行干燥的。

二、流化干燥

流化干燥（fluidized-bed drying；fluidizing drying）又称沸腾干燥，是一种运用流态化技术对颗粒状固体物料进行干燥的方法。在流化床中，颗粒分散在热气流中，上下翻动，互相混合和碰撞，气流和颗粒间又具有大的接触面积，因此流化干燥器具有较高的体积传热系数，热容量系数可达 8000～25 000kJ/（m³·h·℃），又由于物料剧烈搅动，大大地减少了气膜阻力，因而热效率较高，可达 60%～80%。流化床干燥装置密封性能好，传动机械又不接触物料，因此不会有杂质混入，这对要求纯洁度高的制药工业来说是十分重要的。

（一）流化干燥分类

按照被干燥物料，可分为三类：①适用于粒状物料；②适用于膏状物料；③适用于悬浮液和溶液等具有流动性的物料。按操作条件不同，可分为两类：连续式和间歇式。按结构状态，可分为一般流化型、搅拌流化型、振动流化型、脉冲流化型、碰撞流化型。

（二）流化干燥工作原理

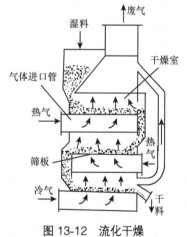

图 13-12　流化干燥

散粒状固体物料由加料器加入流化床干燥器中，过滤后的洁净空气加热后由鼓风机送入流化床底部经分布板与固体物料接触，形成流化态，达到气固的热质交换。物料干燥后由排料口排出，废气由沸腾床顶部排出，经旋风除尘器组和布袋除尘器回收固体粉料后排空。

目前，国内流化床干燥装置，从其类型看主要分为立式、卧式和喷雾流化床、振动流化床等。立式三级流化床干燥器见图 13-12。

从被干燥的物料来看，大多数的产品为粉状（如氨基比林、乌洛托品），颗粒状（如各种片剂、谷物等），晶状（如氯化铵、涤纶、硫氨等）。被干燥物料的湿含量一般为 10%～30%，物料颗粒度在 120 目以内。

（三）流化干燥特点

流化干燥器结构简单，维修费用低，热效率较高（非结合水分的干燥热效率可达 60%～80%），体积传热系数与气流干燥相当。此外，物料在床层内的停留时间，可根据对最终产品含湿量的要求随意调节，有较大适应性。由于流化干燥器具有这些优点，所以在药品生产中的应用比较广泛。可实行自动化生产，是连续式干燥设备。干燥速度快，温度低，能保证生产质量，符合药品生产GMP 要求。

（四）流化干燥应用

流化干燥适用于散粒状物料的干燥，如医药药品中的原料药、压片颗粒料、中药的干燥除湿，还用于食品饮料、粮食加工，玉米胚芽、饲料等的干燥，以及矿粉、金属粉等物料。物料的粒径最大可达 6mm，最佳为 0.5～3mm。

三、三合一干燥

随着 GMP 的实施，近年来已推出集结晶-过滤-干燥为一体的联合机，简称"三合一"。另外，还有一种将药物在结晶设备中结晶以后，连同母液，一并送入"过滤-洗涤-干燥"联合机中处理，简称也是"三合一"机。"三合一"设备是结晶类原料药生产设备的进步，其能免除原过滤干燥两个不同设备间的滤饼输送，减少了产品交叉污染，提高了生产率。

（1）结晶-过滤-干燥三合一机：此种三合一机可将母液送入器内完成结晶过程，结晶后再进行过滤及干燥。为了防止结晶在过滤网下方析出，故设计成器身可 180º 转动。在结晶阶段可将器身转至滤网在上；结晶完成后转 180º，使滤网在下，开始过滤。中间有可伸降的搅拌器，分别用于结晶过程的搅拌及过滤阶段的压平滤层和干燥阶段的翻动滤饼层。桨叶中也设有加热介质通道，以提高干燥速度。

（2）过滤-洗涤-干燥三合一机：此种三合一机是将结晶过程在结晶罐中进行，结晶完成后再输入此机开始进行过滤，过滤后再注入洗涤液，并利用搅拌装置进行充分洗涤，然后再过滤，最后进行脱水干燥。由于物料是在结晶以后送入器中，设在下部的滤网可以截留晶体，因此器身可以不做 180º 旋动，简化了结构。干燥结束后，产品由设在滤网以上的器壁开孔处排出，搅拌器桨叶对物料的排出可起助推作用。现有的几种品牌，在开孔阀门处虽然也用蒸汽灭菌，但所用蒸汽在阀腔内未能达到灭菌所需的压力和温度。

这两种三合一机都能免除过滤-干燥两个环节因不同设备而造成的滤饼层的输送，减少了产品污染的机会。

第四节　制剂过程中的干燥

制剂也是成品药，是由原料药按处方配制而成。注射剂包括药液或药粉注射剂、片剂及口服液剂和外用药物。其中干燥作业主要在片剂的制造过程，注射用药粉一般都是经无菌喷雾干燥或冷冻干燥制得，也有不少是由无菌干燥的结晶分装，如青霉素钾盐等。

片剂的制造根据不同的药片有不同的配方，由一种或多种原料药加辅料（如黏结剂、崩解剂）等，经均匀混合，再制成颗粒。制粒或造粒时需要加少量的水，成粒后再干燥去水。所以制剂过程中的干燥就是片剂造粒操作中的干燥。

造粒过程使用较早的操作是混粉、捏和、造粒和干燥。其干燥是将制得的颗粒盛盘于箱式干燥器中。现已改用沸腾造粒或造粒联合机处理，其制粒是将物料的混合、黏结成粒、干燥等过程在同一设备内一次完成。显然，这种方法的生产效率较高，既简化了工序和设备，又节省了厂房和人力，同时制得的颗粒大小均匀、外观圆整、流动性好，压成的片剂质量也很好。因此，国内已有不少药厂采用了这种较为先进的制粒方法。

制剂药物除了本身的干燥以外，有些包装材料，特别是包装无菌制剂的瓶及胶塞等，均需在清洗洁净后进行灭菌及干燥，以保证药物的质量。

一、制剂过程的制粒干燥

由原料药按处方制成片剂，需要先将药粉制成颗粒，以避免药粉压片时流动性不佳而装量不准，以及过程的药粉会因冲模动作而飞扬。片剂药物中除主要药物一种或多种按处方配比计量以外还要加入粉状黏结剂、崩解剂等辅助材料。各种物料先一起混合均匀，再加洁净水用捏合机使之成为膏团状物料，膏团状物料可用摇摆颗粒机制成湿颗粒。摇摆颗粒机是由正反向转动的刮板往复 120º 左右转动，将膏团状物料挤过半圆筒状的筛孔，使之成为湿颗粒。湿颗粒需经干燥后再送至压片机，压制成药片。其流程如图 13-13 所示。

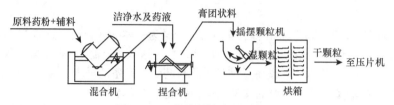

图 13-13　传统制粒流程示意图

在制药领域，制粒有着广泛的应用，固体制剂的制备工艺中，如片剂、颗粒剂、丸剂等，几乎全部包括制粒过程。制粒干燥方法很多，这里仅介绍几种常用的制粒干燥技术。

（一）流化床制粒干燥

流化床制粒是在自下而上通过的热空气的作用下，使物料粉末保持流态化状态的同时，喷入含有黏合剂的溶液，使粉末结聚成颗粒的方法。由于粉末粒子呈流态化而上下翻滚，如同液体的沸腾状态，故也有沸腾制粒之称；又因为混合、制粒干燥的全过程都可在一个设备内完成，故又称为一步制粒法。流化床制粒机目前已成为制药工业中的主要制粒设备之一。有利于 GMP 的实施，目前认为是比较理想的制粒设备。

1. 流化床制粒设备的结构与操作　流化床制粒设备的结构示意见图 13-14。其主要由容器、气体分布装置（如筛板等）、喷嘴、气固分离装置（如图中袋滤器）、空气进出口、物料排出口等组成。制粒时，把药物粉末与各种辅料装入容器中，从床层下部通过筛板吹入适宜温度的气流，先使药物和辅料在床内保持适宜的流化状态，使均匀混合，然后开始均匀喷入黏合剂溶液，液滴喷入床层之后，粉末开始结聚成粒。经反复的喷雾和干燥过程，当颗粒的大小适宜后，停止喷雾，形成的颗粒继续在床层内因热风的作用使水分气化而干燥。在整个制粒过程中，袋滤器定时地振动，将收集的细粉震落到流化床内继续与液滴和颗粒结聚成粒。干颗粒靠本身重力流出，或在气流吹动下排出或直接输送到下一步工序。

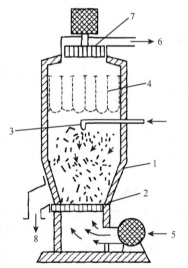

图 13-14　流化床制粒设备的结构

1. 容器；2. 筛板；3. 喷嘴；4. 袋滤器；5. 空气进口；6. 空气出口；7. 排风机；8. 产品出口

流化制粒的特点：①在一台设备内可以进行混合、制粒、干燥、包衣等操作，简化工艺，节约时间；②操作简单，劳动强度低；③因为在密闭容器内操作，所以不仅异物不会混入，而且粉尘不会外溢，既保证质量又避免环境污染；④颗粒粒度均匀，含量均匀，压缩成型性好，制得的片剂崩解迅速，溶出度好，确保片剂质量；⑤设备占地面积小。

2. 制粒机制　流化床制粒的机制主要是黏合剂的架桥作用使粉末相互结聚成粒。在悬浮松散的粉末中均匀喷入液滴，靠喷入的液滴使粉末润湿、结聚成粒子核的同时，再由继续喷入的液滴润湿粒子核，在粒子核的润湿表面的黏合架桥作用下相互间结合在一起，形成较大粒子，干燥后，粉粒间的液体架桥变成固体桥，形成多孔性、表面积较大的柔软颗粒。流化床制粒得到的颗粒粒密度小、粒子强度小，但颗粒的溶解性、流动性、压缩成型性较好。

为了发挥流化床制粒的优势，出现了一系列以流化床为母体的多功能新型设备：①流化床搅拌制粒机，与普通的流化床制粒机相比，这种新设备制成的颗粒粒密度大、粒子强度大；②流化制粒喷雾干燥器，在一个设备内喷雾干燥流化制粒同时进行，由液体原料直接制成颗粒，具有结构紧凑、省工序、节能优点；③多功能复合型制粒机，内配有流化床、搅拌混合机构、转动的球形整粒机等，在一个设备内进行混合、制粒、一次干燥、包衣、二次干燥、冷却等操作。

目前对制粒过程的要求已逐步提高，除要求制成的颗粒具有理想的形态、大小、堆密度、强度等基本性质外，还可能对粒子的溶解性、崩解性、孔隙孔径分布、防湿性、药物的释放性等提出特别要求，即制成功能性颗粒。

（二）喷雾制粒干燥

喷雾制粒是将药物溶液或悬浮液、浆状液用雾化器喷成液滴，并散布于热气流中，使水分迅速蒸发以直接获得球状干品的制粒方法。该制粒法直接把液态原料在数秒内干燥成粉状颗粒，因此也称喷雾干燥制粒法。本法近年来在制药工业中得到了广泛的应用与发展，如抗生素粉针的生产、微型胶囊的制备、固体分散体的研究等都利用了喷雾干燥技术。

喷雾制粒过程分为四个过程：①药液（混悬液）雾化成微小粒子（液滴）；②热风与液滴接触；③水分蒸发；④干品与热风的分离及干品的回收。

图 13-15 为喷雾制粒流程。料液由储槽 7 进入雾化器 1 喷成液滴后分散于气流中，空气经蒸汽加热器 5 和电加热器 6 加热后沿切线方向进入干燥器 2 与液滴接触，液滴中的水分蒸发，液滴经干燥后成为固体细粉落于容器底部。可连续出料或间歇出料，废气由干燥器下方的出口流入旋风分离器 3，进一步分离固体粉粒，然后经风机 4 过滤放空。

喷雾干燥制粒有以下特征：①由液体原料直接得到粉状固体颗粒；②由于是液滴的干燥，单位重量原料的比表面积大，在数十秒的短时间内完成干燥；③物料与热风的接触时间短，适合于热敏性物料；④颗粒的粒度范围约 30μm 至数百微米，堆密度

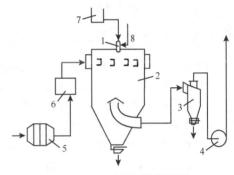

图 13-15　喷雾制粒流程图

1. 雾化器；2. 干燥器；3. 旋风分离器；4. 风机；5. 蒸汽加热器；6. 电加热器；7. 料液储槽；8. 压缩空气

范围为 200～600kg/m³，中空球状粒子较多，具有良好的溶解性、流动性和分散性；⑤适合于连续化的大量生产。但其设备庞大，要气化大量液体，能量消耗大，黏性较大物料易黏壁，也使其应用受到限制。

二、包装材料的干燥

制剂药物包装材料的干燥主要是指无菌药粉或药液注射剂所用的洁净、干燥的安瓿瓶、粉针瓶和粉针瓶用的胶塞的干燥。这些瓶和胶塞都要经过充分洗净，再用洁净水漂洗干净以防残留毛点或蒸发遗留物。安瓿瓶、粉针瓶的干燥都是在经洗瓶机洗净后，传送进入烘瓶段烘干，经冷却再传送到分装个机。胶塞的处理早期是用小筐将洗净的胶塞装入，先送至压力锅中蒸汽灭菌，再转移到烘箱中烘干残留水分，为防止外界异物污染胶塞，各小筐外均用透气性材料包覆，稍后改用绞龙洗塞机清洗并烘干，再将干胶塞装入不锈钢扁盒在电热箱中 125℃烘烤 2.5h 以灭除杂菌。近年来，日本、荷兰、德国都开发研制了若干种清洗或清洗-灭菌-干燥联合机，以适应严格的制药质量规范要求。

（一）药瓶的干燥

无菌药物所用的药瓶要求干燥、无杂物、无菌，药瓶经清洗只能去除稍大的菌体、尘埃及杂质粒子，还需通过干燥灭菌去除生物粒子的活性。常规工艺是将清洗达标后的药瓶，由传送结构通过连续烘干机将药瓶烘干，此连续烘干机主要特点是干燥用热空气都经过洁净过滤，用不产生尘粒或脱落氧化物的红外线灯泡作为热源，既能达到杀灭细菌和热原的目的，也可对药瓶进行干燥。其示意图见图 13-16。

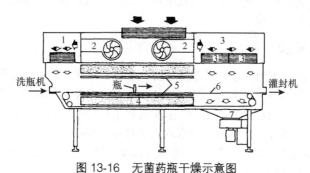

图 13-16　无菌药瓶干燥示意图

1. 中效过滤器；2. 风机；3. 高效过滤器；4. 隔热层；5. 电热管；6. 水平网带；7. 排风

（二）胶塞的清洗-灭菌-干燥机

用来封闭无菌药瓶的胶塞虽然不是药物，但与药物密切接触，且要承受注射针头的穿透，因此有严格的质量要求。例如，干燥后的含水量根据不同药物要求在 0.05%～0.1%以下，而且处理胶塞的批量要和被分装药物的批量相应，保证均一性。通常胶塞先用 0.3%的盐酸煮沸 5～15min 后，用过滤的自来水连续冲洗 1～2h，并不断用空气搅拌，再用蒸馏水冲洗两次，最后经硅化处理后置于 125℃胶塞灭菌烘箱内干燥、灭菌。

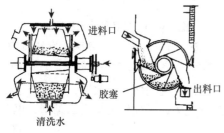

图 13-17　多室水平转筒式胶塞清洗

对整批一致性的要求，以及灭菌的可靠性的保证，推动着清洗-灭菌-干燥联合多功能机的发展。在单一容器中处理药物可免除转移时接触外界，有利于热压灭菌。德国 Huber 及意大利的 Nicomac 推出了大致相同的多室水平转筒式处理机，可以整批清洗-灭菌-干燥胶塞。示意图见图 13-17，胶塞是通过进料口分别加到圆筒的各室之中，以防止转动时不平衡引起振动。卸料时也逐个卸出。器身内设有清洗水、洁净水及灭菌用蒸汽和干燥用空气进出口。在装好胶塞以后先引入清洗水，必要时加清洁剂，洗净后再用洁净水漂净。然后用经过滤的蒸汽按规定温度、压力、时间进行灭菌。灭菌后用洁净压缩空气加热干燥至规定含水量。经处理的胶塞逐室卸出。这类结构对于灭菌条件的保证、胶塞洗净程度及整批均一性都有改善。但此类机型由于内筒因平衡需要而必须分室，造成进出料需逐间进行，比较烦琐。对水平轴两端需良好密封并保持运转时洁净。

德国 SMEJA 公司则与 CIBA-GEIGY 制药厂合作开发研制了 PRARMA-CLEAN 型胶塞清洗-灭菌-干燥机。该机主要结构是用单轴支承的具锥底的圆筒，另一端是用法兰连接的椭圆形盖，法兰之间设有流体分布板，用以分布清洗用水、灭菌蒸汽及干燥用空气。在清洗-灭菌-干燥时锥底向上，胶塞通过管道吸入容器内，清洗时所用水从椭圆形盖经分布板向上；灭菌、干燥时亦然。卸料时将器身转 180º 使锥底向下通过控制阀逐桶卸出。在清洗、干燥过程中可使器身左右转动各 45º，以使操作均匀。

在对比分析几种国外机型的基础上，上海医药工业研究院开发研制了 JS 型胶塞清洗-灭菌-干燥机。采用单轴支承锥底圆筒型式，将国外二软管连接进出气、液及吸入胶塞的结构改进为多套管多轴封的结构，使进出管道可用固定的不锈钢管连接，从而使干燥温度可以提高，满足了胶塞最终含水量控制在 0.05%的要求。同时也根据胶塞歇止角大的特点将左右转动角度提高到各 90°，有助于清洗彻底及干燥均匀。现该机已在江西东风药业股份有限公司、山东鲁抗医药股份有限公司、华北制药集团有限责任公司等投运。其结构如图 13-18 所示。此机所用清洗用水、蒸汽、干燥用空气均需经洁净过滤，其流程见图 13-19。

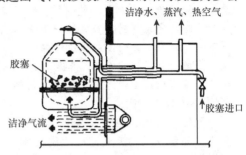

图 13-18　JS 型胶塞清洗–灭菌–干燥机

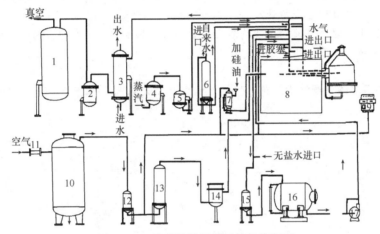

图 13-19　胶塞清洗灭菌干燥机流程图

1. 真空储罐；2. 真空过滤器；3. 冷凝器；4. 蒸汽过滤器；5. 蒸汽砂芯过滤器；6. 自来水过滤器；7. 加料器；8. 胶塞清洗灭菌干燥器；9. 仪表箱；10.空气储罐；11. 集雾器；12. 空气过滤器；13. 翅片加热器；14. 电加热器；15. 无盐水过滤器；16. 无盐水储罐；17.F 型耐腐蚀泵

三、其他干燥造粒方法

详见 EQ13-3 其他干燥造粒方法。
另外还有很多类型的干燥造粒装置，可参看有关资料。

EQ13-3　其他干燥造粒方法

案例 13-1：多联干燥法干燥云南天麻

　　天麻为兰科植物天麻（*Gastradia elata*）的干燥块茎，记载于《神农本草经》，列为上品，主产于云南、四川、贵州、安徽、河南等地。云南昭通天麻，久闻名于世，获国家地理标志产品认证。

　　目前，昭通天麻干燥应用最广泛的是烘干干燥方法，先将新鲜天麻蒸熟后，再通过自然风干干燥方式或者小煤炉烘干方式干燥，其生产方法简单，但干燥产品同时具有皱缩度较大、色泽变化严重、复水性差、天麻药效物质基础破坏严重等缺点。有别于 2010 年版《中国药典》，2015 年版的《中国药典》中不仅同时将天麻素和对羟基苯甲醇列为衡量天麻药效的物质基础，还明确规定了二氧化硫残留量。然而，目前昭通天麻产业的技术研究稍显薄弱，在新鲜天麻的加工过程中，天麻的有效成分存在着酶解和缩合的现象，由于加工工艺技术不当，直接影响了天麻的有效药效成分。昭通天麻产业的发展存在诸多现实问题，具体如下：第一，虽然人为对天麻熏硫的现象已杜绝，但仍然存在着部分天麻农户采用小煤炉为热源干燥天麻，致使煤炉烟气中的硫化物与天麻水汽结合，造成天麻硫超标。第二，昭通天麻干燥过程现代化程度低，耗时长，需回潮、定型等多个环节，耗费大量人力，干燥效果较低，质量差异较大。第三，昭通尚无针对天麻的统一干燥工艺规范，天麻在干燥过程中温湿度变化较大，天麻质量不一，天麻农户均依照自己的经验进行干燥，造成最终干燥的天麻质量存在较大差异。

问题：查阅有关文献，根据2015年版《中国药典》中对天麻的要求，以及天麻性质的特点，选定有效的干燥方法，确定工艺路线，要求技术上的可行性，还要体现环保性。

案例13-1分析讨论：

已知：目前，昭通天麻干燥应用最广泛的烘干干燥方法，具有皱缩度较大、色泽变化严重、复水性差、天麻药效物质基础破坏严重等缺点。昭通天麻产业的发展也存在诸多现实问题。

2015年版《中国药典》中不仅同时将天麻素和对羟基苯甲醇列为衡量天麻药效的物质基础，还明确规定了二氧化硫残留量。

找寻关键：干燥温度是天麻药效物质天麻素和对羟基苯甲醇的关键，同时合适的干燥方法可减少二氧化硫残留量。

工艺设计：

1. 微波/冻干多联干燥技术工艺　依据案例内容，天麻微波/冻干多联干燥工艺流程如图13-20所示。

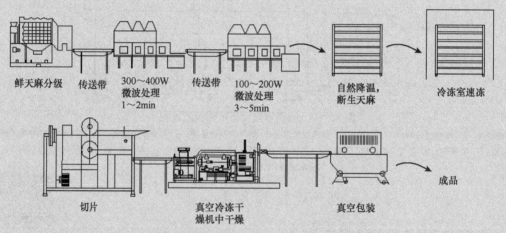

鲜天麻分级　传送带　300～400W　传送带　100～200W　　　自然降温，　　冷冻室速冻
　　　　　　　　微波处理　　　　微波处理　　　　断生天麻
　　　　　　　　1～2min　　　　3～5min

切片　　　　　　真空冷冻干　　　真空包装　　　　成品
　　　　　　　　燥机中干燥

图13-20　案例13-1天麻多联干燥工艺流程示意图

将鲜天麻洗净，放入2000～2500MHz微波环境里，选择300～400W微波处理1～2min，再选择100～200W微波处理3～5min，自然降温后得断生的天麻，然后将天麻速冻切片，切片的厚度为8mm，放入真空冷冻干燥机中干燥，控制冷冻干燥机真空度和温度，一定时间后，取出天麻片迅速真空包装。

2. 天麻多联干燥方法工艺要点　在新鲜天麻干燥过程中，天麻有效成分天麻素和对羟基苯甲醇存在着酶解和缩合的现象，受温度限制的影响，因此在干燥加工过程中要遵循低温处理，干燥时间要缩短。

（1）断生处理：取质量为100g左右的鲜天麻，洗净，选用2000～2500MHz微波处理，在300～400W的微波环境中处理1～2min，调微波功率为100～200W，继续处理3～5min，自然降温后得断生的天麻。

（2）低温冷冻干燥：将断生后的天麻切片速冻，切片的厚度为8mm，真空冻干燥的条件：预冻速率为-1.2℃/min，使天麻中心的温度为-20℃，在此温度下，控制真空度为65Pa，保持8.5h。之后，控制冻干室真空度为9Pa，以0.35℃/min速率升温至36℃，保持9h，取出天麻片迅速真空包装。

假设：假如天麻微波快速断生处理换成直接新鲜加工处理，对天麻药材质量有什么影响？

分析：

1. 天麻微波快速断生处理　在新鲜天麻的加工过程中，天麻的有效成分存在着酶解和缩合的现象，直接影响天麻的有效药效成分含量。采用微波辐射加热先与鲜天麻直接发生作用，其对天麻干燥效率极高，采用二段微波对天麻进行断生处理，初加工简便。

（1）第一段微波功率和频率分别为 300～400W，微波频率统一选用 2000～2500MHz，处理时间为 1～2min，此举是在短时间内快速灭活鲜麻中天麻素和对羟基苯甲醇之间的转换 β-苷键酶，可避免鲜麻中的活性成分——对羟基苯甲醇因长时间受热而分解，达到天麻有效成分不损失的目的。

（2）第二段微波处理是基于灭活鲜天麻中的 β-苷键酶的前提下，选用功率和频率分别为 100～200W 和 2000～2500MHz 进行二次处理，处理时间为 3～5min。此处理方法是因为天麻中含有大量的对羟基苯甲醇系列活性化合物，如天麻素（1）、对羟基苄基乙基醚（2）、对羟基苯甲醇（3）、对羟基苯甲醛（4）、4,4'-二羟基二苄基醚（5）等，以上化合物含有醚键或醛基，在短时间受热后能分解为对羟基苯甲醇，从而提高天麻活性成分。

（3）微波处理使天麻水蒸气从天麻内向外传质，第一、二两段微波处理均能使鲜天麻内部快速产生热蒸汽，热蒸汽迫使天麻内部的水分子向天麻外部迁移，进而形成大量由内而外的水蒸气通道，为后续真空冻干提供现成的水分传质通道，从而提高真空冻干干燥效率，还可提高天麻的品质。

2. 真空冷冻干燥　采用微波抑制酶的活性方法，能保持天麻有效成分不变。而在传统真空冻干干燥过程中，从初温降至冰点，并通过最大冰晶生成带，在此温度范围内微生物和酶的作用不能抑制，导致天麻有效成分有所损失。

3. 微波/冻干多联干燥技术　实现优势互补，避免天麻单一干燥方式的缺点，最大限度地保留昭通天麻原有的品质和色泽，提高其品质。本加工工艺路线简单有效，具有极强的实用性和可操作性，易扩大化生产。

评价：利用微波/冻干多联干燥技术对天麻分级干燥，首先采取两段不同功率的微波技术对鲜天麻做快速断生处理，分别通过抑制对天麻素及其苷元转化分解的对羟基苯甲醇 β-苷键酶的活性及促进转化天麻素和对羟基苯甲醇的生成，提高天麻活性成分含量。同时利用微波辐射加热，使天麻内部快速产生热量促进水蒸气由内向外表面移动，并形成水蒸气多孔通道，为后续真空冷冻干燥提供现成的多孔通道，从而达到快速传递天麻内部水分的目的，提高干燥效率和质量，缩短天麻初加工干燥周期。

小结：

（1）通过抑制转化分解酶的活性和促进天麻素和对羟基苯甲醇的生成，提高天麻活性成分。

（2）微波处理形成大量天麻由内而外的水蒸气通道，为后续真空冻干提供现成的水分传质通道，从而提高真空冻干干燥效率，还提高天麻的品质。

（3）干燥技术的选择要考虑被干燥物质的形态、结构、有效活性成分、酶活性等多方面因素。

（4）真空冷冻干燥有利于提高有效活性成分含量和品质。

（5）采用微波/冻干多联干燥技术，实现优势互补，避免天麻单一干燥方式的缺点，最大限度地保留天麻原有的品质和色泽，提高其品质。本加工工艺路线简单有效，具有极强的实用性和可操作性，易扩大化生产。

学习思考题（study questions）

SQ13-1 微波快速处理对天麻断生产生的作用是什么？

第五节　干燥技术的发展

干燥设备是制药行业中的重要生产装置。干燥技术的发展将沿着实现有效利用能源、提高产品质量及产量、减少环境影响、安全操作、易于控制、一机多用等方向发展。具体讲，干燥技术的发展方向将着重于以下几个方面。

1. 干燥设备研制向专业化方向发展　干燥设备应用极广，而且需要量也很大，因此为干燥设备向专业化方向发展，今后可能出现更多的专业干燥设备。

2. 干燥设备的大型化、系列化和自动化　从干燥技术经济的观点来看，大型化的装置，具有原材料消耗低（与相同产量相比）、能量消耗少、自动化水平高、生产成本低的特点。设备系列化，可对不同生产规模的工厂及时提供成套设备和部件，具有投产快和维修容易的特点。例如，喷雾干燥装置，最大生产能力为 200 t/h；流化床干燥器干燥煤的生产能力可达到 350 t/h。

3. 改进干燥设备，强化干燥过程　详见 **EQ13-4 改进干燥设备，强化干燥过程**。

4. 采用新的干燥方法及组合干燥方法　近年来高频干燥、微波干燥、红外线干燥及组合干燥发展较快。另外，如利用弹性振动能强化固体物料的干燥。弹性振动能——声波对固体物料表面作用，可使湿固体表面流体边界层破坏，减小传热和传质的阻力，故能强化干燥，但声强不能低于 143～145dB，这也是技术难题。

5. 降低干燥过程中能量的消耗　详见 **EQ13-5 降低干燥过程中能量的消耗**。

随着相关产业的发展，对干燥产品质量要求的提高，能量单耗的降低及操作可靠程度的提高都会对干燥技术和设备提出更高的要求。但干燥过程中降低能耗将是一个长远永恒的研究课题。

EQ13-4　改进干燥设备,强化干燥过程

EQ13-5　降低干燥过程中能量的消耗

练习题

13-1 结合药品干燥实例，说明 GMP 对干燥过程及干燥装置的要求。

13-2 试说明冷冻干燥、喷雾干燥和双锥回转真空干燥的基本原理和特点。

13-3 制药行业常用的干燥设备有哪些？干燥是高能耗技术，如何降低干燥过程中能量的消耗？

13-4 药品物料有哪些特点，进行干燥时根据物料的特点如何选择干燥方法和干燥设备？

13-5 制药行业的干燥装置，为什么需要原位清洗及原位灭菌的设施？

13-6 分析某一具体热敏性药品的冷冻干燥系统，探讨它的优缺点。

第十四章 水蒸气蒸馏及分子蒸馏

1. 课程目标 掌握水蒸气蒸馏和分子蒸馏的基本概念、分离原理及影响分离效率的主要因素。理解饱和水蒸气蒸馏、过热水蒸气蒸馏、分子平均自由程、分子蒸馏的分离因子的基本概念和原理，理解水蒸气蒸馏和分子蒸馏工艺流程，水蒸气用量的计算方法。熟悉典型水蒸气蒸馏和分子蒸馏的工艺原理及相关设备的结构特点，熟悉水蒸气蒸馏和分子蒸馏的应用范围及其特点，了解水蒸气蒸馏和分子蒸馏的发展及需要解决的关键问题。通过案例引导学生从有效、经济、环保和安全角度综合评价水蒸气蒸馏和分子蒸馏工艺的优劣性。培养学生从水蒸气蒸馏和分子蒸馏的基本原理出发，发现、分析和解决实际问题的能力。

2. 重点和难点

重点：水蒸气蒸馏和分子蒸馏所涉及的基本原理及其典型工艺流程，掌握水蒸气蒸馏工艺用水量的计算方法。

难点：水蒸气分压定律及分子平均自由程。

第一节 水蒸气蒸馏

一、概　　述

水蒸气蒸馏（steam distillation extraction）是指将含挥发性组分的植物，经一系列前处理后，通入水蒸气蒸馏，其中的挥发性成分随水蒸气蒸馏而被带出，经冷凝后将水分离，收集挥发性成分，这是提取和分离挥发性成分的主要方法。

在远古时代，人类提取挥发性成分是采用压榨法将植物中的挥发性成分和水分同时挤压出来，积累到一定量后，挥发性成分与水分层，从而实现提取挥发性成分的目的。

现代提取挥发性药物成分的技术主要有：水蒸气蒸馏法、同时蒸馏萃取技术、水扩散蒸馏、超临界萃取、分子蒸馏等。其中，同时蒸馏萃取技术是将蒸馏和萃取合二为一体，对各类挥发性成分都能采收；水扩散蒸馏是指低压水蒸气从装置上部通入，自上而下不断通过植物层，挥发性成分从植物油腺中由内向外扩散，在重力的作用下，水蒸气进一步将油带入冷凝器，分离得到挥发性成分；而超临界萃取和分子蒸馏技术，原理先进，但它们的设备造价高、操作条件苛刻，仅限于稀贵挥发性物质的分离，使其应用受到很大的限制。相对而言，从经济、节省、效益等方面综合考虑，水蒸气蒸馏还是目前提取挥发性成分最为实用的方法。例如，中草药中的麻黄碱、槟榔碱、牡丹酚等挥发性成分的分离，都可应用水蒸气蒸馏进行提取，即使有部分挥发性成分在水中的溶解度稍大，如玫瑰油和原白头翁素等，都可在水蒸气蒸馏结束后，采用二次蒸馏、盐析等工序分离得到。因此我们有必要掌握水蒸气蒸馏的原理、工艺和设备等内容，更好地学会采用该技术分离挥发性成分。

二、水蒸气蒸馏的原理和特点

在理解水蒸气蒸馏概念和了解其应用范围后，需进一步掌握水蒸气的核心原理——道尔顿分压定律。

（一）道尔顿分压定律

按照道尔顿分压定律可知，互溶液体中的各个挥发性组分的分压是该组分独立存在时的蒸气压与它在溶液中的摩尔分数的乘积。但是，如果在一个含有挥发性组分的体系中，各个不互溶组分彼此不溶解，且不发生化学反应，按照道尔顿定律可知，每个组分 i 在一定温度下的分压 P_i 等于在同一温度下的该组分单独存在时的蒸气压 P_i^0，而与混合物中各组分的摩尔分数无关。

$$P_i = P_i^0 \tag{14-1}$$

则进一步根据道尔顿分压定律可知，不互溶混合物液体对应的气相总压力 $P_总$ 等于各组分气体分压之和，所以不互溶的混合挥发性物质的总压强如下式所示：

$$P_总 = P_1 + P_2 + P_3 + \cdots + P_i \tag{14-2}$$

由式（14-2）可知，在一定温度下，不互溶混合物液体对应的气相总压力大于其中任一组分的蒸气压，进一步可知不互溶混合物液体中的组分对应的沸点必定小于该组分独立存在时的沸点。再根据道尔顿分压定律，在一个混合气体中，每个组分 i 的分压 P_i 各气体分压之比等于它们的物质的量 n_i 之比。以双组分为例，根据以上讨论可得：

$$\frac{P_1}{P_2} = \frac{n_1}{n_2} \tag{14-3}$$

式（14-3）中，n_1 和 n_2 分别表示组分 1 和组分 2 的物质的量，其中 $n_1 = m_1/M_1$，$n_2 = m_2/M_2$，其中，m_1 和 m_2 为各组分的质量，M_1 和 M_2 为摩尔质量，因此可得：

$$\frac{m_1}{m_2} = \frac{n_1 M_1}{n_2 M_2} = \frac{P_1 M_1}{P_2 M_2} \tag{14-4}$$

由式（14-4）可知，组分 1 和组分 2 在混合组分中的质量之比与它们的蒸气压和分子量成正比，而与混合物中各组分的绝对数量无关。根据以上道尔顿分压定律的分析讨论，可针对水蒸气蒸馏进一步深入学习其原理和工艺。

（二）水蒸气蒸馏的原理

水蒸气蒸馏是在一个含有挥发性成分的混合物中通入水蒸气后，挥发性成分不与水互溶，按照道尔顿分压定律，在操作条件 100℃和一个标准大气压条件下，体系总压应等于水蒸气分压和混合物各组分蒸气分压之和，当体系的外界给予的操作压力等于体系一个大气压条件下，体系便开始沸腾，各挥发性组分和水蒸气一起蒸发和冷凝，因为各挥发性成分和水几乎不互溶，蒸馏结束后，可将水去除，最终得到挥发性成分。水蒸气蒸馏包括常规水蒸气蒸馏和过热水蒸气蒸馏。

1. 常规水蒸气蒸馏　从以上定义可知，组分在 100℃左右和一个大气压条件下具有一定蒸气压才能被蒸发出来，如果组分摩尔质量较大，沸点较高，在一定温度下不具有蒸气压，则该组分无法被分离出来。所以，水蒸气蒸馏法适用于提取挥发性的成分，且该不溶于水的挥发性成分需具有较好的稳定性，水蒸气蒸馏期间不发生化学变化。

常压水蒸气蒸馏符合道尔顿分压定律，体系总蒸气压与混合体系中二者间的相对量无关，在 100℃或在低于 100℃条件下，各组分包括水的分压之和为常压并保持不变，因此，水蒸气蒸馏时混合组分的沸点保持不变，直至其中的不溶于水的挥发物全部蒸馏分离出来。

以下将通过实例来说明常规水蒸气蒸馏的原理和特点。

例 14-1　某化学药厂产生了含正辛醇的废水，便采用水蒸气蒸馏分离正辛醇，在一个标准大气压（101325Pa）下操作。已知：正辛醇的沸点为 195℃，摩尔质量为 130，在一个标准大气压下，废水的沸点为 99.4℃（99.4℃时的纯水的蒸气压为 99 192Pa）。试计算水蒸气蒸馏馏出液中正辛醇的质量比。

解　按道尔顿分压定律，正辛醇和水的蒸气压分压之和应等于标准大气压，因此，在 99.4℃时正辛醇的蒸气压为：

$$P_{总} - P_{水} = 101\,325\text{Pa} - 99\,192\text{Pa} = 2133\text{Pa}$$

由式（14-2）可知：

水蒸气蒸馏馏出液中正辛醇与水的质量之比 $\dfrac{m_{正辛醇}}{m_{水}} = \dfrac{2133 \times 130}{99\,192 \times 18} \approx 0.155$

由例 14-1 可知，①每蒸出 1g 水，就有 0.155g 正辛醇被蒸出，馏出液中水的质量分数为 87%，正辛醇的质量分数为 13%；②水蒸气蒸馏需消耗大量水，能耗较高；③水蒸气蒸馏可在 100℃ 或更低温度下进行，且能蒸馏分离沸点高于 100℃ 挥发性成分；④体系中水和正辛醇的分压之和等于一个大气压。

另外，由式（14-4）可知，M_1 的摩尔质量越大，分子间的作用力越强，相应的蒸气压越小。如果采用常规水蒸气蒸馏分离 M_1，在一个标准大气压和 100℃ 下操作，M_1 的蒸气压可达 500Pa 左右，其在馏出液中的含量仅为 1%。提高馏出液中 M_1 的含量，可通过增加水蒸气蒸馏的次数和蒸馏时间，但同时也致使其生产效率降低，另外，还可利用过热水蒸气提高体系的操作温度，提高 M_1 的蒸气分压，使得 M_1 在馏出液中的含量增加，达到提取效率增加的目的，此种操作方式称为过热水蒸气蒸馏，下面将作详细介绍。

2. 过热水蒸气蒸馏　在常压下，饱和状态下的水称为饱和水，其对应的蒸汽是湿饱和水蒸气，随着温度升高，湿饱和水全部蒸发成为干饱和蒸汽，常见水蒸气蒸馏均在饱和状态下操作，称为饱和水蒸气蒸馏。为提高水蒸气蒸馏的效率，使其中蒸气压较小的成分被分离出来，对饱和蒸汽继续加热，温度上升，成为过热水蒸气，采用过热水蒸气蒸馏的操作模式称为过热水蒸气蒸馏。过热水蒸气蒸馏的原理是提高操作温度从而提高被提取物的蒸气压，使其被水蒸气蒸馏分离出来。下面将举例说明过热水蒸气蒸馏的原理。

例 14-2　某合成药车间产生含苯甲醛的废水，采用水蒸气蒸馏去除苯甲醛（沸点为 178℃），在一个标准大气压下，该废水沸点为 97.9℃，此时水的蒸气压为 100\,317Pa，苯甲醛的蒸气压为 1008Pa。①试求苯甲醛在馏出液的含量。②假如通入 133℃ 的过热水蒸气进行蒸馏，其中苯甲醛的蒸气分压增加为 29\,330.9Pa，水的分压为 71\,994.1Pa，试求苯甲醛在馏出液的含量。

解　由式（14-4）可知

$$\frac{m_{苯甲醛}}{m_{水}} = \frac{1008 \times 106}{100\,317 \times 18} \approx 0.059$$

沸点为 97.9℃ 时，常规水蒸气蒸馏馏出液中苯甲醛的含量为

$$\frac{0.059}{1 + 0.059} \times 100\% = 5.57\%$$

根据已知条件，当通入 133℃ 的过热水蒸气进行蒸馏时，馏出液中苯甲醛的含量为

$$\frac{m_{苯甲醛}}{m_{水}} = \frac{29\,330.9 \times 106}{71\,994.1 \times 18} \approx 2.4$$

$$\frac{2.4}{1 + 2.4} \times 100\% = 70.6\%$$

由例 14-2 可知，采用过热水蒸气能有效地提高水蒸气蒸馏的效率，但被分离对象的化学性质在操作温度范围内要稳定，不发生任何化学变化。

（三）水蒸气蒸馏的特点

通过水蒸气蒸馏原理的学习，下面将总结常规水蒸气蒸馏和过热水蒸气蒸馏的特点。

1. 水蒸气蒸馏操作温度大多在 100℃ 左右或者高于 100℃ 的温度下，适用于化学性质稳定的挥发性成分的分离，不适合热敏性、易氧化和易水解的挥发性成分的分离。

2. 水蒸气蒸馏需消耗水蒸气，有时为提高蒸馏产率，需反复用水蒸气蒸馏数次，提取时间长，能耗较高。

三、水蒸气蒸馏的工艺方法

（一）水蒸气蒸馏工艺的分类

水蒸气蒸馏的工艺方法主要包括以下几种：

1. 水中蒸馏 水中蒸馏是将原料置于蒸馏锅中，加水浸过物料层，直接对锅底或外夹套进行加热的工艺方法。

2. 水上蒸馏 水上蒸馏是将原料置于蒸馏锅的筛板上，加入足量的水并保持水量恒定以满足水蒸气蒸馏的正常进行，但水沸腾时不能飞溅到原料层，一般采用油水分离后的回流水进行水蒸气蒸馏。

3. 直接水蒸气蒸馏 在蒸馏锅的下部安装带孔管，外来蒸汽经管道小孔直接喷出，对原料进行直接加热的方式，通过控制蒸汽的温度，可灵活采取饱和水蒸气蒸馏和过热蒸汽蒸馏。

4. 扩散水蒸气蒸馏 事先将原料置于蒸馏锅中，水蒸气由蒸馏锅顶部进入，自上而下逐渐向原料层渗透，提取得到的挥发性成分无须全部气化即进入锅底冷凝器。该提取方法具有能源利用率高、能耗低、蒸馏时间短的特点。

（二）几种典型的水蒸气蒸馏工艺

为了进一步详细说明水蒸气蒸馏工艺，以玫瑰花精油的水蒸气蒸馏技术为例，对几种典型的水蒸气蒸馏工艺进行详细说明。

玫瑰精油被称为"精油之后"，与水不互溶，具有调理女性内分泌、滋养子宫、缓解痛经和更年期不适的功效。玫瑰精油的生产方法大多采用水蒸气蒸馏法，为提高提取效率，前人提出了两种典型水蒸气提取工艺，以下做详细介绍。

1. 直接水蒸气蒸馏法 工艺流程如图 14-1 所示，以新鲜玫瑰花为原料，对其进行发酵或盐析处理，以提高玫瑰花细胞内挥发性成分的析出率。将预处理好的玫瑰花物料置于蒸馏锅中，从蒸馏锅的底部通入水蒸气，水蒸气通过喷射口高速喷出，带动和搅拌蒸馏锅中玫瑰花物料，同时进行水蒸气蒸馏，蒸馏锅上部连接冷凝器和油水分离器，馏出液在油水分离器中分层，随着馏出液液位升高，玫瑰精油从上层自动溢出，下层的残留少量玫瑰精油的水回流到蒸馏锅中循环蒸馏。

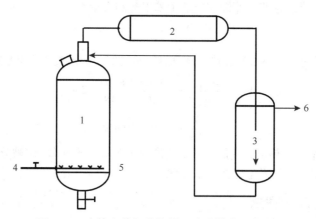

图 14-1 直接水蒸气蒸馏提取玫瑰精油工艺流程

1. 蒸馏锅；2. 冷凝器；3. 油水分离；4. 蒸汽入口；5. 蒸汽喷射口；6. 玫瑰油出口

直接水蒸气蒸馏的特点：①水蒸气从蒸馏锅底部通入，经喷嘴口喷出，除了进行水蒸气蒸馏外，还能搅拌玫瑰花物料；②水蒸气能直接与物料接触，热量利用率较直火蒸馏法高；③可调控水蒸气流量以达到改变搅拌速率和蒸馏速率的目的，也可控制水蒸气温度进行过热水蒸气蒸馏。

2. 直火水蒸气蒸馏法 工艺流程与直接水蒸气蒸馏法类似，主要的区别是蒸馏锅内物料的放置方式与水上蒸馏不一致，该工艺是直接将玫瑰花物料置于蒸馏锅中，按照比例将物料与水混合，搅拌，蒸汽夹套加热进行水蒸气蒸馏，直火水蒸气蒸馏蒸馏锅设备如图 14-2 所示。具体流程：使用 10%～20%氯化钠、氯化钾和磷酸盐等溶液浸泡玫瑰花。之后，将处理好的玫瑰花物料置于蒸馏锅中，按照比例将物料与水混合，搅拌，蒸汽夹套加热，常压下保持蒸馏锅内沸腾，收集蒸汽并冷凝得到馏出液，置于油水分离器中，加入少量氯化钠溶液，以避免馏出液在油水分离器中乳化，分离得到粗玫瑰精油。因水中尚残留少量玫瑰精油，将其泵入蒸馏锅中反复蒸馏，以提高提取率。将粗玫瑰精油置于复馏锅进行二次水蒸气蒸馏，经冷凝

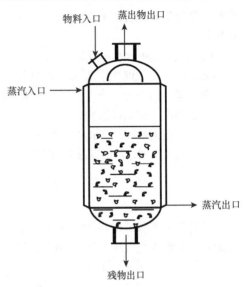

图 14-2 直火水蒸气蒸馏蒸馏锅

和油水分离后，所得即为玫瑰精油产品，其余的水仍残留玫瑰精油，将其与第一次水蒸气蒸馏的用水合并后，作为第一次水蒸气蒸馏的物料混合用水。

直火水蒸气蒸馏法生产玫瑰精油的生产特点是，采用直接用蒸汽加热蒸馏锅中的玫瑰花和水的混合物，热量损耗较大，间歇式操作。

四、水蒸气蒸馏的用水量计算

在学习了水蒸气蒸馏的原理和典型生产工艺方法后，需对水蒸气蒸馏进行工艺计算，其中，水蒸气的使用量是水蒸气蒸馏工艺中最关键的量，本节将分别从饱和水蒸气蒸馏和过热水蒸气蒸馏工艺出发，介绍水蒸气用量的计算方法。

（一）饱和水蒸气蒸馏的水蒸气用量计算

前一节的内容已经详细介绍了饱和水蒸气蒸馏的概念和原理，现以单组分水蒸气蒸馏为例进行计算，由式（14-4）可进一步推导得到式（14-5），从式（14-5）可以看出，单组分 1 与对应所消耗水蒸气量的比值等于组分 1 与水的饱和蒸气压和各自分子量的比值。

$$\frac{m_{组分1}}{m_水} = \frac{n_{组分1}M_{组分1}}{n_水M_水} = \frac{P_{组分1}M_{组分1}}{P_水M_水} \tag{14-5}$$

设采用水蒸气蒸馏产出组分 1 的质量为 $m_{组分1}$，则其带出 $m_{组分1}$ 量所需的水蒸气量可用式（14-6）计算得到：

$$m_水 = \frac{m_{组分1}P_水M_水}{P_{组分1}M_{组分1}} \tag{14-6}$$

通常，式（14-6）所计算得到的水蒸气量只是水蒸气蒸馏出组分 1 所需的量，没有将加热物料和使组分 1 气化及弥补热损失所消耗的蒸汽量计算在内，而且，离开蒸馏锅的水蒸气通常并未被产品水蒸气所饱和，所以实际消耗蒸汽的量大于公式（14-6）所计算的理论量，故在实际生产中，在得到理论量的基础上，还需除以饱和系数 ϕ（0.6～0.8），以计算出实际消耗的水蒸气量，下面以实际例子进行计算。

例 14-3 某厂采用饱和水蒸气蒸馏法提取樟脑油，一个大气压下操作，每天需产出 50kg 的

樟脑（假设得到的成品纯度为 100%，分子量为 152），试计算水蒸气蒸馏温度和消耗水蒸气的理论用量。

（已知：樟脑与水不互溶，100℃时，对应的樟脑和水的饱和蒸气压分别为 24.0mmHg 和 760.0mmHg，在 90℃时，对应的樟脑和水的饱和蒸气压为 13.5mmHg 和 525.5mmHg。）

解 操作压力为一个大气压 760.0mmHg，混合体系的沸点应在 90～100℃，通过插值法计算体系沸点温度，即蒸馏温度 t。

已知：在 100℃时，水蒸气蒸馏体系的总压 $P_{总} = 760.0 + 24.0 = 784.0$mmHg。

在 90℃时，水蒸气蒸馏体系的总压 $P_{总} = 525.5 + 13.5 = 539.0$mmHg。

即：

$$\frac{784-539}{100-90} = \frac{784-760}{100-t}$$

求解以上方程可得 $t = 99.0$℃，即体系的蒸馏温度为 99.0℃。继续通过插值法可求得 99.0℃时樟脑和水的饱和蒸气压为 23.0mmHg 和 737.0mmHg。

根据公式（14-6）可得：

$$m_{水} = \frac{m_{樟脑}P_{水}M_{水}}{P_{樟脑}M_{樟脑}} = \frac{50 \times 737 \times 18}{23 \times 152} = 189.7\text{kg}$$

即水蒸气蒸馏分离 50kg 樟脑相应消耗理论水蒸气量为 189.7kg。

（二）过热水蒸气蒸馏的水蒸气用量计算

在水蒸气蒸馏工艺中，如果继续对饱和水蒸气加热经干饱和水蒸气，温度进一步上升，最终成为过热水蒸气，此时温度高于 100℃，水蒸气在蒸馏锅内不冷凝，锅内无水层，在这种操作条件下，水的分压（$P_{水}$）不等于饱和水蒸气压（$P_{水}^0$），但按照道尔顿分压定律，此时 $P_{总}$ 仍等于水（$P_{水}$）的分压和 $P_{组分}^0$ 分压之和，即 $P_{总} = P_{水} + P_{组分}^0$。

则

$$P_{水} = P_{总} - P_{组分}^0 \tag{14-7}$$

将式（14-7）代入式（14-5），可得：

$$\frac{m_{水}}{m_{组分}} = \frac{n_{水}M_{水}}{n_{组分1}M_{组分1}} = \frac{(P_{总} - P_{组分}^0)M_{水}}{P_{组分}^0 M_{组分}} \tag{14-8}$$

进一步可推得：

$$m_{水} = \frac{(P_{总} - P_{组分}^0)M_{水}m_{组分}}{P_{组分}^0 M_{组分}} \tag{14-9}$$

由式（14-9）可知，通入过热水蒸气后，此时蒸馏温度高于 100℃，通过总压 $P_{总}$ 即可求得过热水蒸气蒸馏所消耗的水蒸气量，随着总压的升高，消耗的水蒸气增加。另外，如果 $P_{总}$ 逐渐降低，而组分 $P_{组分}^0$ 的蒸气压保持不变，则消耗的水蒸气量减少。当总压等于组分饱和蒸气压时，消耗的水蒸气为零，说明体系在真空条件下操作。下面以实例说明过热水蒸气蒸馏的水蒸气消耗量。

例14-4 某厂采用过热水蒸气蒸馏法提取樟脑油，假设体系总压 $P_{总}$ 和蒸馏温度分别为850mmHg 和 100℃，每天需产出 50kg 的樟脑（设纯度为 100%，分子量为 152），试计算过热水蒸气蒸馏法所消耗水蒸气的理论用量。已知：樟脑与水不互溶，在 100℃对应的樟脑和水的饱和蒸气压为 24.0mmHg 和 760.0mmHg。

解 由式（14-9）可得

$$m_{水} = \frac{(P_{总} - P_{樟脑}^0)M_{水}m_{组分}}{P_{樟脑}^0 M_{樟脑}} = \frac{50 \times (850-24) \times 18}{24 \times 152} = 203.7\text{kg}$$

即过热水蒸气蒸馏分离 50kg 樟脑相应消耗理论水蒸气量为 203.7kg。

　　由例14-4可知，过热水蒸气蒸馏消耗的水蒸气量大于饱和水蒸气工艺的用量，而且操作温度高于饱和水蒸气蒸馏工艺温度。

五、水蒸气蒸馏在提取过程中需注意的问题

　　在掌握了水蒸气蒸馏的基本原理和工艺方法后，水蒸气蒸馏需用于解决实际问题，但在实际药物挥发成分的提取过程中，除了考虑水蒸气蒸馏的原理和工艺之外，还需针对不同的药材，灵活应用水蒸气蒸馏法，做到"具体问题具体分析"，本文将通过中药材挥发性成分的水蒸气提取法来详细说明以上问题（具体见 **EQ14-1 水蒸气蒸馏在药材提取过程中需考虑和注意的问题**）。

EQ14-1　水蒸气蒸馏在药材提取过程中需考虑和注意的问题

案例 14-1：茴香油的提取方法

　　大茴香油果实产于我国广西壮族自治区、云南省等地，大茴香油果实中含有挥发性和芳香性茴香油，该产品需求量大，除供内需外，还可大量出口，具有较大经济效益。在药理方面，茴香油对革兰氏阳性菌如金黄色葡萄球菌、肺炎球菌、白喉杆菌等有抑菌作用。可抑制胃肠道的过激蠕动，促进胃液分泌而帮助消化，可作为芳香健胃剂。用于配制茴香脑，也可用于配制饮料、烟草、日用品等的增香剂及医药方面。目前茴香油存在着提取率低、品质不高的问题。工业上常用的提取方法有固液提取法、超临界 CO_2 萃取法和挤压法，超临界 CO_2 萃取法提取茴香油具有萃取温度低、时间短和得率高等优点，但超临界设备、压缩机能耗等方面的成本较高。而固液提取法具有成本低的优势，但后续工艺需去除有机提取溶剂，工序烦琐，且茴香油损失率较高，品质不好。挤压法具有成本低的特点，但茴香油的得率和品质不高。针对以上问题，采用简单有效、经济和环保的生产方法是大力开发茴香油资源的有效措施。

　　问题：为大力开发茴香油资源，查阅文献，根据茴香油的性质，选定简单有效的提取方法，对设定的工艺路线进行分析比较，最终确定茴香油工艺路线，达到技术可行和经济环保的目的。

案例 14-1 分析讨论：

　　已知：待分离的物质是无色或淡黄色的茴香油，相对密度为 0.978～0.988（15℃），是一种复杂的有机混合物，其中的主要成分是萜烯烃类、芳香烃类、醇类、醛类、酯类、酮类和酚类等有机化合物，是具有挥发性的小分子化合物，从溶解性来看，大多不溶或微溶于水，能溶于正己烷、乙醚和乙醇等有机溶剂。针对茴香油的性质，水蒸气蒸馏法是提取茴香油较方便和适用的方法。

　　找寻关键：生产工艺方法的选择和优化是问题的关键，而提取效率高，简单经济、安全和环保是评价茴香油提取工艺方法的重要标准。

　　工艺设计：

1. 茴香油的提取工艺　茴香油是一种挥发性有机混合物，存在于大茴香油果实中，常见的提取工艺有以下几种。

　　（1）茴香油水蒸气蒸馏提取工艺：将原料进行前处理，具体方法是原料阴干后切碎，用10%～15%氯化钠溶液浸透，之后置于蒸馏锅中，通入水蒸气，采用饱和水蒸气蒸馏，水蒸气附带着茴香油成分一并挥发，进入冷凝器中冷凝，冷凝后馏出液进入油水分离器中，保持在 40～50℃，为去除乳化层，可添加少量氯化钠于油水混合液中，使氯化钠的最终浓度为5%～10%，缓缓搅拌，静置，去除乳化层，分离茴香油后，下层水中会残留少量的茴香油，将其重新泵入蒸馏锅中二次蒸馏，水溶性稍强茴香油成分分散在水层难以回收，可通过往油

水分离器中添加适量有机溶剂进行液液萃取，以提高茴香油得率（图 14-3）。通过以上操作，茴香油的平均得率为 4%～6%。

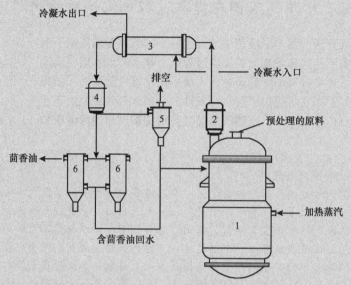

图 14-3　茴香油水蒸气蒸馏提取工艺流程

1. 提取罐；2. 除泡器；3. 换热器；4. 冷却器；5. 气液分离器；6. 油水分离器

　　以上工艺需蒸馏锅（不锈钢 1 台）；冷凝器（不锈钢 1 台），有辅助搅拌器的油水分离器（不锈钢，1 台）；减压回收装置（1 台）；成品储罐和有机溶剂储罐（不锈钢，各 1 个），蒸汽锅炉（1 台）。

　　（2）茴香油的超临界提取工艺：工艺流程如图 14-4 所示，原料经阴干粉碎处理后，置于萃取器中，密封，此时超临界 CO_2 经压缩机到达萃取器，在 CO_2 的临界温度和压力下进行充分提取，提取后的超临界流体的 CO_2 和提取物到达分离器，分离器操作压力低于 CO_2 的超临界压力，CO_2 从液态变为气态，经过压缩机加压到 CO_2 的临界压力，最终又成为超临界流体进行循环提取。此时，分离器中剩余提取物就是茴香油成品。超临界萃取的茴香油平均得油率为 14.92%，以上工艺需要超临界装置 1 套。

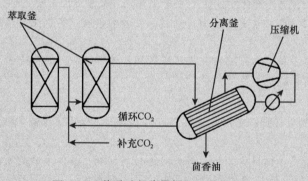

图 14-4　茴香油超临界提取工艺流程图

2. 茴香油的提取工艺要点　因为茴香油成分大多存在于植物的细胞内，为提高茴香油的得率，要对原料进行预处理，使得细胞内的茴香油尽量被提取分离到，分离非极性茴香油时，为避免茴香油的损失，可以回收残留的茴香油，还可改进分离方法，使得损失率降低，具体方法如下。

（1）原料的预处理：原料进行提取茴香油之前，加入 10%～20%氯化钠溶液泡渍，或采取发酵措施提高析油率。

（2）水蒸气蒸馏法蒸馏后，馏出液呈混悬状，茴香油跟水乳化，不易分层，在蒸馏液中加入 1%～5%的氯化钠，适当搅拌，静置，挥发油析出后再分离。水层残留的少量茴香油，可采取两种方式回收，一种方式是回水重蒸，一种是用有机溶剂进行萃取。茴香油是挥发性成分，为避免超临界流体气化时带走部分茴香油，可多调试，严格控制超临界操作压力。

假设： 采用过热水蒸气蒸馏法，茴香油的提取率有什么变化？

分析：

（1）两条工艺路线的分析比较：水蒸气蒸馏需蒸馏锅、冷凝器等常规设备，但得率仅为 4%～6%。超临界提取需超临界萃取装置，能耗高，提取率高达 14%。与超临界提取工艺相比较，水蒸气蒸馏投资相对较少，但工艺流程烦琐，后续处理复杂，生产能耗高，生产成本较高。

（2）两条工艺路线的经济效益分析

1）成本比较：水蒸气蒸馏工艺处理后，茴香油的平均得率以 5%计，超临界萃取的茴香油平均得油率以 14%计，以日处理 1000kg 的原料（干重）来计，则水蒸气蒸馏和超临界工艺的产量分别为 50kg 和 140kg，以市场价 125 元/kg，则超临界工艺每日可增加 90kg，以年生产天数 300 天计，年可增收 337.5 万元。从设备投资来看，日处理 1000kg 的原料所需设备成本清单如下：水蒸气蒸馏工艺所需主要设备为蒸馏锅 1 台，列管式冷凝器 1 台，油水分离器 1 台，1.5t 蒸汽锅炉 1 台，以上设备粗略估计需（20～30）万元；而超临界提取装置（装机功率 220kW），选择萃取釜 400L（3 个），35MPa 分离釜（2 个），该设备需投资 450 万元。

2）能源比较，水蒸气蒸馏主要以消耗水蒸气为主，产生的能源消耗以锅炉为主（1.5t 饱和水蒸气/h）的能耗为 100～150kg 标准煤/h，一次蒸馏时间为 2～4h，一日计划蒸馏 2 次，总消耗 200～300kg 标准煤，按 500～700 元/t，每日能耗成本为 100～210 元。而超临界提取装置的能耗主要是压缩机的能源消耗，一次萃取时间为 2～3h，一日需萃取 2 次，工作时间为 4～6h，总日能耗为 880～1320kW，以工业用电标准 0.86～1.8 元/度计算（梯级用电），每日消耗成本为 756～2376 元。超临界提取的能耗远比水蒸气蒸馏能耗较高。（注：以上单价参照"阿里巴巴"购物网页）。

评价： 与超临界提取工艺相比较，水蒸气蒸馏的投资较少，投资门槛低，但生产工艺流程烦琐，油水分离后，需回收残留在水中的茴香油，才能进行二次蒸馏和排放，且能耗较高，得油率低。而超临界工艺在密闭装置中进行，得油率较水蒸气蒸馏高，无污染物质排放，但投资成本较高，后续维修保养成本相对水中蒸馏工艺较高。

小结：

（1）尽管水蒸气蒸馏工艺相对较为成熟，投资较小，但其工艺流程烦琐，能耗较高，还需开展大量的工艺实验探索来解决以上问题。

（2）需对原料进行前处理以提高出油率，所得馏出液经油水分离后，需回收水中残留的有机挥发物。

学习思考题（study questions）

SQ14-1 水蒸气蒸馏的原理是什么？

SQ14-2 请查阅相关文献，考虑可行、经济、安全环保方面的因素，提出一种玫瑰精油的水蒸气蒸馏方法。

第二节　分子蒸馏

分子蒸馏是一种特殊的液液分离技术，在高真空下（0.1～100Pa），液体中不同分子同时吸收了蒸发器提供的热量，各自直线飞向冷凝器［蒸发器和冷凝器之间的距离极短（2～50mm）］，液体中不同分子因各自分子直径不同，各自飞行距离显现差异，当分子飞行距离大于蒸发器和冷凝器之间的距离时，则被冷凝器截获冷凝，而飞行距离小于蒸发器和冷凝器之间的距离时，则不能冷凝。通过液体分子各自直线飞行距离的不同进行分离的技术称为分子蒸馏，分子蒸馏也称为短程蒸馏。

其特点是，在远低于沸点的温度下，分离热敏性、高沸点及易氧化物的物质。能分离常规蒸馏技术无法解决的问题。因为这一技术特性，该技术适用于温度敏感的热不稳定天然物质（如维生素等），避免物质的热分解，保持天然物质的特性和稳定性，该技术在成分复杂及热敏性分子的分离中显示了很大潜力。

近年来，分子蒸馏技术在天然保健品工业生产方面，主要用于天然鱼肝油的浓缩，玫瑰油、藿香油和桉叶油的精制提纯，以及用于天然油脂中维生素 E 的分离等。

一、分子蒸馏的原理和特点

（一）分子蒸馏的原理

在学习分子蒸馏原理之前，需掌握分子平均自由程。

1. 分子平均自由程　单一分子在飞行时，连续两次碰撞之间的距离称为分子运动自由程。在一定时间内，该分子的分子运动自由程的平均值称为分子平均自由程，分子平均自由程的定义式为

$$\lambda_{m}=\frac{KT}{\sqrt{2}\pi Pd^{2}} \tag{14-10}$$

式（14-10）中，λ_{m} 为平均自由程；K 为波尔兹曼常数；d 为分子直径；P 为真空度；T 为分子所处的温度。

由分子平均自由程定义式可知：分子平均自由程 λ_{m} 与分子所处的压强 P 和分子直径 d 成反比，而与分子所处的环境温度成正比。由此可推知，温度越高，分子平均自由程 λ_{m} 相对越长，降低分子蒸馏的压力和减小分子直径，可增加分子平均自由程（λ_{m} 越小）。吸收了相同能量后，轻分子的平均自由程较大，重分子的平均自由程相对较小。

2. 分子蒸馏的原理　在常规蒸馏中，液体分子受热后离开液面后形成蒸汽分子，这些分子在后续运动中相互碰撞，呈无规则热运动状态，随着时间推移，一部分分子到达冷凝器，其余则返回液体中。如果液体表面与冷凝器的冷凝面之间的距离接近分子平均自由程时，分子无法

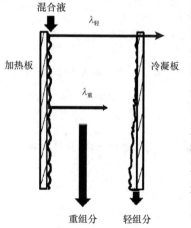

图 14-5　分子蒸馏原理示意图

碰撞，此时分子可直接到达冷凝面，并被冷凝。混合液中，不同种类的分子给予同样的热量，并足以使其逸出液体表面，轻分子的平均自由程较大，重分子的平均自由程相对较小，如果液面与冷凝面之间的距离介于轻分子和重分子的平均自由程之间，则轻分子飞行到冷凝面后被冷凝，最终使得蒸发体系中的轻分子分压小于平衡分压，进一步使混合液中的轻分子不断逸出，源源不断地到达冷凝面后被冷凝收集；而重分子无法飞行到冷凝面，并趋于平衡，回落到液体中，宏观来看，重分子不再从液相中逸出，由此，即可将轻组分和重组分分离开来，这就是分子蒸馏的原理（如图 14-5 所示），调控液面与冷凝面之间的距离，即可分离不同的分子。

3. 分子蒸馏的分离过程　分子蒸馏的过程需经历四个步骤，即形成分子从液体主体到蒸发面，分子在蒸发面自由蒸发，分子

向冷凝面飞射，分子在冷凝面被冷凝（图14-6）。具体如下：

（1）分子从液体主体扩散到蒸发面，分子在液相中的扩散速率是控制分子蒸馏速度的主要因素，应尽可能减少液体层的厚度，并提高液体的流动性，以提高分子扩散速率。

（2）分子在蒸发面受热后自由蒸发，蒸发速率一般随着蒸馏温度的升高而增大，但温度升高也导致物料组分性质不稳定，因此在保证物料热稳定性和蒸发效率的同时，选择最佳操作温度。

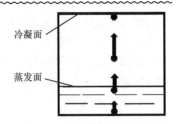

图14-6　分子蒸馏的分离过程

（3）蒸发分子由蒸发面向冷凝面飞射中，由于蒸发距离较短，分子的运动方向相同，因此它们自身碰撞的概率较小，对飞射方向的改变和蒸发速率影响不大；但分子与分子蒸馏装置中残留少量空气分子会发生碰撞，空气分子越多，碰撞的概率越大，空气分子的数量对蒸发分子的飞行方向及蒸发速率均有影响，因此，分子蒸馏过程必须在高真空度下操作。

（4）分子飞行到冷凝面后被冷凝，为使该步骤能够快速完成，为保证蒸发分子全部冷凝，蒸发面和冷凝面要具有足够的温度差，一般这个温度差大于$60 \sim 100 ℃$。

4. 分子蒸馏的蒸发速率　在以上4个阶段中，第2阶段是物质在蒸发面上的挥发，因为其耗时较其他阶段长，故此阶段决定了分子蒸馏的蒸发速率。分子蒸馏的蒸发速率是单位时间单位面积所蒸发的量[单位为 $mol/（cm^2 \cdot s）$]，在绝对真空条件下，分子蒸馏速率为分子热运动速率。Micov等利用Navier-Stokes扩散方程建立的两组分(a和b)的分子蒸馏器的蒸发速率方程分别为：

组分a的蒸发速率（n_a）为：

$$n_a = E\left(\frac{M_a}{2\pi R}\right)^{0.5} \times \left(\chi_a P_a^0 T_s^{-0.5} - \Gamma y_a P_v T_v^{-0.5}\right) \tag{14-11}$$

组分b的蒸发速率（n_b）为：

$$n_b = E\left(\frac{M_b}{2\pi R}\right)^{0.5} \times \left(\chi_b P_b^0 T_s^{-0.5} - \Gamma y_b P_v T_v^{-0.5}\right) \tag{14-12}$$

式（14-11）和式（14-12）中，n为料液中组分（a和b）的单位时间和面积的蒸发速率；E为蒸发系数；M为组分的摩尔质量，g/mol；R为摩尔气体常数，$8.314J/（mol \cdot K）$；x为料液中组分（a和b）的摩尔分数；y为气相中组分（a和b）的摩尔分数；Γ为分子运动达到平衡时的实际碰撞概率；P^0为组分（a和b）饱和蒸气压，Pa；P_v为组分（a和b）在气相中的压强，Pa；T_s为体系的蒸发温度，K；T_v为体系的气相温度，K。

分子蒸馏在高真空下操作，分子的运动方向平行，且飞行距离为一个分子自由程，所以实际碰撞概率可忽略不计，即$\Gamma \approx 0$。

由此，式（14-11）和式（14-12）中的第二项（$\Gamma y_a P_v T_v^{-0.5}$和$\Gamma y_b P_v T_v^{-0.5}$）可以忽略不计，由此，将上式重新整理可得：

组分a的蒸发速率（n_a）为：

$$n_a = E\left(\frac{M_a}{2\pi R}\right)^{0.5} \times \chi_a P_a^0 T_s^{-0.5} \tag{14-13}$$

组分b的蒸发速率（n_b）为：

$$n_b = E\left(\frac{M_b}{2\pi R}\right)^{0.5} \times \chi_b P_b^0 T_s^{-0.5} \tag{14-14}$$

由式（14-13）和式（14-14）可看出，分子蒸馏的速度与料液中组分（a和b）的摩尔分数有关，而与气相中组分（a和b）的摩尔分数无关。

5. 分离因子　分离因子是表征分子蒸馏分离效率高低的量。当液体混合物受热蒸发，形成气液界面，同时，分子以一定速度逃逸到气液界面，一部分到达冷凝面，这样，轻组分在气液界面上的浓度不断减少，促使混合物不断蒸发，最终达到分离的目的，该过程中，温度高低、组分性质都对分子蒸馏的分离效率产生影响，造成各组分之间的分离难易程度的差异，因此，分离效率的高低可用分离因子来表示。

下面以二元溶剂为例，对分离因子进一步作说明。在普通二元溶剂蒸馏体系中，液相和气相能达到动态相平衡，以相对挥发度 α 表示其分离能力。

在理想溶液中

$$\alpha = \frac{y_a / y_b}{x_a / x_b} = \frac{P_a}{P_b} \quad (14-15)$$

式（14-15）中，P_a 和 P_b 分别表示组分 a 和 b 的饱和蒸气压。

当 P_a 和 P_b 相等时，α 为 1，组分 a 和 b 无法通过普通蒸馏分离开。

$$\alpha = \frac{P_a \gamma_a}{P_b \gamma_b} \quad (14-16)$$

式（14-16）中，P_a 和 P_b 分别表示组分 a 和 b 的饱和蒸气压，γ_a 和 γ_b 表示组分 a 和 b 的活度系数。

从式（14-16）中可看出，在非理想体系中，即使 P_a 和 P_b 相等，组分 a 和 b 的活度有差异，都可将其分离开。

在分子蒸馏中，由于分子蒸馏的原理，决定其为不可逆过程，其分离因子可用 α_m 来表示。

在理想体系中：

$$\alpha_m = \frac{P_a}{P_b} \sqrt{\frac{M_b}{M_a}} \quad (14-17)$$

从式（14-17）可看出，在理想体系中，即使 P_a 和 P_b 相等，组分 a 和 b 的分子量有差异，都可将其分离开。

在非理想体系中：

$$\alpha_m = \frac{P_a \gamma_a}{P_b \gamma_b} \sqrt{\frac{M_b}{M_a}} \quad (14-18)$$

分析比较以上式子可得：

无论在理想体系和非理想体系下，分子蒸馏和普通蒸馏的分离因子直接的关系为：

$$\alpha_m = \alpha \sqrt{\frac{M_b}{M_a}} \quad (14-19)$$

从式（14-19）可看出，只要被分离的对象有明显的分子量差异，就可以通过分子蒸馏将其分离开来。

综合以上，进一步对分子蒸馏的特点进行总结说明。

（二）分子蒸馏的特点

结合分子蒸馏的原理和过程，分子蒸馏技术具有如下的特点。

（1）分子蒸馏是在极高真空度下操作，使得蒸发温度大幅减低，可避免物料受热分解或不稳定，也因高真空操作，可避免空气氧化物料，适合对热敏感、产物附加值高的物料进行分离。

（2）常规蒸馏是在常压下，被分离组分持续加热沸腾后，汽化到冷凝器，并得到蒸馏液，物料所走路程较长，受热时间较长。而分子蒸馏时，物料受热后，气相自液面逸出到冷凝面，物料所走的路程仅为一个分子平均自由程，距离较短，所以物料受热时间短，为保证天然物料中的热敏活性成分稳定提供了必要条件。

（3）分子蒸馏在高真空度下操作，液体物料经脱气后也无溶解的空气，因此分子蒸馏无鼓泡现象，可避免物料的飞溅致使的分子碰撞导致蒸发效率降低。

（4）分子蒸馏相对挥发度大于常规蒸馏，因此分子蒸馏能分离常规蒸馏无法分开的物料。

（5）分子蒸馏过程中，从蒸发表面逸出的分子直接飞射到冷凝面上，并被冷凝，理论上没有返回蒸发面的可能性，分子蒸馏过程是不可逆的。

（6）分子蒸馏适合于不同组分分子平均自由程差异较大的混合物分离，而平均自由程差异大小还可通过改变操作温度和压力进行调节，也可以调控蒸发面和冷凝面之间的距离来实现，分离条件灵活可调，因此分子蒸馏常用来分离常规蒸馏难以分离的复杂天然物质。

二、分子蒸馏的工艺流程和设备

在掌握了分子蒸馏的原理和特点之后，有必要深入学习分子蒸馏的工艺流程和相关设备。

（一）分子蒸馏典型的工艺流程

一套完整的分子蒸馏装置包括：物料脱气系统、分子蒸馏装置、加热系统和真空系统，如图14-7所示是分子蒸馏装置工艺流程。流程如下：料液经过脱气后，去除了残留在料液中的空气，以避免料液鼓泡，从而影响分子蒸馏效率，当操作系统真空度达到所需要求后，物料从进料器中以一定流速自上而下进入分子蒸馏器的内壁，并很快被滚刷成液态薄膜，均匀分布于分子蒸馏器的内壁上，接收到加热装置给予的热量，在一定的温度和高真空条件下，挥发度大的轻组分迅速飞向冷凝柱壁面上，被冷凝收集至轻组分收集罐，而重组分无法扩散到冷凝柱上，自由落下，由重组分装置处理收集。在操作中，一部分挥发性组分进入真空系统，工艺上，在分子蒸馏器和真空系统之间，增加了冷凝管和冷阱的系统，这样既避免了物料的损失，又避免物料对真空系统装置的损伤。

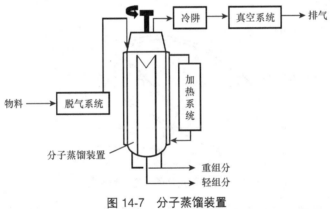

图 14-7　分子蒸馏装置

（二）分子蒸馏设备

目前，国内外研制的分子蒸馏装置形式各异，有静止式、降膜式、刮膜式和离心式分子蒸馏器。其中，目前应用较广的是转子刮膜式及离心薄膜式分子蒸馏器。下面将围绕这两种类型的分子蒸馏器，从构造、性能和选型方面展开讨论。

1. 刮膜式分子蒸馏器　刮膜式分子蒸馏器的结构如图 14-8 所示，原理：刮膜器在驱动装置的带动下，刮膜器不断地将物料刮在光滑洁亮蒸发面上形成薄膜，使物料在蒸发壁面上呈膜状湍流状态，极大提高了传热系数，同时这种连续不断的刮动，有效地抑制物料的过热、干壁和结垢等现象。其中，蒸发面的加热介质为热水、蒸汽和导热油，加热筒身为夹套形式。从蒸发面蒸发出的轻组分飞射到筒体内部冷凝器，冷凝后从筒体底部流出，重组分无法飞射到冷凝器上，自由落下，从重组分出口流出。

刮膜式分子蒸馏器中的物料是沿蒸发面降膜而下，而由蒸发面蒸发出的轻组分则从内部冷凝器离开刮膜式分子蒸馏器，因此，阻力降极小。为此刮膜式分子蒸馏器可维持较高的真空度（可达−750mmHg 以上），有效地降低了被处理物料的沸点，适合处理高黏度、含颗粒、热敏性及易结晶的物料。

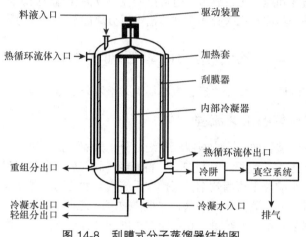

图 14-8　刮膜式分子蒸馏器结构图

2. 离心式分子蒸馏器　离心式分子蒸馏器结构如图 14-9 所示，真空蒸发室外形为椭圆头状，其顶部为加冷却液的夹套，蒸发室内分别为物料喷嘴、旋转蒸发转盘、加热装置，其中加热装置盘绕在旋转蒸发盘底部，自下而上提供热量。蒸馏室设有真空抽气口，在抽气管上设置冷阱，以大幅度减轻真空装置的负荷。

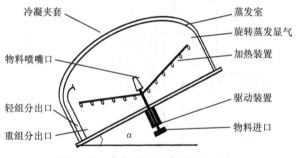

图 14-9　离心式分子蒸馏器结构图

工作原理：待分离物料从物料喷嘴口进入，到达高速旋转的蒸发转盘中央，物料在离心力的作用下以薄膜形态向蒸发转盘的边缘移动。其间轻组分蒸发逸出后由冷凝面收集，并沿着内表面导入到轻组分出口，由导出管排出真空蒸馏室。而最终移动到蒸发转盘边缘的重组分，经过重组分出口导出。

离心式分子蒸馏器的优点是，在离心力的作用下，液膜非常薄，流动性很好，生产能力很好，物料在蒸馏室的停留时间很短，可以分离热稳定性较差的有机化合物。缺点是设备结构复杂，设备成本较高。

案例 14-2：分子蒸馏技术应用实例——天然维生素 E 的提取

维生素 E，简称生育酚（tocopherol），包括 α、β、γ、δ 型生育酚和相应的生育三烯酚等 8 种物质，天然维生素 E 为 D 型手性物质，具有较好的生物活性和食用安全性，具有清除自由基、抗癌、抗心血管疾病、提高免疫力和抗衰老的作用，还能调节细胞信号和基因表达。天然维生素 E 根据其纯度的不同，已广泛运用于保健品、医药品、食品、饲料添加剂及化妆品等生产领域，高纯度的天然维生素E更是医药品和保健品的首选。天然维生素E存在于油料作物种子及大豆油、玉米油、菜籽油等植物油脂中。随着对天然维生素E应用研究的深入及天然维生素生产技术水平的不断提高，国际市场，特别是欧美市场对天然维生素E产品的要求生物活性在1000IU/g以上，即含D-α-生育酚67.1%以上或含D-α-乙酸生育酚73.1%以上。为了提高维生素E提取得率和纯度，需尽可能降低提取过程中的其他杂质含量，提高维生素E的纯度。

问题：查阅有关文献，根据天然维生素E的性质，从技术的可行性和经济性、环保性出发，选定有效的分离纯化方法，确定工艺路线，对设定的工艺路线进行分析比较。

案例14-2分析讨论：

已知：目前天然维生素E大多以植物油精炼过程中产生的脱臭馏出物为原料，其中的天然维生素E含量高达3%～15%，但其成分复杂，纯度远不能达到欧美市场要求，需进一步提取和纯化。另外，小麦胚芽油中天然维生素E的含量已达食用级胶丸浓度，小麦胚芽油也是较好的原料。可针对原料的不同采取有效的提取方法。

找寻关键：单一的方法难以直接从原料中提取较高纯度的天然维生素E，为了得到高纯度的天然维生素E，同时兼顾到安全和环保的要求，综合运用各类提取方法是提高天然维生素E质量和产量的关键。

提取的方法的选择原则：技术具有一定可行性、经济性、环保性是选择提取天然维生素E的关键。

工艺设计：天然维生素E提取工艺主要有超临界CO_2萃取、分子蒸馏、有机溶剂萃取和真空蒸馏等。

1. 天然维生素E的提取工艺

（1）有机溶剂提取法：有机溶剂萃取工艺是原料经浸提后，得到含溶质与溶剂的混合物，需过滤杂质，进一步盐析除杂、减压蒸馏去除溶剂后得到天然维生素E。整个工艺流程复杂，设备多，但所需设备造价低，但溶剂用量大，易燃易爆，回收困难，产品纯度低，产量不大。用到了提取罐和溶剂回收装置。

（2）化学处理-真空蒸馏法提取工艺：该工艺是以大豆脱臭馏出物为原料，将其置于酯化罐中，分别加入甲醇和浓硫酸，搅拌均匀后加温至60℃，进行甲酯化反应生成一元醇甲酯，加入氢氧化钠中和，静置15～20min，蒸馏回收甲醇，冷却后分离油相，对油相反复减压蒸馏得到精制天然维生素E，该工艺天然维生素E得率约为80%，含量为55%～60%。化学处理-真空蒸馏法需对大豆脱臭馏出物进行化学处理后，经反复真空蒸馏，其工艺流程复杂，所需设备简单，成本低，需反复蒸馏，真空蒸馏工艺无法将沸点与天然维生素E相近的其他成分分离开来，且操作温度较分子蒸馏温度高，容易破坏天然维生素E的结构和性质。主要用到了减压蒸馏装置和反应器。

（3）超临界法提取工艺的提取工艺流程：与图14-4类似，以大豆脱臭馏出物为原料，将物料置于超临界萃取器中，密封，达到超临界提取温度和压力后，超临界CO_2流体从压缩机进入萃取器进行提取，之后，提取物和超临界CO_2流体混合物到达分离器中，适当改变分离器中的压力和温度，CO_2流体从液态变为气态，分离器中剩余提取物，经过精制得到天然维生素E。超临界CO_2萃取维生素E的工艺流程简单，萃取时间短，萃取效率高，无化学残留和污染，不需复杂的精炼，因超临界流体特殊的性质，天然维生素E的损失率极少，但所需设备的造价较高，而且天然维生素E的成分较为复杂，其相平衡数据不足，常致使操作工艺参数难以选择。使用超临界CO_2萃取装置。

（4）分子蒸馏法提取天然维生素E工艺：分子蒸馏工艺如图14-10所示，其工艺较简单，将物料进行加热后冷凝除去水分杂质，将处理的物料置于分子蒸馏设备中进行分离即可得到成品维生素E，真空系统中设置冷阱装置。在提取过程中温度是重要的操作参数，馏出物中的天然维生素E的浓度随蒸馏温度升高而增加。在相同的分子蒸馏温度下，甲基化分子蒸馏工艺的天然维生素E的浓度明显较直接分子蒸馏工艺高。正是因为分子蒸馏技术需较高真空度，才能使被分离物在远低于沸点的蒸馏温度下逸出液面得到分离，才能保护热敏性活性成分不变化，所以，在分子蒸馏操作中，真空度是分子蒸馏技术中关键参数。且分子蒸馏操作所得馏出物中的天然维生素E的浓度随操作真空度的升高而增加。在相同的蒸馏真空度下，甲基化分子蒸馏工艺的维生素E的浓度亦明显高于直接分子蒸馏工艺。

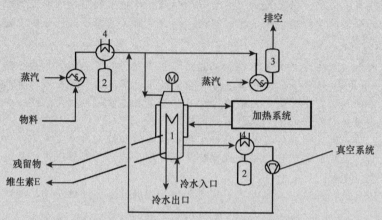

图 14-10　分子蒸馏法提取天然维生素E

1. 分子蒸馏器；2. 冷凝液收集罐；3. 气体缓冲罐；4. 冷凝器；5. 加热器

　　分子蒸馏工艺需对原料进行预处理，因在高真空和低温下操作，分离效率较高，工艺技术较为成熟，易工业化生产，但设备投资费用较高。用到了分子蒸馏罐。

2. 天然维生素E的提取要点

　　（1）温度：进行天然维生素E的提取要严格控制温度，以免破坏天然维生素E的化学成分及其药理活性。

　　（2）预处理：对原料进行预处理，以提高天然维生素E的含量。

　　（3）纯度不高：控制真空度等相关工艺参数，防止挥发性与天然维生素E类似的有机物被同时提取出来，降低天然维生素E的品质。

　　假设：以小麦胚芽油为原料提取天然维生素E，对工艺方法该如何调整？以分子蒸馏为例。

　　分析：

　　1）以上4条工艺路线的分析比较：比较不同的工艺流程，简单分析其工艺复杂程度及收率等工艺问题。超临界CO_2提取需超临界萃取装置，能耗高，提取率高，比分子蒸馏提取装置造价高；与超临界提取工艺和分子蒸馏工艺相比较，有机溶剂提取、真空蒸馏需反应器、蒸馏装置等常规设备，投资相对较少，但工艺流程烦琐，后续处理复杂，收率不高，生产能耗高，生产成本较高。

　　2）以上4条工艺路线的经济效益分析：从能耗和经济成本来计算。

　　能耗和经济成本比较分析：以日处理100kg的原料来计，假设每个提取工艺的得率相同，有机溶剂提取和真空蒸馏处理的溶剂量为500kg，减压蒸馏去除杂质的量50kg，假设室温为20℃，现比较相关设备的能耗和造价，有机提取和真空蒸馏提取方法的工艺复杂，产品质量不高，在这里不做比对分析。主要考虑超临界提取和分子蒸馏提取的经济成本：超临界所使用压缩机的能耗较高，且造价为400万元，分子蒸馏的能耗仅为真空装置消耗，能耗相对超临界低，造价为200万元，综合比较来看，分子蒸馏的能耗和造价低于超临界提取。（注：以上单价参照"阿里巴巴"购物网页）

3）天然维生素 E 提取工艺的思考和展望：目前，国内工业生产所得天然维生素 E 的纯度低，生物活性低，难以满足医药和保健品市场日益增长的需求。获得高纯度天然维生素 E 和其同系物分离的技术工业化是未来研究的方向，天然维生素 E 的提取方法尚需要改进和完善，才能满足市场需求。

学习思考题（study questions）

SQ14-3 查阅天然维生素 E 提取工艺文献资料，试从安全环保、经济可行原则出发，分析讨论新型提取方法。

SQ14-4 如何提高天然维生素 E 的品质？

SQ14-5 试设计一个天然维生素 E 的生产厂房。

练习题

14-1 水蒸气蒸馏的基本原理和分离对象是什么？有何特点？

14-2 分子蒸馏的基本原理和分离对象是什么？有何特点？

14-3 水蒸气蒸馏和分子蒸馏的工艺流程各是如何？

14-4 以沉香精油为例，提出其水蒸气蒸馏工艺生产流程，绘制流程框图，对工艺进行说明。

14-5 以亚油酸为例，提出其分子蒸馏工艺生产流程，绘制流程框图，对工艺进行说明。

第十五章 手性分离及分子印迹技术分离

1. 本章课程目标 在了解手性拆分技术分类的基础上，理解结晶拆分法、化学拆分法、动力学拆分法、生物拆分法、色谱拆分法和膜技术分离法的基本原理，并对结晶拆分法、化学拆分法及色谱拆分法的工艺过程有初步认识。了解分子印迹技术和固相萃取技术的分离原理，让学生能够对特定的对象进行合适的分离。

2. 重点和难点

重点：不同类型手性技术的基本原理，分子印迹技术的基本原理和应用。

难点：不同类型手性技术各自的特点及其应用的异同，这些手性技术与分子印迹技术的应用对象和适用范围。

第一节 手 性 分 离

一、手性物的概念和作用

在物质结构中，一些化合物分子由于原子的三维空间排列引起的结构不对称性，就像人的手一样，不对称的两者不能进行叠合，互成镜像的关系，这种特性称手性，而这种不能与镜像进行重合的分子，称为手性分子。手性是自然界的基本属性之一，生命现象活动中的化学过程是在高度不对称的环境中进行的，作为生命物质基础的生物大分子，如蛋白质、多糖和酶等，几乎全是手性的。

手性分子在化学医药领域更为常见，常用左手性和右手性（DL）或者左旋和右旋（RS）来表示。以单一立体异构体存在并且注册的药物，称为手性药物（chiral drug）。这些小分子在体内往往具有重要生理功能。目前所用的药物多为低于 50 个原子组成的有机小分子，很大一部分也具有手性，他们的药理作用是通过与体内大分子之间严格手性匹配与分子识别实现的。含手性因素的化学药物的对映体在人体内的药理活性、代谢过程及毒性存在显著的差异。具体的药理作用差别表现在以下几个方面：

1. 手性对映体具有相同的药理作用，但其作用强度相近或有差异，如 β 受体阻滞剂索他洛尔用于抗Ⅲ类心律失常作用上，其两种对映异构体有近似的药效作用。

2. 对映体活性不同，但是药理作用互补。(R)-茚达立酮具有利尿的作用，但(R)-茚达立酮可增加血中尿酸的浓度导致尿酸晶体的析出，而(S)-茚达立酮可促进尿酸的排泄，二者可配合使用，临床上最佳比例为 $1:4 \sim 1:8$。

3. 对映异构体具有完全不同的药理作用，可开发成两种药物。这类手性药物可能是因为进入不同的组织或者作用于不同的靶物质，从而呈现出不同的生物活性。喘速宁的(S)-异构体是 β_2 受体激动剂，可扩张血管，用于治疗哮喘，而(R)-异构体有较强的抑制血小板凝集的作用，但是却没有支气管扩张的作用。

4. 对映体具有相反的作用。这类手性药物的两个对映异构体可能作用于同种受体或者组织，且都有一定的亲和力，但是呈现出相反的生物活性。依托唑啉是一种利尿药，它的(R)-异构体有利尿作用，而(S)-异构体则具有抗利尿作用。

5. 其中一个对映体具有治疗作用，另一个仅有毒性作用或毒性。震惊国际医药界的"沙利度胺"事件就是因为 20 世纪 60 年代，使用外消旋的镇静药沙利度胺缓解孕妇的妊娠反应，结果许多曾服用过此类药物的孕妇产下了四肢呈海豹状的婴儿，使许多家庭遭受到打击。随后的研究显示，沙利度胺的两个对映体中只有(R)-异构体有镇痛作用，而(S)-异构体则具有强烈的致畸作用。

在"沙利度胺"事件发生之后，很多国家建立了法定执行机构"药品安全委员会"，专门负责对药物的临床试验等进行监督，若未经这一专家组织承认临床试验是充分可靠之前，任何新药不能上市出售。这也从某种程度上促进了手性拆分技术的发展，近年来，手性药物的研究开发已成为热点。众多制药公司已开始采用成熟的手性技术大规模生产手性药物，以满足不断增长的市场需求。手性化合物的生产一般是通过手性合成和手性拆分两大途径。虽然手性合成可以直接得到纯度较高的光学纯物质，但其产率普遍较低。相反，若采用恰当的手性拆分技术，就可以得到较高产量的对映异构体。

二、手性分离的原理和分类

（一）手性分离的原理

拆分（resolution）是将外消旋体中的两个对映异构体分开，以得到光学活性产物的方法，这也是制备光学纯对映异构体的重要途径。外消旋体是等量对映体的混合物。在气态、液态或溶液等分子可以近乎自由运动的场合，外消旋体中的两种对映体除对偏振光呈现不同性质外，其他物理性质都相同。即具有相同的熔点、沸点、折射率和红外、核磁等（由对称的物理能产生的）吸收光谱。在这些情况下，是无法直接将对映体分开的。在外消旋体，分子的空间取向和排列是有序的、相对固定的，这时，同种对映体之间的晶间力，与相反的对映体之间的晶间力却可不同，因此会形成外消旋体混合物和外消旋体化合物。外消旋体混合物宏观上是两种晶体的混合物，其熔点和其他混合物一样，低于任一纯对映异构体。而在外消旋体化合物中两种相反的对映体总是配对地结晶，就像真正的化合物一样在晶胞中出现。针对不同的情况须选择合适的拆分方法。

（二）分类

2000～2006 年新上市的手性药物中超过 40%是通过拆分获得的，因此目前在工业化生产手性药物的实际过程中仍然主要采用拆分的方法。手性拆分技术主要分为 5 类，包括直接结晶拆分法、化学拆分法、动力学拆分法、生物拆分法和色谱拆分法，目前又出现了一些新型的拆分方法，如复合拆分和包合拆分法、萃取拆分法、手性膜拆分法等，各有其特点。手性拆分方法分类如图 15-1 所示。

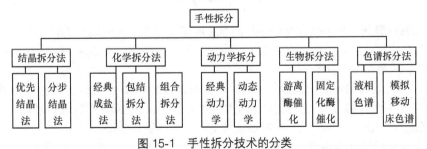

图 15-1 手性拆分技术的分类

三、结晶手性分离

结晶手性分离目前比较常用的三个手段为直接结晶拆分法、接种结晶拆解法和手性溶剂结晶拆分法。

1. 直接结晶拆分法 本方法采用合适条件使两种对映体同时在溶液中结晶，而母液仍是外消旋的。α-甲基-L-多巴的工业生产中就是用这种方法拆分其中间体，即把外消旋物的过饱和溶液通过含有各个对映体晶种的两个结晶槽而达到拆分的目的。局部结晶与上述方法类似，即在同一溶液的不同区域内分别加入构型相反的对映体晶种，这时多个对映体就从过饱和溶液中结晶析出，从外消旋美沙酮（methadone）分离(R)-和(S)-异构体就是采用这种方法。苏氨酸、天冬酰胺和谷氨酸也可用此法拆分，即使没有相应氨基酸的晶种时，只要加入其他旋光纯的氨基酸（如苯丙氨酸）的晶种也能拆分上述三种氨基酸的外消旋物。

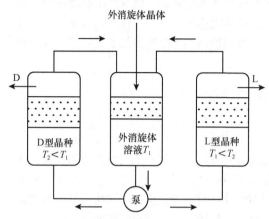

图 15-2　接种晶体析解法的工艺流程示意图

2. 接种晶体拆解法　这是一种改良后的方法，也称选择结晶法（preferential crystallization）或诱导结晶法。此法一般在一个外消旋混合物的热饱和溶液中加入纯对映体之一的晶种，冷却后，同种对映体将附在晶体上析出，滤去晶体，母液重新加热，并补加外消旋混合物使之饱和，加入另一种对映体的晶种，冷却，使另一种对映体析出。这样交替进行，可方便地获得大量纯对映体结晶，如图 15-2 所示。这种方法虽然应用有限，但因其工艺简单，成本低、效果好，在某些工艺中，是比较理想的大规模拆分方法。据称，采用此法可能是对工业化生产左旋对羟基苯甘氨酸的一种最经济的方法，国内有关企业将此法用于中试生产并筛选经济实用的催化剂从而降低成本。目前该法已经应用在大规模生产氯霉素、(–)-薄荷醇及抗高血压药甲基多巴等手性药物上。但是在生产过程中为了使外消旋混合物饱和，必须采用间断式结晶，这延长了生产的周期，增加了生产成本。

3. 手性溶剂结晶拆分法　在适宜的条件下，成核与晶体的生长并不一定需要特定对映异构体的接种。用直接结晶法拆分外消旋对映体的另一条途径就是用化学惰性的手性试剂作溶剂进行结晶，这种方法是利用外消旋体的两个对映体与化学惰性的手性溶剂的溶剂化作用力的差异。许多实验证明，用离子型的金属有机络合物在含羟基的光活性溶剂中进行结晶时，能观察到溶解度的差别。但这种方法需要寻找特殊的手性溶剂，且适于拆分的外消旋混合物的范围相当狭窄，故实际工业生产的意义不大。

四、化学拆分手性分离

1. 经典成盐拆分法　该方法是将外消旋的酸（或碱）与光学纯的碱（或酸）反应，形成两种溶解性差异较大的非对映异构体盐的混合物，原理如图 15-3 所示。通常拆分碱性物质用酸性拆分剂，拆分酸性物质用碱性拆分剂。

Yamada 等用溴化樟脑磺酸作为拆分剂对对羟基苯甘氨酸（DL-p-HPG）进行拆分，多次循环，D-HPG 的最终收率可达 92%。雷强等选择用光学纯的苯甘氨酸正丁酯或其盐酸盐作为拆分剂来拆分外消旋体扁桃酸，获得了一种光学纯的扁桃酸工业化连续制备方法。

经典成盐法常用的拆分剂有溴化樟脑磺酸、α-苯基乙胺、酒石酸、脱氢枞胺等。虽然这种方法一直被作为重要的拆分方法，但其局限性也很明显，如拆分剂和溶剂的选择较为盲目；拆分的产率和产品的旋光纯度不高；对拆分剂的光学纯度要求高；适用于手性拆分的化合物的类型不多。

2. 包结拆分　20 世纪 80 年代由日本化学家 Toda 教授发明，其原理是手性主体化合物通过氢键及分子间的次级作用，如 π-π 作用，选择地与客体分子中的一个对映异构体形成稳定的超分子

（supra-molecule）化合物，即包结络合物（inclusion complex）析出来，从而实现对映体的分离。同时，包结络合物的形成要求主-客体分子之间存在强的分子识别作用。

包结拆分法属于分子手性识别范畴，最主要的就是手性主体分子的手性必须在与客体分子的相互作用中体现出来。与经典成盐拆分相比，包结拆分法所拆分的化合物不再局限于有机酸或者有机碱，还可以拆分酮、酯、醇、亚砜、铵盐和糖类化合物，在一定程度上解决了经典成盐拆分方法的不足。包结拆分操作简单、成本低廉、易于规模化生产，具有很高的生产价值。这种方法极易放大，具有良好的工业应用前景。

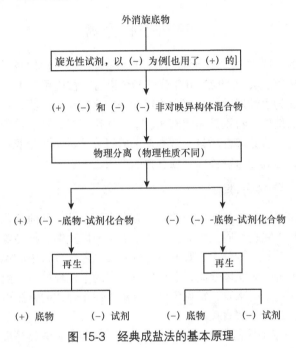

图 15-3　经典成盐法的基本原理

3. 组合拆分　随着组合化学在药物先导化合物筛选中的作用日益显著，人们将组合方法引入手性拆分剂的设计和筛选之中。它的原理是采用一组同一结构类型的手性衍生物拆分剂家族代替单一的手性拆分剂进行外消旋化合物的拆分。这些拆分剂家族往往是以常用的手性拆分剂为原料，通过结构修饰后得到的衍生物，也可以是含有不同取代基的某一类结构类型的化合物。

组合拆分方法和前述的经典拆分方法比较，具有结晶速度快、收率高、纯度高等特点。Wynberg 等首次将组合方法应用于化学拆分中，他们设计了一系列芳香环取代的衍生物组成不同的拆分剂家族。研究表明这类拆分剂的组合几乎能以高的收率和近于 100%e.e 与所有的实验消旋体迅速地形成非对映体的结晶，这在拆分方法学上是一个重大的突破。

五、动力学拆分手性分离

与前面经典化学拆分不同，动力学拆分的基本原理是：在手性试剂的存在下，一对对映体和手性试剂作用，生成非对映异构体，由于生成此非对映体的活化能不同，反应速度就不同。利用不足量的手性试剂与外消旋体作用，反应速度快的对映体优先完成反应，而剩下反应慢的对映异构体，从而达到拆分的目的。

经典动力学拆分是基于两个对映异构体对于某一反应的动力学差异。在不对称反应环境中的反应进行到一定程度时，两个对映异构体的剩余反应底物和产物的量不同，可以分别进行回收或分离。通过经典动力学得到的光学纯产物的最大产量为50%，且在许多情况下有一个异构体几乎没用。为了克服以上缺点，人们开始采用动态动力学拆分方法，就是在拆分过程中伴随着底物的现场消旋化，从而使消旋的起始原料更多地转化为单一对映体。如果立体异构化速度相对于反应速度足够快时，从起始消旋原料得到纯对映体产物的产率可大于50%，理论上可以达到100%。根据所使用的手性试剂或催化剂的不同，可将反应分为酶法和化学法。

酶法动力学拆分其实是生物拆分法中酶拆分法；化学动力学拆分方法可采用等当量的手性助剂加反应试剂的方法，也可直接使用手性催化剂。由于催化剂用量少、方法简单、经济，适合于大规模生产。

六、色谱手性分离

目前用于手性分离的方法主要有液相色谱法、毛细管电泳法、薄层色谱法、气相色谱法和亚临界及超临界流体色谱法等。从20世纪60年代气相色谱首次被应用于手性化合物的分析，到80年代初液相色谱法迅速成为手性对映体分离和测定最为广泛应用的方法，色谱技术在手性研究领域已经占据了相当重要的地位。特别是高效液相色谱，适用于极性强、热稳定性差的手性化合物的分析。色谱法效率很高，能分离性质只有微小差别的组分。近年来随着相关技术的发展，更是取得了令人瞩目的进展，已成为对映体拆分强有力的手段之一。

（一）手性色谱拆分法分类

在手性药物的对映体之间，除了偏振光的偏转方向不同以外，其他理化性质如蒸气压、溶解度等，在非手性环境中几乎完全相同，因此，不能简单地以蒸馏、结晶等方法进行分离，也就是说不能用一般的色谱法对其进行分离。对映体拆分一直是色谱分析中的难题，吸引着众多研究者的兴趣。要在色谱仪上进行对映体分离，必须引入一定的手性环境。目前，从对被分离物、固定相和流动相三要素的作用角度来看，常见色谱法分离手性化合物的方法可分为两大类，即间接法（手性衍生化试剂法，CDR）和直接法。

1. 间接法 间接法采用手性衍生化试剂与手性胺类、醇类、羧酸类等反应形成非对映体衍生物。非对映体在常规色谱系统中，根据非对映体分子的手性结构、手性中心所连接的基团、色谱系统的分离效率（包括溶质分子与固定相和溶剂之间的结合力，如氢键、偶极-偶极、电荷转移和疏水性等）的不同而差速迁移获得分离。反应产物间的构型差异越大，分离就越容易。

近几年来，一批新的性能较好CDR的出现及其应用，使人们看到间接法拆分对映体的某些缺点在新的CDR上正在逐渐被克服，如对苯二异硫氰酸酯[(S,S)-PDITC]化学稳定性好，衍生反应条件温和，使用时未观察到有消旋化现象。

2. 直接法 直接法可以分为两类：手性流动相添加剂法（CMPA）和手性固定相法（CSP）。高效液相色谱法是拆分对映体的有效手段，手性固定相法是将手性选择器以共价键形式结合到基质上，制成手性固定相，直接用于对映体的拆分。而手性流动相添加剂法分离机制包括①手性包含复合，经常采用的添加剂是环糊精和手性冠醚；②手性配合交换，常用的手性配合试剂多为氨基酸及其衍生物；③手性离子对，常用的手性反离子有奎宁、奎尼丁、10-樟脑磺酸、N-苯甲酰氧基羰基-甘氨酰-L-脯氨酸（L-ZGP）等。另外还有动态手性固定相、手性氢键、蛋白质复合等机制。CSP将手性试剂化学键合到固定相上与药物对映体反应形成非对映体对复合物，根据其稳定常数不同而获得分离。分离的效率和洗脱顺序取决于复合物的相对强度。

（二）常用手性制备色谱

1. 模拟移动床色谱（simulated moving bed，SMB） SMB技术的兴起是液相色谱制备分离的一次革新，它是20世纪60年代发展起来的一种现代化分离技术，具有分离能力强、设备体积小、便于实现自动控制并特别有利于分离热敏性及难以分离的物系等优点，在制备色谱技术中最适用于进行连续性大规模工业化生产。有关该技术的基本原理和工艺过程及设备等，详见本书第10章有关部分和 **EQ15-1 模拟移动床色谱**。

EQ15-1 模拟移动床色谱

2. 超临界流体色谱（supercritical fluid chromatography，SFC） 这是采用接近或超过临界温度和临界压力的高压流体（详见第7章）作为流动相的一种新颖的色谱技术。SFC 在手性药物分离中的优越性具体有：

（1）超临界流体的黏度比液体低得多，可减少过程阻力，采用细长色谱柱可以增加柱效。

（2）超临界流体的密度与液体相似，因此它有强的溶解能力，适于分离难挥发和热稳定性差的物质，这是 GC 所不及的。

（3）SFC 系统既可使用 HPLC 检测器，也可使用 GC 检测器，如质谱、氢火焰离子化检测器，这有利于手性药物中痕量组分的检测和定性分析。

（4）可作流动相的超临界流体物质较多、易得，与 HPLC 相比，对环境的污染及操作人员的毒害较少。SFC 的流动相易于去除，使得 SFC 成为制备光学纯化学品的有潜力的技术。

EQ15-2 常用的手性色谱固定相

SFC 主要通过手性固定相对手性物质进行分离，主要的 CSP 可以分为3类，即环糊精类、多糖类和氨基酸及酰胺类，其主要特点和使用对象见表15-1，详细资料见 **EQ15-2 常用的手性色谱固定相**。

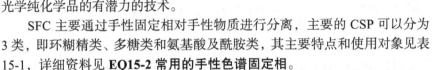

表 15-1 常见固定相的特点和适用对象

固定相	主要特点和适用对象
环糊精类	手性分离和测旋光纯度方便可靠，可用于直接分离极性大的手性物质
多糖类	使用最广泛的手性固定相，性能稳定，条件温和，重现性好，其中纤维素类的固定相连接不同基团时可得到不同的分离效能的固定相
氨基酸/酰胺类	主要通过氢键进行手性识别，特别适用于那些具有旋光性的未衍生化的二醇类物质分离
其他	在 pH0～14 的范围内稳定，可直接用于有机酸的分析

在 SFC 的操作条件中，除了固定相会对分离效果产生影响，流动相对分离效果也具有很大的影响，最常用的流动相是超临界 CO_2，其具有无毒、价廉、不可燃，在紫外区无吸收，分离完成后不存在溶剂残留的问题，分离物纯度高，不污染环境等特点。对于不含官能团或者只含一个官能团的弱极性样品的分析，可以使用单一的 CO_2 作流动相，但是当样品含有多个官能团，极性增大时，用单纯的 CO_2 溶解性不好，此时可以在流动相中加入一定比例的极性溶剂，从而构成二元或者三元流动相，提高溶解性，详见 **EQ15-3 超临界流体色谱的流动相介绍**。

EQ15-3 超临界流体色谱的流动相介绍

3. 逆流色谱（counter-current chromatography，CCC） 逆流色谱法又称反流色谱法、逆流分配法。这是一种连续操作的多次液液提取的分离技术，可得到类似于色谱法的分离，也可视为不使用固体支持介质的液液分配色谱法。

它不使用固体支撑介质，而是采用柱材料为空的聚四氟乙烯管或玻璃管，用不相混溶的两相溶剂系统，其中一相作为固定相并依靠重力或离心力保留在柱中，另一相作为流动相。与常用的高压手性液相色谱技术相比，基于液-液分配机制的逆流色谱用于各种对映异构体的分离具有独特的优势。它可以免除制备手性固定相昂贵的固定化工艺。对于合适的手性选择物，仅需将其溶解于液体固定相中，或者以一定浓度添加到液体流动相中，就可重复地用于相应手性对映体的分离。并且可供选择的用于对映体分离的手性选择物的范围比固定相色谱法更广，使用更简便，设备要求低，尤其是对于制备性分离具有很好的应用前景。

按照不同仪器构造和流体动力学机制，逆流色谱可分为液滴逆流色谱（DCCC）、回转腔式逆流色谱（RLCCC）、旋转腔式逆流色谱（GLCCC）、高速逆流色谱（HSCCC）及 pH 区带精制逆流色谱（pH-zone refining CCC），以上色谱均有应用于手性对映体制备性分离的报道。已有研究报道用 pH 区带精制逆流色谱，含三氟乙酸（10mmol/L）和 QN-Selector 1 的甲基异丁基酮（MIBK）溶液作固定相，含 20mmol/L 的氨水作移动相，转速为 1200r/min，流速为 3ml/min，一次可分离 1.2g 的 DNB-亮氨酸。

七、手性分离新进展

（一）液液手性分离

液液手性分离又称为手性液液萃取拆分法，其利用传统液液萃取技术实现外消旋体的拆分，而传统的液液萃取技术具有易工业化、操作简单和生产能力大等优点，所以液液手性分离进行外消旋体的拆分很容易实现工业化，因此备受研究人员关注。与传统的萃取分离不同的是，液液萃取拆分技术要求互相接触的两种液相中至少有一种具有旋光性，从理论上讲，只要两个对映异构体的分离因子大于 1，在足够多的级数下，即可实现拆分。

1. 基本原理 液液手性分离属于广义的主-客体化学这个大领域，其结合了手性识别和溶剂萃取两个概念。手性识别过程是液液手性分离拆分外消旋体的关键，其通过向液液两相中的某一相或者两相中加入具有立体选择性的手性试剂，利用分子间作用力将对映异构体转化成非对映异构体，进而完成手性识别的过程。其中手性试剂作为萃取剂即主体，待拆分的外消旋体作为客体分子。

典型的液液平衡手性萃取拆分系统最初使客体分子存在于水相中，加入亲脂性较好的主体分子之后，客体以主体为媒介从水相进入到有机相。主体分子与(S)-异构体的相互作用要比(R)-异构体的相互作用强，所以最终相转移的结果就是，(S)-异构体主要存在有机相中，而水相主要含有(R)-异构体。这些分子间作用力包括离子配对、氢键、范德瓦耳斯力、偶极作用等。其拆分的基本原理可以分为 3 种：配位萃取拆分、亲和萃取拆分、形成非对映异构体拆分。

配位萃取拆分机制是通过中心离子和配体形成的配合物作为手性试剂，与对映体形成螯合物，而螯合物的稳定性因为对映异构体的构型的不同，从而出现物理性质的差异，进而在液液萃取两相间的分配行为不同，从而实现拆分。而亲和萃取拆分和形成非对映异构体拆分，都是利用手性试剂和外消旋体之间的作用位点的差异性进行分离，由于手性试剂和两种不同的构型化合物的作用点不同，进而导致其结合后的非对映配合物的性质不同，其中作用点越多，非对映配合物的差异越大，越容易实现拆分。

2. 常用的手性萃取剂 根据液液手性分离的原理，很容易知道，手性试剂的选择性在液液手性萃取中发挥着重要的作用，不同的手性萃取剂对消旋体的拆分效果存在着很大的差异。目前主要研究报道的手性萃取剂有酒石酸类手性萃取剂、环糊精类手性萃取剂、冠醚类手性萃取剂、金属络合物手性萃取剂及其他相对来说比较特殊的手性试剂。

（1）酒石酸类手性萃取剂：酒石酸类是目前研究最多的一种手性萃取剂，其拆分效果和酒石酸酯本身的结构有关，取代基不同，拆分效果也不同。Sunsandee 等研究了氨氯地平的苯甲酰酒石酸手性萃取拆分效果，有机溶剂为正癸烷，研究中考察了萃取剂浓度和 pH 等因素对萃取效果的影响，苯甲酰酒石酸表现出很好的手性萃取效果，单次萃取产物中(S)-氨氯地平的 e.e 值可达 24.27%。Huang 等采用双向萃取对扁桃酸进行拆分，有机相的萃取剂为 L-酒石酸二戊酯，水相萃取剂为 β-环糊精，对映体的选择性可达 2.1。

（2）环糊精类手性拆分剂：环糊精是一种低聚糖化合物，6～8 个椅式构象的 D-吡喃葡萄糖单元，通过 α-1,4-糖苷键进行连接，形成锥形的中空圆筒状寡糖。环糊精价廉而且分离效果好，在医药化工领域有着很广泛的应用。Li 等采用聚乙二醇/柠檬酸钠双水相体系，以 Cu_2-β-CD 作为手性试剂，实现了 α-环己基扁桃酸外消旋体的分离，分离因子能够达到 1.36。唐课文等对萘普生的双相萃取分离体系进行了研究，有机相为二氯甲烷，手性试剂为酒石酸异丁酯，而羟丙基-β-环糊精作为水相中的手性添加剂，其对映选择性能够达到 1.65。环糊精类手性拆分剂的拆分原理见 **EQ15-4 液液手性拆分中环糊精手性拆分剂**。

EQ15-4　液液手性拆分中环糊精手性拆分剂

（3）冠醚类手性萃取剂：冠醚是一种呈冠状结构的含有醚键的环形化合物，对于部分氨基醇和氨基酸类的化合物具有很高的对映选择性。冠醚结构中外侧为亲脂性的乙烷基，内侧为氧原子，可以作为电子供体。所以冠醚和环糊精一样，具有亲水性和疏水性。Marek 等利用 D-甘露糖衍生得到的冠醚作为手性试剂，成功拆分氨基及其盐酸盐。此外，冠醚化合物还能进一步用于高效液相色谱和毛细管电泳的分析检测中。

（4）金属络合物手性萃取剂：金属络合物手性试剂在拆分氨基酸类外消旋体上，表现出很好的效果，许多金属如铜、钯、钴、镍等与不同物质形成的金属配合体都有不错的立体选择性，一般通过配位键和氨基酸形成非对映异构体进行拆分。Takeuchi 等首次将该类萃取剂用于 α-氨基酸的对映选择性拆分，萃取剂是 N-烷基化的 L-4-羟脯氨酸和铜组成的络合物，保证主体分子被限制在有机相中，结果表明其立体选择性在 1.8～4.5。Verkuijl 等开发出以 Pd-BINAP 复合物为手性萃取剂的液液萃取系统，萃取氨基酸，复合物在有机相中，氨基酸在水相中，结果显示该复合物能够选择性萃取色氨酸，其分离选择性可达 2.8。

3. 其他手性萃取剂　除了上述介绍的四种手性萃取剂，其他具有手性识别能力的物质也能被用作手性萃取剂。

Kellner 等把金鸡纳碱衍生化后作为疏水性萃取剂用于被 3,5-二硝基苯取代的 α-氨基酸的拆分，获得了较高的对映体选择性。金鸡纳碱衍生物手性识别能力较强，对氨基酸和氨基酸衍生物表现出高度的对映体选择性，但是该类手性试剂价格较高。Tang 等选用咪唑类氨基酸手性离子液体作为手性拆分剂，对氨基酸进行拆分研究，研究表明该类离子液体识别氨基酸对映异构体的机制为手性配体交换，并且仅对苯丙氨酸和酪氨酸有较好的拆分效果，而对组氨酸和色氨酸几乎没有作用。Peng 等研究了系列(R)-扁桃酸酯衍生物对唑吡酮外消旋体的拆分条件，发现(R)-邻氯扁桃酸酯对于唑吡酮的识别能力最强，其对映选择性能够达到 1.6。

此外，还有甾体胍类、脱氧鸟苷衍生物、噻咛-拉沙里菌、TRISPHA 盐及氢键辅助 BINOL-乙醛等手性试剂。

液液手性拆分因为具有传统的液液萃取的处理量大、操作简单等特点，是工业上最有前景的方法之一。但是这种方法限制于手性萃取剂的选择，目前虽然少部分手性试剂表现出很高的对映体选择性，但是大多手性试剂的选择性还未达到要求，要实现完全拆分需要多个萃取阶段，因此如何提高手性试剂的选择性并且扩大手性试剂的拆分范围是今后液液手性分离重要的研究方向。

（二）液固手性分离

液固手性分离主要利用手性吸附剂对一对对映异构体的吸附能力的差异，从而实现对映异构体的拆分。能够发现快速分离某个单一异构体的手性吸附剂在液固手性分离中至关重要，其中一个对映体与同手性吸附剂的优先相互作用必须导致瞬时非对映体吸附物的形成，其自由能应充分不同，以便发生对映体分离。液固手性分离主要是依靠晶体学上的主-客体识别作用。

手性吸附剂主要是两大类，一类是天然的矿物质，如石英、方解石等。石英是迄今最常见的无中心的自然矿物，其因为晶体本身缺乏对称性，提供了非常优秀的手性表面。William 等通过分别利用放射性的同位素 ^{14}C-和 ^{3}H-进行标记的 D-、L-丙氨酸盐酸盐 5～10mol/L 无水二甲基甲酰胺溶液，使用 D-和 L-石英吸附，发现 D-石英有限吸附 D-丙氨酸，L-石英有限吸附 L-丙氨酸。目前该天然类的手性吸附剂种类很有限。

另一类即人工合成的材料，利用人工构建的空腔实现对其中一种对映异构体的吸附。Navarro-Sanchez 等采用基于三肽 Gly-L-His-Gly 的二价铜金属有机框架材料（MOF）分离外消旋麻黄碱和脱氧麻黄碱。这种 MOF 的空腔体积占整体体积的 60%，空腔孔径约为 2nm，可允许麻黄碱和脱氧麻黄碱等小分子药物通过，在手性环境下实现对外消旋体底物的对映选择性吸附。与经典的吸附剂相比，MOF 可以更容易地设计成部署周期性的手性通道阵列，这些通道可被客体吸附，并且可以在大小、形状和化学性质上进行修改，从而实现传质速率的优化和更准确的手性识别。

（三）手性膜拆分

自 1974 年膜拆分对映体问世，膜法拆分已由缺乏稳定性和载体耗量大的手性液膜发展到选择性和选择稳定性均较高的聚合物膜拆分，后者是目前研究的重点和热点。手性拆分膜系统包括非专一性和专一性底物催化两大类和手性液膜、协助手性拆分的非手性固体膜和直接拆分的手性固体膜三体系。膜分离方式包括通过手性添加剂衍生的间接拆分和膜本身所含特定功能基进行识别的直接拆分。膜法手性拆分具有低成本、低能耗、连续不断运转模式和易于规模化生产等优点。

1. 手性拆分液膜 液膜拆分技术的机制是将具有手性识别功能的物质（或称手性载体）溶解在一定溶剂中制成有机相液膜，再利用膜两侧高浓相至低浓相的浓度差为动力，外消旋体有选择地从高浓相向低浓相迁移。在这种液膜体系中，手性分子（主体）与外消旋（客体）结合，通过溶剂载其从一种水溶液移至另一种水溶液再释放出来。由于液膜选择性差异造成两种对映异构体的迁移速率不一致，即迁移较快的一种对映异构体在低浓相中相对于迁移较慢的异构体得到富集，从而达到手性分离的目的。根据性质和制备工艺可分为三种：支撑液膜、乳化液膜和厚体液膜，详见 **EQ15-5 手性拆分液膜的具体分类**。

EQ15-5 手性拆分液膜的具体分类

2. 手性拆分固膜 固膜拆分是利用膜内或膜外自身的手性位点对异构体的亲和能力差别，在不同推动力下造成不同异构体在膜中的选择性通过，从而达到手性拆分的效果。固膜拆分的推动力可以是压力差、浓度差和电势差。物质通过膜的渗透是由被拆分物质在膜中的分配行为和它们在膜中的扩散速度来决定的。为了提高膜的对映体选择性，需要优化这两个因素。固膜根据膜材特性和制备工艺可以分为三类：分子印迹膜、本体固膜、改性固膜，详见 **EQ15-6 手性拆分固膜的具体分类**。

EQ15-6 手性拆分固膜的具体分类

近年来手性膜技术已经成为膜科学领域研究的热点，该技术具有能耗低、批处理量大、稳定性好、可连续操作等独特的优势，但其在实际应用中仍存在一些问题，主要体现在通量和分离因子的矛盾上，如何找到二者的平衡点是实际应用中应考虑的主要问题。随着固膜拆分技术的不断发展，尤其是分子印迹膜技术的不断完善，在不远的将来将会在越来越多的领域得到应用和发展。

案例 15-1：拆分氯霉素手性药物的技术

氯霉素为白色或微带淡黄绿色的针状、长片状或结晶状粉末，味苦，易溶于甲醇、乙醇、丙酮或丙二醇，微溶于水，熔点为 149～153℃；50mg 氯霉素/1ml 无水乙醇溶液的比旋度为 +18.6°～+21.5°。

氯霉素最早产自委内瑞拉链丝菌，其作用靶点为细菌核糖体的 50S 亚基，通过与 50S 亚基的可逆结合，阻断转肽酰酶的作用，干扰带有氨基酸的氨基酰-tRNA 终端与 50S 亚基结合，从而使新肽链的形成受阻，抑制细菌蛋白质合成。

氯霉素是含有两个手性中心的手性药物，其构型为 1R,2R 或称 D-苏型。氯霉素的三种异构体均无抗菌活性，其中氯霉素的对映异构体的构型为 1S,2S 或称 L-苏型，另外两个异构体为氯霉素的差向异构体。没有经过拆分的苏型消旋体即氯霉素与其对映异构体的等摩尔混合物，被称为合霉素，曾作为药物使用，但是活性仅仅是氯霉素的一半。

问题： 查阅相关文献，根据氯霉素的合成路线，选择合适的手性拆分的方法，不仅要求技术上的可行性，还要体现较好的经济性。

案例 15-1 分析讨论：

已知： 根据案例所给的信息，拆分对象是氯霉素，由于氯霉素中含有两个手性中心，若在合成过程中不适时对手性中心进行控制，最终得到的产物必然是四种异构体的混合物（图 15-4）。经查阅资料，氯霉素的手性中心的立体控制方式可以通过外消旋体拆分法、手性源法和不对称合成法实现。不对称合成法和手性源法经济性不够理想，所以优先采用外消旋体拆分法。

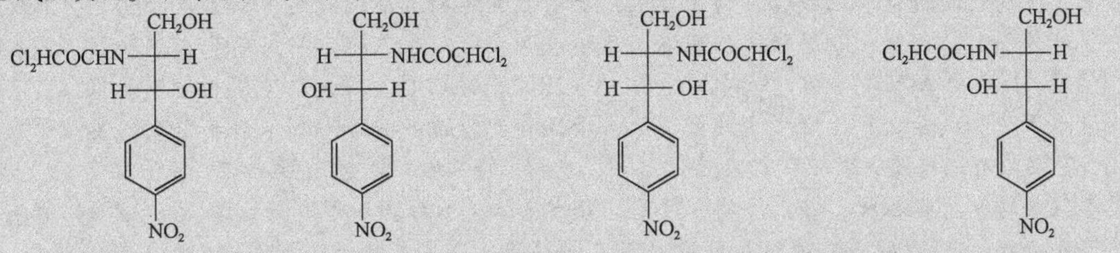

| 1R, 2R (D-苏型) | 1S, 2S (L-苏型) | 1R, 2S (D-赤型) | 1S, 2R (D-赤型) |

图 15-4 氯霉素的四种异构体

找寻关键： 如何采用合适的方法在合成过程对氯霉素的手性中心进行控制，进而减少最终产物中氯霉素的异构体数目。

工艺设计： 图 15-5 是我国氯霉素生产的合成路径，其采用的方法就是苏型对映异构体拆分法，即在合成过程中尽可能地减少赤型化合物（1R,2S＋1S,2R），合成符合要求的苏型外消旋体（1R,2R＋1S,2S），再通过 D-樟脑磺酸进行拆分。

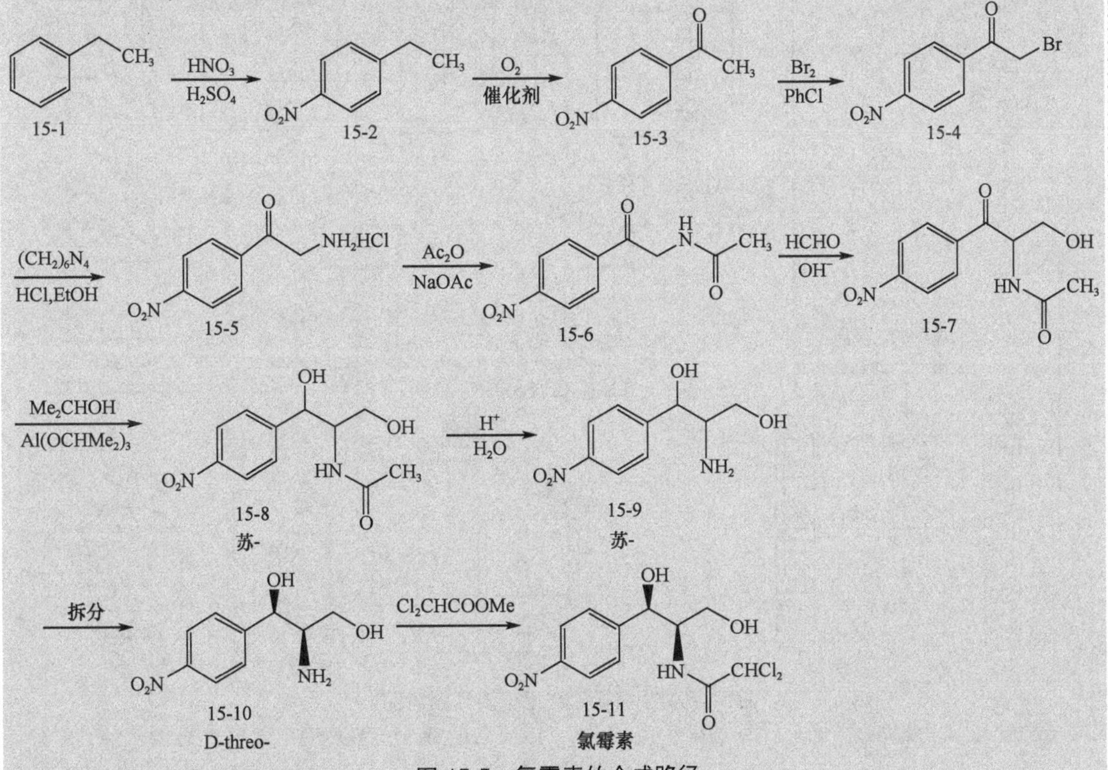

图 15-5 氯霉素的合成路径

在氯霉素的合成路径中，对硝基苯乙酮（15-3）是关键中间体，经过溴代、Delépine 反应、N-酰化、Aldol 缩合、异丙醇铝/异丙醇（Meerwein-Ponndorf-Verley）还原、水解、拆分及二氯乙酰化反应，完成对氯霉素的合成。其中，在化合物 15-7 还原成为化合物 15-8 时，分子中新增加一个手性中心，只有两个手性中心都为苏型才能满足通过外消旋体拆分得到氯霉素的要求，但是大多数方法的立体选择性都不高，而异丙醇铝/异丙醇还原法表现出良好的选择性，不仅分子中的硝基不会受到影响还原，同时还原产物中的一对苏型立体异构体占有明显的优势，从而实现对反应过程中氯霉素结构中两个手性中心的控制。

工业化生产氯霉素的主要工艺流程如图 15-6 所示。在装有旋桨式搅拌的硝化罐中加入乙苯搅拌，再加入硫酸和硝酸，控制温度在 40~45℃，反应 1h，除去下层酸液，洗涤后，将产物送至蒸馏位，经过三次减压蒸馏，从塔顶馏出精制的对硝基乙苯。将对硝基乙苯加入氧化塔中，使用硬脂酸钴和乙酸锰作为催化剂，从塔底向塔内通入压缩空气，升温至 150℃引发反应，通过气水分离器判断反应进行程度，从塔底分出对硝基乙酮。将对硝基乙酮和氯苯通入溴化罐，搅拌并加入溴单质，保持温度在 26~28℃，反应 1h，控制真空度将氢溴酸吸出，产物送至下一步成盐。将已经脱水的氯苯加入干燥的反应罐，搅拌下加入六亚甲基四胺，反应 1h，季铵盐无须过滤，冷却后直接进行下一步水解。将盐酸加入搪玻璃罐中，降温至 7~9℃，至季铵盐转变为颗粒状，停止搅拌，静置，分出氯苯，然后加入甲醇和乙醇，在 32~34℃条件下反应 4h，处理后得到对硝基-α-氨基苯乙酮盐酸盐。将产物搅拌打浆后，加入反应罐中，再加入乙酸酐和乙酸钠，反应 1h，过滤，用水和碳酸氢钠洗涤至 pH 为 7，得到对硝基-α-乙酰氨基苯乙酮。在反应釜中加入甲醇，升温至 28~33℃，加入甲醛，先将"乙酰化物"调成糊状备用，随后加入糊状"乙酰化物"和碳酸氢钠，此时测 pH 为 7.5，反应到达终点后，进行离心洗涤过滤得到对硝基-α-乙酰氨基-β-羟基苯丙酮。

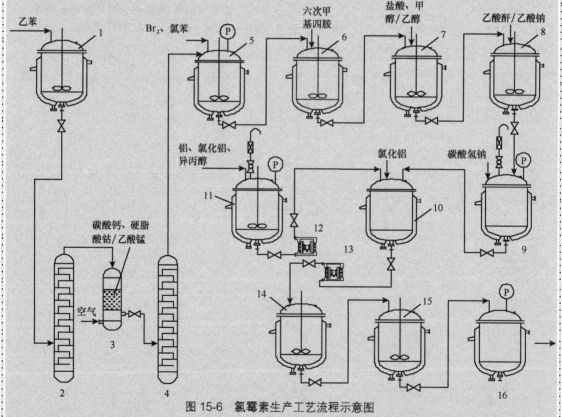

图 15-6 氯霉素生产工艺流程示意图

1. 不锈钢罐；2，4. 蒸馏塔；3. 氧化塔；5. 溴化罐；6, 8, 9, 11, 15. 反应罐；7. 搪玻璃管；10. 还原反应罐；12, 13. 隔膜泵；14. 水解罐；16. 拆分罐

将铝片放入反应罐中，加入少许无水氯化铝和异丙醇，制备异丙醇铝/异丙醇溶液，冷却至 35～37℃，转移至新的反应罐，加入无水氯化铝，升温至 45℃，反应半小时，得到氯代异丙醇铝，向混合物中加入对硝基-α-乙酰氨基-β-羟基苯丙酮，60～62℃反应 4h。反应完毕后将反应物转移至盛有水和盐酸的水解罐中，蒸出异丙醇，加入浓盐酸，升温至 76～80℃，反应 1h，冷却，得到氨基醇盐酸盐，过滤。将盐酸盐中加入碱，使得铝成为沉淀，活性炭过滤，中和至 pH 为 9.5～10，析出氨基醇，送入拆分罐用优先结晶法进行拆分。

假设：在对"氨基醇"混旋体（15-9）用有择结晶法进行拆分时，应当如何操作？

分析与评价：手性拆分法是制备光学纯对映异构体的重要方法，而经典的化学拆分法多年来一直被各企业广泛应用，并不断更新工艺和创新，是至今依旧普遍采用的重要拆分法。

学习思考题（study questions）

SQ15-1 外消旋体有哪几种类型?哪些可以拆分为单一对映体？

SQ15-2 化学拆分的基本原理是什么？与直接结晶拆分有何异同？

SQ15-3 手性分离技术在手性药物制备中有何作用？

SQ15-4 手性分离方法有哪些分类？他们各自有什么特点？

SQ15-5 手性色谱分离有哪三种方法？各自优缺点是什么？

SQ15-6 试分析化学拆分法、生物拆分法及色谱拆分法在应用于手性药物制备时，各有何长处与不足。

第二节　分子印迹技术

分子印迹技术（molecular imprinting technology，MIT）也称分子模板/烙印技术，是指为获得在空间结构和结合位点上与某一分子（印迹分子）完全匹配的聚合物的制备技术，是结合高分子化学、有机化学、生物化学等学科发展起来的一门边缘学科。1972 年 Wulff. G 研究小组首次成功制备出分子印迹聚合物（molecular imprinted polymers，MIPs），使这方面的研究产生了突破性进展。20 世纪 80 年代后非共价型模板聚合物的出现，尤其是 1993 年 Mosbach 等有关茶碱分子印迹聚合物的研究报道，使这一技术在生物传感器、人工抗体模拟及色谱固相分离等方面有了新的发展。

目前，文献报道中制备出的 MIP 一般均具有较好的物理和化学稳定性：机械强度较高；耐高温、高压；能抵抗酸、碱、高浓度离子及有机溶剂的作用；在很复杂的化学环境中能保持稳定。其他显著优势还有：①预定性，即它可以根据不同的目的制备不同的 MIPs，以满足各种不同的需要。②识别性，即 MIPs 是按照模板分子定做的，可专一地识别印迹分子。③实用性，即它可以与天然的生物分子识别系统如酶与底物、抗原与抗体、受体与激素相比拟。

由于合成 MIP 的功能单体、交联剂种类有限，对模板分子的选择性有一定的限制，使得分子印迹技术暂时难以满足实际应用的需求。MIP 在水相体系中的应用及各种特殊功能单体、交联剂的开发合成也有待于大量研究工作的开展。应用领域从小分子拓宽到大分子如蛋白质、核酸、多糖等是分子印迹分离今后研究的主要方向。

一、分子印迹技术分离的基本原理

（一）分子印迹识别原理

MIP 是以某种化合物分子为合成的聚合物，对模板分子具有较高的特异性识别能力，类似于酶底物的"钥匙锁"相互作用原理（图 15-7）。当模板分子（印迹分子）与聚合物单体接触时会形成多重作用点，通过聚合过程这种作用就会被记忆下来，当模板分子除去后，聚合物中就形成了与模板分子空间构型相匹配的具有多重作用点的空穴，这样的空穴将对模板分子及其类似物具有选择识别特性。与烙印分子立体结构相似的对映体分子也可与"记忆"空穴中的功能单体作用，表现出一定的空间匹配性，从而实现手性分离。分子印迹技术已广泛应用于临床药物的手性分离和分析。研究的分离对象包括药物、氨基酸及衍生物、肽及有机酸等。

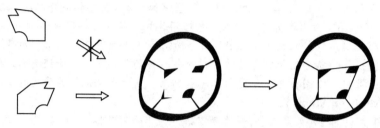

图 15-7　MIP 手性识别机制

（二）分子印迹聚合物和印迹分子的作用

MIP 与印迹分子之间的结合作用主要是通过功能单体和印迹分子之间的作用力来实现的，为了形成有效的 MIP，这种相互作用力必须足够强，且能够稳定存在，但是在形成分子印迹聚合物之后又能够容易洗脱，所以要求不能太强。此外，要求功能单体能够与印迹分子快速地结合分离，提高 MIP 的传质动力学性能。在制备分子印迹聚合物时，必须在印迹分子和功能单体的选择上兼顾以上要求。

二、分子印迹技术模板制备方法

目前，根据印迹分子与功能单体在聚合过程中相互作用的机制，将分子印迹技术分为共价法（预组织法）与非共价法（自组装法）两种类型。目前各类文献上报道的 MIP 制备方法基本上是非共价法。在此方法中，印迹分子与功能单体之间通过分子间的非共价作用预先自组装排列，以非共价键形成多重作用位点，这种分子间的相互作用通过交联聚合后保留下来。常用的非共价作用有氢键、静电引力、金属螯合作用、电荷转移、疏水作用及范德瓦耳斯力等，其中以氢键应用最为广泛。分子印迹聚合物具体制备过程如图 15-8 所示。

（1）印迹分子（template molecule）与功能单体（functional monomer）依靠官能团之间的共价或非共价作用形成主客体配合物（host guest complex）。单体的选择主要由印迹分子决定，它首先必须能与印迹分子成键；且在反应中它与交联剂分子处于合适的位置才能使印迹分子恰好镶嵌于其中。常用的共价单体主要有含乙烯基的硼酸或二醇及含硼酸酯的硅烷混合物等，常用非共价键单体主要有甲基丙烯酸（MAA）、2-乙烯基吡啶、4-乙烯基吡啶、三氟甲基丙烯酸（TFMAA）等。

（2）在一定溶剂（也称致孔剂）中，印迹分子与功能单体依靠官能团之间的共价或非共价作用形成主客体配合物。需要根据单体与印迹分子作用力的类型和大小预测、合理地设计合成带有能与印迹分子发生作用的功能基的单体。印迹分子主要有糖、氨基酸、核酸、生物碱、维生素、蛋白质和酶、抗原、杀虫剂、除草剂、染料等。单体的选择主要由印迹分子决定，它首先必须能与印迹分子成键；且在反应中它与交联剂分子处于合适的位置才能使印迹分子恰好镶嵌于其中。

（3）采用萃取、酸解等物理或化学方法把占据在识别位点上的绝大部分印迹分子洗脱下来。这样在聚合物中便留下了与模板分子大小和形状相匹配的立体孔穴，同时孔穴中包含了精确排列的与模板分子官能团相互补的由功能单体提供的功能基，便赋予该聚合物特异的"记忆"功能，即类似生物自然的识别系统。

（4）后处理：在适宜温度下对印迹分子聚合物进行真空干燥和研磨等成型加工。

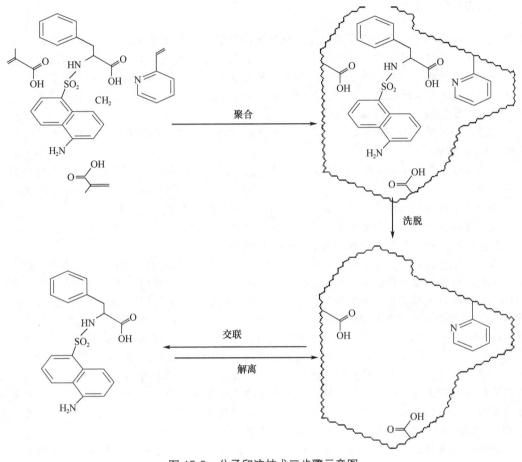

图 15-8　分子印迹技术三步骤示意图

三、在药物提取分离上的应用

MIPs 最广泛的应用之一是利用其特异的识别功能去提取富集目标成分及分离混合物，近年来，引人瞩目的立体、特殊识别位选择性分离已经完成。其适用的印迹分子范围广，无论是小分子（如氨基酸、药品和碳氢化合物等）还是大分子（如蛋白质等）已被应用于各种印迹技术中。

基于分子印迹技术制备的分离膜为分子印迹技术走向规模化和商业化提供了很好的示范，这种分离膜不仅具有处理量大、易放大的特点，而且对目标分子吸附的选择性和容量均很高。已经将 MIPs 应用于膜分离的物质有氨基酸及其衍生物、肽、9-乙基腺嘌呤、莠灭净、阿特拉津、茶碱等。此外，基于分子印迹技术的固相萃取代替传统的液液萃取，选择性好，操作简便；既可在有机溶剂中使用，又可在水溶液中使用。这方面的研究报道相继涌现，涉及的化合物主要有 2-氨基吡啶、苯达松、吲哚-3-乙醇、S-萘普生、尼古丁、普萘洛尔、三嗪类、沙玛尔丁、他莫昔芬等药物。此外，以分子印迹聚合物作为色谱分离固定相在用来分离对应的印迹分子及其结构类似物分子方面得到了广泛运用。Mosbach 等利用非共价法制备的分子印迹聚合物分离了苯丙氨酸衍生物，其分离系数为 1.2。而后又制备出分离 N-乙酰基-L-苯丙酰基-L-色氨酸甲酯的印迹聚合物，其分离系数达 17.8。

分子印迹技术在中药活性成分分离纯化中的应用研究也已经广泛展开，涉及黄酮、多元酚、生物碱、甾体、香豆素等多种结构类型的化合物。这些研究均取得了较好的效果，为在生产实践中推广该技术提供了依据。

案例15-2：分子印迹技术用于银杏叶提取水解液中黄酮类化合物的分离

　　已知银杏叶提取的药用成分提取物中，其主要成分是24%黄酮类化合物和6%萜内酯类化合物。银杏黄酮类化合物属于酚类化合物，是色原烷及色原酮的衍生物，主要以苷的形式存在，银杏黄酮的苷元主要有7种，即槲皮素、山奈素、异鼠李素、芹菜素、木犀草素、三粒小麦黄酮等，而前三种是主要成分。

　　问题：如何根据已知条件，利用分子印迹技术，将槲皮素从上述提取液中分离出来。

案例15-2分析讨论：

　　已知：银杏黄酮类化合物都拥有相似的官能团，用一般的色谱方法难以达到较好的分离效果，但是在其结构中官能团的位置有所差异，所以其空间结构不同。可以利用分子印迹技术，将槲皮素作为模板分子，构建能特异性识别槲皮素的分子印迹聚合物。

　　找寻关键：合成槲皮素分子印迹聚合物时，与模板分子聚合情况较好的功能单体。

　　工艺设计：槲皮素分子印迹聚合物的制备和吸附实验。

　　第一步，称取0.34g模板分子（1mmol）与7ml致孔剂，加入丙烯酰胺功能单体，超声混匀脱氧，使槲皮素和功能单体充分发生作用。第二步，加入交联剂二甲基丙烯酸乙二醇酯（EGDMA）和引发剂偶氮二异丁腈（AIBN），超声10min。向体系中通入氮气，并进行搅拌，放入60℃的恒温油浴中加热24h，得到块状固体，粉碎，过200目筛，置于索氏提取器中用200ml甲醇-乙酸（9：1，体积比）单独进行提取，从而达到脱除模板分子和致孔剂的目的。并用紫外分光光度计在373nm处，测定脱除液的吸光度，检测出槲皮素的脱除程度。第四步，当吸光度不再变化时，用甲醇洗脱除去乙酸，固体粉末在60℃真空干燥24h，得到槲皮素分子印迹聚合物。第五步，将洗脱后的槲皮素分子印迹聚合物置于1L锥形瓶中，再加入槲皮素浓度为6.4mg/L的银杏叶提取物，40℃恒温摇床密闭振荡24h，并在不同的时间间隔处，在紫外分光光度计下测量在吸附液中槲皮素的浓度。

　　假设：若将槲皮素分子印迹聚合物用于山奈素的吸附，是否会有效果？二者的结构如图15-9所示。

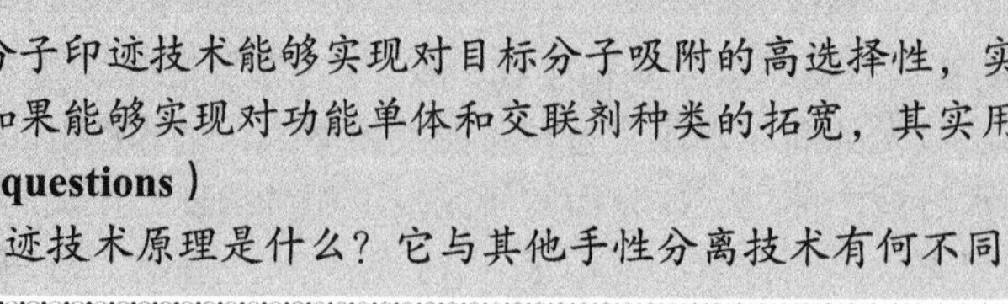

槲皮素结构式　　　　　　山奈素结构式

图15-9　槲皮素和山奈素的结构式

　　分析与评价：分子印迹技术能够实现对目标分子吸附的高选择性，实现富集。分子印迹的适用范围广泛，如果能够实现对功能单体和交联剂种类的拓宽，其实用性将大大提升。

学习思考题（study questions）

　　SQ15-7 分子印迹技术原理是什么？它与其他手性分离技术有何不同？

第十六章 溶剂回收技术

1. 课程目标 认识溶剂回收技术在制药提取、分离、纯化、干燥过程中的重要性。理解不同类型工艺过程中溶剂回收的原理、各自特点及问题，能够初步设计溶剂回收的工艺过程，培养学生在分析、解决制药生产的溶剂回收复杂问题过程中，能够综合考虑分离技术发展程度、环保、安全、职业卫生及经济方面的因素，从而能够选择或设计适宜的溶剂回收方法。

2. 重点和难点

重点：料液浓缩的溶剂回收，液液萃取的溶剂回收，以及固体物理干燥中的溶剂回收。

难点：如何依据回收溶剂的物性及所在工艺过程的特点，在多种可选技术中选择最适宜的溶剂回收技术？

第一节 概　述

溶剂是一种可以溶化固体、液体或气体溶质的液体（气体、或固体），继而成为溶液。在制药过程中不可避免地需要使用大量的溶剂，溶剂也在制药过程中扮演着重要的角色。例如，在化学合成药物过程中，溶剂体系是必要的条件，有的情况下溶剂还可以作为原料之一参与药物的合成；天然药物提取和分离过程中，需要使用大量的有机溶剂作为提取溶剂。实际上，各类制药过程中提取、分离、纯化、干燥及药物成型，都不同程度地涉及有机溶剂。可以说，溶剂的回收和利用是整个制药过程不可缺少的重要环节，在药品的生产过程中越来越重要。

制药工业使用的有机溶剂主要是以石油和天然气为原料制得。随着制药工业的不断发展，对于溶剂的需求有显著增大的趋势，而可用的化石资源却很有限。回收和循环使用溶剂对于制药工业的持续发展具有重要意义。同时，资源有限带来的是溶剂行业供需矛盾日趋突显，溶剂价格一涨再涨。在一些制药过程，如一些天然药物制药过程中，溶剂的用量较大，其所占生产成本的比例可能超过原料，有效回收和循环使用溶剂已成为该类制药过程能否实现的关键。所以回收溶剂以减少溶剂的消耗，对制药企业的发展具有重要作用。此外，各种药品生产过程会产生数量不等的废溶剂，这些废溶剂中大部分组分不容易自然降解，不仅污染环境，还会危害人类和动植物的生命安全。如何利用这些废溶剂或者从大量废水中回收有机溶剂，对于保护生态环境和降低药品制造成本，增强药品在市场上的竞争力，不可忽视。可以说溶剂回收及有效利用是制药企业提高经济效益的必要途径，也是环保的基本要求，是实现经济、环境和社会效益的协调。

一般来说，根据分离操作的类别，制药行业中涉及的溶剂回收主要包括溶剂蒸气的冷凝冷却、溶剂与固体的分离、废水中的溶剂回收，以及自由混合气体中溶剂回收等几种类型。这些不同类型的溶剂回收一般存在于料液浓缩、液液萃取分离、结晶分离、固体物料干燥等过程中。

料液浓缩：涉及的过程包括天然药物提取分离、合成药物中间体的溶剂浓缩、萃取过程中萃取相的浓缩等，也包括喷雾干燥或造粒前溶剂的浓缩。料液浓缩主要是通过蒸发使溶剂气化，然后冷凝回收溶剂。蒸发是利用气液相界面的分离技术，在气液相接触的相界面上，组分在各相中的活度满足热力学平衡关系。这种平衡关系的成立有两种情况，一种是在某一温度下混合物中所有组分只能作为液体存在；另一种是在某一温度下，混合物中的某些组分不能作为液体存在。根据上述不同的平衡关系，可设计不同的技术手段用于分离操作。技术手段主要是常压蒸发、减压蒸发及闪蒸（详见 **EQ16-1 闪蒸的基本内容**）等。根据产品的温敏性选择合适的蒸发技术，再加上较为简单的精馏技术进一步纯化溶剂。设备主要是工业上常用的溶剂回收机。典型的工艺流程是先将废溶剂收集至溶剂回收机的处理槽内，通过蒸馏，使废溶剂蒸发，再经冷却处理后，纯净的溶剂可自动回收至储存桶内。

EQ16-1 闪蒸的基本内容

液液萃取分离：液液萃取技术是药物制备过程常用的分离技术之一。基本原理是利用在两个不相混溶的液相中各种组分（包括目的产物）溶解度不同，从而达到分离的目的。液液萃取过程中，萃取相和萃余相中溶剂情况差别较大。萃取相中，溶剂量较大，回收与料液浓缩类似；萃余相中，主要回收溶解于萃余相中少量的溶剂，可以考虑泡沫分离、液膜分离等方法。

结晶分离：结晶是物质以晶体状态从蒸气、溶液或熔融物中析出的过程，它是医药、化工、生化等工业生产中常用的制备纯物质的技术，在物质分离纯化过程中起着重要的作用。结晶分离过程中，结晶方式不同，溶剂的回收技术也不尽相同。结晶操作后，母液中含有少部分不挥发的产品成分和其他杂质，也可能有少量可挥发的杂质；如何保证母液的有效循环使用，需要依据不同情况，采用相应的技术措施。如果采用过滤等方式即可除去杂质，就不必采用耗能的蒸发过程；一般来说，该过程的溶剂回收不是蒸发，而是如何有效回收和再循环使用母液。

固体物料干燥：结晶体的干燥（加热、冻干等）、固体粉料的干燥，蒸发的溶剂数量少，但不宜随意排放——更多的是从保护环境出发。需要采用适宜的技术措施才可行，如溶液吸收或者吸附等手段。

学习思考题（study questions）

SQ16-1 简要叙述溶剂回收在制药工业中的意义及不同类型的溶剂回收的工艺过程。

第二节　料液浓缩过程中的溶剂回收

一、溶剂回收过程基本特征及原则

料液浓缩过程指的是使低浓度溶液除去溶剂（包括水）变为高浓度溶液的过程。料液浓缩过程是制药工业中最为常见的单元操作。例如，天然药物的生产过程中，在提取纯化后，就需要将提取液浓缩成生产需要的流浸膏或者浸膏（详见 **EQ16-2 浸膏和流浸膏简介**），这也是关系到后面制粒工艺的关键技术之一。使用柱层析纯化物质过程阶段，需要使用大量的洗脱液对色谱柱上吸附的物质进行梯度洗脱，不同时间点洗脱液中的物质组成成分不同，此时需浓缩洗脱液得到所需物质。微生物发酵制药技术中，要从低浓度的发酵液中富集目标组分，必须要经过发酵液浓缩过程。另外，在原料药的生产上，大部分产品是结晶体，工业上常用蒸发结晶得到结晶体，其实就是料液浓缩过程的一种；在成品药的干燥制粒过程中，也需要先进行料液浓缩。

EQ16-2 浸膏和流浸膏简介

制药过程中涉及的料液浓缩过程的基本特征及原则包括：

（1）料液中溶剂量及组成不同，溶剂回收的技术手段差异较大：当料液中有机溶剂含量较多，并且具有较高挥发度时，可以采用简单的蒸馏进行溶剂回收；料液中存在多种有机溶剂时，根据溶剂之间的性质差异，可以采用萃取精馏及共沸精馏等手段对不同溶剂进行回收；在天然药物提取过程中，通常会采用少量的有机溶剂作为极性调节剂与水一起作为提取剂，这时如果采用蒸发的方法回收少量的溶剂，由于水的蒸发潜热比较大，存在能耗较大、不经济的问题，可以考虑先采用合适的溶剂把料液中少量有机溶剂萃取出来再进行回收。

（2）根据目标药物性质不同，浓缩工艺具有差异性：例如，对于生物发酵所得产品的料液浓缩过程，由于发酵液是非牛顿型流体，生物活性物质对温度、酸碱度的敏感性等特点，因此不宜采用常规的蒸馏技术，而应采用减压蒸馏、低温冷冻浓缩等技术。

（3）能耗较大：由于目前制药工业上，常采用的料液浓缩手段为蒸馏技术，面对大量的溶剂，需要较高的能耗。

二、溶剂回收处理的主要技术

料液浓缩过程中溶剂回收需要考虑溶剂的性质及浓缩产物的自身性质，如降解和活性损失。由于该类浓缩过程中溶剂需量一般较大，主要以蒸馏技术为基础。蒸馏过程是分离液体混合物的一种常用方法，其基本原理是利用混合物中各组分的沸点不同而进行分离。液体物质的沸点越低，其挥发度就越大。因此将液体混合物沸腾并使其部分气化和部分冷凝，挥发度较高的组分在气相中的浓度就比在液相中的浓度高，而挥发度较低的组分在液相中的浓度高于在气相中的浓度，将气液两相分别收集，就可得到相应的组分。依据待分离产物的回收难度，蒸馏技术可以分为以下几种。

（一）平衡蒸馏

平衡蒸馏又称为闪蒸，是一个连续稳定过程，原料连续进入加热器中，加热至一定温度后经节流阀骤然减压到规定压力，部分料液迅速汽化，汽液两相在分离器中分开，得到易挥发组分浓度较高的顶部产品与易挥发组分浓度甚低的底部产品。平衡蒸馏为稳态连续过程，生产能力大，但是分离效果差，得不到高纯产物，只能得到粗略分离的物料，因此，对于容易分离或分离要求不高的混合溶剂可以采用平衡蒸馏技术。

（二）精馏

平衡蒸馏仅通过一次部分汽化分离混合物中的组分，分离精度不高，较难分离结构差异性小的混合物。而精馏可以通过多次的部分汽化和部分冷凝来提高分离度，增加回收组分的纯度。对于纯度要求较高的溶剂回收，采用精馏技术较适宜。

精馏技术按照操作方式的不同，可以分为连续精馏和间歇精馏两种。考虑到药厂溶剂回收的特点，多采用间歇精馏。其蒸馏过程是将待分离混合物一次性投料后进行蒸馏从而获得单一纯组分。由于间歇蒸馏是非稳态过程，采用分批操作方式，原料的种类和组成及产品的要求均可以随便改动，尤其适合于制药工业复杂体系的溶剂回收。对于溶剂属于共沸体系或沸点相近的情况，传统间歇精馏分离效果差，可考虑运用添加剂精馏技术，即在体系中引入某些添加剂以利用溶液的非理想性质来改变组分之间相对挥发度，从而实现高效和节能的气液分离。根据添加剂作用方式的不同，可分为共沸精馏、萃取精馏和加盐精馏。

（三）其他非常规精馏技术

随着绿色化工的发展及降低原料成本的需求，人们对制药工业中废液处理回收技术的要求也越来越高。例如，要求药厂溶剂的回收纯度越来越高；或是废液中一些贵重的药物中间体即使含量很低，也值得回收利用等。在这方面，精馏技术有很大的潜力和优势，因为从理论上而言，适合采用精馏技术分离的物系，原则上可以得到100%纯度的产品，这也是其他分离方法难以比拟的。蒸馏技术发展至今，其发展方向已经从常规蒸馏转向分离效率更高的新型精馏技术，通过物理或化学的手段提高分离效率，并且要求低能耗、低成本，向清洁分离发展。近年来，发展了多种非常规精馏技术，并在工程上得到了一定的应用，如吸附精馏、真空精馏、结晶精馏、分子短程精馏、膜精馏等。

三、溶剂回收设备的介绍

（一）蒸馏设备介绍

1. 常规蒸馏 常规蒸馏装置简单，易于操作，一般在蒸发皿或烧杯中进行（图 16-1），待蒸发溶液的体积不应超过蒸发器皿容积的 2/3。蒸发皿中的液面面积较大，有利于快速浓缩。若溶质对热稳定，可将溶液放入蒸发皿或烧杯中，然后在水浴中加热，也可用煤气灯或电加热器直接加热。在加热过程中应不断搅拌，以加快蒸发的速率，并防止溶液暴沸、溅出。

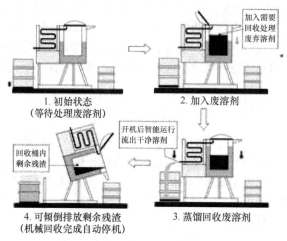

图 16-1　常规蒸发装置

常规蒸馏设备具有蒸馏压力高、受热时间长、操作温度高和分离效率差等缺点，对于一些高沸点、热敏性物料存在分离困难。针对这一问题，研究工作者提出了多种解决方案，真空蒸馏系统是其中比较成功的一种。这种溶剂回收系统主要包括脱气系统、进料系统、分离装置、加热系统、真空冷却系统、接收系统和控制系统。其中，分离装置是整个系统的核心部分，在溶剂回收过程中起着关键作用。由于溶剂体系复杂及回收要求不同决定了分离装置类型的多样性。从大的方面来说，分离装置可以分为薄膜蒸发器或分子蒸馏器两种不同类型，现分别进行介绍。

2. 薄膜蒸发器 这类蒸发器的特点是物料液体沿加热管壁呈膜状流动而进行传热和蒸发，物料在此过程中停留时间短，因此特别适合热敏性组分的蒸发。薄膜蒸发器机组由预热器和加热器、蒸发器、分离器、冷凝器、脱气/真空系统、泵、清洗系统、洗涤器等部分组成。蒸发器是其中的核心组件，按照成膜原因及流动方向的不同，主要分为降膜蒸发器、强制循环蒸发器、板式蒸发器、循环蒸发器四种类型。

（1）降膜蒸发器：其主要结构是由垂直管壳式换热器和带侧面或轴向安装离心分离器组成（图 16-2）。分离过程中，物料经分配装置均匀分配于蒸发器各加热管内，物料在重力和真空诱导及气流作用下，呈膜状自上而下流动，运动过程中与加热管外壁加热蒸汽发生热交换而蒸发。除蒸发条件温和、物料在蒸发器中停留时间短等优点外，降膜蒸发器具有效能高、操作灵活、所需占地面积少等特点，特别适用于处理温度敏感性的物料。

（2）强制循环蒸发器：其主要结构为水平或垂直的管壳式换热器或者板式换热器作为加热列管，闪蒸罐/分离器位于换热器和循环泵的上部（图 16-3）。溶剂回收过程中，液体在列管中循环并被加至过热，随后进入分离器，压力迅速下降导致部分溶剂闪蒸或沸腾。由于蒸发过程是在分离器内进行，在列管中的结垢现象很低。因此，强制循环蒸发器适合于处理易结垢、高黏度的溶剂。

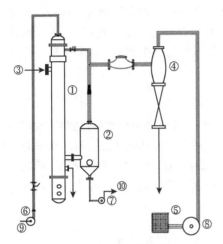

图 16-2 降膜蒸发器

①蒸发器；②分离器；③蒸汽进口；④水力喷射器；⑤循环水箱；⑥进料泵；⑦出料泵；⑧离心泵；⑨进料口；⑩出料口

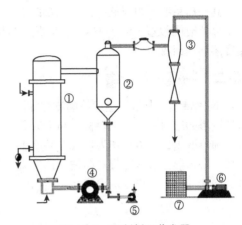

图 16-3 强制循环蒸发器

①加热器；②分离器；③水力喷射器；④强制循环泵；⑤出料泵；⑥多级泵；⑦水箱

（3）板式蒸发器：其主要由板式换热器和分离器组成（图 16-4）。在这种装置中，料液从板间通过，并被蒸汽加热而部分组分蒸发，气液混合物从出口处排出，随后，进入分离器实现分离回收。宽的入口管道和向上运动保证了在热交换器的全部横截面上达到理想分布。此类设备结构紧凑、效率高（总传热系数为管式蒸发器的 2～4 倍），并且清洗方便、持液量少，物料在高温下的时间短，适用于温度敏感性的料液处理或者极端蒸发条件。

（4）循环蒸发器：其主要部件是垂直管壳式换热器，换热管短，分离器安装在换热器侧面顶部（图 16-5）。溶剂分离过程中，料液由加热器加热管底部进入，继而向上流至顶部。由于管外的加热，管内壁上的液膜开始沸腾并部分蒸发，产生的蒸汽向上运动，液体被传至加热器顶部，随后，液体和蒸汽在分离器内实现分离。此类设备适合于处理溶剂体积大的料液。

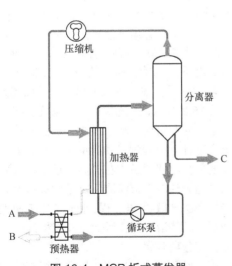

图 16-4 MCR 板式蒸发器

A. 原液；B. 冷凝水；C. 浓缩液

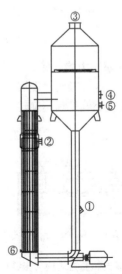

图 16-5 循环蒸发器

①进料口；②进汽口；③出汽口；④入孔；⑤出料口；⑥冷凝水出口

3. 分子蒸馏器（图 16-6） 分子蒸馏是一种特殊的液-液分离技术，其分离原理及设备在前面有关章节已作介绍。由于分子蒸馏是一种在高真空度条件下进行的非平衡分离操作的连续蒸馏过程。其操作系统压力很低（$10^{-1}\sim10^2$Pa），溶剂组分可以在远低于沸点温度下挥发，而且受热情况下停留时间很短（0.1～10s），因此，特别适合于热敏性物料中溶剂及高分子量、高沸点、高黏度溶剂的回收。

（二）精馏设备介绍

1. 连续精馏 典型的连续精馏流程如图 16-7 所示。原料液体经预热器加热到指定的温度后，送入精馏塔的进料版，在进料板上与上升蒸汽相互接触，进行热和质的传递过程。操作时，连续地从再沸器取出部分液体作为塔底产品（釜残液），部分液体汽化，产生上升的蒸汽，依次通过各层塔板。塔顶蒸汽进入冷凝器中被全部冷凝，并将部分冷凝液用泵送回塔顶作为回流液体，其余部分经冷却器冷却后作为塔顶产品（馏出液）。

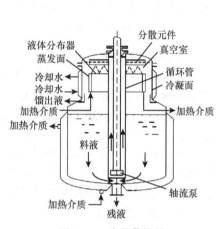

图 16-6 分子蒸馏器

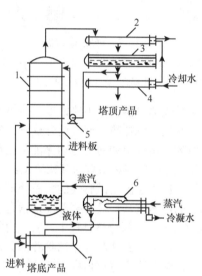

图 16-7 连续精馏操作流程图

1. 精馏塔；2. 全凝器；3. 储槽；4. 冷却器；5. 回流液泵；6. 再沸器；7. 原料液预热器

2. 折流式超重力旋转床 由于受到传质速率的影响，传统精馏设备存在体积庞大、造价高等缺点。为了解决这一难题，发展了多种解决方案，折流式超重力场旋转床是其中比较成功的一类新型设备。其核心就是利用旋转可调的离心场代替重力场，使得传质速率大大提高，从而提高精馏效率。如图 16-8 所示，折流式超重力场旋转床的结构主要由圆形外壳和折流式转子组成，折流式转子是旋转床的核心部件，由静盘和动盘组成，两盘中间存在供气液流通的折流式通道。在分离过程中，料液在动盘中心被高速旋转的动折流圈反复甩到静折流圈，其间液相经历多次分散-聚集过程，形成了比表面积极大而且不断更新的气液界面，因此，具有极高的传质速率，从而提高分离效率。

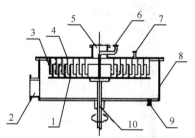

图 16-8 折流式超重力场旋转床结构简图

1. 转动盘；2. 气体入口管；3. 折流圈；4. 静止盘；5. 气体出口管；6，7. 液体进料管；8. 壳体；9. 液体出口管；10. 转轴

与其他精馏设备相比，折流式超重力场旋转床具有传质速率高、设备体积小、物料停留时间短、持液量小、抗堵能力强等优点。除此之外，还可以在壳体

内同一轴上安装多层转子，从而将单台设备的理论板数成倍地提高。基于这些特点，折流式超重力场旋转床在一些贵重、热敏、高黏度溶剂及有毒溶剂的处理方面具有显著优势。

学习思考题（study questions）

SQ16-2 料液浓缩过程中溶剂回收有哪些适宜技术？它们有何特点？

第三节　液液萃取分离过程中的溶剂回收

一、溶剂回收的必要性及需要考虑的因素

液液萃取是一种用液态的萃取剂处理与之不互溶或者部分互溶的双组分或多组分溶液，利用相似相溶原理实现组分分离的一种分离技术，广泛应用于化工制药行业。液液萃取工艺步骤主要包括三个工序：①料液和萃取剂充分混合形成乳状液，溶质自料液转入到萃取剂中；②将乳状液分成萃取相和萃余相；③溶质与溶剂的分离，涉及溶剂的回收。可见，溶剂回收是萃取过程不可或缺的环节。

采用何种方式或技术实现溶质与溶剂的分离及溶剂的回收，取决于溶质和溶剂的性质。一般情况下，选择萃取过程中溶剂回收技术至少需要有以下几方面的考虑。

第一，如果混合溶剂中各组分间的沸点较接近，也即组分间的相对挥发度接近于 1，不宜采用蒸馏手段。

第二，溶剂中各组分在蒸馏时形成恒沸物，用普通蒸馏方法不能达到所需的纯度。

第三，溶剂中需分离的组分是热敏性物质，用常压蒸馏回收溶剂时容易分解、聚合或发生其他变化。

第四，废水中需回收的溶剂组分含量很低且为难挥发组分，若采用蒸馏方法须将大量稀释剂汽化，能耗较大。

第五，溶剂回收过程中，必须注意安全和防火问题，包括溶剂的性能、毒性等。

二、萃取溶剂回收处理的技术

从萃取的操作过程来看，溶剂存在于萃取相和萃余相两个部分，两相中溶剂的类型及数量都具有明显的差异性。萃取相中主要包括大量的萃取剂和少量的原有溶剂，而萃余相中则多为原体系中的溶剂，并且萃余相的溶剂量较少。因此，在对于萃取过程中溶剂进行回收技术选择时，有必要针对萃取相和萃余相的特征，来选择合适的技术手段。

下面我们从萃取相和萃余相两个方面来考虑溶剂回收的问题。对于萃取相，由于含有大量的溶剂，并且可能含有多种溶剂，其溶剂回收基本技术与料液浓缩过程类似，一般采用蒸馏的手段来回收萃取剂，便于大规模处理，然后采用进一步的技术手段，如精馏，对回收的多种溶剂进行分离纯化；对于萃取相存在热敏性成分，或者萃取剂具有较低挥发度的情况下，不宜采用常规蒸馏手段，宜采用减压蒸馏等技术。而萃余相中，主要回收溶解于萃余相中少量的溶剂，可采用热空气蒸馏、吸附、膜分离等方法。

三、溶剂回收设备的介绍

（一）热空气蒸馏

热空气蒸馏是指通过不断向萃余相泵入热空气，来夹带出萃余相中少量的溶剂组分（图16-9），该技术适宜于回收萃余相中具有较高挥发度的溶剂。

图 16-9　热空气蒸馏过程

（二）固液吸附

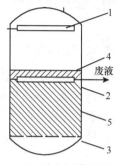

图 16-10　动力树脂吸附装置

1. 进料装置；2. 中间排液装置；3. 排液装置；4. 压脂层；5. 树脂层

其工艺原理是通过吸附材料对萃余相中的有机溶剂进行吸附脱附来达到回收的目的（图 16-10）。这种方法具有操作简单、成本较低等优点。例如，从红霉素生产废水中分离回收萃取剂乙酸丁酯，就可以采用吸附树脂吸附红霉素生产废水中残留的少量萃取剂乙酸丁酯，吸附饱和后，采用常压蒸汽脱附、水冷凝分离回收乙酸丁酯（图 16-11）。

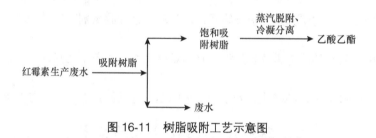

图 16-11　树脂吸附工艺示意图

（三）膜分离回收溶剂

该技术是采用反渗透或者纳滤（详见 **EQ16-3 纳滤分离**）等手段，使溶剂分子通过而溶质分子被截留来回收溶剂，具有低能耗的优势。例如，在抗生素的生产过程中，常用有机溶剂萃取抗生素进行分离提取，一般水相还含有 0.1%～1% 的抗生素和较多量的有机溶剂，就可采用亲溶剂的纳滤膜 MPF-42 进行溶剂回收（图 16-12）。

EQ16-3　纳滤分离

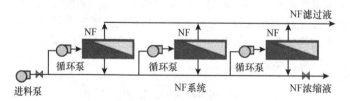

图 16-12　纳滤膜过滤回收溶剂示意图

学习思考题（study questions）

　　SQ16-3 液液萃取过程中溶剂回收与其他过程相比有哪些特点和相应的技术？

第四节 结晶分离过程中的溶剂回收

一、溶剂回收的基本目的及特点

结晶是物质以晶体状态从蒸气、溶液或者熔融物中析出的过程，它是医药、化工等工业中常用的制备纯物质的技术，在物质分离纯化过程中起着重要的作用。结晶是通过各种技术手段使溶液形成过饱和溶液，加入晶种使固体物质从溶液中析出。常见的结晶方法主要有溶液结晶、熔融结晶两大类，其中，溶液结晶是晶体从过饱和溶液中析出的过程；熔融结晶是根据待分离物质之间凝固点的不同而实现物质结晶分离的过程。对于不同的结晶方式，溶剂在结晶过程中的状态存在差异性，如何采取相应的技术措施有效地从溶液中回收结晶分离过程中的溶剂，是本节需要讨论的问题。另外，对于结晶后形成的母液中可能含有少部分不挥发的产品成分和其他杂质，也可能有少量可挥发的杂质。如何除去这些杂质，保证母液的有效循环使用，也是在回收溶剂过程需要考虑的。

二、溶剂回收处理的技术

大部分医药产品及中间体都是以晶体的形态出现的，很多制药过程中都包含了结晶这一单元操作。溶液结晶是工业中最常见的结晶过程。而按照结晶过程过饱和产生的方法，溶液结晶大致可以分为冷却结晶法、蒸发结晶法、盐析结晶法等。对于不同的结晶方式，其过程中涉及的溶剂回收技术也有所不同。下面就不同结晶方式中的溶剂回收问题进行简单的介绍。

（1）冷却结晶法：是通过冷却降温使得溶液过饱和，所以在结晶过程中基本不涉及除去溶剂，适用于溶解度随温度降低而显著减小的体系。结晶操作结束后，通过过滤收集得到晶体，溶剂全部留在母液，需要通过采用蒸馏等手段对母液中的溶剂进行回收，同时除去母液中的其他可挥发杂质，母液可以进行循环使用。

（2）常压蒸发结晶法：蒸发结晶主要是使溶液在常压或者减压下蒸发致浓度达到过饱和，结晶过程中需要除去一部分溶剂，此法主要适用于溶解度随温度的降低而变化不大的物系或随温度升高溶解度降低的体系。蒸发溶剂的回收方式类似于料液浓缩中溶剂回收，结晶母液中溶剂的回收与冷却结晶法相同。

（3）盐析结晶法：盐析结晶指的是通过向溶液中加另一种物质来降低溶质在原溶剂中的溶解度来产生过饱和的方法。盐析结晶法可将结晶温度保持在较低水平，多用于热敏性物质的结晶。结晶过程中溶剂基本上保留在母液中，因此需要采用减压蒸馏、甚至分子短程蒸馏等技术手段，来回收母液中的溶剂，同时不破坏母液中的药物成分。但由于母液中除了溶剂以外，还引入了盐析剂，因此必须对母液进行处理以除去盐析剂，才能进行循环使用。

（4）真空或减压蒸发冷却结晶法：真空蒸发冷却结晶是使溶剂在真空下迅速蒸发，并结合绝热冷却，实际上是通过冷却和除去部分溶剂的两种效应达到过饱和。此法是自20世纪50年代以来一直应用较多的结晶方法，设备简单，操作稳定。结晶操作结束后，蒸发及母液中的溶剂回收，与常压蒸发结晶法相同。

（5）化学反应结晶法：化学反应结晶是通过加入反应剂或调节pH，生成溶解度很小的新物质，当其浓度超过溶解度时，就有结晶析出。例如，在头炮菌素C的浓缩液中加入乙酸钾即析出头孢菌素C钾盐；四环素、氨基酸及6-氨基青霉烷酸等水溶液，当其pH调至等电点附近时也会析出结晶或沉淀。此时结晶过程后的溶剂中添加了结晶反应剂或引入调节pH的酸和碱，溶剂的回收可参考盐析结晶过程中溶剂的回收方式。

三、溶剂回收设备的介绍

结晶过程中溶剂回收的方法和设备都与料液浓缩过程中溶剂回收类似，可参考前面第二节内容的溶剂回收。

学习思考题（study questions）

SQ16-4 结晶分离过程中的溶剂回收利用的基本途径有哪些？其基本原理是什么？

第五节　固体物料干燥过程中的溶剂回收

一、溶剂回收的基本目的及特点

干燥是使物质从固体或半固体状除去存在的水分或其他溶剂，从而获得干燥物品的过程。制药工业中很多产品都是以固体形态存在，要求溶剂组分控制在一定含量范围内。另外，对于一些附加值比较高或者对环境污染较严重的溶剂有必要进行干燥以回收残留的溶剂。这种溶剂回收过程与蒸馏回收类似，都是通过变化温度和压力使物料中残留的溶剂气化而实现，热量传递可以通过传导、对流或者辐射等多种方式实现，蒸发出的溶剂可通过冷凝回收。在药品生产中的干燥工艺，应该注意固体产物在较高温度下的降解或活性失活问题；而且干燥过程中不能引入其他的杂质，如灰尘及微生物；干燥设备中不能积存物料或其他杂质，以免影响干燥产品的质量。

二、溶剂回收处理的技术

干燥是制药工业中不可缺少的单元操作，广泛应用于生物制品、原料药、中间体及成品的干燥。由于制药工业生产中被干燥物料的性质、预期干燥程度、生产条件的不同，所采用的干燥技术及设备也不尽相同。需要回收的溶剂基本呈气态，但该类气态混合物中的成分可能因干燥过程的特点而可能有较大差异，相应的溶剂回收处理技术也不尽相同。

对于气态溶剂回收的常用方法主要有吸附法、吸收法、冷凝法和膜分离法等。下面对每种方法进行简单的介绍。

（一）吸附法

吸附原理在前面章节已做详细讲解，这里就不再累赘。目前，采用吸附法回收有机组分的工业应用已比较成熟，较大规模的吸附系统采用的通常为变温吸附法（TSA）和变压吸附法（PSA）流程（详见 **EQ16-4 变温吸附法和变压吸附法**），既可有效脱除有机污染物，又可回收有用组分。吸附法在溶剂回收中表现了如下的特点：在不使用深冷、高压的手段下，可以有效地回收有价值的有机组分；设备简单，易实现自动化控制；无二次污染。在吸附法中，关键的是吸附剂的开发。目前吸附工艺的主要吸附剂是活性炭、分子筛沸石、活性氧化铝和聚合的吸附剂。工业上使用的吸附剂除了要求具有巨大的表面积外，还要具有良好的选择性和再生性能，良好的机械强度、热稳定性及化学稳定性，较大的吸附容量，良好的吸附动力学性质，较低的水蒸气吸附容量和较小的压力损失等。

EQ16-4　变温吸附法和变压吸附法

（二）吸收法

吸收是气体混合物中的一种或多种组分溶解于选定的液体吸收剂中，或者与吸收剂中的组分发生选择性化学反应，从而从气流中分离出来的过程。为避免二次污染，选择吸收剂除了要考虑吸收气态污染物外，最好能生成可回收的副产物或将其转化为难溶的固体（渣）分离出来，实现吸收剂的回收，并循环使用。吸收法处理有机废气主要利用有机废气能与大部分油类物质互溶的特点，用高沸点、低蒸气压的油类作为吸收剂来吸收废气中的有机物，常见的吸收器是填料洗涤吸收器。

（三）冷凝法

冷凝法是对混合气体进行冷却或加压使其中待去除的物质达到过饱和状态而冷凝并从气体中分离出来。冷凝能有效地分离回收沸点 310K 以上有机气体。对于更低沸点的物质，其冷凝需要更深的冷却程度或更大的压强，因而会大大增加运行费用。冷凝的效率由于受到冷却程度和加压程度的限制，一般不会太高，因此往往作为预处理和前级净化手段，其排气还需进一步处理才能排放。回收下来的溶剂也需进一步的处理去除水分和杂质才能使用。国外已有采用冷冻法来回收溶剂或挥发组分的实际应用装置。

（四）膜分离法

膜分离法的基本原理是根据混合气体中各组分在压力的推动下透过膜的传递速率不同，从而达到分离目的。对不同结构的膜，气体通过膜的传递扩散方式不同，因而分离机制也各异。目前常见的气体通过膜的分离机制有两种：其一，气体通过多孔膜的微孔扩散机制；其二，气体通过非多孔膜的溶解-扩散机制。由于膜分离操作温度为室温，且物质不发生相变化，装置规模可以根据处理量的要求设计，且设备简单，操作方便，运行可靠性高，具有节能、高效的特点。膜分离广泛应用于医药化工行业的溶剂回收、气体分离等。

膜分离法回收溶剂的方法主要有三种：①溶剂优先通过硅橡胶膜，如德国 GKSS 公司开发的板式膜组件，选用二甲基硅氧烷（PDMS）膜。该技术已经实现了工业化应用。②在膜反应器中用吸附剂吸附溶剂。根据膜基吸收原理，采用微孔中空纤维组件，选用硅油和矿物油作吸收剂，该技术尚处于实验室研究阶段。③在膜生物过滤器中生物降解有机气体。用微孔的中空纤维作支撑，生物膜固定在纤维外侧（透过侧），废气从管内进料，有机气体透过膜，进入生物膜侧，被生物膜降解。该技术目前主要用于废水中有机溶剂的分离，在气体分离中的应用尚处于开发阶段。

最简单的膜分离过程为单级膜分离系统，即直接压缩混合气体并使其通过膜表面，以此实现有机溶剂的分离。由于分离程度低，单级很难达到分离要求。现在一般采用膜分离法与冷凝法、吸附法等其他过程集成的方法。膜分离法由于其特有的优点而成为研究的热点，被认为是最有发展前途的高新技术之一。近年的研究主要集中在开发高通量、高选择性及化学稳定性、热稳定性等更为理想的新型膜材料，研究新的制膜方法及新的表征方法。

三、溶剂回收设备的介绍

（一）吸附设备简介

吸附法适用于低浓度（溶剂含量在 $1\sim20g/m^3$ 范围）的气态溶剂的回收。吸附常用设备，按照工艺流程（图 16-13）主要包括原料气体处理装置、吸附装置及分离回收装置。本节主要对其中的吸附装置进行介绍。吸附器是溶剂回收的主体设备，要求有高的吸附效率，吸附、解吸、烘干、冷却操作都能均匀进行，生产能力大，结构紧凑，便于操作。同时要求操作费用低。吸附器的种类，大体上可分为固定层吸附器、移动层吸附器、流动层吸附器。

1. 固体层吸附器 固定层吸附器中最常用的就是立体吸附器和卧式吸附器，其构造详见 **EQ16-5 立体吸附器和卧式吸附器**。立体吸附器的优点是

EQ16-5 立体吸附
器和卧式吸附器

炭层表面分配比较均匀, 但因设备高, 厂房布置需要两层, 管理困难, 一般炭层比卧式吸附器高, 压力降较大。在炭层厚度相同时, 装炭量少, 因而生产能力较小。

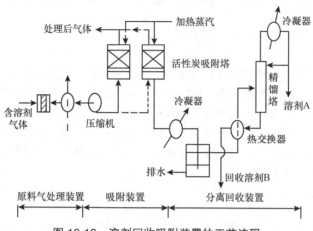

图 16-13　溶剂回收吸附装置的工艺流程

2. 移动层吸附器　此类吸附器又称超吸附法装置。它是利用活性炭的移动, 连续地进行气体分离的装置, 其构造见图 16-14。移动层吸附器没有必要像固定层吸附器那样设置许多个充填层吸附装置, 在吸附剂的充填高度方面, 也仅仅只在吸附带的长度上进行适当的分配。从再生的时间来看, 它可以利用吸附剂数量少这一优点, 迅速进行再生。

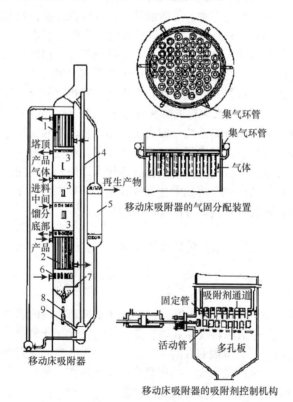

图 16-14　移动层吸附器

1. 冷却器; 2. 脱附塔; 3. 分配板; 4. 提升管; 5. 再生器; 6. 吸附剂控制机械; 7. 固粒料面控制器; 8. 封闭装置; 9. 出料阀门

3. 流体层吸附器　通过的流体可以采用大的流速, 这点对缩小吸附塔塔径是有利的。但在流动层中，转入到再生工程的吸附剂，不像固定层吸附器、移动层吸附器那样近于饱和。从单位耗热来看，经济性差一点，在吸附剂磨耗方面，流动层吸附器最为剧烈。因此，吸附量大的场合才采用流动层吸附器。

（二）吸收设备介绍

吸收法处理有机废气主要利用有机废气能与大部分油类物质互溶的特点，用高沸点、低蒸气压的油类作为吸收剂来吸收废气中的有机物，常见的吸收器除了填料塔外，还包括板式塔、湍球塔等，详见 **EQ16-6 吸收设备简介**。

EQ16-6　吸收设备简介

学习思考题（study questions）

SQ16-5　固体物料干燥过程中的溶剂回收有哪些基本特点？有哪些主要的技术及设备？

SQ16-6　对于一些无规则或散乱排放到空气中的极少量有机溶剂的回收，存在哪些困难？有哪些较适宜的方法？

练习题

16-1　试从生态环保、安全、职业健康及经济性等方面考虑，制药分离过程中的溶剂回收有何作用？

16-2　需要大量回收溶剂的有哪些分离纯化工艺过程？有哪些常用的回收较大量溶剂的技术？他们各有何特点？

16-3　回收溶剂量较小的有哪些分离纯化过程？有哪些适宜的回收技术？

16-4　对于固液分离后在固体表面残留的少量溶剂，如沉淀或晶体表面、植物提取后的滤渣中，有何适宜的方法回收这些极少量的溶剂？

16-5　对于大量废水中含有很少量如1%左右有机溶剂的情况，有哪些较适合的溶剂回收技术？

参 考 文 献

奥斯伯 F. M.，布伦特 R.，金斯顿 R. E.，等，2008. 精编分子生物学实验指南. 金由辛等译. 北京：科学出版社

储炬，李友荣，2007. 现代生物工艺学. 上海：华东理工大学出版社

崔立勋，2015. 生物药物分离与纯化技术. 北京：中国质检出版社，中国标准出版社

但旭辉，徐小彬，黎明，等，2013. 川芎灭菌方法研究. 广西中医药，3：（3）：80-81

邓树海，2007. 现代药物制剂技术. 北京：化学工业出版社

方成开，周庆，卢志生，2001. 湿法冶金，20（2）：57-65

冯淑华，林强，2009. 药物分离纯化技术. 北京：化学工业出版社

傅若农，2000. 色谱分析概论. 北京：化学工业出版社

耿啸天，2010. 高选择性吸附树脂结构设计及在中药复方活性成分提取中的应用. 天津：南开大学博士论文

郭立玮，2014. 制药分离工程. 北京：人民卫生出版社，25-36，168-184

韩金玉，魏文英，常贺英，等，2004. 制备型液相色谱动态轴向压缩柱技术和应用. 色谱，22（4）：403-407

何志成，2015. 化工原理. 北京：中国医药科技出版社，79-105

华泽钊，刘宝林，左建国，2006. 药品和食品的冷冻干燥. 北京：科学出版社

孔繁晟，贲永光，曾昭智，等，2011. 三七总皂苷超声提取工艺研究. 广东药科大学学报，27（4）：379-381

李淑芬，白鹏，2009. 制药分离工程. 北京：化学工业出版社

李淑芬，姜忠义，2004. 高等制药分离工程. 北京：化学工业出版社

李淑芬，张敏华，2014. 超临界流体技术及应用. 北京：化学工业出版社，17-49

刘继鑫，王克霞，李朝品，2008. 水蒸气蒸馏法提取中药挥发油存在的问题及解决方法. 时珍国医国药，19（1）：97-98

潘永康，2002. 现代干燥技术. 北京：化学工业出版社

石铭，潘辉，2016. 分子蒸馏技术提纯天然维生素 E 的工艺分析. 化工设计通讯，42（1）：185-186

宋航，2007. 药学色谱技术. 北京：化学工业出版社

宋航，2010. 手性物技术. 北京：化学工业出版社

宋航，2011. 制药分离工程. 上海：华东理工大学出版社

宋航，李华，宋锡瑾，2011. 制药分离工程. 上海：华东理工大学出版社，131-157，205-226，227-254

孙茂发，蒋凡军，2011. 溶剂绿色回收技术. 北京：化学工业出版社

孙彦，2005. 生物分离工程. 2版. 北京：化学工业出版社

孙彦，2013. 生物分离工程. 3版. 北京：化学工业出版社

索建兰，沈峰，米海林，2011. 三七总皂苷提取工艺的研究. 药物分析杂志，3（6）：1197-1198

太志刚，杨学银，2016. 一种天麻微波/冻干多联干燥加工方法，2016103432345

田瑞华，2008. 生物分离工程. 北京：科学出版社

王毕妮，徐明生，杜华英，2008. Q-Sepharose FF 色谱分离制备鸡蛋卵白蛋白的研究，西北大学学报（自然科学版），38（4）：587-592

王广明，2009. 中药材前处理主要生产工艺及设备应用. 机电信息，9（14）：26-29

王效山，王键，2003. 制药工艺学. 北京科学技术出版社

吴梧桐，2013. 生物制药工艺学. 3版. 北京：中国医药科技出版社

吴梧桐，2015. 生物制药工艺学. 4版. 北京：中国医药科技出版社

夏伦祝，汪永忠，高家荣，2017. 超临界萃取与药学研究. 北京：化学工业出版社，77-81

许建和，2008. 生物催化工程. 上海：华东理工大学出版社

严希康，俞俊棠，2011. 生物物质分离工程. 2版. 北京：化学工业出版社

严希康，2010. 生物物质分离工程. 2版. 北京：化学工业出版社

杨华伟，2014. 氨苄西林钠溶媒结晶工艺研究. 天津大学工程硕士学位论文

杨世林，热娜·卡斯木，2010. 天然药物化学（案例版）. 北京：科学出版社

杨雨，2014. 西洋参茎叶皂苷类化学成分的研究. 北京：中国农业科学院硕士论文

姚玉英，2002. 化工原理. 天津：天津科学技术出版社，143-205

应国清，2011. 药物分离工程. 杭州：浙江大学出版社

喻昕，2008. 生物药物分离技术. 北京：化学工业出版社

元英进，2017. 制药工艺学. 2版. 北京：化学工业出版社

张春桃，2007. 头孢曲松钠溶析结晶过程研究. 天津：天津大学博士毕业论文

张鸿飞，2010. 中药前处理、提取浓缩及分离设备与工艺. 机电信息，8（20）：1-11

张雪荣，2005. 药物分离与纯化技术. 北京：化学工业出版社

张也，2014. 注射用苦参总碱三种生产工艺与药效、毒性的相关性研究. 哈尔滨：黑龙江中医药大学硕士论文

赵临襄，2015. 化学制药工艺学. 4 版. 北京：中国医药科技出版社

郑淑贞，崔云春，林慧贞，1989. 等电点沉淀法分离毛发水解物 L-酪氨酸，广州化学，（4）：63-65

朱自强，蔡美强，2014. 固体物料的超临界流体萃取. 北京：中国医药科技出版社，210-234

Anil K. Pabby，2009. Handbook of Membrane Separations. Boca Raton：CRC Press.

Antonio A. Carcia，Matthew R. Bonen，Jaime Ramirez-vick，et al，2004. 生物分离过程科学. 刘铮，詹劲译. 北京：清华大学出版社

Richard W. Baker，2012. Membrane Technology and Application. New Jersey：Wiley.

Scott K，Hughes R，1996. Industrial Membrane Separation Technology. Netherlands：Springer.

索　引

A

安瓿（ampoule）………………… 236

B

包含体（inclusion body）………… 17
胞间质（periplasm）……………… 17
胞内质（cytoplasm）……………… 17
饱和溶液……………………… 213
比表面积（specific surface area）… 49
标准偏差 σ……………………… 186
表面活性剂液膜（surfactant liquid membrane,
　SLM）………………………… 154
不对称（asymmetric）…………… 139

C

Cohn 方程（Cohn equation）……… 71
CTAB（溴代十六烷基三甲铵）… 99
常压制备液相色谱……………… 194
超氧化物转化酶（superoxide dismutase,
　SOD）………………………… 114
超临界流体（supercritical fluid）… 114
超临界流体萃取（supercritical fluid
　extraction）…………………… 113
超声破碎（ultrasonication）……… 18
沉淀分离，沉析分离（precipitation）… 69
沉降分离（settling separation）… 57
初级成核……………………… 214
储存（storage）………………… 236
传热系数……………………… 240
萃取（extraction）……………… 29
溶剂萃取（solvent extraction）… 88
错流过滤（cross-flow filtration）… 144

D

DDAB（溴化十二烷基二甲铵）… 99
等电点沉淀法（isoelectric point precipitation）… 79
等电聚焦（isoelectric focusing，IEF）… 203
等速电泳（isotachophoresis，ITP）… 203
电渗（electroosmosis）………… 203
电渗析（electrodialysis）……… 154
电泳（electrophoresis，EP）…… 199
电泳淌度（electrophoreticmobility）… 199
动态轴向压缩（dynamicaxialcompression，
　DAC）色谱…………………… 195

对称（symmetric）……………… 139
对称度……………………… 187

E

二次成核……………………… 215
二次干燥（desorption drying，secondary
　drying）………………………… 236

F

反电荷的离子，反离子（counterion）… 69
反胶束或反向胶束（reversed micelles）… 98
反应结晶（reaction crystallization）… 225
沸腾干燥……………………… 240
分离因数（separation factor）…… 89
分离因子（separation factor，SF）… 139
分配比……………………… 188
分配常数（partition constant）… 88
分配系数（partition coefficient）… 88
分配系数 K……………………… 187
分散层（couy-chapman layer）… 69
封装（conditioning-packing）…… 236
复水（rehydration）…………… 236

G

干扰素（interferon）…………… 238
干燥技术（drying technology）… 230
高不饱和脂肪酸（PUFA）……… 20
高聚物沉淀（precipitation polymerization）… 82
高速逆流色谱法（high-speed counter
　current chromatography，HSCCC）… 196
高速珠磨法（high-speed bead mill）… 17
高压匀浆法（high pressure homogenization）… 16
各向异性（anisotropy）………… 211
固体……………………… 281
固液提取（solvent extraction）… 29
管式（tubular）………………… 141
过饱和溶液（super-saturated solution）… 213
过滤（filtration）……………… 50

H

混合-澄清式萃取器（mixer-settler）… 90

J

机械破碎法（mechanical crushing method）… 15
胶束（micelle）………………… 98

结晶（crystallization）……………………211
结晶多面体（crystalline polyhedra）………211
解吸干燥（desorption drying，secondary
　　drying）………………………………236
介稳区宽度…………………………………214
金黄色葡萄球菌……………………………208
紧密层（stern layer）………………………69
晶胞（crystal cell）…………………………212
晶核…………………………………………213
晶浆…………………………………………213
晶体（crystal）……………………………211
晶体粒度（crystal size）…………………212
晶体粒度分布（crystal size distribution，
　　CSD）…………………………………212
晶体生长……………………………………215
晶系（crystal system）……………………212
晶种（crystal seed）………………………214
径迹蚀刻（track etching）…………………139
聚丙烯酰胺凝胶电泳（polyacrylamide
　　gel electrophoresis，PAGE）…………202

K

空化现象（cavitation phenomena）…………18
扩展床吸附色谱（expanded bed adsorption，
　　EBA）…………………………………195

L

L-酪氨酸（L-tyrosine）……………………80
冷冻干燥（freeze drying，lyophilization）…233
冷阱（cold trap）…………………………236
冷却结晶（cooling crystallization）………214
离心分离（centrifugal separation）………81
离心过滤（centrifugal filtration）…………59
离子交换法（ion exchange）………………170
连续自由流电泳（continuous
　　free-flow electrophoresis，CFE）………205
临界成核功…………………………………215
流化干燥，沸腾干燥（fluidized-bed drying；
　　fluidzing drying）………………………240
卵清白蛋白（ovalbumin，OVA）…………74
利凡诺（2-乙氧基-6,9-二氧基吖啶乳酸盐）
　　（2-ethoxy-6,9-diaminoacridire lactate）…74

M

慢性气管炎等多种疾病具有良好的
　　治疗效果…………………………………208
毛细管电泳技术（high performance
　　capillary electrophoresis，HPCE）………204
毛细管纤维式（capillary-fiber）、螺旋缠绕式

（spiral-wound）、板框式（plate-Frame）…141
玫瑰精油……………………………………252
模具加工（moulding）……………………139
模拟移动床（simulated moving bed，
　　SMB）色谱………………………………196
膜（membrane）……………………………138
膜分离（membrane separation）…………138
膜结合酶（membrane-bound enzyme）……17
膜通量（flux）……………………………138
膜选择性（selectivity）……………………138
膜蒸馏（membrane distillation）过程……152
膜组件（membrane module）………………141
母液…………………………………………213

N

凝胶电泳（gel electrophoresis，GE）………200
凝聚物（aggregates）………………………69

P

喷雾干燥（spray drying）…………………231

Q

气流干燥……………………………………240
嵌入式固定液膜（immobilised
　　liquid membrane，ILM）………………154
区带电泳（zone electrophoresis）…………201
Q-Sepharose Fast Flow（Q-Sepharose FF）…20

R

容量因子……………………………………188
溶质…………………………………………281

S

塞器（stopper）……………………………236
色谱峰面积…………………………………186
筛分（sieving action）……………………139
烧结工艺（sintering），………………………139
深层过滤（depth filtration）………………53
渗透（osmosis）……………………………138
渗透冲击法（osmotic shock）……………18
渗透液（permeate）………………………138
渗透蒸发/汽化（pervaporatio）…………152
渗析（dialysis）……………………………154
升华干燥（sublimation drying，primary
　　drying）…………………………………235
生长激素（human growth hormone）………238
剩余含水量（requested residual moisture
　　final）…………………………………235
十二烷基硫酸钠-聚丙烯酰胺凝胶电泳
　　（sodium dodecyl sulfate polyacrylamide
　　gel electrophoresis，SDS-PAGE）………202

手性分子 …………………………… 266
手性分子在化 ……………………… 266
束缚水（bound water）…………… 235
双电层（diffuse double layer）…… 69
双水相萃取（aqueous two - phase
　　extraction）…………………… 104
双水相体系（aqueous two-phase system,
　　ATPS）………………………… 104
水蒸气蒸馏（steam distillation
　　extraction）…………………… 249
死时间 ……………………………… 186

T

TOMAC（氯化三辛基甲铵）……… 99
塔板理论 …………………………… 188
塔式微分萃取器（differential extraction
　　column）………………………… 90

W

涡流扩散 …………………………… 189
微波干燥（microwave drying）…… 23

X

吸附（adsorption）………………… 161
吸附剂 ……………………………… 161
吸附相 ……………………………… 161
吸附质 ……………………………… 161
厢式干燥器（tray drger）………… 161
絮凝（flocculation）………………… 82

Y

压缩指数（compression index）…… 52
盐溶（salting-in）…………………… 70
盐析（salting-out）………………… 69
盐析结晶 …………………………… 224
液体 ………………………………… 281
液-液高速色谱 …………………… 196
一次干燥（sublimation drying, primary
　　drying）………………………… 235

移动床（moving bed）……………… 167
移界电泳（moving boundary electrophoresis）201
阴离子型表面活性剂 AOT（Aerosol OT）… 99
饮片（Chinese medicinal slices）… 13
有机溶剂沉淀法（organic solvent
　　precipitation）………………… 76
有机溶剂结晶 ……………………… 224
远红外干燥（far-ultrared drying）… 23
原亲酶素（Protropin）…………… 2
原位灭菌（SIP-sterilizing in place）230
原位清洗（CIP-clean in place）… 230

Z

增溶溶解作用（solubilization）…… 18
真空结晶（vacuum crystallization）… 219
真空蒸发结晶（vacuum
　　evaporation crystallization）… 214
蒸发结晶（evaporative crystallization）… 214
脂类物质的溶解（lipid dissolution）… 18
脂质体（liposome）………………… 238
制备型超临界流体色谱（preparative
　　supercritical fluid chromatography,
　　Pre- SFC）…………………… 197
制备型加压液相色谱（Pre-PLC）… 194
滞留比（retention ratio，RR）…… 139
滞留液（retentate）………………… 138
中空纤维式（hollow-fiber）……… 141
中药材（traditional Chinese medicinal
　　materials）…………………… 12
终端过滤（dead-end filitration）… 143
重结晶（recrystallization）……… 218
重组人胰岛素（Humulin）………… 2
自由水（free water）……………… 235

其他

"药品生产质量管理规范"（Good Manu-
　　facturing Practice，GMP）…… 230